普通高等教育设计类专业
“十二五”规划教材

家具制造工艺系列教材

朱 毅 主编

中国林业出版社

内容简介

本书以家具表面装饰为重点内容，按装饰方法分三篇全面系统地介绍了家具设计与生产中常用的涂饰装饰、贴面装饰和特种装饰，具体内容包括：涂料基础知识、常用涂料及其性能、涂饰工艺、涂饰方法、涂层干燥、薄木贴面装饰、装饰纸及合成树脂材料贴面装饰、板式家具部件封边及型条包覆装饰、转印装饰技术和雕刻与其他装饰。在编写过程中，我们力求做到理论与实际相结合，并在介绍现代常用装饰技术的同时，努力挖掘蕴藏在传统装饰技艺中的精华，以期给读者一些启发和帮助。

本书可供木材科学与工程专业、家具设计与制造专业、室内与家具设计专业、室内装饰专业、建筑与环境艺术设计专业等教学使用，也可供家具行业和室内装饰行业的工程技术人员、设计人员和管理人员学习参考，或作为企业员工培训教材和自学参考书。

图书在版编目（CIP）数据

家具表面装饰/朱毅主编．－北京：中国林业出版社，2012.9(2025.1重印)
普通高等教育设计类专业“十二五”规划教材．家具制造工艺系列教材
ISBN 978-7-5038-6759-0

Ⅰ.①家…　Ⅱ.①朱…　Ⅲ.①家具－饰面－高等学校－教材　Ⅳ.①TS654

中国版本图书馆CIP数据核字（2012）第228143号

中国林业出版社·教育分社
策划、责任编辑：杜　娟
电　　话：（010）83143553　　　　**传　　真**：（010）83143516

出版发行　中国林业出版社（100009　北京市西城区德内大街刘海胡同7号）
E-mail：jiaocaipublic@163.com　电话：（010）83143500
http://www.lycb.forestry.gov.cn/lycb.html
经　　销　新华书店
印　　刷　北京中科印刷有限公司
版　　次　2012年9月第1版
印　　次　2025年1月第4次印刷
开　　本　889mm×1194mm　1/16
印　　张　13.75
字　　数　470千字
定　　价　42.00元

木材科学及设计艺术学科教材
编写指导委员会

“家具与设计艺术”学科组

前　言

随着国民经济的快速发展，人们生活水平的不断提高，家具业得到了迅猛发展，产品质量不断提高，款式变化日新月异，越来越受到人们的关注。据中国家具行业协会统计，2010 年我国家具工业总产值近 8300 亿元，出口额 337.2 亿美元，中国当之无愧地成为了世界上最大的家具制造大国和出口大国，正向着家具设计、生产强国迈进！

然而，在家具行业 30 多年的大发展过程中，我们也清醒地看到家具表面装饰技术还满足不了家具行业快速发展的要求，家具设计与创新也面临着巨大的挑战！伴随着中国在国际政治、经济地位的日益提高，产品竞争的日趋激烈，中国人正在重建自己的设计文化，重塑中国家具设计辉煌，并且越来越多的人开始发掘和追求中华民族传统艺术的精华，家具表面装饰也越来越受到人们的重视。

家具款式、风格与历史发展变化息息相关，它折射出的设计文化表现了不同时代的人对产品的心理需求和对生活方式的向往。面对生产、生活节奏的加快，现代人越来越崇尚简约与个性化设计，在享受家具所带来的功能上的满足和舒适感之外，还在感受家具带来的心理上的放松与愉悦，这与现代快节奏的生活和巨大的竞争压力密切相关，人们需要属于自己的一份简单和快乐！那么，在这样的时代背景下，家具设计师们如何将现代技术和科技成果与传统文化艺术相融合，如何利用现代科学技术和材料，就显得十分重要了，尤其在家具表面装饰处理上，如何满足人们的不同需求，就成了当代家具设计师们不得不面对的问题。

家具表面装饰对家具设计与生产有着非常大的影响，全面系统地了解、掌握木质家具表面装饰材料、装饰方法、装饰工艺与技术，对促进家具行业发展和产品质量提高具有十分重要的作用。为了方便学习，本书按装饰方法分三篇介绍：第一篇涂饰装饰，内容包括家具表面涂饰概述、涂料基础知识、常用涂料及其性能、涂饰工艺、涂饰方法和涂层干燥；第二篇贴面装饰，内容包括薄木贴面装饰、装饰纸及合成树脂材料贴面装饰和板式家具部件封边及型条包覆装饰；第三篇特种装饰，内容包括转印装饰技术和雕刻与其他装饰。在编写过程中，我们力求做到理论与实际相结合，并在介绍现代常用装饰技术的同时，努力挖掘蕴藏在传统装饰技艺中的精华，以期给读者一些启发和帮助，为家具设计、开发与生产提供一个参考思路，为家具业更快、更好的发展尽一点微薄之力！

本书为普通高等教育“十二五”规划教材，可供木材科学与工程专业、家具设计与制造专业、室内与家具设计专业、室内装饰专业、建筑与环境艺术设计专业等教学使用，也可供家具行业和室内装饰行业的工程技术人员、设计人员和管理人员学习参考，或作为企业员工培训教材和自学参考书。

本书由东北林业大学朱毅教授主编。具体参加编写的人员有：东北林业大学朱毅(绪论、第 1 章、第 3 章、第 11 章)、东北农业大学赵桂玲(第 2 章、第 8 章)、北华大学杨庚(第 4 章、第 5 章)、东北林业大学韦双颖(第 6 章、第 10 章)、南京林业大学朱剑刚(第 7 章、第 9 章)。

本书在编写过程中参考和借鉴了许多学者的著作、教材和文献资料，恕不能一一道谢，在此向各书目和文献的作者表示深深的歉意！

由于编者水平有限，书中难免有疏漏或欠缺之处，敬请读者批评指正。

朱 毅

2012 年 6 月

目　录

第3篇 特种装饰

绪　论

家具作为人们生产、生活的必需品，记载着人类文化和科学技术的成就，伴随着社会物质文明和精神文明的进步不断发展变化，从材料到工艺技术、从功能到设计风格、从构造到外观效果，无不体现出时代气息。家具表面装饰是家具设计的重要内容之一，它和家具史、家具材料、造型设计、结构设计、工艺设计以及人体工学等课程共同构成家具设计的理论体系，对家具风格、工艺技术和设计内涵的最终表现起着至关重要的作用！

家具表面装饰方法多种多样，不同的装饰方法表现出不同的艺术风格、文化内涵和技术进步，为便于分类学习与掌握这些知识，本书在结构编排上，根据装饰方法的特点将其分为涂饰装饰、贴面装饰和特种装饰三个相对独立的单元分别介绍，并在编写过程中力求做到理论与实际相结合，深入浅出，在介绍现代常用装饰方法与工艺技术的同时，努力挖掘传统装饰技艺精华，展示中华传统家具装饰设计文化，为现代家具设计服务。

1　涂饰装饰

涂饰装饰是指在制品表面涂饰一层涂料，经过干燥形成一层牢固、光滑、美观的涂膜，将制品表面与空气、阳光、水分以及一些污染物等外界物质隔开，以防止外界各种因素对制品造成损坏和污染，从而起到保护与装饰制品的作用，俗称油漆。由于传统油漆概念已经涵盖不了现代油漆中的组成成分，所以油漆的名词意义称为涂料，动词意义称为涂饰。

涂饰装饰由表面处理、涂饰涂料、涂层干燥和漆膜修整等一系列复杂工艺过程构成。家具表面涂饰装饰应用非常广泛，可以对木质家具表面直接装饰，也可以在人造板基材进行了贴面装饰之后再进行涂饰装饰，采用不同的涂料、涂饰工艺与技术，可以获得不同的装饰效果。直到现在，涂饰装饰仍是家具表面装饰的主要装饰方法。

涂饰材料品种繁多，新材料不断出现，化工材料性能的多变性难于掌握，涂饰质量受到来自基材、涂饰材料、涂饰工艺技术以及涂饰环境等各方面的影响，研究学习的重点是涂饰材料的性能、涂饰工艺技术和涂饰质量的影响因素与控制，难点在于对各种涂饰材料性能的把握和涂饰工艺技术的合理运用。

我国使用涂料历史悠久，从已经发现的大量考古资料证实，在距今7000多年前的原始社会，人类就已使用野兽的油脂、草类和树木的汁液与天然颜料等配制涂饰物质，用羽毛、树枝等进行绘画，以达到装饰的目的；1978年在浙江省余姚县河姆渡村发掘出的朱漆木碗，就已有7000年的历史；1950年中国科学院考古研究所在对河南安阳殷墟武官村大墓考古中发现，很多“雕花木器印痕”中都有生漆的残迹。从西周到战国时期用油漆涂饰的车辆、兵器手柄、几案、棺椁等均有大量文物出土。特别是春秋晚期出土的几案、鼓瑟、戈柄等物件上还涂饰出精美的彩色图案，这充分说明当时的涂饰技术有了很大进步。到了西汉时期涂饰技术已相当兴旺发达。20 世纪 70 年代河北省江陵县、石梦县、随县和湖南省长沙马王堆等地发掘的数千件涂饰制品，其漆膜平整光亮、图案精美、色彩艳丽，无论是在涂饰技术上，还是在艺术处理上都达到了很高的装饰水平。在经历唐、宋、元等朝代后，涂饰技术不断发展，明、清两代达到鼎盛时期，特别是明、清两代的家具具有中华民族文化独特风格，名扬四海，深受国内外人们赞赏。

在过去几千年的涂饰技术发展过程中，人们所用的涂料是天然大漆和植物油，使用的着色剂也是天然颜料等物质。这在涂料发展史上被称为“天然成膜物质时期”。我国的天然涂料虽然是世界之最，具有一系列的装饰保护性能，但随着社会发展和科学技术的进步，仅依靠天然涂料，无论在品种和数量上，还是在工艺和质量上，都远不能满足人们生产发展的需要。到 19 世纪下半叶，由于有机高分子聚合物化学工业和合成染料化学工业的发展，世界上出现了各种人造树脂、合成树脂、合成染料及人造颜料，这就为涂料生产开辟了广阔的材料来源。从此，人们便利用多种合成树脂、有机溶剂、化工颜料及合成染料来制造涂料，涂料品种和数量得到了迅速发展，涂料质量不断完善与提高，将涂料的发展推进到了一个崭新的“合成成膜物质时期”。

现在我国涂料已发展到了 18 个大类，上千个品种，仅木制品涂饰就有上百品种，常用的有醇酸树脂漆类、天然树脂漆类、硝基漆类、聚氨酯漆类、聚酯漆类、光敏漆类和水性漆类，木制品及室内装修用涂料应有尽有，以满足各种木制品不同涂饰质量要求的需要。我国涂料生产已经形成完整的工业体系，各种涂料生产企业遍布全国各地，产品质量也在不断提高。

涂料生产的发展，有力地促进了涂饰技术与工艺的改进与提高。涂饰作业发展经历了漫长的手工涂饰后，逐步过渡到了机械化涂饰。手工涂饰在发展过程中，曾起到了积极的作用，为实现机械化和自动化涂饰积累了丰富的经验。但由于手工涂饰生产效率低、劳动强度大、操作技术水平要求高，远不能满足工业生产发展的要求。因此，随着科学技术的不断进步，研究开发出了空气喷涂、高压无气喷涂、静电喷涂、淋涂、辊涂、浸涂、抽涂、绕涂等各种涂饰专用设备应用到现代涂饰生产当中，一些企业还建立起机械化涂饰生产流水线，采用热空气干燥、红外线辐射干燥、紫外线干燥等强制涂层干燥技术，以缩短干燥时间，提高生产效率，从而使涂饰由传统的手工业生产跨进到了现代大工业化生产行列，现在正朝着自动化涂饰方向发展。

2　贴面装饰

贴面装饰是采用胶黏剂将具有装饰效果的贴面材料，如薄木、预油漆纸、合成树脂浸渍纸、热固性树脂装饰层压板，热塑性塑料薄膜等，牢固胶贴在基材或家具表面上的装饰方法。贴面装饰处理可以改善人造板基材的表面装饰效果，简化家具生产工艺，改变传统的榫卯结构和繁重的涂饰作业，为实现现代家具生产的标准化、系列化和连续化奠定基础。随着人造板二次加工技术的不断创新与进步，应用于各种木质人造板贴面和封边材料也在不断发展。

贴面用薄木分天然薄木和人造薄木（组合薄木）。天然薄木一般是采用珍贵木材经旋切、刨切或锯切等加工方法制成。组合薄木采用低质廉价的普通木材，经旋切、漂白或染色、组坯、胶合成木方后，再刨切或旋切等一系列加工过程而制成。人造薄木可以模仿天然珍贵树种的纹理和材色，甚至可以制造出天然薄木不具备的纹理和色调，是劣材优用的典范。在珍贵木材资源困乏的今天，人造薄木对珍贵树种的保护，对家具和木制品产业的可持续发展具有重要的意义。将薄木和人造板胶合在一起，或采用型条包覆技术，经过表面涂饰后，美丽清新、高雅质朴、木质感强，因此薄木装饰一直受到现代家具生产和室内装修的重视，是一种重要的高档装饰方法。

预油漆纸又称预涂饰装饰纸，是将表面印有珍贵木纹或其他装饰图案的装饰纸，经树脂浸渍、表层油漆等工艺后制成的一种表面装饰材料。预油漆纸外表美观、质感逼真、光泽柔和、触觉温暖、耐磨、耐污染、易弯曲而富有弹性，适合各种造型表面装饰，为家具设计、人造板利用开辟了更广阔的空间。由于它具有最终涂饰的表面，从而简化了家具生产工艺，提高了生产效率，因此大量应用于木质人造板的表面装饰，是家具业和建筑装修业大量使用的装饰材料，是天然薄木的理想替代品。国内现在的预油漆纸生产还处于起步阶段，随着涂料品种的增加，印刷技术与涂饰技术的改进，紫外线干燥和电子束干燥生产线的投入应用，预油漆纸生产及其贴面装饰将会迎来新的发展。

合成树脂浸渍纸是将原纸用热固性合成树脂浸渍后，经干燥使溶剂挥发而制成的浸渍纸。采用低压短周期贴面进行人造板表面装饰。这种装饰方法由德国开发，20 世纪 70 年代开始大量应用，并且发展迅速。该技术优势在于成本低廉，其用纸量只相当于装饰层压板的 30% 左右，节省树脂 50% 以上，热能消耗只有热固性树脂装饰层压板的 1/7 ~ 1/5。生产所需设备少，生产效率高，贴面热压周期已逐步缩短到30s，贴面装饰质量优异，因此是目前产量最大的人造板表面装饰方法，广泛用于家具制造，车厢、船舶、飞机及建筑物的内部装饰装修等方面，用途十分广泛。最新技术有表面强化技术、连续压制贴面技术等。

热固性树脂装饰层压板也称装饰板，是由多层经过三聚氰胺树脂浸渍纸和酚醛树脂浸渍的表层纸、装饰纸、覆盖纸和底层纸，按顺序叠放在一起，经热压塑化而制成的一种薄板。这种装饰板生产技术已有五十多年历史，由于它耐热、耐磨、耐化学腐蚀等性能优异，并可仿制各种花纹图案，因此该技术一直沿用并不断发展。近年来，装饰板的连续压制生产技术已开始应用，它不仅在工艺方面有明显改进、生产效率高、节省能源，而且提高了装饰板的后成型性能，使装饰板贴面装饰的板式家具部件在边部处理工艺上得到了很好的改进。

热塑性塑料薄膜贴面装饰应用较早的是聚氯乙烯（PVC）薄膜，已经有三十多年的生产历史。除了聚氯乙烯薄膜外，近些年来还开发了聚乙烯（PVE）薄膜、聚碳酸酯薄膜、聚烯烃（Alkorcell，奥克赛）薄膜、聚酯（PET）薄膜等；板式家具部件封边用还有聚丙烯（PP）封边带、聚酰胺（PA，尼龙）封边带、丙烯腈—丁二烯—苯乙烯三元共聚物（ABS）封边带。在薄膜结构设计方面，应用了多层复合技术，提高了薄膜的三维装饰性能。薄膜表面印有精美的木纹，并在其上面压出模仿木材的导管与孔眼，不但色彩鲜艳，而且木质感强，有很好的装饰效果。目前薄膜贴面主要以真空模压生产技术或型条包覆技术为主，是生产家具柜门、室内门、墙面装饰板及装饰线条的理想材料。

除薄木外，贴面材料一般由专业生产企业提供，贴面装饰内容的学习重点在于掌握各种贴面材料及其贴面装饰板性能和贴面生产工艺与技术，难点是对贴面生产工艺与技术的把握与实际应用。不同的贴面材料与基材，由于其组成物质成分不同，则贴面工艺与技术千差万别，工艺因素稍有变化就会影响整个贴面装饰质量，所以，只有不断实践，才能真正掌握贴面装饰技术。

3 特种装饰

特种装饰有时又称艺术装饰，包括转印装饰、雕刻、压花、镶嵌、烙花、贴金、雕漆等多种装饰方法，这些装饰方法各具特点，根据家具设计风格不同可选择使用，以达到不同的装饰艺术效果。其中雕刻装饰应用最为普遍。

转印装饰是将中间薄膜载体上预先固化好的图文，采用相应的压力作用转移到承印物上的印刷方法。是继直接印刷之后开发出来的一种新的表面装饰加工方法。由于转印技术在二次加工过程中不使用液态涂料和胶黏剂，操作简单、设备投资少、成本低、无污染、装饰效果好，可用于各种基材表面等优点，从而得到迅速的发展，特别在欧洲、北美、澳大利亚、新西兰以及亚太各国的家具业得到了广泛应用。

雕刻是指用刀对基材进行加工刻制的一种工艺，木材雕刻是雕刻技术的一个重要分支。我国的木雕装饰艺术历史可以追溯到7000年前，1978年在浙江省余姚县河姆渡村发掘出土的木雕鸟，是迄今发现最早的木雕作品。商、周时期我国的木雕工艺就达到了较高的水平，发掘出土这一时期的青铜工具，斧、刀、锯、凿、钻、锥、针、铲等就已经与近代的雕刻加工工具很接近了。春秋战国时期家具上出现了透雕。汉代透雕、浮雕、刻线等多种装饰加工手法已大量使用。隋、唐、五代时期，中国封建社会前期的发展达到了高峰，也是中国古代家具的兴旺发展时期，雕刻技术得到了充分的发展，立体雕刻技术运用到了家具装饰中，雕刻的内容多以佛教有关，图案题材倾向生活化、情趣化。宋、元时期，由于城市经济的发展和各地寺庙盛行，木雕工艺得到了普及与提高，当时已是“从雕刻者如云，共刻艺者日众”，为明、清时期的进一步发展奠定了基础。明代精美的良木雕刻是明式家具中主要的装饰手法，圆雕、浮雕、透雕、线雕等均有应用，雕刻纹饰热烈奔放，有山水人物、飞禽走兽、花卉虫鱼、博古器物、西洋纹样、喜庆吉祥等纹样，给端庄肃穆、方正严谨的整体造型平添了生动的情趣。明式家具将雕刻装饰与结构相结合，既实用，又点缀美化了家具本身，如罗锅枨、三弯腿、开光、鼓腿、内翻马蹄、云纹牙头、鼓钉等，代表了中国古典家具的精华，体现了我国划时代的装饰美学的审美追求。到了清代，明式家具的风格继续发展，直到清代中叶以后，清式家具的风格才逐渐明朗起来。从家具工艺技术上讲，乾隆后期达到了顶峰。但是这个时期的家具雕刻以求多为胜，片面追求华丽和精细雕琢，清式家具雕刻技术并没有什么突破和创新。

家具雕刻工艺是一种表现形式多样、应用范围广泛、操作技艺复杂的传统工艺技术。是我国一种具有民族特色的传统艺术，其历史源远流长，文化底蕴深厚。木雕以其古朴典雅的图案、精美绚丽的表现形式，获得广大用户的喜爱，在国际艺坛上，以其独特的艺术风采，展示着东方民族古老的文化艺术。现在木材雕刻仍是家具、工艺品和建筑构件等的重要装饰方法之一。全国已发展有黄杨木雕、红木雕、龙眼木雕、金木雕、金达莱根雕和东阳木雕等六大类木雕产品。在目前的家具市场上随着怀旧情绪的复苏和古典家具的流行，家具雕刻装饰又以新的形式新的工艺出现在现代家具上，为这一古老的装饰方法赋予了新的生命。

压花是在一定温度、压力、木材含水率等条件下，用金属成型模具对木材、胶合板或其他木质材料进行热压，使其产生塑性变形，制造出具有浮雕效果的木质零部件的加工方法。压花加工采用现代加工技术完成工件表面装饰，生产效率高，适用于批量生产，成本较低，常用来代替浮雕。

镶嵌是指把一种小的物体嵌在另一种大的物体上，并使两种物体构成浑然一体的一种工艺方法。家具的镶嵌常用材料有木材、石材、兽骨、金属、贝壳、龟甲等，将其加工成不同的艺术图案，嵌入到家具零部件的表面上，获得两种或多种不同物体的形状和色泽的配合，跟家具零部件基材表面形成鲜明的对比，从而获得特殊的艺术效果。我国的家具镶嵌艺术如同雕刻一样，历史已久。镶嵌艺术约产生于新石器时代晚期前段，夏代则把镶嵌工艺运用于装饰铜器。经过漫长的历史进程，清代把镶嵌装饰技艺发展到了极致，在家具上的镶嵌手法也达到了空前绝后的高度。镶嵌是艺术与技术相结合的典范，但是由于镶嵌工艺复杂，目前一般只用在高档家具。

烙花是用赤热金属对木材施以强热，当木材表面被加热到150℃以上时，在炭化以前，随着加热温度的不同，在木材表面可以产生不同深浅褐色，从而形成具有一定花纹图案的装饰技法。它是一种民间传统装饰艺术形式，据史书记载，烙花起源于西汉，兴盛于东汉，后由于连年灾荒战乱，曾一度失传，直到光绪三年，才被一名叫“赵星三”的民间艺人重新发现整理，后经辗转，逐渐形成以河南、河北等地为代表的几大派系。20世纪60～70年代，在柜类家具门板上常用烙花装饰，现代家具已很少采用，但是在筷子、扇子、屏风与挂屏以及一些木质工艺品上还很常见。

贴金是用油漆将极薄的金箔包覆或贴于浮雕花纹或特殊装饰物表面，以形成经久不退、闪闪发光金膜的一种装饰方法。贴金工艺在我国有着悠久的历史，远在春秋战国时期，寺庙里的金身佛像、漆器、匾额，讲究的棺椁，华丽的建筑上都有用贴金方法来装饰的。经过发展，后来宫廷朝堂家具以及宗教供器等也采用上了贴金。目前这种装饰方法多用于古代艺术品的修复及纪念性建筑物的装饰上。

雕漆是一种在堆起的漆胎上剔刻花纹的装饰技法。相传始于唐代，明代、清代最为盛行，已有1400余年的历史。雕漆工艺起源于髹漆，是髹饰、绘画、雕刻相结合的美术工艺。明代名漆工黄大成所著《髹饰录》，是我国现存唯一的漆器工艺专著，著作中总结了前人和他自己的经验，全面地叙述了雕漆的各个方面，并对当时的漆工艺做出了科学的分类和定名。在《髹饰录》中，把雕漆分为11个品种：即剔红、复色雕漆、剔黄、堆红、堆彩、剔绿、剔黑、镌甸、款彩、剔犀、剔彩，并详细介绍了雕漆的制作方法。

从漆工分类来说，雕漆是几种漆器的一个总称。目前，全国雕漆漆器主要生产剔红漆器，时见剔黄、剔黑、剔蓝、剔彩、堆红，交错用于漆器或漆画上。多年来，雕漆以其独特的工艺，精致华美而不失庄重感的造型受到海内外雕漆艺术爱好者的青睐。

现代意义的家具表面装饰风格经过多年流行之后，人们开始对平板一块的抛弃任何装饰的国际式风格产生厌倦的情绪，于是自20世纪60年代以来，在各种设计观念的影响下，设计师们又以或多或少，或简或繁，或新或旧的表面立体装饰形式来丰富家具的造型，以满足人们的审美心理需求，并通过不同的装饰题材与形式在设计中渗入感性的情感内容，用以冲淡单一的物质功能形式，以高情感的内涵去软化高技术的生活。因此家具表面传统装饰方法——雕刻、压花、镶嵌、烙花、贴金、雕漆等又回到了人们的视线中来，人们也越来越感到挖掘传统装饰技艺精华，为现代设计所用的重要意义。在当今的家具生产中，它将以现代的技术手段与传统的装饰艺术形式相结合，为广大消费者提供大量高品位家具产品。

中华文化博大精深，装饰艺术题材寓意深刻，艺术形式美轮美奂，工艺技术精湛巧妙。特种装饰学习的重点内容是对装饰主题的理解与运用，装饰材料的选择与工艺技术，难点在于艺术与技术相结合，装饰与结构相结合，现代加工技术与传统装饰技艺相结合，在深刻理解传统装饰技艺的基础上，去繁求简，赋予传统装饰新的时代内涵，使家具设计在满足功能要求的前提下更具有文化气息。

第1篇 涂饰装饰

第1章
概　述

【本章提要】

家具表面涂饰的主要目的是对家具起到保护与装饰作用。涂饰根据所采用方法的不同，可分成不同种类，达到不同的保护、装饰和功能效果。木材是一种天然生物质材料，与金属、塑料、水泥、玻璃等其他涂饰基材不同，它对涂饰工艺技术要求较高，表面涂饰效果也容易受到多种因素的影响。家具及其木制品表面涂饰历史悠久，伴随着新型涂料的开发与利用、涂饰技术的发展，家具表面涂饰将会朝着环境友好型高档涂料以及机械化、自动化涂饰方向发展。

家具表面涂饰历史悠久，我们的祖先早在7000年前就开始使用大漆涂饰木制品。迄今为止，木材仍是制作家具理想的材料，但这种天然生物质材料很容易受到外界条件的影响，需要涂饰形成涂膜加以保护；同时，木材特有的天然质感也需要通过涂饰得以渲染并充分表现出来。但是，与金属、塑料、水泥、玻璃等其他涂饰基材不同，木材对涂饰工艺技术要求较高，所以，要做好涂饰，获得理想的涂饰效果，就不是一件简单的事情了。木材、涂料与涂饰工艺称为涂饰的三要素，只有对这三方面进行深入地了解和掌握，加上熟练的操作技巧，才是获得最终优质漆膜质量的唯一途径。

1.1　家具表面涂饰的目的

家具表面涂饰俗称家具油漆。由于传统油漆概念已经涵盖不了现代油漆中的组成成分，所以，现代油漆又称为涂料。传统“油漆”的动词意义，现代称为涂饰，是用涂料涂饰制品表面，经过干燥形成一层具有装饰保护性能的涂膜的施工过程，其作用是增加木制品的美观性，有效地保护木制品并延长其使用寿命。这种方法使用历史悠久，至今仍为国内外木制品表面装饰的主要方法之一。

（1）保护作用。木材是天然生物质材料，与外界环境直接接触，很容易受到影响。经过涂饰的木制品，表面形成一层漆膜，便隔绝了制品与外界环境中空气、阳光、水分、液体、昆虫、菌类以及脏物等的直接接触，减轻了外界环境对制品的直接不利作用；漆膜也缓冲了外界机械冲击对木材的直接作用，使木制品不致很快损坏，从而延长了产品的使用寿命。

（2）装饰作用。无论是透明涂饰还是不透明涂饰，它们所形成的漆膜都大大地美化了木制品的外观。如果一件造型款式新颖，用料讲究、做工精细的木制品，表面涂饰做不好，就会前功尽弃，俗话说“三分木工，七分油工”，说的就是这个道理。当家具表面颜色与款式相配，再加上高质量的涂饰，就会大大提高产品价值，赢得市场，产生效益。家具是一件供人们使用的产品，同时又是一件艺术品，但能否成为一件真正的艺术品，表面涂饰起到极其重要的作用。

（3）功能作用。家具表面涂饰除上述的保护作用和装饰作用外，其涂层还具有一些特殊功能作用，如色漆涂层的标志作用、色彩的调节作用以及示温、报警、杀菌等作用。

家具质量与价值受设计、材料、加工工艺、选用涂料以及涂饰工程等各方面因素影响，由于木材资源日渐缺乏，单从选材和机械加工控制产品质量越来越困难，因此不同种类木材的开发应用、色差调整、劣材优用给涂饰工艺设计与施工带来很大难度，要获得良好的涂饰质量，除了对木材性质和家具用涂料有深刻认识之外，对木材着色剂、填孔剂及其木材着色、填充技术和各种涂饰工艺流程设计都应加以细致研究。

1.2 涂饰分类

木制品表面涂饰历史悠久，应用也非常广泛，直到现在，涂料涂饰仍是家具表面装饰的主要装饰方法。不同的分类方法，对应不同的涂饰工艺。掌握涂饰分类，对进行技术交流和做好家具表面涂饰是十分必要的。

（1）按基材纹理显现程度分类：用涂料涂饰制品表面，可根据基材纹理显现的程度，把涂饰分为透明涂饰、半透明涂饰和不透明涂饰三类。三类涂饰在涂料选用、外观效果、工艺规程以及应用上都有很大的差别。透明涂饰是指用各种透明涂料（如透明清漆、透明色漆、透明着色剂等）涂饰制品表面，形成透明漆膜，基材的真实花纹得以保留并充分显现出来，材质真实感加强。半透明涂饰也是指用各种透明涂料涂饰制品表面，但选用半透明着色剂着色，漆膜成半透明状态，有意造成基材纹理不清，减轻材质缺陷对产品的影响，材质真实感不强。不透明涂饰是指用含有颜料的不透明色漆（工厂里也称之为实色漆）涂饰制品表面，形成不透明色彩漆膜，遮盖了被涂饰基材表面。

（2）按漆膜光泽分类：涂料生产按形成漆膜光泽现象分有亮光涂料和亚光涂料，由于涂饰选用涂料不同，涂饰分为亮光涂饰和亚光涂饰两类。亚光涂饰根据漆膜表面光泽度不同，又分为全亚涂饰和半亚涂饰。亮光涂饰是采用亮光漆涂饰的结果。涂饰工艺过程中基材必须填孔，使其平整光滑，漆膜达到一定厚度，有利于光线反射。亚光是相对亮光而言的，亚光涂饰是采用亚光漆涂饰的结果，漆膜具有较低的光泽。选用不同的亚光漆可以做成不同光泽（全亚、半亚）的亚光效果。

（3）按基材填孔程度分类：由于木材结构的原因，表面有管孔显现，按管孔填充程度可把涂饰分为填孔涂饰（全封闭）、显孔涂饰（全开放）和半显孔涂饰（半开放）。填孔涂饰是在涂饰工艺过程中用专门的填孔剂和底漆，将木材管孔全部填满、填实、填牢，漆膜表面光滑，丰满厚实，利于光泽提高。显孔涂饰工艺过程不填孔，涂层较薄，能充分表现木材的天然质感。半显孔涂饰工艺，木材管孔只填充了一部分，用手触摸还能感觉管孔，涂饰效果介于填孔涂饰和显孔涂饰之间。

（4）按着色工艺分类：产品涂饰之后所表现出的外观颜色，是通过不同的着色工艺过程实现的，这样就把涂饰分为底着色、中着色和面着色工艺三类。底着色涂饰工艺是指用着色剂直接涂在木材表面，根据产品着色效果要求，可在涂饰底漆过程中进行修色，加强着色效果，最后涂饰透明清面漆。中着色涂饰工艺基材表面不涂着色剂，外观颜色的形成是在涂饰完底漆后进行透明色漆着色，最后再涂饰透明清面漆。

面着色涂饰工艺是基材表面和涂饰底漆过程中都不涂着色剂，而采用有色透明面漆，在涂饰面漆时同时着色。

（5）按表面漆膜处理分类：根据最终漆膜是否进行抛光处理，涂饰分为原光涂饰和抛光涂饰两类。原光涂饰是指制品经各道工序处理，最后一遍面漆经过实干，全部涂饰便已完工，表面漆膜不再进行抛光处理，产品即可包装出厂。抛光涂饰是在整个涂层均完全实干后，先用砂纸研磨，再用抛光膏或蜡液借助于动力头擦磨抛光。

（6）按表面漆膜质量要求分类：根据表面漆膜质量的要求，可把涂饰分为高档涂饰、普通涂饰和中档涂饰。这种涂饰分类与制作产品档次、质量要求有关，主要区别在于涂料选用和漆膜状态。高质量要求的产品，要高档涂饰。所谓高档涂饰是指表面漆膜不允许有任何涂饰缺陷，工艺过程要求很严，涂料一般选用聚氨酯漆、聚酯漆和硝基漆等，具有优异的保护性能和装饰性能。普通涂饰应用于质量要求不高的普通产品，允许有一些涂饰缺陷，涂料一般选用醇酸漆等油性漆。中档涂饰介于高档涂饰和普通涂饰之间。

1.3 表面涂饰对木质基材的要求

在表面涂饰生产中，将需要进行涂饰处理的材料叫做基材。基材可以是实木板方材、刨切薄木、装饰人造板、中密度纤维板、刨花板、细木工板、集成材等，这些基材可根据需要采用不同涂料、工艺和涂装方法来处理。为了提高家具表面的涂饰质量，充分让木制品获得满意的涂饰效果，对基材应该进行严格挑选，并对其提出一定的质量要求。

1.3.1 基材表面质量

人造板作为基材，如刨花板、中密度纤维板、细木工板等，要求基材平整光滑，厚度均匀一致，无翘曲、边角缺损、分层、鼓泡等缺陷。透明涂饰时基材颜色应一致，板面颜色缺陷应加以控制。实木作为基材，如实木板方材、实木指接材等，其表面处理是在正常机械加工的基础上所进行的专门处理。一般包括腻平、砂光、表面清净、去木毛等工序。针对具体树种木材和机械加工后的表面情况，有时需要去树脂、漂白以及局部或全部进行基材修色。对基材表面应仔细砂光使其平整光滑，无任何缺陷。

在采用薄木贴面后进行涂饰生产时，由于薄木很薄（通常为0.2～0.3mm），基材的缺陷很容易透过薄木反映到涂饰表面上来，因此必须对基材进行严格挑选。对于有节子、裂缝及树脂囊的基材必须进行修补处理，对各种基材在进行薄木贴面前都应进行严格精细砂光。

现代木材涂饰中，人们对基材表面质量的认识已经从过去的“三分木工，七分油工”转变为“三分油漆，七分基材”，可见现代涂饰行业已经充分认识到基材材面质量对最终涂饰效果的重要影响，改变了传统的依赖涂饰涂料来掩盖、弥补基材不良的错误想法。

1.3.2 基材表面粗糙度

木材是多孔性材料，尤其是一些阔叶树材的导管是一些中空的细长管子，这些木材经制材锯割加工之后，在横切面上仍有许多管孔，弦径切面上是些导管沟槽，无论怎样刨平砂光都会存在材面的机构不平，涂漆时会造成渗陷浪费，因此涂饰施工中必须适当封填，否则不仅渗漆浪费，还影响光泽与保光性。填孔与着色合理配合可以充分显现木纹，不填孔或少填孔可以得到显孔（全开放、半开放）的装饰效果，因此对木材管孔的处理要单独考虑。

1.3.3 基材厚度误差

在涂饰之前必须对基材进行砂光处理，减小厚度偏差，一般应控制在±(0.1～0.2) mm，其目的是砂去各种污染物，保证基材表面平整光滑，厚度均匀。胶贴薄木后保证贴面平整，牢固耐用。

1.3.4 基材含水率

刚采伐的或放在水中浸泡的木材中都会充满水分，用材时必须将木材干燥到与当地平衡含水率相当的水平，这样不但能降低木材的胀缩性，保持木材尺寸的稳定性，同时也能增强木材的强度以及耐久性。木材含水率与周围环境平衡含水率差异较大时，易产生干缩湿胀现象，易造成制品的翘曲、开裂和变形，漆膜容易开裂和脱落。木材含水率控制不当会给涂饰施工带来不利影响，如涂层固化慢、附着力差、涂层泛白等缺陷。

木材含水率的高低是木制品是否会翘曲变形的关键，那么，涂饰的木材含水率应大致在什么范围内才合适呢？一般来说，室外用木制品在年平均含水率的范围内即可，室内用木制品一般将木材干燥至8%～12%较为适宜，外销家具一般将木材干燥至低于当地平衡含水率2%～4%，由于木材有吸湿滞后现象，这样可以减少涂饰缺陷的发生。当采用静电喷涂时，木材最低含水率应在8%以上，否则需要对木材进行调湿处理，使木材表面含水率达到12%～15%。

1.4 涂饰相关因素

与涂饰相关的因素很多，主要包括涂料性能、基材性质、涂饰技术、涂饰环境以及涂饰管理等，了解掌握涂饰相关因素，对做好涂饰十分重要。

1.4.1 涂饰材料与涂饰

随着涂料工业的发展，了解、认识、掌握涂料显得十分重要，它不仅对产品质量有影响，而且与生产成本和环境保护关系重大。溶剂从液体涂层挥发到空气中，由于溶剂比重不同，轻的往上漂浮，重的要下沉，知道这一原理，对涂饰车间空气净化系统设计尤为重要，所以，为了提高涂饰质量，控制涂饰环境，我们应了解掌握有关涂料知识，并对其进行深入研究。

在选用涂饰材料时应重点分析解决以下几个方面问题：

（1）结合产品设计要求选择涂料：例如产品质量要求高，选择树脂漆；普通产品，可选用油性漆；显孔涂饰，选择硝基漆比较好；半显孔涂饰，一般选择硝基漆或聚氨酯漆；漆膜强度要求高，选择聚酯漆或光敏漆；质量要求高的透明涂饰，选择油性色浆着色剂、树脂色浆着色剂或油膏进行底擦色；质量要求不高的透明涂饰，选择水性颜料填孔着色剂；漆膜光泽要求比较高的亮光涂饰，选择亮光漆；漆膜光泽要求不高的亚光涂饰，按要求选择不同光泽度的亚光漆等。

（2）根据产品使用环境条件要求选择涂料：例如室内与室外，干燥与潮湿，良好与恶劣，同是室内或室外使用的产品，由于对保护性和装饰性要求不同，涂料选择也不一样。

（3）满足配套性要求选用涂料：在涂饰过程中，为了使涂层达到所需要的保护性和装饰性，涂层是由多道漆重复涂饰形成的，因此必须正确选择涂层体系，以及腻子、底漆、面漆等配套品种。在多层涂饰的情况下，涂层之间的附着力不同（即使是相同的漆种，由于生产厂家不同，附着力也不同），涂层之间的配套性也不一样，涂饰要求选择的涂料具有良好的配套性。

（4）施工条件、设备应与涂料性能、干燥机理相适应：例如空气喷涂与静电喷涂，应选用不同的涂料或溶剂；固化速度比较快的涂料，适合于机械化自动化涂饰，要配置相应的干燥设备；干燥很慢的油性漆，需要较大的干燥车间面积；使用光敏漆，要有光固化设备等。

（5）选用涂料时应考虑涂料对环境的污染情况：尽量选用低毒或无毒、无味、少挥发或不挥发有害气体的涂料。例如水性漆、无溶剂型漆等。

（6）选用涂料要考虑经济因素：面对产品竞争日益激烈的市场，应努力降低产品生产成本，在满足漆膜质量要求的前提下，选择物美价廉的涂饰材料，但要注意材料的"性价比"。有条件的话，考虑采用自动化涂饰，提高生产效率，降低涂饰费用，从而降低生产成本。

1.4.2 木材与涂饰

与金属、塑料、玻璃、水泥等材料不同，木材是一种天然有机高分子物质，由无数微小的细胞组成，结构复杂，具有许多其他材料不具备的特性。有关木材的理论研究成果，可以帮助我们认识、了解、掌握木材，比如多孔性木材表面孔隙度平均约占木材表面积的40%左右，个别材质可达80%，给涂饰带来很大困难。另外，木材对周围的水分、空气非常敏感，具有干缩湿胀性，这种变形表现出的各向异性易使漆膜出现开裂、脱落，因此漆膜的耐久性、稳定性是木材给涂饰带来的又一大困难。再有，木材的化学组成中，含有不同的酸和酯胶类物质，给木材表面涂饰带来了很多问题和困难。因此，在对木材进行涂饰时，要想提高涂饰质量，就必须深入研究木材及其木质材料，对木材的特性有一定的认识和掌握。下面从木材入手，阐述影响木材涂饰效果的主要因素。

1.4.2.1 木材构造对涂饰质量的影响

根据树木的分类，通常将木材分为针叶材和阔叶材两大类。

针叶材构造比阔叶材构造相对简单一些，木质均匀，纹理不明显。针叶材中对木材表面涂饰影响最大的是松脂。大多数的针叶材像樟子松、马尾松、云杉等都含有松脂，尤其是在节疤处常渗出松脂，造成涂在松脂上的染料渗入松脂而发花。涂漆后松脂会渗入漆膜，影响漆膜的干燥时间，使漆膜变软。因此，在涂饰前应设法除去松脂，然后涂上一层封闭漆以防止松脂继续向表层渗出。

阔叶材木纹纹理清晰、美观，具有较强的天然质感和装饰作用，是历来制造家具与室内装修的理想用材。对阔叶材来说，管孔对涂饰质量影响较大。管孔较大时，在涂饰施工过程中如不进行封闭或填孔，涂料就会沿着缝隙渗入木材内部，造成浪费，漆膜还会出现不连续、渗孔、塌陷等一些涂饰缺陷，也有可能产生皱纹甚至开裂等现象，影响漆膜的平整与光泽。

1.4.2.2 木材特征对涂饰质量的影响

（1）木材的颜色：木材的颜色影响到产品整体涂饰效果，自然也会影响涂饰施工工艺。木材颜色主要由其内含物成分所决定，以橙色为中心，且有一定的分布范围。木材颜色变化比较复杂，如树种不同，颜色不同；相同树种，产地不同颜色也不同；同一树种，产地相同，但同一棵树的不同部位颜色也不同。因此，在对木材进行涂饰时，要根据实际情况进行相应工艺处理，如通过漂白工序使基材颜色均匀一致。

（2）木材的光泽：木材光泽是指光在木材表面正反射的程度，正反射光占入射光的百分率被称为光泽度。木材光泽的强弱与树种、木材构造特征、抽提物和沉积物、光线射到板面上的角度、木材的切面等因素有关。一般来说，具有侵填体的木材常具有较强的光泽，木材径切面对光线的反射较弦切面强。光泽比较强的树种如山枣、栎木、槭木、椴木、桦木、香椿等，其材色显得更加艳丽。

（3）木材纹理与花纹：木材纹理结构是由木材不同切面上的深浅不同、形状不同的早、晚材细胞构成的。树种及部位不同，切割方向不同，会形成千变万化的纹理效果。纹理的形状、走向与分布对装饰效果影响很大，所以应视情况对其妥善处理。若板面纹理分布均匀、舒展大方，或奇异新颖、别致有趣，则多用清漆涂饰，可以清晰地显现出木材的美丽花纹，表现与渲染木材特有的天然质感，使纹理的天然图案得以更好的发挥；若板面纹理杂乱无章，图案效果较差，则应采用不透明涂饰，起到既能掩盖基材又能提高装饰效果的作用。

（4）木节：在木材涂饰中，节子的视觉心理感觉因东、西方人生活环境不同而各异。西方人对节子情有独钟，认为它有自然、亲切的感觉。有节材给人以更加自然、朴素的视觉印象，天然所生的颜色与纹理耐人寻味，无须特殊处理而进行本色透明涂饰，反而更加自然。受回归自然、崇尚自然思想的影响，追求返璞归真成为当今一种时尚。在欧美等发达国家或地区，人们喜欢用有节材做墙壁板和家具。近些年，我国也对表现木材自然质感的节子逐渐转变了看法。但是，在涂饰技术中如何降低节子的污染缺陷，增加节子的自然、质朴、纯真的效果，还有待进一步研究。

1.4.2.3 木材化学组成对涂饰质量的影响

木材化学组成中的浸提成分（抽提物）是对涂饰影响较大的部分。浸提成分量因树种不同而有很大变化，一般占木材化学组成中的10%左右，大量存在于树脂道、树胶道、薄壁细胞中，主要包括树脂、树胶、单宁、色素、精油、生物碱等，能够影响漆膜固化，并引起漆膜变色，产生黄变、色斑等，降低漆膜的附着力。对木材涂饰影响较严重的是单宁，单宁存在于某些木材，如栗木、柞木、楸木等木材的细胞腔内和细胞间隙内，单宁为有机酸，易溶于水，遇铅、锰、铁、铝等金属盐能发生化学反应使木材变色，从而影响木材的着色。除单宁外木材所含的其他色素也会影响木材涂饰的颜色，如含有酸类或醌类的木材（如红木、柚木、落叶松等）涂饰后将会促使漆膜颜色变深。

针叶材（如红松、樟子松、云杉等）都含有松脂，尤其节疤处含量更多，常常不断渗出。涂饰油性漆后，涂层会被松脂中的松节油溶解而遭到破坏。同时，松脂的存在，还会影响漆膜的附着力和着色效果。

消除抽提物对涂装的影响，目前尚无更多更好的办法。一般在涂饰前，可以先用聚氨酯封闭底漆封闭基材，然后再进行其他涂饰工序。对含树脂多的松木、柚木、花梨木等木材，需涂封闭底漆2～3次。对具体的抽提物可采用具体措施，例如对含树脂多的木材，可采用溶剂溶解、碱液洗涤、挖补等方法，除掉树脂后再着色涂漆。

1.4.2.4 木材中水分对涂饰质量的影响

用于家具及其他木制品生产的木材，必须先进行自然干燥或人工干燥使其达到规定的含水率要求，如果木材含水率没有达到要求，会给涂饰施工和制品表面漆膜效果等带来一系列的不良影响，主要表现在以下几方面：

（1）引起涂层白化：在高温高湿或低温高湿天气中施工时，挥发型漆的涂层会因水蒸气凝结于涂层之上混入涂膜中而使涂层发白，即涂层白化。当木材干燥没有达到规定的含水率要求，木材中的水分就会进入涂层出现涂层白化现象，涂膜不鲜明，影响透明度。

（2）涂层易产生气泡针孔：某些涂料对水十分敏感，尤其是聚氨酯漆，非常容易与水分发生化学反应，所产生气体自涂层内逸出形成气泡，气泡破裂或砂纸磨破便是针孔，将会造成严重的涂装缺陷。

（3）影响涂层顺利干燥：含水率过高，会导致涂层与木材接触的界面处于高湿状态，从而影响溶剂挥发和树脂交联固化反应的正常进行，涂层不能顺利固化，造成漆膜干燥不完全、失光，理化性能也随之降低。

（4）影响色泽的鲜明：木材含水率过高或过低将影响基材的着色，当含水率发生变化时，木材可能产生收缩变色，导致涂层色泽不鲜明。

（5）造成局部缺漆：当木材表面局部过湿，可能影响涂层的润湿附着，导致局部缺漆无膜现象。

（6）影响涂膜的附着力：木材含水率过高，其内部水分终究要向外蒸发，经过一段时间就会造成漆膜龟裂、隆起剥离、附着不好。

（7）造成菌类寄生：由于木材含水率过高可能造成腐朽菌、软腐朽菌、霉菌以及变色菌的滋生，导致木材腐朽变质，甚至木制品损坏。

（8）造成木制品翘曲变形：涂过漆的木制品会随空气温湿度变化，有少量水分移动进出，造成制品因膨胀收缩而翘曲变形，导致涂膜与木制品损坏。

总之，木材水分过多，对表面涂饰会造成严重的不利影响，因此，涂饰前的木制品必须有适于涂饰要求的含水率。

1.4.3 涂饰技术与涂饰

涂饰技术是一项综合性技术因素，包括涂饰工艺的确定，各工序施工技术，工具和设备的性能、选择与应用，以及对基材质量的把握。

涂饰工艺是涂饰的具体操作过程，由一系列工序组成。根据产品涂饰要求不同，工艺过程有繁有简，针对要涂饰的具体产品，应制定详细的工艺规程。在满足产品质量要求的前提下，做到各工序所用材料、工具、设备、操作方法以及工艺条件确定科学合理，经济实用。一般涂饰工艺过程分为表面处理、涂饰涂料和漆膜修整三个阶段，各阶段都有明确的目的与要求，包括一些具体的工艺规程要求。

由于具体产品的不同，基材构造、材种、材质的差异，以及选用的涂料品种、涂饰方法与工具设备的不同，尤其是产品质量高低的差别，家具及其木制品涂饰工艺过程变化很大，多种多样。评价涂饰工艺过程是否先进合理，其原则仍是依据涂饰质量、效率和消耗，即在保证高质量的前提下，简化工艺，缩短施工周期，提高效率，降低材料与工时消耗，从而降低生产成本，提高经济效益。

1.4.4 涂饰环境与涂饰

涂饰环境主要表现在两方面，一是涂饰作业环境对涂饰质量的影响，一是涂饰作业对公共大气环境质量的影响。涂饰作业环境是指涂饰车间内部环境，分为涂饰区、干燥区、打磨区和公用区。涂饰作业环境对涂饰质量、涂饰效果和涂饰效率均有影响，尤其对形成优质漆膜过程关系最大，涂饰作业要求车间内部有良好的涂饰环境条件。良好的环境条件包括光线充足、照度均匀、温湿度适宜、空气清洁、通风良好、换气适当，同时要求防火、防爆与防毒。车间内部通风换气非常重要，若不能及时排除车间内各区域粉尘以及含有溶剂的空气时，补送新鲜空气，保证车间内部环境质量，这对操作员工的身体健康和涂饰质量都非常不利。

1.4.5 涂饰管理与涂饰

要想做好家具表面涂饰，加强涂饰管理工作，建立健全的涂饰管理制度是必不可少的。选用了优质的涂料、掌握了涂料性能、选择了涂饰方法与设备、制定了先进合理的工艺规程之后，若不加强管理、精心操作，也绝不会获得良好的涂饰效果，做好涂饰也就无从谈起了。

管理工作包括人员管理、物资管理和财务管理，对于涂饰来讲，重要的是人和物的管理。建立行之有效的管理制度，加强涂饰过程控制，实行跟踪检查以及培训一支训练有素的工人技术队伍，是做好涂饰的根本手段。

1.5 涂料与涂饰技术的发展

家具表面涂饰具有保护与装饰制品的双重作用，是家具表面装饰的主要方法之一，使用时间最长，历史最悠久。涂料装饰不论在过去、现在或将来，都是一种用途非常广泛的表面装饰处理手段与方法。

1.5.1 涂料的发展概况

我国木制品表面涂饰历史悠久，早在7000多年前就开始使用大漆涂饰木制品。1978年在浙江省余姚县河姆渡村发掘出的朱漆木碗，就已有7000年的历史；1950年中国科学院考古研究所在对河南安阳殷墟武官村大墓考古中发现，很多“雕花木器印痕”中都有生漆的残迹，这些都是很好的客观证明。此外，在古籍中也有许多关于涂饰原料与技术的记载，如《禹贡》中有“兖州厥贡漆丝，豫州厥贡漆臬”；《周礼夏官》中有“方氏办九州之国使同贯利，河南曰豫州，其利林漆丝臬”；《山海经》中多次提到“生漆”；《书经》、《韩非子》、《周礼》等书中都有关于髹漆的记述，这些都充分表明我国特产“大漆”，并且在很早就得到了利用。

如同生漆，桐油也是我国的特产，桐油的利用也有几千年的历史。通过桐油和对矿物颜料的加工利用，生产出各种色漆。长沙马王堆等西汉古墓出土文物中的棺椁和几百件漆器，都已有红、褐、金黄等颜色的彩绘和纹饰；河北藁城县台西出土的商代遗址中的薄板胎漆器，漆色乌黑发亮，色彩绚丽鲜明，朱地花纹精巧，还镶嵌有各种形状的嫩绿松石；古代丝绸之路上的敦煌壁画，都说明了几千年前我国在晒漆、兑色、髹漆、镶嵌、彩画以及漆器制造上的高水平。直到现在，我国的生漆、桐油及漆器等和我国的丝绸一样，都是闻名世界的精美产品。

在过去几千年的涂饰技术发展过程中，人们所用涂料主要是天然大漆和植物油以及天然颜料等物质。这在涂料的发展史上被称为“天然成膜物质时期”。这个时期的漆虽有许多优异的物理化学性能，但远不能满足生产发展的需要。随着生产力水平的提高，科学技术的不断进步，到19世纪下半叶，由于有机高分子聚合物化学工业和合成染料化学工业的发展，世界上出现了人造树脂、合成树脂、合成染料及人造颜料，这就为涂料生产开辟了广阔的材料来源。从此人们便利用多种合成树脂、有机溶剂、化工颜料及合成染料来制造涂料，涂料品种和数量得到了迅速发展。涂料的物理化学性能和质量不断完善与提高，将涂料的发展推进到了一个崭新的“合成成膜物质时期”。

19世纪末，虫胶漆传入了我国，它是当时较为先进的技术之一，我国上海等沿海地区开始应用虫胶漆涂饰高级木家具。20世纪30年代，硝基漆传入我国，多作为高级家具表面罩光使用。

随着20世纪30年代石油化工业的飞速发展，新的涂料大量涌现出来。与以往的涂料相比，性能优良、易于涂饰，涂饰效果也明显提高。

20世纪50年代初期，腰果漆、丙烯酸漆出现；50年代后期，醇酸漆开始大量使用，并逐渐占据了主导地位。随着木制品加工业的发展，人们对家具质量的要求也越来越高，木制品生产数量的增加以及生产规模的扩大，原来的涂料与涂饰技术已不能满足大批量生产的要求，为了适应大批量生产系统对涂料和涂饰技术的需求，50年代末期聚氨酯漆问世。

20世纪60年代，不饱和聚酯树脂漆开始用于木器家具涂饰。这种涂料一次涂布可获得比早期清漆高数十倍的涂膜厚度，与以往清漆相比固化速度快、漆膜硬度高，并且防湿效果好、耐久性提高，涂饰工艺周期大为缩短。特别是那段时期流行高光泽度的亮光装饰，采用早期清漆涂饰，操作比较繁重，工期长，如果采用不饱和聚酯漆则很容易实现。例如钢琴表面的涂饰，由以往清漆涂饰改为不饱和聚酯漆涂饰后，使钢琴的产量大幅度提高。

就在不饱和聚酯漆出现前后，酸固化氨基醇酸树脂涂料问世，之后对这种涂料的需求量急速增加。这种涂料漆膜具有硬度高、光泽亮、易于涂饰、固化速度快、强制干燥的效果最好、成本低等优良特性，但气味较大。

20世纪60年代中期研究开发出了快干型聚氨酯树脂涂料，使家具表面涂饰提高了一个档次，这是木材涂饰用涂料的革命性变化。由于这种涂料的出现，原先胶合板用清漆涂饰时，频繁发生的漆膜开裂缺陷问题也得以彻底解决。特别是木材填孔剂性能优良，各种物理化学性能好，配套性强。由于聚氨酯涂料具有优良的涂膜性能，成为了家具以及家用电器快速发展的促进剂。

20世纪60年代末期，紫外光固化涂料在木材表面涂饰上得到应用。80年代初，在天津、上海、南京和华北地区，兴起了光固化的热潮，上了几十条光固化施工流水线，用于板式家具表面涂饰。直到80年代末期由于聚氨酯漆和不饱和聚酯漆的广泛应用，才使得曾经风靡一时的光固化木器漆走向了低谷。

20世纪90年代，国产聚氨酯漆与70年代产品相比，在固化速度、固体分含量、光泽、手感、毒性、气味以及品种、功能等方面均有很大改进，其综合性能优异，估计在我国现代木器漆使用上占80%以上。聚氨酯漆的品种由初期的黑、白、灰实色面漆和闪光、闪彩、闪银等美术漆发展到外观水白的透明清漆（亮光、亚光）、透明色漆（亮光、亚光），还出现了一些仿皮漆、裂纹漆等功能性树脂漆。许多固体分含量高、黏度小、固化快，便于涂饰施工的丙烯酸树脂漆、亚光光固化漆、水性木器漆也相继出现。由于地板行业的快速发展，亚光光固化漆的出现，使光固化涂料又恢复了昔日的风采。

涂饰的目的之一是提高被涂饰制品的观感效果。优质木材多数颜色较深，即不进行着色处理或稍加修整就能够满足消费者的视觉需求；但是，由于珍贵木材和优质木材的供应不足，材色差的树种以及色差较大和污染材使用量的增加，对这类木材进行着色处理，提高其附加值的要求越来越突出，这就促进了新型着色剂的开发与着色技术的发展。

着色剂主要是指在透明涂饰过程中为木材或涂层进行着色使用的材料。过去国内成品品种很少，现如今已是品种繁多，主要以填孔与着色兼备的着色剂以及油性着色剂和色浆着色剂为主流，使用方法简单，无论何种着色设计都能很容易地实现。材质低下的基材经表面处理、着色后，外观效果大大提高，提高了制品的附加值，扩大了使用范围。还有各种颜色的透明色漆成品相继投放市场，已是现代木材表面涂饰不可或缺的一类涂料品种。

1.5.2　涂料的发展趋势

家具业和室内装饰装修业的发展促进了涂料的发展，而涂料的发展也带动了家具业和室内装饰装修业的发展。与此同时，随着对环境关注度的提高，环境保护法规对涂料工业的发展将起到重要的影响。涂料的发展趋势是：

（1）多元化涂料品种并存，从单一性向多样化配套发展。油性漆等低档漆种在家具上的用量会越来越少，主要用于建筑材料和室外制品涂饰；以PU漆单一品种统治的时代将会结束，在相当长的时期内会是PU漆、NC漆、UV漆、PE漆、AC漆和水性漆等共存时代。

（2）高档涂料开发与应用将是主流。随着生活水平的不断提高，人们对家具及装修质量要求也越来越高，家具行业将不断提高档次，优胜劣汰是发展中的必然趋势。生产企业为了赢得时间、赢得市场，必然要求漆膜质量高、干燥快、施工周期短，为此对木器涂料会提出更高的要求，需用高档涂料将是未来主流，装饰效果差、漆膜性能差、施工宽容性差的涂料必然会被市场所淘汰。

（3）大力开发与使用高固体分涂料。影响21世纪涂料与涂饰的是以VOC为首的环境保护法规的制约。随着国际上对环境、安全要求的呼声日益高涨，发达国家已经开始开发有利于环境保护、减少VOC排放量的新型涂料。涂料中的有机溶剂是为了调节涂料的黏度，使其便于涂饰、能够形成连续完整漆膜而添加的，是涂饰作业必要的，然而在涂饰、干燥固化后就几乎全部散发到空气中。进入空气中的碳氢化合物类溶剂和氮氧化物共同形成光化学氧化剂与光化学烟雾，对人类的健康产生恶劣影响。在符合环境保护法规要求的前提下，未来涂料将被高固体分涂料（日本与美国要求不挥发分的目标值在70%以上）、紫外光固化型涂料、水性涂料、粉末涂料、粘贴涂料等代替。

（4）水性木器漆迎来发展机遇。随着时代的进步，消费者的环保家装、健康家居的意识日益增强。水性木器漆主要以水为稀释剂，与传统的溶剂型涂料相比，不含游离TDI、苯及苯系物，对人体无害，对环境友好，是真正的生态环保漆。美国、欧盟水性木器漆使用率已达80%～90%，传统溶剂型涂料已经被淘汰，而目前我国木器漆仍然以传统溶剂型为主。事实上，1999年水性木器漆就进入了中国市场，在国内已经销售了若干年，但是在市场上的份额仍不足1%。其原因主要是水性木器漆在性能上还存在一些不足，如耐热、耐水性、丰满度、亮度、硬度等物理性能和溶剂型的木器漆相比有一定的差距。

随着国家宏观政策的出台，苯类溶剂的限制使用，人们环保安全意识的提高，将会给国内水性木器漆的发展带来一个良好的发展机遇。中国市场正在与国际接轨，水性木器漆代替传统溶剂型木器漆将是大势所趋，必将成为家具表面涂饰和家装涂饰的主要潮流。

1.5.3 涂饰技术的发展

提高产品质量，降低生产成本，无论何时都是非常重要的课题。由手工涂饰发展为以喷涂为主体的涂饰方法极大地提高了涂饰生产效率，同时，为提高涂饰效率，开发了多种涂饰机械，静电喷涂机就是其中的一种，它最初用于氨基醇酸树脂涂料的涂饰。

静电喷涂技术不仅能涂饰与漆流直接相对的表面，而且还能对被涂饰部件的侧面与背面进行涂饰，因此节省了涂料用量，提高了涂饰效率，改善了涂饰作业环境，具有传统涂饰所不具备的诸多优点。这些优点在圆棒状木制品构件的涂饰上得以充分发挥，如桌子腿、椅子、柜脚等的涂饰多采用静电喷涂。目前，椅子等类的圆形部件与长体件的涂饰仍在利用这种涂饰方法。

随着涂饰业的发展，涂饰机械的研究开发速度也比较快，相继开发了高压无气喷涂、双组分喷枪以及适合于人造板涂饰和部件涂饰的淋涂机与辊涂机。为了加速涂饰自动化、装置系统化，对往复式涂饰机、机械手的需求也在增加，这一类涂饰机得到了日新月异的发展。现在日本是机械手生产量最大的国家，同时也是机械手使用最多的国家之一。

20世纪80年代以后，随着我国家具制造业的高速发展，特别是木质家具制造业的兴盛，极大地促进了我国涂饰机械的发展。机械涂饰正在取代传统手工涂饰。

随着市场竞争日益激烈，木材加工企业对木质材料的涂饰技术提出了更高的要求，如彻底削减涂饰成本、使用低质材进行高级涂饰、压缩涂饰间歇时间、彻底消除涂饰缺陷等。企业为提高自身竞争力，必须充分利用现代涂饰技术创造出富有感染力、让消费者产生购买欲望的高技术涂饰木制品。

根据涂料的发展趋势，涂饰技术要解决的问题是：

（1）高固体分涂料：首先需要开发能够涂饰高黏度涂料的涂饰设备，解决制约漆膜抛光的技术问题。

（2）木器用粉末涂料：需要进行为缓和由于涂料高温熔融对被涂饰基材产生不良影响的前处理。此种涂料也受抛光处理的制约。

（3）水性涂料：首先应考虑由于水的作用使被涂饰基材产生润胀、变形、起毛等问题。被涂饰基材表面若发生变形，将会造成各种精密的自动机械不能使用。并且，使用蒸发迟缓的水性涂料要有防止涂膜干燥迟缓的对策，对使用溶剂型涂料能够完成涂饰表面抛光的技术，由于水的表面张力大，有必要从头开始采取措施。

涂饰自动化也是不能缺少的技术条件。过去由于往复式涂饰装置的静电喷涂机、自动喷涂机、自动填孔机、辊涂机、淋涂机、真空涂饰机的出现，促使涂饰作业由手工作业向机械作业过渡。虽然不够完善，但它是涂饰自动化的第一步。今后更进一步发展是涂饰生产线向无人化以及能够使用由形状识别传感器与计算机控制的系统发展。

发展最慢的是自动漆膜砂光机，导致其发展缓慢的原因有极高的精度要求、被涂饰木材的尺寸变化的不均一性、被涂饰基材的形状复杂等。砂光机的改进需要从木材角度出发考虑解决。另外，被涂饰物的自动输送系统的改进也是涂饰自动化的关键。

对于21世纪的涂饰技术，必须更加注重涂饰的前处理，因为上述诸类问题，如被涂饰基材材质的低劣化、尚未被开发利用的木材的使用、原木利用率的提高、涂饰的高档化、涂饰自动化、新型涂料的应用等，都需要以往所没有的前处理技术。有望实现的前处理有：壳聚糖处理、聚乙二醇（PEG）处理、表面木塑复合材（WPC）处理、等离子体处理、表面塑料化处理等。

本章小结

家具表面涂饰的目的是对家具及其木制品起到保护、装饰以及功能作用。根据选用不同的涂料、采用不同的涂饰工艺、表现不同的涂饰效果与涂饰质量，以及不同的产品使用地域对涂饰进行了分类，全面掌握涂饰分类与每种涂饰特点，将有利于进行技术交流与表达。阐述了表面涂饰对木质基材的要求，涂饰材料、木材物理化学性质、涂饰技术、涂饰环境和涂饰管理等因素均对表面涂饰效果与质量有很大影响，只有对这些影响因素进行深入了解和掌握，再加上熟练的操作技巧，才能获得最终优质漆膜。家具及其木制品表面涂饰历史悠久，新型涂料的开发与利用、涂饰技术的发展，将会朝着环境友好型高档涂料以及机械化、自动化涂饰方向发展。

思考题

1. 何谓涂饰？家具表面涂饰的目的有哪些？
2. 阐述涂饰分类方法。
3. 何谓透明涂饰、半透明涂饰、不透明涂饰？何谓亮光涂饰、亚光涂饰？何谓填孔涂饰、显孔涂饰、半显孔涂饰？何谓底着色涂饰、中着色涂饰、面着色涂饰？何谓原光涂饰、抛光涂饰？

4. 表面涂饰对木质基材有哪些要求？
5. 阐述涂饰材料对涂饰质量的影响。
6. 试述掌握木材物理化学性质对做好涂饰的重要性。
7. 试述木材中水分对涂饰质量的影响。
8. 简述涂饰技术与涂饰环境对涂饰质量的影响。
9. 试述加强涂饰管理的重要性。
10. 简述涂料与涂饰技术的发展趋势。

第2章 涂料基础知识

【本章提要】

了解掌握涂料的基础知识是做好涂饰工作的前提，是获得优质漆膜、从事理论研究的必修课。涂料一般都由成膜物质、着色材料、辅助材料和溶剂四部分多种原料组成，根据成膜物质不同国家标准将涂料分成18个大类，生产实践中人们习惯按涂料组成、性能、用途、施工、固化机理、成膜顺序等划分涂料种类与命名。涂料性能直接影响涂料的使用并在很大程度上决定涂饰质量，涂料性能包括液体涂料性能与固体干漆膜的性能。

如前所述，要想做好涂饰首先要了解掌握各种涂料的组成和性能。每种涂料均是依据化工理论设计制造，故不得仅凭经验与感觉使用，只有先了解掌握了一定的理论知识才能优选涂料、设计先进合理的工艺，并能控制与保证涂饰质量，发挥涂料应用的预期效果。

2.1　涂料组成

绝大多数液体涂料是由固体分与挥发分两部分组成。当将液体涂料涂于制品表面形成薄涂层时，其中的一部分将转变成蒸气挥发到空气中去，这部分就称为挥发分，其成分即是溶剂；其余不挥发的部分将留在表面干结成膜，这一部分就称为固体分，即能转变成固体漆膜的部分，它一般包括成膜物质、着色材料与辅助材料（助剂）三个成分。现就将组成液体涂料的四个成分所用原料及其性质、作用分述如下。

2.1.1　成膜物质

成膜物质是一些涂于物体表面能干结成膜的材料，由油脂、高分子材料（合成树脂）、不挥发的活性稀释剂组成。其经过溶解或粉碎，当涂覆到物体表面时，经过物理或化学变化，能形成一层致密的连续的固体薄膜。当涂料固化后，已转变成固体漆膜的成膜物质一般都是高分子化合物，但当它未干固前，可能是高分子物质，或是一些相对分子量并不太大，具有进一步反应能力的化学物质，它们在成膜过程中通过化学反应最终形成干固的高分子化合物漆膜。

涂料工业制漆时，用做成膜物质的主要材料有两类，即早年主要使用的油脂（包括植物油和动物脂肪）和近代主要使用的各种树脂。成膜物质既可单独成膜，也可以黏结颜料等着色材料共同成膜，因此也叫固着剂、黏结剂。成膜物质是涂料中最主要的成分，主要决定着漆膜的各种物理化学性能，是涂料的基础物质，因此也称为基料、漆料、漆基。没有成膜物质就不可能形成牢固的附着在物面上的漆膜。

2.1.1.1　植物油

在涂料工业中用的最多的是植物油，如桐油、蓖麻油、梓油等，它是一种主要的原料，用来制造各种油类加工产品、清漆、色漆、油改性树脂以及用做增塑剂等。

植物油的主要成分为甘油三脂肪酸酯（简称甘油三酸酯），其分子式简单表示见右。

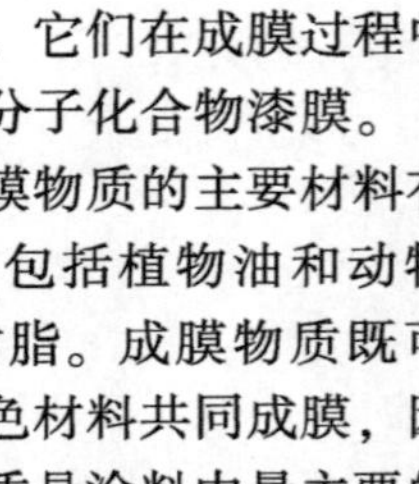

$$\begin{array}{l} CH_2-O-\overset{\displaystyle O}{\overset{\|}{C}}-R_1 \\ | \\ CH-O-\overset{\displaystyle O}{\overset{\|}{C}}-R_2 \\ | \\ CH_2-O-\overset{\displaystyle O}{\overset{\|}{C}}-R_3 \end{array}$$

分子式中RCOO为脂肪酸基，是体现油类性质的主要成分。按其分子结构中是否含有双键，又分为饱和与不饱和脂肪酸两大类。含有不饱和脂肪酸的植物油（如桐油、亚麻油等），当涂成薄涂层时，接触空气，吸收氧气，发生一系列复杂的氧化聚合反应，使油分子逐步互相牵连结合，分子不断增大，逐渐由低分子转变成聚合度不等的高分子，由液体状态转变成固体薄膜。这就是植物油能固化成膜的机理，也可以将其理解为凡含植物油的油性漆以及油改性树脂（如部分醇酸树脂）等固化成膜的机理。

植物油中不饱和脂肪酸含量越多，不饱和脂肪酸中所含双键数越多，这种植物油的不饱和程度就越大，当其涂层暴露于空气中时，其氧化聚合作用越强，则成膜越快，干性越好。植物油的不饱和程度常以碘值（100g 油所能吸收的碘的克数）来表示。涂料工业使用多种植物油，常依据其不饱和程度分为干性油、半干性油和不干性油。

干性油能明显吸收空气中的氧，自行发生氧化聚合反应，其涂层能较快干结成膜，碘值在 140 以上，如亚麻油、桐油、梓油等，多用做油性漆的主要成膜物质。

半干性油能慢慢吸收氧，其涂层需较长时间干结成膜。碘值在 100 ~ 140 之间，如豆油、葵花油等，多用于制造浅色漆或油改性醇酸树脂。

不干性油不能自行吸收空气中的氧而干结成膜，其碘值在 100 以下，如蓖麻油、椰子油等。一般不直接作成膜物质，多用作增塑剂（助剂）和制造改性合成树脂。有的不干性油可经化学改性而转变成干性油，如蓖麻油可经脱水而变成干性油，即脱水蓖麻油。

2.1.1.2 树脂

树脂是一些透明或半透明的黏稠液体或固体状态的无定形有机物质，一般是高分子物质，无明显熔点，受热只有慢慢软化的软化点或熔融范围，大多不溶于水而溶于有机溶剂（有的能溶于水或加工改性能溶于水）。将树脂溶液涂于物体表面，待溶剂挥发（或经化学反应）能够形成一层连续的固体薄膜。例如木器家具早年曾应用很长时间的虫胶，是一种紫胶虫分泌的红棕色天然树脂，多加工成固体片状称虫胶片，能溶于酒精中，将虫胶的酒精溶液涂于木材表面，酒精挥发即形成连续的虫胶涂膜。

人类单用植物油作成膜物质制漆已有数千年的历史，但这种涂膜的硬度、光泽、干性、耐水、耐酸碱等性能都不能令人十分满意。后来人们在油中放入松香或其他天然树脂制漆，其性能已有相当的改进，而现代生产、生活对各类制品表面涂膜提出了更高、更完善的性能要求，只有近代的各种合成树脂才能达到。因此，现代木器家具所用涂料主要是用各种合成树脂做成膜物质。

在现代生产与生活中，树脂的应用很广泛，如胶黏剂、塑料、涂料、合成纤维等都大量使用各种合成树脂，但这些树脂的性能是不同的。适于在涂料中用作成膜物质的树脂，一般应具备如下性能：首先，能赋予涂膜一定的装饰保护性能，如光泽、硬度、柔韧性、耐液性、耐磨性等；其次，应具有满足多种树脂合用制漆时不同树脂之间或树脂与油之间的良好混溶性；第三，要求树脂在相应溶剂中应有很好的溶解性，水性漆所用树脂应能在水中分散或溶解。混溶性与溶解性不好的树脂将限制其在涂料中的应用。

涂料中用作成膜物质的树脂，按其来源可分为以下三类：

（1）天然树脂：来源于自然界的动植物，如热带紫胶虫分泌的虫胶，由松树的松脂蒸馏得到的松香等。

（2）人造树脂：用天然高分子化合物加工制得。如用棉花经硝酸硝化制得的硝化棉（硝酸纤维素酯），各种松香衍生物也称改性松香，如石灰松香、甘油松香（酯胶）、季戊四醇松香、顺丁烯二酸酐松香等。

（3）合成树脂：用各种化工原料经聚合或缩合等化学反应合成制得，如酚醛树脂、醇酸树脂、氨基树脂、过氯乙烯树脂、丙烯酸酯、聚氨酯、不饱和聚酯、环氧树脂等。

木器家具常用涂料中的具体树脂品种、性能以及对涂料特性的影响将在涂料品种章节中叙述。

2.1.2 着色材料

能赋予涂料、涂层以及木质基材某种色彩的材料称作着色材料，在涂饰木材时用于调制着色剂、填孔剂、腻子等。着色材料主要包括颜料和染料，它们最大的区别是染料能溶于水，而颜料则不能溶于水。早年多用颜料制成不透明的色漆，近年有色透明清漆大量涌现，它是在透明清漆中放入染料制成的。

涂料生产公司提供给用户的着色剂一般分为两类，一类是色精，另一类是色浆。色精属染料型着色剂，是将染料溶解于溶剂中再与其他材料调配而成，有很好的透明度，主要用于透明涂饰的基材着色或加入清漆中。染料型着色剂色彩鲜艳、亮丽，但有些色彩的耐候性较差，选择优质染料，这个问题可以解决。染料型着色剂产品很成熟并已形成系列。色浆属颜料型着色剂，主要用于半透明涂饰或遮盖木材的不透明着色。和染料型着色剂相比，颜料型着色剂耐候性要好得多，色调丰富，但色泽鲜艳度较低。

着色剂的调配很复杂，通常根据客户的样板调配，必须要由有经验的专业技术人员予以调配试色，这给没有专业调色基础的广大用户带来很大不便，为此，涂料生产厂家推出了仿红木、橡木、柚木、樱桃木、紫檀、花梨木等各种颜色的成品着色剂，极大地方便了着色剂的使用。此外，着色剂的使用还与木材的质量有很大关系，涂饰前必须对底材颜色加以调整、处理，同时，涂饰着色所用各类油漆和着色剂，最好为同一厂家配套产品，以保证附着力和配套性。

2.1.2.1 颜料

颜料是一些微细的粉末状有色物质，一般不溶于水、油或溶剂，当将着色颜料与成膜物质溶液（树脂或油）混合搅拌时，颜料可呈微粒子粉末状均匀地悬浮在漆液中，这便是不透明的色漆。其外观呈现一定的色彩，并遮盖了制品基材表面。颜料本身不能成膜，必须分散于成膜物质中才能成膜，是辅助成膜物质。

（1）颜料作用。颜料主要用于制造不透明的色漆、着色剂、填孔剂与腻子等，使色漆涂层具有某种色彩并能遮盖基材。颜料还能调节涂料黏度，可防止制品立面涂饰时涂料的流淌；面漆中的颜料还能充填涂层的凹陷，增加漆膜厚度，提高涂膜的机械强度，防止水汽渗透，改善涂料的物理、化学性能，从而改善了涂膜的附着力、耐磨性、防腐性等；特别是能阻止紫外线的穿透，延缓漆膜的老化，从而提高了涂膜的耐久性与耐候性。有些颜料还能赋予涂膜一些特殊性能，如耐化学药品性、防火性、发光性、毒性（船底漆用）、防锈与金属光泽等。但是色漆与同类清漆相比，因加入颜料而降低了涂膜的光泽。

（2）颜料性质。制造色漆与涂饰施工过程所使用的颜料，一般要求其具有鲜明的颜色，较高的着色力、遮盖力、分散度，较低的吸油量，不渗色，对光、热以及酸碱溶剂等的作用稳定，耐光耐候性好。

颜料的颜色是它对白光的成分有选择吸收的结果。颜色是由光波的长短确定的，这些不同的波长，通过人们眼睛的反映而产生了各种各样的色彩。

着色力是两种颜料混合呈现颜色强弱的能力。混合颜料达到某种色调着色力强的颜料用量少。着色力强弱除了颜料成分不同外，与颜料颗粒大小也有密切关系，颗粒越细小，分散度越高，着色力就越强。

遮盖力是含颜料的色漆涂膜能将基材物面完全遮盖起来的能力。遮盖力的强弱决定于颜料和色漆漆料折光率之差、颜料对光线的吸收能力、颜料的分散度及其晶体形状。折光率之差越大，吸收光线越强，分散度越高及有一定晶体形状的颜料的遮盖力越高。遮盖力高的颜料用量少。

耐光性是指颜料的耐光牢度，颜料仅能给色漆涂层鲜艳的原始色泽是不够的，涂膜的色泽应能长久保持，但是颜料在光和大气作用下会逐渐退色、变暗或色相发生变化。耐光性好的颜料则能较长时间维持其原有色泽。

（3）颜料品种。颜料品种很多，按其化学成分可以分为无机颜料与有机颜料；按其来源可分为天然颜料与合成颜料；按其在涂料工业与木材涂饰施工中的主要用途可分为着色颜料与体质颜料等。

无机颜料，即矿物颜料，其化学组成为无机物，大部分品种化学性质稳定，能耐高温、耐晒，不易变色、退色或渗色，遮盖力大，但色调少，色彩不及有机颜料鲜明。目前涂料中使用的颜料，很大部分仍是无机颜料，无机颜料又分为天然的与人造的无机颜料，以及无机着色颜料与体质颜料。

有机颜料，即有机化合物所制颜料，其颜色鲜艳，耐光耐热，着色力强，品种多，色谱全，因此应用在涂料方面的有机颜料逐渐增多。

着色颜料是指具有一定着色力与遮盖力，在不透明色漆中主要起着色与遮盖作用的一些颜料，使色漆涂于物体表面呈现某种色彩又能遮盖被涂饰基材表面，也用于调制各种颜料填孔着色剂，具有白色、黑色或各种彩色。其中的白色颜料用量最大，约占总量的2/3。白色颜料中重要的是钛白（TiO_2），它是最好的白色颜料，用量也最多。

体质颜料又称填料、填充料，是指那些不具有着色力与遮盖力的无色颜料，例如大白粉（碳酸钙）、滑石粉（主要成分为硅酸镁）等，外观虽为白色粉末，但是不能像钛白粉、锌钡白（立德粉）那样当做白色颜料使用。由于这些颜料的折光率低（多与树脂或油接近），将其放入漆中不能阻止光线的透过，因而无遮盖力，也不能给漆膜添加色彩，但能增加漆膜的厚度与体质，增加漆膜的耐久性，故称体质颜料。

体质颜料多为天然产品和工业副产品，价格便宜，常与着色力高、遮盖力强的着色颜料配合制造色漆，因此在色漆配方中常含一定比例的体质颜料，以降低成本，节省贵重着色颜料的消耗。有些体质颜料密度小，悬浮力好，可以防止密度大的颜料沉淀；有的还可以提高涂膜的耐磨性、耐久性和稳定性。

常用着色颜料和体质颜料见表2-1。

2.1.2.2 染料

早些时候染料很少直接用作涂料的组成成分，只在木材涂饰施工中使用染料溶液进行木材的表层或深层染色以及涂层着色，但是近几年随着有色透明清漆成品的出现，染料不但用于木材涂饰施工中，也广泛用于由涂料厂生产的有色透明涂料品种与着色剂中。因此，染料与颜料一样成为了涂料的组成成分。

染料是一些能使纤维或其他物料相当坚牢着色的有机物质。大多数染料的外观形态是粉状的（因颗粒大小不同还有粉状、细粉、超细粉之分），少数有粒状、晶状、块状、浆状、液状等。染料外观颜色有

表 2-1 常用颜料品种

类别	色 别	品 种
着色颜料	白色颜料	无机颜料——钛白、锌钡白、锌白、铅白等
	黑色颜料	无机颜料——炭黑、松烟、石墨等 有机颜料——苯胺黑等
	红色颜料	无机颜料——银朱、镉红、钼红等 有机颜料——甲苯胺红、立索尔红、对位红等
	黄色颜料	无机颜料——铅铬黄、镉黄、锑黄等 有机颜料——耐晒黄、联苯胺黄等
	蓝色颜料	无机颜料——铁蓝、群青等 有机颜料——酞菁蓝、孔雀蓝等
	绿色颜料	无机颜料——铬绿、锌绿、铁绿等 有机颜料——酞菁绿等
	紫色颜料	无机颜料——群青紫、钴紫、锰紫等 有机颜料——甲基紫、苄基紫等
	氧化铁颜料	天然颜料——红土、棕土、黄土等 人造颜料——氧化铁红、氧化铁黄、氧化铁黑、氧化铁棕等
	金属颜料	铝粉（银粉）、铜粉（金粉）
体质颜料	碱土金属盐	碳酸钙（大白粉、老粉）、沉淀硫酸钡（重晶石粉）、硫酸钙（石膏）
	硅酸盐	滑石粉（硅酸镁）、磁土（高岭土，主要成分硅酸铝）、石英粉、云母粉、石棉粉、硅藻土
	镁铝轻金属化合物	碳酸镁、氧化镁、氢氧化铝

的与染成的色泽相仿，有的与它们染色后的色泽是完全不同的，而染料命名中的色名则表示染色后呈现的色泽名称，因此，色名可能与染料外观颜色不一致。

染料一般可溶解或分散于水中，或者溶于醇、苯、酯、酮等有机溶剂，或借适当化学药品使之成为可溶性，因此也称作可溶性着色物质，这与一般不溶于水、油或溶剂的颜料性质不同，因此用法也不一样。含有颜料的涂料是混合物，涂于制品表面既着色又遮盖，而染料则可配成水或有机溶剂的透明有色溶液，涂于木材上或涂层中既着色又透明而不遮盖木材纹理。

染料种类繁多，按其来源可分为天然染料与合成染料两类。我国很早就用天然染料（如槐花、五倍子等）涂饰木材，现代涂料中则主要使用合成染料，它们多为从煤焦油或石油中提取出来的苯、甲苯、苯酚、萘、蒽及其他有机化合物。

我国染料商品名称采用三段命名法，即染料名称由三段组成：第一段为冠称——表示染料根据应用方法或性质分类的名称；第二段为色称——表示染料染色后呈现的色泽名称；第三段为字尾——表示染料色光、形态及特殊性能与用途等，用拉丁字母表示。例如酸性红 3B，“酸性”即冠称，“红”是色称，“3B”是字尾，“B”代表蓝色光，3B 比 B 更蓝，这是一种蓝光较强的红色染料。

表示色光及性能的字母：B 代表蓝光；D 代表稍暗；G 代表黄光或绿光；R 代表红光；T 代表深；F 代表亮；L 代表耐光牢度较好等。

染料的主要质量指标有：强度（染色力）、色光、坚牢度（染色后退色程度）与外观、耐光性、溶解度，此外与各种树脂的相溶性、色彩鲜艳性、对酸和碱等化学药品和热的稳定性等。

染料品种：我国染料按产品性质和应用性能共分 12 个大类，其中木材涂饰常用直接染料、酸性染料、碱性染料、分散性染料等，此外还有不属于这种分类的醇溶性染料、油溶性染料等。现在由涂料厂生产的成品着色剂则多用各种金属络合染料。

直接染料：能直接溶于水，对棉、麻、粘胶等具较强的亲和力，在染色时不需要加入任何染化药剂均可直接染色，故称直接染料。直接染料色谱齐全，颜色鲜艳，价格便宜，使用方便，但耐光性较差。具体品种有直接黄 R、直接橘红、直接橙 S、直接黑 FF 等。直接染料一般需要软水配制，如用硬水，因含钙、镁等金属盐易产生沉淀，会引起着色不均匀。直接染料一般易溶于水，难溶于水者可加少量碳酸钙即可易溶，并能防止着色不均匀。染液升温也能提高染料溶解度。

酸性染料：指在其分子结构中含有酸性基团（磺酸基或羧酸基）的水溶性染料。当染毛、丝等纤维时常在酸性条件下染色。酸性染料色谱齐全、色泽鲜艳、耐光性强、溶解性好，易溶于水和酒精。其染液可用于木材表面和深层染色以及涂层着色，曾是国内外木材着色应用较多的染料。具体品种有酸性橙、酸性嫩黄、酸性红 B、酸性黑 10B、酸性黑 ATT 等。此外还可用这些酸性原染料加硼砂、栲胶等配成一定色泽的混合酸性染料——黄纳粉（偏黄）与黑纳粉（偏红）。

碱性染料：旧名为盐基染料，其分子结构中含有碱性基团，其化学性质属于有机化合物的碱类，故称碱性染料，习惯称为“品色”。具有很好的鲜艳度和高浓的染色能力，但耐光性较差，能溶于水（加入醋酸或酒精能增大染料溶解度）和酒精，但不宜用沸水溶解，否则染料将分解而破坏，宜用 80℃ 以下热水溶解。常用染料品种有碱性嫩黄 O、碱性橙、碱性品红、碱性绿、碱性棕等。

分散性染料：分散性染料的分子结构中不含水溶性基团，在水中溶解度极小，可借助表面活性剂的微小颗粒状态分散在水溶液中，故称分散性染料。分散性染料不溶于水，但是一般能溶于丙酮、乙醇以及其他有机溶剂，可配成染料溶液用于木材与涂层着色。大部分分散性染料染色性能优异，颜色鲜艳，耐热、耐光，染色坚牢。常用品种有分散红 3B、分散黄、分散黄棕等。

油溶性染料：是一些可溶于油脂、蜡或其他有机溶剂（丙酮、松节油、苯等）而不溶于水的染料。按其化学结构主要分为偶氮染料、芳甲烷染料与醌亚胺染料等。它有良好的染料品性，常用品种有油溶烛红、油溶橙、油溶黑等。

醇溶性染料：是一些能溶于乙醇或其他类似的有机溶剂而不溶于水的染料。按其化学结构也主要分为偶氮染料、醌亚胺染料等。常用品种有醇溶耐晒火红 B、醇溶耐晒黄 GR、醇溶黑等。

金属络合染料：某些染料（直接、酸性、酸性媒介染料等）与金属离子（铜、钴、铬、镍等离子）经络合而成的一类染料，可溶于水，有优异的染料品质。例如直接耐晒翠蓝 GL，酸性络合蓝 GGN 等。

随着木器和金属等工业涂料的快速发展，人们对染料性能的要求也愈来愈高，以往使用的传统染料常感不够鲜艳，容易退色和渗色，致使高档次的木器和金属涂料的着色逐渐改用新一代的金属络合染料，以达到色彩明亮鲜艳、不会渗色、较佳的耐光和耐候性能等要求。除色彩鲜明以外，金属络合染料多具有良好的溶解性以及与各种树脂的相溶性，同时还具有优异的耐酸、耐碱与耐热性。

2.1.3 溶剂

溶剂是一些能溶解和分散成膜物质，在涂料涂饰之际使涂料具有流动状态，有助于涂膜形成的易挥发的材料，是液体涂料的重要组成成分，在制漆时按一定比例加入漆中，常占液体涂料的很大比例（多在一半以上，少数挥发型漆占 70% ~80%），但是在液体涂料涂于制品表面之后，全部溶剂都要挥发到空气中去（无溶剂型漆例外）。

作为组成成分的溶剂在涂料中的主要功能是控制与调节涂料黏度，当成品涂料开桶使用时，针对具体施工方法调节涂料黏度，清洗施工工具及设备、容器，在施工时使用的调稀涂料与清洗工具的溶剂一般称稀释剂。对于同种漆，制漆时加入的溶剂与施工时使用的稀释剂可能是同一种材料，也可能不完全是同一种材料。

溶剂的品种性质与数量在很大程度上决定了液体涂料的许多性能，如黏度、干燥速度、毒性、气味、易燃、易爆等，也直接或间接影响涂料施工与环境安全。因为涂料的毒性、气味、易燃、易爆等性质均主要源于溶剂，因此造漆、用漆时都需谨慎选择与调配溶剂系统，这就需要对溶剂品种性能有所了解。

溶剂的性质是选用溶剂及判定其对涂料适用性的重要依据，诸如溶剂的溶解力、沸点与挥发速度、闪点与爆炸极限、极性、颜色、气味、毒性、化学稳定性以及价格等。理想的适宜的溶剂应是溶解力强、挥发速度适宜以便形成良好的涂膜，闪点宜高以降低引起火灾的危险性，黏度适宜便于涂装作业，无毒性无臭味，化学性质稳定，价格便宜。

现代木器漆中常用溶剂有烃类、酯类、酮类、醚类、醇类等有机溶剂，但是每一具体品种的溶剂都有其一定的溶解力和挥发速度，而现代木制品对涂料性能要求完善，涂料配方中常常不止一种树脂，因此现代木器漆用溶剂很难以一种溶剂组成，常选取几种溶剂的适当比例混合而成，混合溶剂具有溶解力大、挥发速度适当、成膜无缺陷等优良性质。混合溶剂常包括低、中、高沸点的真溶剂、助溶剂与稀释剂。

涂料中的溶剂多由涂料制造厂家优选设计实验完成，在涂料出厂时早已按比例加好，勿需购买者费心研究，但是在用漆施工时仍需调配涂料，所用稀释剂最好使用同厂配套材料，或遵循涂料供应商所提供的各项准则，使用原厂或指定品牌的稀释剂，并依其涂料产品使用说明书推荐混合比例进行调配，否则会有严重的后果。调配涂料时还须兼顾环境气温条件、涂装作业方式等。

常用溶剂品种性能见表 2-2。

表 2-2 常用溶剂品种性能

类别	品名	相对分子质量	沸点/℃	熔点/℃	蒸汽压/(kPa/℃)	相对密度	闪点/℃
烃类	甲苯	92.14	110.7	-95	2.9/20	0.87	6
	二甲苯	106.17	139.2	-47.9	0.82/20	0.87	29
	环己烷	84.16	80.7	6.5	27/42	0.79	< -14
	高芳烃石油溶剂		151 ~ 193	<0		0.82	42
	低芳烃石油溶剂		151 ~ 196	<0		0.80	42
酯类	乙酸乙酯	88.10	77.2	-84	9.7/20	0.898	-5
	n - 乙酸丁酯	116.16	125.5	-77	1.3/20	0.883	13
	乙酸异丁酯	116.16	116.3	-98.9	1.7/20	0.87	21
	n - 乙酸戊酯	130.18	142.0	-70.8	1.2/40	0.87	25
	乙二醇乙醚乙酸酯	132.16	156.3	-61.7	0.4/20	0.97	51
	丙二醇甲醚乙酸酯	132.1	146	< -55	0.46/20	0.97	47.7
酮类	丙酮	58.08	56.2	-94	24.6/20	0.79	-20
	甲乙酮	72.12	79.6	-87.3	9.5/20	0.80	-5.6
	甲基异丁基甲酮	100.16	119	-84.7	0.67/20	0.80	17
	环己酮	98.15	156.7	-45	0.45/20	0.945	40
醚类	甲基溶纤剂	76.06	124.4	-85	0.8/20	0.97	43
	乙二醇乙醚	90.12	134.8	-70	0.5/20	0.93	45
	丁基溶纤剂	118.17	171.2	< -45	0.1/20	0.91	61
醇类	甲醇	32.04	64.5	-95	13.3/20	0.79	12
	乙醇	46.07	78.5	-117.3	6.4/20	0.798	11
	异丙醇	60.09	82.3	-88.5	4.3/20	0.79	11.7
	n - 丁醇	74.12	117.7	-89.8	0.58/20	0.81	37.8
	环己醇	100.16	161.1	25.1	0.11/20	0.95	62.8

2.1.4 辅助材料

辅助材料是指在涂料组成中对成膜物质能产生物理和化学作用，辅助其形成优质涂膜的一些材料。在涂料生产中辅助材料也称助剂、添加剂，它在涂料成膜后可作为涂膜中的一个组分而在涂膜中存在，在涂料配方中用量很少，作用显著，往往对一个涂料的品种起着举足轻重的作用。它可明显改进涂料生产工艺，改善涂料施工固化条件和涂膜外观，改进涂料的贮存稳定性，改进和提高涂膜的理化性能，赋予涂膜特殊功能，现已成为涂料不可缺少的组成部分。在合成树脂涂料中没有不使用助剂的涂料，涂料助剂的应用水平，已成为衡量涂料生产技术水平的重要标志。

许多辅助材料可从它的名称明显看出它的功用，例如催干剂、增塑剂、固化剂、流平剂、消泡剂、消光剂、增光剂、防潮剂、防结皮剂、紫外光吸收剂、分散剂、乳化剂等。许多助剂不但有明显的单一功用，还有相当的综合效果，例如硬脂酸锌放入涂料中除消光外还能增稠、防沉、防流挂和防浮色等辅助功能。又如合成蜡（低分子聚乙烯、聚丙烯、聚四氟乙烯等）不仅消光效果好，而且能赋予漆膜良好的耐水、耐湿热、耐擦伤、防沾污性，并有良好的手感。当与气相二氧化硅并用时能使漆膜性能更完善，其消光效应、耐水、耐化学药品、耐磨和层间附着力都有明显改进。

助剂常根据设计配方在制漆时按比例加入，用漆时除固化剂、防潮剂个别助剂之外一般不必添加助剂，但是有关助剂的作用和对涂料性能影响的知识对用漆者来说还是需要的，这里对部分常用助剂简略介绍如下。

2.1.4.1 催干剂

催干剂也称干料、燥液、燥油等，是一些能使油类以及油性漆涂层干燥速度加快的材料，对干性油的吸氧以及氧化聚合反应起着类似催化剂的促进作用，同时还对漆膜性能如硬度、附着力、抗水性、耐候性等也有较大影响，其用量与配比如使用不当，还会使漆膜性能受到损害，并影响涂料贮存性，如结皮、胶冻等。

催干剂主要是一些金属氧化物、金属盐类与金属皂，例如一氧化铅（黄丹）、二氧化锰（土子）、醋酸铅、硫酸锰、环烷酸钴、环烷酸铅、环烷酸锰等。一般制漆时均已按量加足，在施工时不再补加，只是在天冷施工或因贮存过久而干性减退的油性漆可适量加入（一般为2%左右），加多可能引起涂层发粘、慢干、起皱等。

2.1.4.2 流平剂

获得一个光滑、平整的表面是涂料装饰性的最基本要求，但在涂膜表面常常会出现缩孔、气孔和针孔、橘纹、刷痕等与界面张力相关的表面缺陷，特别是在聚氨酯漆、粉末涂料、环氧树脂漆、乳胶漆中尤为明显，必须添加流平剂来防止缩孔，改善流平性，提高装饰性。

流平剂是一些能改善湿涂层流平性从而能防止产生缩孔、涂痕、橘皮等流平性不良现象的一些材料。流平性不好与涂料本质、施工环境及施工状况有密切关系，如向涂料中添加适当的流平剂，则能改善湿涂层的流平性，从而能有利于形成平滑均匀的涂膜。

常用流平剂有以下三类材料：

（1）溶剂类：多用于溶剂型漆，主要成分是各种高沸点的混合溶剂（如烃、酮、酯类等），能调整溶剂挥发速度，使涂料在干燥过程中具有均衡的挥发速度及溶解力，不致因溶剂挥发过快，湿涂层黏度过大而妨碍流动。

（2）以相溶性受限制的长链树脂为主要组成物：常用的有聚丙烯酸酯类、醋丁纤维素类等，其作用是降低涂料与基材之间表面张力而提高润湿性。

（3）以相溶性受限制的长链硅树脂为主要组成物：常用的有二苯基聚硅氧烷、甲基苯基聚硅氧烷、有机基改性硅氧烷等。这些有机硅助剂属多功能型，具有低的表面张力及好的润滑性能，因而能改善流平性。有些品种既可做流平剂，又可做抗浮色发花剂、消泡剂，并有流平增光作用。

2.1.4.3 消光剂和增光剂

光泽现象的实质是由表面平整光滑程度所决定的光的反射能力，一个表面越是平整其正反射光的量越大，人们便感觉这个表面光泽高；反之，一个表面如果凹凸不平、含颜料的漆膜颜料颗粒较大时以及分散得不好等情况都会使漆膜表面粗糙不平而影响光泽，因此涂料中加入能改善湿涂层流平性的增光剂材料，便能提高涂膜光泽；反之，涂料中加入了消光剂材料，成膜时均匀分布于涂层表面造成一定程度的凹凸不平就消减了光泽。因此，那些能使漆膜表面产生预期粗糙度，明显地降低其表面光泽的物质称为消光剂。但是，作为消光剂加入漆中的材料，不可以影响清漆的透明度和色漆的颜色，并要具有耐磨与耐划痕性，有良好的分散和再分散性，即配成的漆无论初始还是放置较长时间后都应在漆中均匀分散。事实上，如前述现代许多消光剂加入漆中，不仅有良好的消光作用，而且还有许多改善涂膜性能的综合功能。

消光剂有金属皂，如硬脂酸铝、钙、锌和镁盐；有改性油消光剂，如桐油中加入橡胶的混合物；有体质颜料消光剂，如硅藻土、高岭土、氢氧化铝、蒙脱土、碳酸钙、滑石粉、石棉粉和二氧化硅等；还有蜡，如棕榈蜡、蜂蜡、羊毛脂、地蜡、合成蜡（低分子聚乙烯、聚丙烯等）以及一些能起消光作用的其他物质。

增光剂主要是那些能提高颜料（填料）在涂料中的分散性，改进湿涂层流平和降低漆膜表面张力的界面活性剂等。

2.1.4.4 防潮剂

防潮剂也称防白剂，是一些沸点较高挥发较慢的溶剂（如酯、酮类），是专作稀释剂用于挥发型漆（如硝基漆等），遇湿天气施工时，临时加入漆中可以防止涂层发白的材料。

在阴雨潮湿天气涂饰挥发型漆时，空气相对湿度高（80%～90%），含较多水蒸气，气温较低，由于挥发型漆很快挥发出大量溶剂，吸收周围热量，使涂层表面温度迅速降低，空气中的水蒸气在漆膜表面凝结成水，混入涂层形成白色雾状，人们称此种现象为“泛白”。当用喷枪喷涂时，压缩空气中可能含有蒸汽，也会引起泛白。此时加入防潮剂，可使整个涂层溶剂挥发变慢，吸热降温现象缓和，水蒸气凝结现象减少，可防止漆膜泛白的发生。

防潮剂是施工时使用的材料（虽然涂料配方中也含一定量的高沸点溶剂），可代替部分稀释剂来调解漆液黏度，但是当空气湿度过大，加入防潮剂也无效时，只有停止施工。防潮剂应与稀释剂配合使用，一般可在稀释剂中加入10%～20%，必要时可增至30%～50%，但是不可把防潮剂完全当稀释剂使用，否则浪费溶剂，增加成本，而且使涂层干燥变慢。

2.2 涂料分类

涂料品种数量繁多，只有适当分类才便于学习、研究和选用。国内外涂料分类方法很多，大致可概括为标准分类和习惯分类两种。前者为我国有关部门作为标准规定的分类命名的方法，便于全国各行业统一使用；后者为生产上习惯的分类方法，应该了解，某些习惯分类方法虽不完善全面，但也能深刻反映涂料的某一方面特性。

2.2.1　标准分类

按我国有关标准规定的涂料产品分类是采用以涂料组成成膜物质为基础的分类方法，即按成膜物质的树脂种类划分涂料的大类。若成膜物质是由两种以上的树脂混合组成，则以在涂膜中起主要作用的一种为基础作为分类依据。结合我国目前涂料品种的具体情况，将涂料共分为 18 个大类。其名称与代号见表 2-3。

按照成膜物质为基础划分 18 个大类的分类方法在我国沿用了 30 多年，为行业的发展起到了历史上应有的作用。然而，随着时代的发展、科技的进步，涂料品种发展迅速，产品更新换代飞快。在 21 世纪人们的身心健康、环保意识逐渐增强，原有传统的溶剂型涂料挥发性有机化合物含量高、污染严重、质量低的产品将逐渐被淘汰，取而代之的是无毒、低污染、高性能、功能性的涂料品种。所以，再按 18 个大类命名产品显然远远包含不了一些新品种，从标准化角度也要与时俱进，制定新的涂料分类办法。据有关专业人士透露，中国涂料协会组织了有关专家正在对涂料产品分类方法进行改革。

2.2.2　习惯分类

长期以来人们习惯按涂料组成、性能、用途、施工、固化机理、成膜顺序等划分涂料种类与命名。有些分类与命名虽然不够准确，但对涂料种类描述直观，很有特点，在一些书刊以及工程技术资料中也常用到，尤其在使用涂料过程中经常采用习惯分类叫法，为澄清这些概念，这里对一些习惯分类叫法加以介绍。

2.2.2.1　按贮存组分数分类

可分为单组分漆与多组分漆。

单组分漆只有一个组分，倒入容器中就可涂饰，不必分装也不必按比例调配（稀释除外），例如醇酸漆、硝基漆等。

多组分漆包括两个（双组分漆）、三个或四个组分，贮存时需分装。使用前，先按比例将几个组分调配，混合均匀后再涂饰。按比例混合后有使用期限，过了期限未使用完也不能再用，因此常需现用现配，用多少配多少。例如双组分聚氨酯漆、多组分的不饱和聚酯漆等。

表 2-3　涂料分类表

序号	代号	类　别	主要成膜物质	备注
1	Y	油脂漆类	植物油、合成油	*
2	T	天然树脂漆类	改性松香、虫胶、大漆	*
3	F	酚醛树脂漆类	改性酚醛树脂、纯酚醛树脂	*
4	L	沥青漆类	天然沥青、石油沥青	
5	C	醇酸树脂漆类	甘油醇酸树脂、季戊四醇醇酸树脂	*
6	A	氨基树脂漆类	脲醛树脂、三聚氰胺甲醛树脂	*
7	Q	硝基漆类	硝酸纤维素酯（硝化棉）	* *
8	M	纤维素漆类	乙基纤维、醋酸纤维、羟甲基纤维、醋酸丁酸纤维	
9	G	过氯乙烯漆类	过氯乙烯树脂	*
10	X	乙烯漆类	氯乙烯共聚树脂、聚乙烯醇缩醛树脂	
11	B	丙烯酸漆类	丙烯酸酯树脂等	*
12	Z	聚酯漆类	不饱和聚酯、饱和聚酯树脂	* *
13	H	环氧树脂漆类	环氧树脂、改性环氧树脂	
14	S	聚氨酯漆类	聚氨基甲酸酯（聚氨酯）	* *
15	W	元素有机漆类	有机硅、有机钛等	
16	J	橡胶漆类	天然橡胶及其衍生物等	
17	E	其他漆类	以上未包括者	
18		辅助材料	稀释剂、催干剂、固化剂、防潮剂、脱漆剂	

注：带 * 号者为我国木器家具长期使用过的漆类；带 * * 号者为至今广泛使用的漆类。

2.2.2.2 按组成特点分类

根据成膜物质用油和树脂的含量可分为油性漆和树脂漆；根据溶剂的特点可分为溶剂型漆、无溶剂型漆和水性漆。

油性漆，泛指涂料组成中含大量植物油或油改性树脂的漆类。例如酚醛漆、酯胶漆等。特点为干燥慢，漆膜软。醇酸漆也可以列入此类。

树脂漆，指涂料组成中成膜物质主要为合成树脂，基本不含油类的漆。例如聚氨酯漆、聚酯漆等。其特点为干燥相对较快，漆膜硬，性能好。

溶剂型漆，指涂料组成中含有大量有机溶剂，涂饰后须从涂层中全部挥发出来的漆。在涂饰与干燥过程中对环境有污染，例如硝基漆、聚氨酯漆等。

无溶剂型漆，指涂饰后成膜过程中没有溶剂挥发出来的漆类。例如聚酯漆，其组成中的溶剂苯乙烯在成膜时与不饱和聚酯发生共聚反应，共同成膜，其固体分含量接近100%。

水性漆，泛指以水作溶剂或分散剂的漆类。其特点是无毒无味，安全卫生，环保，节省有机溶剂。

2.2.2.3 根据漆膜透明度和颜色分类

分为透明清漆、有色透明清漆和不透明色漆等。

透明清漆也称清漆，涂料组成中不含颜料与染料等着色材料，涂于木材表面可形成透明涂膜，显现和保留木材原有花纹与颜色的漆类，例如醇酸清漆、硝基清漆、聚氨酯清漆等。

有色透明清漆，清漆组成中含有染料能形成带有颜色的透明漆膜，可用于涂层着色和面着色涂饰。

不透明色漆也称实色漆，指涂料组成中含有颜料，涂于木材表面可形成不透明涂膜，掩盖了基材的花纹与颜色，表面可呈现出白色、黑色以及各种色彩与闪光幻彩等各种效果，用于不透明彩色家具的涂饰。色漆一般包括调和漆和磁漆，例如醇酸调和漆、硝基磁漆等。

2.2.2.4 按施工功用分类

可分为腻子、填孔剂、着色剂、头度底漆、二度底漆、面漆等。

腻子是指木材涂饰过程中专用于腻平木材表面局部缺陷（如裂缝、钉眼等）的较稠厚的涂料，或用于全面填平的略稀薄的涂料，二者均含大量体质颜料。过去多由油工自行调配，现已有成品销售，也称透明腻子或填充剂等。

着色剂专用于底着色（木材着色）与涂层着色的材料，主要由染料、颜料等着色材料，用溶剂或水、油类以及树脂漆等调配成便于擦或喷的材料。

头度底漆（封闭底漆），专用于头遍底漆涂饰，主要起封闭作用，可防止木材吸湿、散湿，阻缓木材变形，防止木材含有的油脂、树脂、水分的渗出，可改善整个涂层的附着力，有利于均匀着色和去木毛等。头度底漆不含粉剂，固体分与黏度都比较低，有利于渗入木材，市场成品销售有时也称底得宝。硝基漆类和聚氨酯漆类用的较多，以后者应用效果更好。

二度底漆是整个涂饰过程中的打底材料，在涂饰面漆前一般需涂饰2～3遍二度底漆构成漆膜的主体，二度底漆中含有一定数量的填料能部分渗入管孔内起填充作用。二度底漆应干燥快、附着力好、易于打磨。常用二度底漆有硝基漆、聚氨酯漆和聚氨漆类。现代木材涂饰中以后两者应用居多。

面漆是在整个涂饰过程中用于最后1～2遍罩面的涂料，对制品涂饰外观（色泽、光泽、视觉、手感等）形象起着重要作用。现代木制品涂饰常用硝基漆和聚氨酯漆。

2.2.2.5 按光泽分类

可分为亮光漆与亚光漆。

亮光漆也称高光漆、全光漆等，涂于制品表面适当厚度，干后的漆膜便呈现很高的光泽，多用于木制品的亮光装饰。大多数漆类均有亮光品种。

亚光漆指涂料组成中含有消光剂的漆类，涂于制品表面干后漆膜只具有较低的光泽或基本无光泽。按亚光漆的消光程度可分为半亚漆与全亚漆等。现代大多数漆类也均有亚光品种，尤以聚氨酯漆居多。

2.2.2.6 按固化机理分类

可分为挥发型漆、非挥发型漆、光敏漆、电子束固化型漆等。

挥发型漆指涂料涂于制品表面之后，涂层中的溶剂全部挥发完毕后涂层即干燥成膜的漆类，成膜过程中没有成膜物质的化学反应。例如硝基漆、挥发型丙烯酸漆等。

非挥发型漆指成膜固化不是靠溶剂挥发而主要是成膜物质经化学反应而成膜的漆类，例如聚氨酯漆等。该类漆涂饰后也有溶剂挥发，但溶剂挥发完涂层不一定固化，需成膜物质发生化学反应后才成膜。

光敏漆也称光固化漆、紫外线固化涂料，其涂层必须经紫外线照射才能固化的漆类，其特点是涂层固化快，一般十几秒或几秒钟可达实干。

电子束固化型漆与光敏漆同属辐射固化型漆，该类漆的涂层必须经电子射线辐射才能固化，其固化速度比光敏漆还快，只是固化设备（电子加速器）过于昂贵，国内外实际应用甚少。

2.3　涂料与漆膜性能

涂料性能即代表涂料品质的一些特性，例如液体涂料的黏度、固体分含量，涂于木器家具干固之后漆膜的硬度、耐磨性、光泽等。涂于何种制品上，要求涂料与涂膜应具备哪些性能，所选用的具体牌号的涂料是否能达到这些性能要求，这些问题是用漆者选漆时必须了解明白的。涂料性能直接影响涂料的使用并在很大程度上决定涂饰质量。

涂料性能约几十项，大体可分为液体涂料性能与固体干漆膜的性能。前者是指方便使用与影响涂饰质量、涂料消耗、施工效率与成本的一些性能，后者则是涂于木器家具表面，干燥固化之后固体干漆膜对制品起装饰保护的一些性能。

涂料厂家生产供应的具体牌号的涂料品种，都有产品质量标准，都有具体性能指标数值与要求，涂料出厂前几乎都要逐批按有关标准检验，填写产品质量检验单。这是大多数涂料生产厂家都必须做到的。作为用漆的木制品生产厂家对购进的涂料产品应有原材料进厂检验措施，了解掌握涂料生产厂家的涂料品种、调配比例、使用方法等，包括各品种的具体性能指标，例如固体分含量、干燥速度、硬度、施工注意事项等。

2.3.1　液体涂料性能

液体涂料性能在一定程度上代表了原漆质量。液体涂料性能包括外观透明度、颜色、固体分含量、黏度、细度、遮盖力、干燥时间、施工时限、贮存稳定性、毒性气味等。

2.3.1.1　清漆透明度

清漆应具有足够的透明度，清澈透明，无任何机械杂质和沉淀物。

清漆即胶体溶液，其透明程度或浑浊程度都是由于光线照射在分散微粒上产生散射光而引起的。在涂料生产过程中，各种物料的纯净程度不够，机械杂质的混入，物料的局部过热，树脂的相溶性差，溶剂对树脂的溶解性低，催干剂的析出以及水分的渗入等都会影响清漆的透明度。外观混浊而不透明的产品将影响成膜后漆膜的透明度、颜色与光泽，以及使涂层的附着力和化学介质的抵抗力下降。

根据有关国标规定检测清漆透明度，须首先配制各级透明度（“透明”、“浑浊”）的标准溶液，将试样涂料倒入比色管中（见图 2-1），放入暗箱的透射光下与一系列不同混浊程度的标准液比较，选出与试样接近的一级标准液的透明度，以此表示被检涂料的透明度。

此外，也可以采用目测法，直接以目视观察试样的透明度。

图 2-1　比色管

2.3.1.2　颜色

木器家具的外观颜色是其表面装饰效果的重要因素，其着色效果常受所用涂料（透明清漆、有色透明清漆、不透明色漆、着色剂等）颜色的影响。

颜色是一种视觉，所谓视觉就是不同波长的光刺激人的眼睛之后，在大脑中所引起的反应。涂膜的颜色是当光照射到涂膜上时，经过吸收、反射、折射等作用后，从其表面反射或透射出来，进入我们眼睛的颜色。决定涂膜颜色的是照射光源、涂膜本身性质和人的眼睛器官。

涂料颜色测定分两种清况，即透明清漆、PU 硬化剂和稀释剂等用比色计测定，而含染料或颜料的色漆则用目视比色法或用光度计、色度计等仪器测定色差。

清漆颜色测定。清漆本应是无色透明的，真正水白透明无色的清漆可谓上品，但实际上多数清漆往往带有微黄色，有些相当深重，因此清漆的颜色越浅越好。

根据有关《清漆、清油及稀释剂颜色测定法》国标规定，是用铁钴比色计测定清漆颜色。铁钴比色计是将三氯化铁、氯化钴和稀盐酸溶液按标准规定的比例配成深浅不同的 18 档色阶溶液，分装于 18 支试管中，管口密封，按顺序排列于架上。测定时，将受检试样涂料装入试管中，在暗箱的透射光下与铁钴比色计进行比较，选出与试样颜色相同的标准色阶溶液，试样颜色的等级直接以标准色阶的号（铁钴比色计共分 18 个色号，号越大色越深）表示。例如某涂料产品说明书列出甲漆颜色 10 号、乙漆颜色 8 号，则后者颜色比前者浅。

色漆颜色测定。不透明色漆涂膜呈现的颜色应与其所标明的颜色名称一致，纯正均匀，在日光照射下，经久不退色。通常用目测观察检验，其颜色应符合指定的标准样板的色差范围。

用目视比色法检测液体色漆颜色时，将标准样品和受检品各取5ml滴在对色卡上，然后用膜厚计分别拉出25mm及100mm的色卡对比，待颜色确定后再涂板判定合格与否。

2.3.1.3 固体分含量

涂料的固体分也称不挥发分，如前所述是指涂料组成中除挥发溶剂之外的涂饰后能留下成为固体涂膜的部分（包括成膜物质、着色材料和辅助材料）。固体分含量也称固含量，则是指固体分在涂料组成中的含量比例，用百分比表示。它代表了液体涂料的转化率，即一定量的液体涂料，涂于制品表面干燥后能转化成多少干漆膜。它同时也表示了液体涂料中挥发分的含量比例。例如涂料产品说明书中记载的某品种涂料的固体分含量为40%，即100g该漆中含40g固体分，含60g溶剂。

涂料的固体分含量对涂饰工艺、溶剂消耗与环境污染等均有影响，涂料固体分含量高与固含量低的涂料相比，一次涂饰成膜厚度越厚，可减少涂饰遍数与溶剂消耗，从而提高生产效率，降低有害气体的挥发，减轻了环境污染。

固体分含量可分为原漆固含量和涂饰施工固含量，后者是临使用时按说明书规定的主剂、硬化剂与稀释剂调配，配漆稀释后的施工漆液的固含量。

一般聚氨酯漆固体分含量为40%～50%，涂饰后约一半的溶剂要挥发到空气中去；挥发型硝基漆施工稀释后固体分含量为15%～20%，涂饰后大部分溶剂要跑到空气中去；无溶剂型不饱和聚酯漆和光敏漆可以认为固含量为100%，涂饰后其组成中的溶剂基本不挥发。这样看来很明显，选用涂料应尽量选用固含量高的。为了保护环境，减少有机溶剂挥发形成的有害气体对大气的污染，国际上提倡研制生产高固体分涂料，即原漆固含量在60%以上。

测定涂料固体分含量根据有关标准规定采取加热烘焙以除去挥发分的方法。即取少量涂料试样称重，滴于表面皿（或培养皿、玻璃板）上，然后放入恒温鼓风烘箱中，在高温下（按不同涂料类别，如硝基漆约80℃，醇酸漆、聚氨酯漆120℃，聚酯、大漆150℃，水性漆160℃等）加热烘焙一定时间，取出称重，再烘焙，经多次烘焙多次称重至恒重（即前后两次称重的质量接近，即挥发分全部跑掉，只剩下固体分），此时质量即固体分质量，则涂料固体分含量按下式计算：

固体分含量 = 固体分质量/试样质量 ×100%

固体分质量 = 焙烘后试样和容器质量 − 容器质量

许多用漆厂家怀疑涂料厂家说明书中的固含量不实，用漆厂家应自行检测购入涂料的固含量，如无条件按国标检测，这里介绍一种简易检测方法。取一块样板称重A（如板重50g），刷漆后称重B（如70g），则B－A为湿漆重（即20g）；室温干燥2～3d，变成干漆膜称重C（如60g，即干漆膜加样板重）则C－A即固体分重，可按下式计算：

固体分含量 =（C－A）/（B－A）×100%

=10/20×100% =50%

2.3.1.4 黏度

黏度是流体内部阻碍其相对流动的一种特性，也称黏（滞）性或内摩擦，也就是在使用涂料时人们感觉到的涂料黏稠或稀薄的程度。黏度过大的涂料，其内部运动阻力大，流动困难，不便涂饰，刚涂于制品表面的湿涂层流平性差。采用空气喷涂法从喷枪喷出去的涂料射流难于雾化均匀，涂层易产生涂痕、起皱，影响涂装质量。反之，黏度过低的涂料，涂饰一次的涂层过薄，需增加涂饰遍数，刷或喷涂制品的立面容易造成流挂。

涂料的黏度可用溶剂调节。涂料黏度与涂料组成中溶剂的含量有关，涂料中溶剂含量高，其黏度就低。涂料黏度还与环境气温以及涂料本身温度有关，气温高或涂料被加热时，黏度会降低。在施工过程中，如果溶剂大量挥发，涂料就会自然变稠。

不同的涂装方法要求不同的涂料黏度，例如手工刷涂、高压无气喷与淋涂、辊涂等均可使用黏度高些的涂料；而采用空气喷涂法，则一般要求涂料黏度较低。涂装生产施工中常针对具体涂装方法与涂料品种，经试验确定最适宜的施工黏度以便于施工，确保涂装质量，因此，涂料黏度是制定涂饰工艺规程的重要技术参数。

涂料黏度可分为原始黏度和施工黏度，前者也称出厂黏度，即油漆厂制漆后出厂时的原漆黏度，此黏度往往较高，使用时常需加入配套的稀释剂。后者又称工作黏度，即适于某种涂饰方法使用并能保证形成正常涂层的黏度。

液体涂料的黏度检测方法有多种，分别适于不同的品种。一般对透明清漆和低黏度色漆的黏度检测以流出法为主；对高黏度的清漆和色漆则通过测定不同剪切速率下的应力的方法测定黏度，一般使用旋转黏度计，见图2-2。

流出法是通过测定液体涂料在一定容积、孔径容器内流出的时间来表示涂料的黏度，常用各种黏度杯（计）测定。

我国有关标准规定使用涂－4黏度计测定涂料黏度，见图2-3。它是一杯状仪器，上部为圆柱形，下部为圆锥形，在锥形底部有一直径为4mm的孔，黏度计容量为100ml。黏度计材料有塑料和金属两种。涂-4黏度计依据流出法原理测试较低黏度的涂料，即测试100ml涂料试样在25℃时自黏度计底4mm孔中流出的时间秒数，以秒数表示黏度，黏度高的涂料自然流得慢，时间长，故用涂-4黏度计测定的25s的涂料比20s的涂料黏度高。

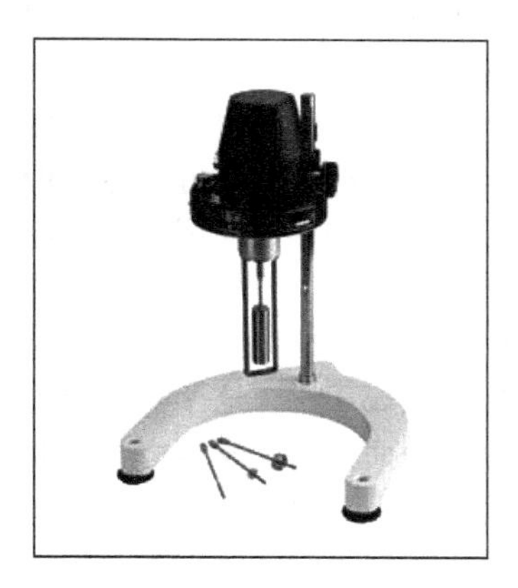

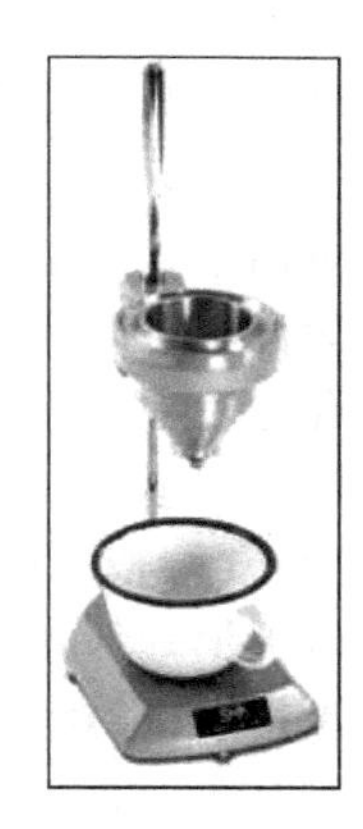

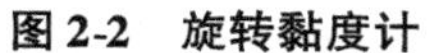

图2-2 旋转黏度计　　图2-3 涂-4黏度计

2.3.1.5 干燥时间

干燥时间是指液体涂料涂于制品表面，由能流动的湿涂层转化成固体干漆膜所需时间，它表明涂料干燥速度的快慢。在整个涂层干燥过程中经历了表面干燥（也称表干、指干、指触干燥）、重涂时间、实际干燥（实干）与可打磨时间、干硬和完全干燥等阶段。对于具体的涂料品种，这些干燥阶段所需时间都在涂料使用说明书中有所说明，但在用漆厂家的具体施工工艺条件下，这些过程究竟需要多少时间有时需要经过测试来确定，因为其变动的影响因素很多，诸如南方北方、冬夏不同季节的环境温湿度影响，涂层厚度、通风条件、不同涂料品种等。上述各阶段的干燥时间对涂饰施工的效率、涂饰质量、施工周期等均有很大影响。

表面干燥：刚涂饰过的还能流动的湿涂层一般经过暂短的时间便在表面形成了微薄漆膜，此时手指轻触已不沾手，灰尘落上也不再沾住，涂层干燥至此时即已达到表干阶段。表干快的涂料品种可减少灰尘的影响，干后较少有灰尘颗粒，表面平整，涂饰制品立面也较少流挂。具体表干时间因涂料品种而异，早年使用的油性漆表干常需几个小时，而现代涂饰常用的聚氨酯漆表干一般在15min左右。

重涂时间：聚氨酯漆、不饱和聚酯漆、硝基漆等，当采用“湿碰湿”工艺连续喷涂时，须确定允许重涂的最短时间间隔即重涂时间。有的漆可能表干即可连涂，有的漆表干重涂也许早了点，因为过早重涂可能咬起下层涂膜，这须由试验确定。

实际干燥：指手指按压漆膜已不出现痕迹，这时涂层已完全转变成固体漆膜，已干至一定程度，有了一定硬度但不是最终硬度。有些漆干至此时用砂纸打磨可能糊砂纸，不爽滑，即还未干到可打磨的程度。

可打磨时间：面漆有时打磨有时不打磨（如原光装饰的只涂一遍的面漆层），底漆层多数都必须打磨，因此对于底漆层允许打磨的干燥阶段、干燥时间对整个涂饰工艺过程是很重要的。涂层干至可打磨时间方可打磨，此时涂层易于打磨，爽滑方便，否则打磨可能会糊砂纸。

干硬：指漆膜已具备相当的硬度，对于面漆干至此时已经可以包装出货，产品表面不怕挤压。此阶段的时间不很准确，上述两个阶段也可称之为干硬。

完全干燥：也称彻底干燥，是指漆膜确已干透，已达到最终硬度，具备了漆膜的全部性能，木器家具产品可以使用。但是漆膜干至此种程度往往需要数日或数周甚至更长时间，此时的油漆制品早已离开车间，可能在家具厂的仓库、商场柜台或已到了用户手上。

根据我国有关标准规定可用专门的干燥时间测定器或吹棉球法、指触法等测定涂层的表干与实干时间。

吹棉球法：在漆膜表面放一脱脂棉球，用嘴沿水平方向轻吹棉球，如能吹走且涂层表面不留有棉丝，即认为达到表面干燥。

指触法：用手指轻触漆膜表面，如感到有些发黏，但并无漆粘在手指上（或没有指纹留下），即认为达到表面干燥或指触干燥。当在涂膜中央用指头用力地捺，而涂膜上没有指纹，且没有涂膜流动的感觉，又在涂膜中央用指尖急速反复地擦时，涂层表面上没有痕迹即认为达到实际干燥阶段。

压棉球法：在漆膜上用干燥试验器（200g重的砝码）压上一片脱脂棉球，经30s后移去试验器与脱脂棉球，若漆膜上没有棉球痕迹及失光现象即认为达到实际干燥。

2.3.1.6 施工时限

施工时限也称配漆使用期（时）限，是指多组分漆当按规定比例调配混合后能允许使用的最长时间。因为多组分漆的几个组分一经混合，交联固化成膜的化学反应便已开始，黏度逐渐增大，即使没有使用也照样干固，便不能再使用了。能够允许正常使用的时限长短，对于方便施工影响很大，如果这个时限太短，有时便来不及操作或因黏度增加而影响流平，成膜出现各种缺陷等。例如一般聚氨酯漆的配漆使用期限为4~8h，聚酯漆的使用期限为15~20min，聚氨酯漆使用就比聚酯漆方便多了。

检测配漆使用期限可将几个组分在容器中按比例混合后，按规定条件放置，在达到规定的最低时间后，检查其搅拌难易程度、黏度变化和凝胶情况，并将涂饰样板放置一定时间（如24h或48h）后与标准样板对比，检查漆膜外观有无变化或缺陷（如孔穴、流坠、颗粒等）产生。如果不发生异常现象则认为合格。

2.3.1.7 贮存稳定性

由于涂料是有机高分子的胶体混合物，因而有可能在包装桶内发生化学或物理变化，从而发生质变。例如增稠、分层、絮凝、沉淀、结块、变色、析出、干性减退以及干固硬化等，如果这些变化超过了允许的限度，势必影响涂饰质量，甚至成为废品。故涂料不是可以长期贮存的材料，但是一般应从生产日期算至少有半年至一年以上的使用贮存期，在此期限内贮存应是稳定的。涂料生产厂家应在其产品使用说明书中注明涂料的贮存期限，以便用户在贮存到期前及时处理。

涂料的贮存稳定性与存放的外界环境、温度、日光直接照射等因素有关，而某些特殊涂料如果贮存不当，有可能使密闭的包装桶发生爆裂。

2.3.2 固体漆膜性能

涂于制品表面的涂料干燥后所形成的固体干漆膜将与制品一起使用多年，应具备一系列性能，以达到对制品的装饰保护作用。这些固体干漆膜应具备的性能包括附着性、硬度、耐液、耐热、耐磨、耐温变、耐冲击、光泽、柔韧性、耐寒、耐划伤、保光保色性等。

2.3.2.1 附着性

附着性也称附着力，是指漆膜与被涂基材表面之间（也包括涂层与涂层之间）通过物理与化学作用相互牢固黏结在一起的能力。附着性好的漆膜才能经久耐用，长久起到对制品的装饰保护作用，否则可能损坏、开裂、脱皮、掉落，因此附着性是漆膜具备一系列装饰保护性能的前提条件、首要性能。关于附着的理论有吸着说、电气说、扩散说和弱境界层理论等多种，但是至今还没有一种能完满地单独解释所有的附着现象的理论，唯吸着说为较多的人认可而算作主流。根据吸着说，这种附着强度的产生是由于涂膜中聚合物的极性基团（如羟基、羧基等）与被涂基材表面的极性基相互吸引结合的结果。这里相互间距离至关重要，有关研究指出，只有当成膜物质与基材的分子间距离甚短（小于10μm）时，极性基之间才能产生相互吸引结合的附着力，为此应使成膜物质分子流动，使基材表面能被成膜物质溶液充分润湿，木材头度底漆黏度低些对木材能充分渗透，这会有利于涂层的附着。

有关研究指出，附着力的理论数值很大，而实测数值要比理论值小很多，这是因为实践中有许多影响附着的因素，如能排除这些影响附着的因素将能提高漆膜的附着力。影响附着力的因素主要有两点，即附着极性点的减少与漆膜内应力。附着极性点的减少有两方面的原因：一个原因是在涂层固化过程中涂料的极性基由于相互交联而不断被消耗；另一方面原因即基材表面状态以及施工工艺中的许多干扰因素。在涂层固化过程中会产生多种内应力，例如由于溶剂挥发，湿涂层体积收缩产生一种收缩应力，其方向与涂层表面平行，大小与涂层厚度成正比，这个收缩应力便足以抵消一部分漆膜垂直表面方向的附着力，因此一次涂得过厚的涂层对附着是不利的。

基材表面状态与涂饰工艺中影响漆膜附着力的因素是很多的，例如木材表面不清洁，有油污、胶质、树脂、灰尘等，木材含水率高，木材被水润湿而未干透，涂料黏度高流平性不好，基材砂光不适宜等。涂料自身性能也会对附着力带来影响，户外用漆的柔韧性（弹性）就对附着力影响很大，当户外制品选用了柔韧性差的涂料时，其涂膜常常不能经受季节、气候、温差变化等因素的影响而开裂。某些聚合型漆（如聚氨酯漆），当上道涂层干的太过分而再涂下一道时，往往影响附着力。这是因为成膜物质的分子在层间未很好地交联，所以在生产中，如连涂几遍聚氨酯漆时，多采用“湿碰湿”工艺，如因施工条件限制须间隔较长时间再涂时，漆膜表面要经打磨或用溶剂擦拭。底面漆配套不当常会影响附着力，如早年多用虫胶漆打底时，其上的聚酯漆便易整块脱皮。总之，欲保证附着力，用漆者需从选漆与施工工艺中多加注意，尤其后者。

根据有关标准规定，测定木材表面漆膜附着力多采用漆膜划格仪，如图2-4所示，利用割痕法对干透的漆膜用锋利刀片在漆膜表面切割成互成直角的二组格状割痕，根据割痕内漆膜损伤程度评级。详见国家标准GB 4893.4《家具表面漆膜附着力交叉切割测定法》。

2.3.2.2 硬度

硬度是材料的一种机械性质，是材料抵抗其他物质刻划、碰撞或压人其表面的能力。经过涂饰涂料的各种木制品，漆膜成为制品的最外部表面，直接经受外界环境的作用，接触其他物体，例如木家具可能承受人体的压力与摩擦，又如木地板、沙发扶手、各种

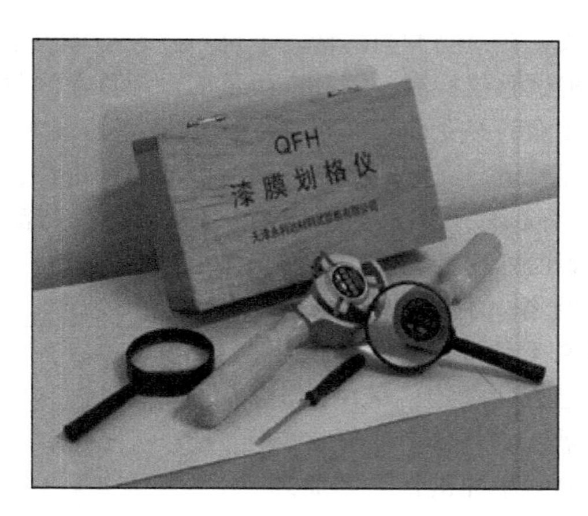

图2-4　漆膜划格仪

台面、椅面、乒乓球案子等，这些部位的表面漆膜都应有较高的硬度。漆膜硬度高，则其表面机械强度高，耐磨性好，能耐磕碰划擦。采用抛光装饰的表面漆膜需要修饰研磨时，漆膜硬度高才可以研磨抛光出很高的光泽，所以凡需抛光的木制品，需要选用硬度较高的漆种（如聚酯、聚氨酯、硝基漆等），较软的漆膜打磨抛光性差。但是，漆膜硬度并非越高越好，过硬的漆膜柔韧性差，容易脆裂，抗冲击强度低，也影响附着力。

根据有关标准采用摆杆硬度计或铅笔硬度计，如图2-5所示，测定漆膜硬度。

图2-5　铅笔硬度计

2.3.2.3　耐液性

耐液性是指漆膜接触各种液体（水、溶剂、饮料、酸、碱、盐以及其他化学药品等）时的稳定性，其中包括耐水性、耐酸性、耐碱性、耐溶剂性等。耐液性差的涂料，当其涂膜接触上述液体时可能出现失光、变色、鼓泡、起皱、变白、痕迹等，耐液性好的涂膜接触液体则完好无损，无任何变化。

各种木制品接触液体的机会很多，例如户外的建筑门窗、车船等经常接触雨雪冰霜；各种家具尤其台面类制品（餐桌、茶几、写字台等）接触各种液体，（茶水、酒、醋、咖啡等）的机会最多，台面类制品的表面漆膜应能经受这些液体的作用而不发生变化。

各类制品经常会受各种不同液体的作用，例如实验台可能接触强酸、强碱，餐桌上可能滴上几滴醋（含少量醋酸）；接触的时间也不一样，例如各种船舶长年浸在水中，而家具只偶而接触到水，但是，木制品表面漆膜必须具备不同程度的耐液性，也应针对不同使用条件下的各具体木制品表面漆膜耐液性的检测标准进行检测。

根据国家标准 GB 4893.1《家具表面漆膜耐液测定法》规定，用浸透各种试液的滤纸放在试样表面，经规定时间移去，根据漆膜损伤程度评级。

2.3.2.4　耐热性

耐热性是指漆膜经受了高温作用而不发生任何变化的性能。耐热性差的漆膜遇热可能出现变色、失光、印痕、鼓泡、皱皮、起层、开裂等现象。多数木制品使用中遇热的机会并不多，但是厨房家具、台面类家具可能经常遇到高温情况。

各种木制品在使用中可能遇到干热或湿热两种情况，而后者对漆膜的要求则更高些。所以在检测漆膜耐热性时常分为耐干热与耐湿热两种方法。

根据国家标准 GB 4893.3《家具表面漆膜耐干热测定法》和 GB4893.2《家具表面漆膜耐湿热测定法》两个规定，检测漆膜耐干热时用一铜试杯（内盛矿物油），加热至规定温度置于被试样板漆膜上，经规定时间移走，检查漆膜状态与光泽变化情况评级；检测耐湿热时则在铜试杯下放一块湿布进行。

2.3.2.5　耐磨性

漆膜在一定的摩擦力作用下，呈颗粒状脱落的难易程度即为漆膜耐磨性，耐磨性好的漆膜经受多次摩擦后均无损伤。

某些需承受摩擦的木制品，对其表面的耐磨性要求很高，如写字台面、椅座面、地板等。这些木制品表面漆膜如果耐磨性差，则很快磨损露白。一般说漆膜坚硬的耐磨性高。

根据国家标准 GB 4893.8《家具表面漆膜耐磨性测定法》规定，采用漆膜磨耗仪，如图2-6所示，测定漆膜的耐磨性。该仪器有一回转圆盘，待测漆膜样板放在圆盘上，圆盘以 70～75r/min 的速度回转，在漆膜上放一橡胶砂轮，砂轮负载 1000g 的砝码，在具一定负载的砂轮的研磨下，耐磨性高的漆膜研磨几千转不露白；反之，耐磨性差的漆膜可能研磨几百转便已露白并磨掉（失重）许多漆膜，故漆膜的耐磨性即以一定负载下不露白的研磨转数与漆膜在规定转数（一般为100r）下的失重克数表示，并以此来评定漆膜耐磨性等级。

图 2-6 漆膜磨耗仪

2.3.2.6 耐温变性

漆膜耐温变性也称耐冷热温差变化性能，是指漆膜能经受温度突变的性能，即能抵抗高温与低温异常变化，例如北方冬季生产家具时，油漆车间温度可能在15～20℃，油漆完了的家具如送到没有采暖的仓库存放，或在户外运输时，却可能处于－20℃，当从户外再进入室内时又突然处在温度上升几十度的条件下，这时耐温变性差的漆膜就有可能开裂损坏。

根据国家标准 GB 4893.7《家具表面漆膜耐冷热温差测定法》规定，检测耐温变性时，要将涂漆干透的样板连续放入高温（40℃）恒温恒湿箱与低温（－20℃）冰箱，观察漆膜的变化，以不发生损坏变化的周期次数表示。

2.3.2.7 耐冲击性

漆膜耐冲击性也称抗冲击强度，是指涂于基材上的涂膜在经受高速率的重力作用下可能发生变形但漆膜不出现开裂以及从基材上脱落的能力，它表现为被试验漆膜的柔韧性和对基材的附着力。耐冲击性能好的涂膜，在重物冲撞的情况下也不开裂损坏脱落。常用冲击试验仪检测，以一定质量的重锤落在涂膜样板上，使涂膜经受伸长变形而不引起破坏的最大高度，用重锤质量与高度的乘积表示涂膜的耐冲击性，通常用 N · cm 表示。通常涂膜厚度、基材种类与涂漆前基材表面处理状况等均会影响冲击强度。

根据国家标准 GB 4893.9《家具表面漆膜抗冲击测定法》规定，采用冲击试验器，如图 2-7 所示，检测涂膜的耐冲击性，其原理为：一个钢制圆柱形冲击块，从规定高度沿着垂直导管跌落，冲击到放在试件表面的具有规定直径和硬度的钢球上，根据试件表面受冲击部位漆膜破坏的程度，以数字表示的等级来评定漆膜抗冲击的能力。

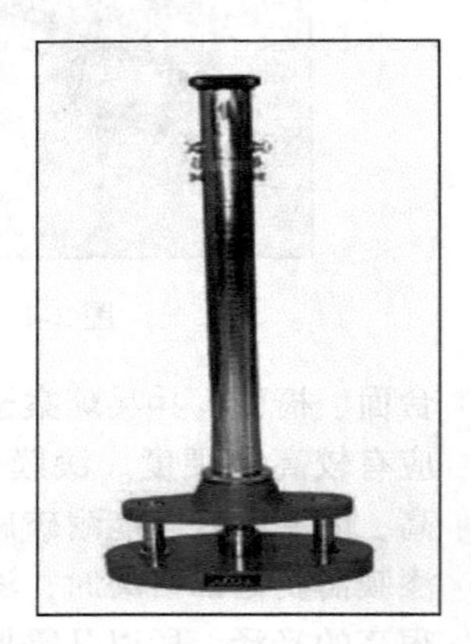

图 2-7 漆膜冲击器

2.3.2.8 光泽

漆膜光泽是涂料的重要装饰性能之一。光泽是物体表面对光的反射特性。当物体表面受光线照射时，由于表面光滑程度的不同，光线朝一定方向反射的能力也不同，我们通常称之为光泽。如前所述决定一个表面光泽高低的主要因素是该表面粗糙不平的程度，当一个表面很平整光滑的时候，则入射光线能集中而大量向一个方向反射，称正反射。一个表面的正反射光的量越多，人们就感到这个表面越光亮；反之，一个表面比较粗糙不平时，入射光线即向各个方向乱反射，称漫反射（散射），一个表面的漫反射光的量越多，人们便感到这个表面没有光泽或光泽很弱。

用于测定表面光泽的光泽仪就是测量物体表面反光能力的仪器。所测得的光泽度数值是指从规定光的入射角在样板表面正反射光量与在相同条件下从理想的标准表面上正反射光量之比值，以百分数来表示。

但是，漆膜表面反射光的强弱，不但取决于漆膜

表 2-4 不同入射角度及应用范围（日本标准）

入射角度/（°）	85	75	60	45	20
适用品种	涂膜	纸面及其他	塑料、涂膜	塑料	塑料、涂膜
使用范围	60°测定小于10%的表面				60°测定大于70%的表面

表 2-5 不同入射角度及应用范围（美国标准）

入射角度/（°）	85	60	20
使用范围	低光泽漆膜	一般光泽漆膜	高光泽漆膜

表面的平整和粗糙的程度，还取决于漆膜表面对投射光的反射量和透过量的多少。在同一漆膜表面上，以不同投射角投射的光，会出现不同的反光强度。因此，在测定漆膜光泽时，应先固定光的入射角度。日本标准 JIS 28741—1983 中规定不同入射角度及应用范围见表 2-4。美国标准 ASTMD 523 中规定的入射角度及应用范围见表 2-5。

目前我国涂料行业生产的木器漆中，较流行的提法：全光品种光泽在 70% 以上；亚光品种（低光泽的）中，半亚品种光泽为 30% ~ 60%，全亚品种光泽为 10% ~ 20%。也有分为 30%、50%、70% 光泽的。

根据国家标准 GB 4893.6《家具表面漆膜光泽测定法》建议，测定家具表面漆膜光泽使用 GZ – Ⅱ 型光电光泽仪。实际上，测定高于 70% 光泽的漆膜应使用 20°的光泽仪，测定低于 30% 光泽的漆膜，则以采用 85°的光泽仪更为理想。因此，使用多角光泽计（0°、20°、45°、60°、75°、85°）和变角光泽仪（20° ~ 85°之间均可测定），一台仪器能有多种用途，从而增大了测试范围。光泽仪如图 2-8 所示。

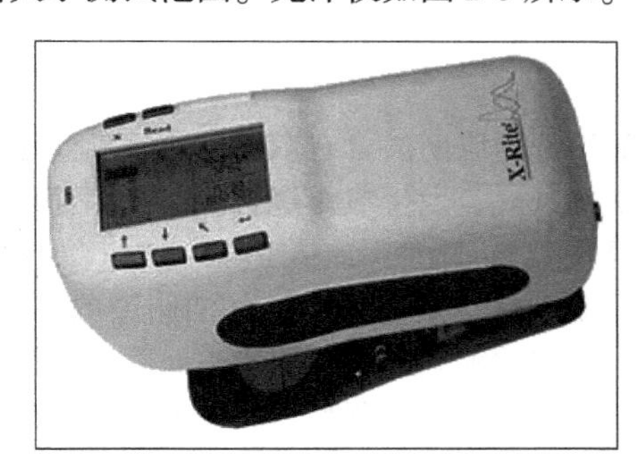

图 2-8　光泽仪

本章小结

涂料俗称油漆，是由成膜物质、着色材料、辅助材料和溶剂四部分多种原料组成。成膜物质是一些含有特殊功能团的树脂或油类，是涂料的重要组成部分，主要决定着漆膜的各种物理、化学性能。根据成膜物质不同，国家标准将涂料分成 18 个大类，生产实践中人们习惯按涂料组成、性能、用途、施工、固化机理、成膜顺序等对涂料进行分类和命名，描述直观很有特点，学习中应注意掌握。涂料性能直接影响涂料的使用并在很大程度上决定涂饰质量。液体涂料性能包括涂料外观透明度、颜色、固体分含量、黏度、干燥时间、施工时限、贮存稳定性、毒性气味等，对涂料使用、涂饰质量、涂料消耗、施工效率与成本等有很大影响；固体干漆膜的性能包括附着性、硬度、耐液、耐热、耐磨、耐温变、耐冲击、光泽、耐划伤、保光保色性等，是对家具制品起装饰保护作用的一些性能。

思考题

1. 涂料由哪些材料组成？
2. 何谓成膜物质？其作用如何？
3. 溶剂的作用如何？
4. 简述溶剂的性质。常用溶剂有哪些？
5. 着色材料有哪两类？简述它们的区别。
6. 按标准涂料是如何分类的？家具常用涂料有哪些？
7. 习惯分类特点是什么？简述各种习惯分类。
8. 液体涂料性能包括哪些项目？
9. 何谓固体分含量？是如何表示的？有何意义？
10. 何谓干燥时间？表干时间和实干时间在生产实践中有何意义？
11. 固体干漆膜性能包括哪些项目？
12. 家具表面漆膜国家标准 GB 4893 中有哪些检测项目？
13. 试述家具表面漆膜性能国家标准 GB 4893 中各项目测定方法。

第3章 常用涂料及其性能

【本章提要】

家具及其木制品生产用涂料品种繁多，只有对常用涂料品种、组成、性能与应用有所了解，才能做到优化选择，合理使用。本章将对当前木质家具生产常用的硝基漆、聚酯漆、聚氨酯漆和光敏漆的组成、性能与应用做详细介绍，而对应用量较少的油性漆和天然树脂漆等传统漆种只做简单介绍。水性漆以水代替有机溶剂，绿色环保、无公害，发展迅速，是涂料工业发展方向，对水性漆分类、性能与应用也作了比较详细的阐述。

当前家具生产用涂料的主要品种有硝基漆（NC）、聚氨酯漆（PU）、不饱和聚酯漆（PE）、酸固化氨基漆（AC）、光敏漆（UV）和水性木器漆等，由于这些涂料的性能不同，用途上各有侧重，加之经济、技术、生活习惯、消费水平的不同，各国使用的木器涂料品种及所占比例也有所区别。如德国、意大利、西班牙以聚氨酯漆、不饱和聚酯漆涂料为主；美国市场硝基涂料占75%，酸固化涂料占11%，其他品种为14%；我国聚氨酯漆涂料以75%占绝对优势，其他品种有硝基漆、聚酯漆以及光敏漆，近年来水性漆用量有所提高。

本章主要介绍当前木制家具生产常用的漆种，而对用量较少的漆种只做简单介绍。

3.1 油性漆

油性漆是一种习惯分类叫法，是指涂料组成中含有大量植物油的一类漆。油性漆是一个比较古老的漆类，包括油脂漆、酚醛漆、醇酸漆等，在现代家具生产中已很少使用，但在一些户外家具及其木制品上还有应用。

3.1.1 概述

在我国油性漆应用了数千年，如前所述，植物油组成中的不饱合脂肪酸含有双键，涂饰后涂层能够吸收空气中的氧气，发生氧化聚合反应，因而能固化成膜。最早是熬炼桐油，加入适当溶剂（如松节油、松香水）和锰催干剂便是清油（油脂漆的一种），也称熟油，所成油膜具有一定的耐水、耐热、耐候性以及光泽，可用来涂刷木制品。后来人们发现将天然树脂（如松香）加入油中一起熬炼，所制得的油性漆在光泽、硬度与干燥速度等方面均有提高。于是，用酯胶（将松香溶化放入甘油经酯化反应制得的也称甘油松香或酯胶）与干性油经高温炼制后溶于松节油或松香水，并加入催干剂所制得的透明涂料即称脂胶清漆，当放入颜料便可制得酯胶调合漆等。

油脂漆是一类以干性植物油（如桐油、亚麻仁油、梓油）为主体，经氧化、高温熬炼以后，在催干剂作用下，能在空气中自动氧化干燥成膜的涂料。由于油脂漆是以植物油作为主要成膜物质的一种液体涂料，因此油脂漆也叫油性漆。后来人们把含有大量植物油，能在空气中自动发生氧化聚合反应干结成膜的一类漆，统称为油性漆，如酚醛漆、醇酸漆等。

油性漆的主要优点是涂饰方便，渗透性好，价格低廉，气味小，有一定的装饰保护作用。缺点是干燥慢，漆膜软，不易打磨、抛光，漆膜理化性能较差，属于低档漆类。目前在我国现代家具生产中已很少使用。但值得一提的是，在北欧有一种效果独特的木材涂饰方法，即“油饰”，仍然是用油性漆（主要是用亚麻油制的漆），黏度较低，擦涂，漆液渗入木材管孔内部，漆膜很薄，表面似没有涂层，光泽好像发白木材内部，保留与显现了木材的特有质感，所涂饰的实木家具外观效果别具韵味。

3.1.2 酚醛树脂漆性能与应用

酚醛树脂漆是以酚醛树脂或改性酚醛树脂与植物油共作成膜物质的一类漆。木器用酚醛漆中的酚醛树脂是由苯酚、甲醛与松香、甘油等经化学反应制得的一种红棕色的透明固体树脂，称为松香改性酚醛树脂，再与干性油合炼制得不同油度的漆料，加入溶剂与催干剂便制得酚醛清漆，加入颜料可制得酚醛磁漆。

酚醛树脂漆的性能取决于酚醛树脂的含量，酚醛树脂含量越高，酚醛树脂的性能越明显，质量越好。酚醛树脂给涂料增加了硬度、光泽、耐水、耐酸碱及绝缘性能，同时也带来一些缺点，即油漆的颜色深，经过一段时间漆膜会泛黄，因此不宜用于本色或浅色涂饰装饰。酚醛漆涂层干燥慢，常温条件下涂刷一遍，表干需要几个小时，实干则需要十几或二十几个小时，漆膜软，不耐打磨、抛光，涂层干燥后不爽手、仍有黏性，光滑度差，一般只用来涂饰质量要求不高的木制品。

20世纪50～70年代，我国大部分家具及木制品生产多用酚醛漆罩面涂饰，使用时往往与虫胶漆配套，先涂饰2～3遍虫胶漆打底，然后涂1～2遍酚醛漆。

酚醛树脂漆膜抗强溶剂能力差，所以在其涂膜上不能涂饰含有苯类、酯类或酮类等强溶剂配制的漆，如硝基漆、聚氨酯漆等，否则会产生皱皮、咬底等漆膜缺陷。

3.1.3 醇酸树脂漆性能与应用

醇酸树脂漆是以醇酸树脂为成膜物质的一类漆。醇酸树脂是由多元醇、多元酸和脂肪酸经酯化缩聚反应制得的一种树脂。实际制漆时，常用丙三醇（一种三元醇，俗名甘油，是无色有甜味的黏性液体）、邻苯二甲酸酐（一种二元酸，简称苯酐，为白色针状晶体）与植物油（桐油、亚麻油、豆油、椰子油、蓖麻油等含脂肪酸的油类）作原料制成各种油度的醇酸树脂。

油度是用树脂和油共作成膜物质时两者的用料比例。这里是指用油类作原料生产醇酸树脂时油类的含量。油度一般分长、中、短油度，长油度与短油度相比较，前者油含量多，树脂少，后者则油含量少，树脂多。例如长油度醇酸树脂含油量在60%以上，中油度为50%～60%，短油度在50%以下。油度对醇酸树脂以及醇酸树脂漆的性能均有影响。一般来说，短油度的光泽、硬度、干燥速度、黏度等均比长油度高，而长油度的刷涂流平性、柔韧性、耐水性、耐候性、贮存稳定性等均比短油度好。

醇酸树脂漆性能主要取决于醇酸树脂的性能，醇酸树脂至今仍是性能优异、用量较大的涂料用树脂，用醇酸树脂制成的醇酸树脂漆有良好的户外耐久性、高的光泽，漆膜柔韧，附着力好，耐候性高，不易老化，保光保色性好，并具有一定的耐热、耐水与耐液性。

过去相当长一段时间家具及木制品涂饰应用醇酸漆，其品种多种多样，有普通型醇酸漆、户外用醇酸漆；有醇酸清漆、各色醇酸磁漆、各色醇酸半光磁漆、各色醇酸无光磁漆；有醇酸腻子、醇酸底漆、醇酸面漆等，自身配套性较强。但由于涂层干燥慢、漆膜较软，各种物理化学性能较低，目前中、高档家具生产已很少使用。

3.2 天然树脂漆

天然树脂漆是指以天然树脂作主要成膜物质的一类涂料，主要品种有虫胶漆和大漆。天然树脂漆对木材渗透力强，涂层干燥成膜较快，漆膜光泽、硬度、机械强度都比油性漆好，但综合性能远远不如合成树脂漆。

3.2.1 虫胶漆性能与应用

虫胶是一种天然树脂，是由寄生在热带某些植物嫩枝上的昆虫——紫胶虫的分泌物，经收集、整理、加工制成虫胶漆片。虫胶也称紫胶、紫胶茸、雪纳（Shellac），虫胶片也称漆片、洋干漆，所配制的虫胶漆也称泡力水（Polish），是一种很好的封闭性物质，能起到封闭和隔离作用，它具有封闭性好、干燥快、施工方便、可刷、可喷等施工特点。

紫胶树脂最好的溶剂是含有羟基（—CH）的低级醇，例如甲醇、乙醇。不溶于水。

虫胶漆是指虫胶的酒精溶液。属挥发性醇溶性漆。其干燥快，能形成持久、坚硬和富有弹性的漆膜，常用作打底、着色、木材封闭、调制腻子，个别情况下用作面漆或抛光漆等。

它可配制成不含颜料的透明清漆，含颜料的不透明色漆，含染料的着色清漆以及含颜料和染料的半透明的拼色剂（酒色），其中应用最多的是透明虫胶清漆。

虫胶清漆的虫胶含量可因不同工序和涂饰方法而定，一般而言，头道漆为10%～20%，二道漆为

20%～25%，面漆为30%～35%，着色清漆为20%～30%，拼色用漆为10%～15%，喷涂为38%～44%。淋涂为30%，所用酒精浓度，如调清漆，浓度为95%以上，如调底漆，浓度为80%～90%。

虫胶漆与大多数涂料不同，它多是由用漆者在生产现场就地调制。它是木器涂料中组成最简单的一种。配制虫胶清漆过程非常简单，将虫胶放入酒精中溶解就可以了，溶解过程中要不断搅拌，防止虫胶沉积容器底部。坚持常温溶解，不宜加热，否则容易引起胶凝变质。一般不要将酒精倒入虫胶中，否则表层的虫胶被酒精溶解粘连结块，影响溶解速度。

虫胶漆膜耐热性、耐候性及耐水性差，在施工时，如遇天气潮湿，则涂层易出现吸潮发白以及漆膜脱落现象。可用作大多数漆的底漆，但不能用作聚氨酯漆的底漆（附着力不好）。虫胶溶液遇铁能发生化学反应而使溶液颜色变深，因此应防止虫胶溶液与铁器接触。

3.2.2　大漆性能与应用

大漆即天然漆，又称生漆、土漆、国漆、推光漆等，是我国的特产，我国应用大漆有数千年的历史，目前主要用作"漆器"。

大漆是从生长着的漆树上，割开树皮从韧皮内部流出的一种白色黏性乳液，是漆树的一种生理分泌物。从漆树割取的天然漆经过净化除去杂质后，就成为生漆，即可使用。生漆经过加工处理后即成为精制漆，又称熟漆。新鲜生漆的本来颜色是乳白色或略带黄头的乳白色，当接触空气后便渐渐转变为金黄色、赤黄、血红、紫红，最后变为黑褐色或纯黑色，有酸香味。我国早在商代就已开始用大漆制作精美的漆器。中国的大漆及其漆器至今仍驰名中外，用大漆做成的家具、工艺品，例如福州脱胎漆器、北京雕漆、扬州漆器，不仅具有我国独特的民族风格，而且经历千百年后仍然不失光彩，因此，大漆有"漆中之王"的美誉。

（1）大漆具有一系列优良性能：

①具有优异的物理机械性能，漆膜坚硬。

②具有良好的耐磨性，漆膜光泽明亮，亮度典雅、附着力强。

③漆膜耐热，耐久性好。

④具有良好的电绝缘性能和一定的防辐射性能。

⑤具有优良的耐酸、耐碱、耐溶剂、耐土壤腐蚀、防潮、防霉菌性能。

⑥漆膜干燥后无毒、环保，没有有害气体挥发。

（2）大漆的缺点是：

①天然大漆价格较贵，成本较高。

②漆膜干燥条件苛刻、时间长，表干一般3～4h，而且容易造成橘皮、流挂、粘尘等漆膜缺陷。

③天然大漆的特性容易随着温度、湿度、产地的变化而变化。只有非常精通天然大漆特性的工艺师才能熟练掌握其施工工艺，对于初学者来说，大漆的涂饰工艺不容易掌握。

④天然大漆自身的半透明性，决定了对色彩处理的难度非常高。

⑤大漆含有使人皮肤过敏的漆酚（漆毒），涂饰施工时有过敏现象，容易起漆疮，如果处理不当非常容易扩散。但是，经几次过敏后，人体会产生一种抗体，从此就不会对大漆过敏了，而且漆膜干燥后对人身体没有任何伤害。

⑥漆膜柔韧性、耐紫外线性能差，一般不用做户外漆。

为了克服大漆干燥速度慢，容易引起皮肤过敏问题以及改善漆膜的某些性能，大漆一般都经过加工和改性后再使用。由天然大漆经过加工与改性制造的常见涂料有三种：其一，油性大漆，主要用于工艺品和木器家具的涂饰；其二，精制大漆，又称推光漆，涂膜光亮如镜，主要用于特种工艺品和高级木器的涂饰；其三，改性大漆，无毒、防腐蚀、施工性能好，常见品种有漆酚缩甲醛清漆、漆酚环氧防腐蚀涂料等，主要用于石油化工防腐蚀涂饰。

大漆的漆膜干燥条件比较苛刻，与其他涂料不同，其对施工温度和湿度要求严格。温度需要在20～30℃之间，相对湿度需要在75%～85%之间。只有在温度和湿度适宜的条件下，大漆才能干燥。大漆的干燥特性与其组成成分、固化机理直接相关。大漆内主要含有漆酚、漆酶、树胶质、微量的挥发酸以及水分等。漆酚是一种天然高分子物质，它的含量越高，大漆的性能就越好，它是大漆的主要成膜物质，含量一般在40%～70%。漆酶是一种氧化酶，在大漆中含量约10%，它能使漆酚在空气中氧化，促使大漆在空气中干燥成膜。漆酶的活力在40℃、湿度在80%以上时最大。可见若是缺少水分，则漆酶失去活动能力，催化作用不能进行，涂层很难聚合成膜。精制漆中的水分含量也须在4%～6%，当然水分也不能过多，否则将影响漆膜的光泽和力学性能。

大漆在涂装过程中，由于气候条件、操作不当或漆的质量不良等原因，往往会出现涂层不干、起皱、失光、发白等缺陷。如果涂膜过厚，会导致涂膜表面干燥，而内部不干；如果漆液黏度过高，容易造成刷痕；如果温度、湿度过高，则会使生漆成膜后产生失光、发白、起皱等多种缺陷；如果温度、湿度过低，可使漆酶失去活性，使生漆成为死漆，致使漆膜不干。

腰果漆又名合成大漆，属于酚醛漆的一种。是采用腰果壳液为主要原料，与苯酚、甲醛等有机化合物经缩聚后与溶剂调配而成的一种漆，主要用于木器、家具及工艺品的表面涂饰。由于腰果壳液的主要成分与天然生漆中的漆酚结构相似，而且腰果漆的许多理化性能与生漆相似，所以很多人也称其为“合成大漆”。与天然大漆相比，腰果漆存在突出缺点。首先，腰果漆中含有甲醛残留物；其次，成膜后催干剂环烷酸钴、锰、铅等重金属含量和有机物残留量均超过食品容器漆酚涂料国家卫生标准，所以腰果漆不能用于食具和玩具等涂饰，而且腰果漆干燥后会长期存在异味。最后，由于腰果漆与生漆一样存在色泽深暗的问题，配制出来的色漆色彩不够鲜艳，许多颜色无法配制。腰果漆与生漆一样不耐光照，所以不能作为户外用漆。

3.3 硝基漆

硝基漆又称硝酸纤维素漆（nitrocellulose，即硝酸纤维素，缩写成 NC），也称喷漆、蜡克（lacquer）。约于1930年问世，原本为汽车用漆而发明，后来成为世界性木器用漆的主要品种。

硝基漆是国内外木器家具油漆长期使用的少数几类涂料之一。20世纪80年代之前，硝基漆一直是我国高档木器家具涂饰首选漆种，80年代之后，由于性能优异的聚氨酯漆、聚酯漆等漆种的成功使用，硝基漆才让位给了聚氨酯漆、聚酯漆。但是，硝基漆并没有被淘汰，国内许多生产出口家具、工艺品等的厂家常依外商指定而使用硝基漆涂饰，美式涂饰工艺采用的就是硝基漆。目前国内的部分家具、木制品以及室内装修也仍然使用硝基漆涂饰或硝基改性聚氨酯漆涂饰，硝基漆仍然是目前家具生产的重要漆种之一。

3.3.1 硝基漆组成

硝基漆是以硝化棉（硝酸纤维素酯）为主要成膜物质的一类漆。以硝化棉为主体，加入合成树脂、增塑剂和混合溶剂便可制成无色透明硝基清漆，如加入染料可制成有色透明硝基漆，如加入着色颜料与体质颜料可制成有色不透明的色漆。硝基漆是上述成分按一定配方比例冷混调配的，针对用途调节配方，可获得具体的硝基漆品种。其中硝化棉与合成树脂是硝基漆的主要成膜物质，增塑剂可提高漆膜的柔韧性，颜料与染料能赋予涂层适宜的色彩，其中颜料在不透明色漆漆膜中具有遮盖性。

这四种成分一般构成硝基漆的不挥发分，即能形成漆膜的固体分，其质量一般占硝基漆的10%～30%。漆中的混合溶剂用于溶解与稀释硝化棉和合成树脂，使之成为液体涂料，它是硝基漆中的挥发分，占硝基漆的70%～90%。

3.3.1.1 硝化棉

硝化棉是硝酸纤维素酯的简称，是硝酸与纤维素作用生成的一种酯。工业生产硝化棉是用脱脂棉短绒经浓硝酸和硫酸的混合液浸湿、硝化制成。硝化棉外形为白色或微黄色纤维状，密度约为1.6g/cm^3，不溶于水，可溶于酮或酯类有机溶剂。将其溶液涂于制品表面，溶剂挥发便可形成硝化棉的涂膜，涂膜比较坚硬，有一定的抗潮与耐化学药品的腐蚀能力，故能做成膜物质。

根据硝化程度的不同可制得不同含氮量和黏度的硝化棉，其性能也不同，木器漆使用较多的是含氮量为11.7%～12.2%的RS型，其综合性能可满足木器漆膜的要求。硝化棉的黏度一般用落球黏度计测量（将规定的硝化棉溶于酯、醇、苯混合溶剂中，将规定直径与质量的钢球置于硝化棉溶液中，用秒表记录钢球降落规定高度所需时间秒数，即为硝化棉的黏度值），可制得1/4s、1/2s、5s、10s、30s、40s等多种。秒数越多黏度越高，表示其聚合度高，机械强度高，性能好，但溶解性差，常需大量强溶剂（酯、酮类）才能溶解。

单用硝化棉制漆其性能并不完善，硝化棉涂膜光泽不高，比较硬脆，韧性较差，附着力不好，需大量溶剂溶解（致使硝基漆的固体分含量低）等，故在硝基漆生产过程中常加入各种合成树脂以改善漆膜性能。

3.3.1.2 合成树脂

现代硝基漆生产过程中主要加入合成树脂，几乎大部分合成树脂均可与硝化棉并用制漆，其中应用较多的是松香树脂和醇酸树脂。

硝基漆中加入树脂的目的在于提高光泽和改善涂膜的附着性，在不增加黏度的情况下，提高硝基漆的固体分含量，赋予漆膜韧性，提高耐候性。添加树脂宜选用酸值低、耐水性、耐候性均好者。常用的松香树脂中主要采用甘油松香（酯胶）与顺丁烯二酸酐松香甘油酯。加入松香树脂可明显地增加漆膜的光泽、硬度和打磨抛光性，能制成黏度不高而固体分含量较高的漆液，并且干燥快，颜色浅，耐水与耐碱性都很好，但耐候性与耐寒性差，硬脆易裂，不宜制作户外用漆。

硝基漆中加入的醇酸树脂多为大豆油、椰子油、蓖麻油改性的醇酸树脂，用植物油制取的醇酸树脂也称油改性醇酸树脂，是一种富有柔软韧性的合成树脂，因而能明显改善硝基漆漆膜的柔韧性、附着力、耐候性与光泽等。

总之，硝基漆中实际上加入了大量的合成树脂（其数量一般为硝化棉的 0.5 ~5 倍），从而明显地改进了漆膜的硬度、光泽、附着性，增强了耐水、耐热、耐化学药品等性能，并相应提高了涂料的固体分含量。

3.3.1.3 增塑剂

硝基漆中的辅助材料主要使用增塑剂。硝化棉具有一定的强韧性，收缩率高，单独使用其挠性不够，影响附着，受外力作用易脆裂、收缩及剥落。当加入增塑剂便能使涂膜变得有适度柔韧性，附着良好，耐久性提高，并能适量提高其丰满度。但是，所用增塑剂应对硝化棉和树脂相容性良好，易溶、不挥发，利于湿涂层的流平。常用的增塑剂有邻苯二甲酸二丁酯、磷酸三甲酚酯、磷酸三苯酯以及蓖麻油等，但是其添加量以硝化棉的 30% ~50% 为宜，用量过多可能会降低涂膜硬度与耐久性。

3.3.1.4 溶剂

在硝基漆组成中增塑剂也随硝化棉和合成树脂一起成膜，这三种原材料的性质和配比是决定涂料性能的决定因素，而能否获得良好的涂膜状态，溶剂是决定性因素。各种溶剂的溶解力及挥发速率等因素，对于硝基漆的生产、贮藏、施工及漆膜光泽、附着性、表面状态等多方面性能均有影响，溶剂能使溶解性不相同的三种成分保持相容的溶解状态，在涂层整个干燥过程中溶剂的溶解力必须保持平衡，因此挥发速率的平衡非常重要。溶剂对于木材吸收、水分凝聚要有良好的抵抗性，对下层涂膜不能有过分的溶解。要满足这些条件硝基漆需要多种溶剂的配合。

作为主要成膜物质的硝化棉是一种较难溶解的高分子纤维酯类，再考虑到硝基漆的多种材料组成，简单使用一种单一的溶剂效果不会好，必须使用混合溶剂。根据溶解力、挥发速度以及经济因素，混合溶剂一般由真溶剂、助溶剂与稀释剂组成。

真溶剂也称活性溶剂，是指能溶解硝化棉的酯、酮类溶剂，常用的有醋酸乙酯、醋酸丁酯、醋酸戊酯、丙酮、甲基异丁基酮、环己酮等。

助溶剂也称潜溶剂，是指不能直接溶解硝化棉的醇类溶剂，但将其与真溶剂混合（需真溶剂量多）也能溶解硝化棉，常用的有乙醇、丁醇、异丙醇等。

稀释剂则是一些既不能溶解也不能助溶，但对硝化棉溶液能起稀释作用的一些芳烃溶剂，如甲苯、二甲苯等苯类溶剂，同时也是漆中合成树脂的良好溶剂，并能降低混合溶剂的成本。

涂料厂家要兼顾多种因素，根据树脂和溶剂的溶解度参数，依据沸点、相对挥发速率、混合溶剂的挥发平衡、合理的稀释比值以及安全、毒性与价格等诸多因素设计优选合理配方。

由上述真溶剂、助溶剂与稀释剂构成硝基漆的挥发分，占硝基漆的很大比例。一般硝基漆出厂时的固体分含量为 30% 左右，挥发分占 70% 左右。即便使用这样固体分的漆，施工黏度仍很高，实际上无法刷涂、擦涂或喷涂，因此硝基漆施工时还须用专门配套的硝基漆稀释剂（也称硝基稀料、信那水、香蕉水等），施工时用于调节硝基漆黏度以及洗刷工具与设备等。这部分施工时使用的稀释剂的组成与硝基漆中的挥发分基本一致，也包括真溶剂、助溶剂和稀释剂三个部分，只是比例与品种略有变化，苯类稍多。

无论用何种方法涂饰硝基漆，都需使用稀释剂，但用量不同。常依据原漆的固体分含量与黏度、涂饰的不同阶段（头度底漆或面漆）、不同表面（水平面或垂直立面）、不同季节参考说明书规定比例试验确定。

3.3.1.5 着色材料

在硝基漆中加入各种着色颜料与体质颜料，则可制成硝基磁漆与腻子等不透明色漆品种，并能增加漆膜硬度与机械强度。当在硝基漆中加入可溶性的染料时，则可制成有色底漆、面漆与着色剂等透明硝基漆品种。

3.3.2 硝基漆固化机理

硝基漆涂层的干燥主要靠漆中所含溶剂的蒸发。硝基漆属典型的挥发型漆，一旦涂层中所含溶剂全部挥发完毕，涂层便干燥固化，变成固体漆膜，在这一成膜过程中没有任何成膜物质的化学反应发生。因此，施工环境的温湿度条件对其影响较大。当温度较高时（高于 30℃），由于溶剂的急剧蒸发，会影响湿涂层的顺利流平，涂膜变得粗糙，可能发生针孔、气泡等缺陷。当采用空气喷涂法时，喷涂射流中由于溶剂的急剧蒸发而使得喷涂漆雾以半干状态的漆粒喷在制品表面上，可能会导致所成漆膜带有颗粒而粗糙。

在阴雨天施工，空气湿度大，由于硝基漆涂层溶剂的急剧蒸发从周围吸热，使涂层表面降温，导致周围空气中的水蒸气达到露点而变成小水滴混入涂层，引起涂层变白，也称泛白、白化，属一种涂饰缺陷。当温度过低时（低于 5℃），则溶剂不能自如蒸发而影响涂层干燥，或残留溶剂太多而不能获得清澈透明的涂膜。

3.3.3 硝基漆品种

按木材涂饰施工过程的功用，硝基漆品种自身可以构成独立的涂料体系，它包括硝基腻子（透明腻子和有色腻子）、填孔漆、着色剂与修色剂、头度底漆、二度底漆、面漆等。

按透明度与颜色可分为透明硝基清漆、有色透明清漆与有色不透明色漆。

按光泽则可分为亮光硝基漆和亚光硝基漆。

3.3.4　硝基漆性能与应用

硝基漆的优缺点都很突出，正因为有明显的优点，才有很大的应用价值，在某些木制品尤其出口家具、工艺品上广泛应用。硝基漆性能如下：

（1）干燥快。硝基漆属于挥发型漆，涂层干燥快，一般涂饰一遍常温下十分钟或十几分钟可达表干，因此可采用表干连涂工艺，在间隔时间不长的情况下，可连续涂饰多遍。其干燥速度一般比油性漆能快上许多倍，但是尽管涂层表干快，如连续涂饰数层之后，涂层下部完全干透也需要相当长的时间。

（2）单组分漆，施工方便。与现代流行使用的聚氨酯漆、不饱和聚酯漆等多组分漆相比，硝基漆为单组分漆不必分装贮存，也不必按比例配漆，也没有配漆使用期限，因而施工方便。

（3）装饰性好。硝基清漆颜色浅，透明度高，可用于木器的浅色与本色涂饰，充分显现木材花纹与天然质感。硝基漆漆膜坚硬，打磨抛光性好，当涂层达到一定厚度，经研磨抛光修饰后可以获得较柔和的光泽。近些年兴起的显孔（全开放）装饰最适于选用硝基漆涂饰。特别是用硝基漆制做显孔亚光涂层，具有独特韵味，是其他漆种难以替代的。美式涂装工艺多采用硝基漆。

（4）漆膜坚硬耐磨，机械强度高。但有时硬脆易裂，尤其涂饰过厚，有的硝基漆涂膜当使用一段时间后就会出现顺木纹方向的裂纹。

（5）具有一定的耐水性、耐油性、耐污染与耐稀酸性。

（6）固体分含量低、涂膜丰满度差。由于施工时需要使用大量稀释剂来降低黏度，因此涂饰硝基漆时，施工漆液的固体分含量一般只有百分之十几。每涂饰一遍的涂层很薄，当要求达到一定厚度的漆膜时，需涂饰多遍，过去手工擦涂常需几十遍，致使施工工艺烦琐，手工施工周期长，劳动强度高。

（7）挥发分含量高。施工过程中将挥发大量有害气体，易燃、易爆、有毒、污染环境，需增加施工场所的通风设施与动力消耗。

（8）漆膜质量受施工环境温湿度影响严重，特别在高温、高湿环境中，容易出现漆膜发白的现象。

（9）漆膜耐碱、耐溶剂性差，耐热、耐寒性都不高。硝化棉是热塑性材料，在较高温度下容易分解，漆膜在低温下容易冻裂。开水杯和烟头能使漆膜发白、鼓泡。

目前，我国大部分出口家具、工艺品及室内装修广泛使用硝基漆涂饰，尤其显孔亚光涂饰首选硝基漆。我国涂料行业已能配套供应丰富的硝基漆系列品种。硝基漆可采用手工擦涂、刷涂、空气喷涂、高压无气喷涂、淋涂、浸涂等多种涂饰方法，现代涂饰多以空气喷涂为主。在施工过程中应注意以下事项：

（1）如涂饰不当，经常会造成漆膜泛白的缺陷，尤其在环境湿度大、温度高的地方，如江南五六月份的梅雨季节。如要避免漆膜泛白，可在漆中加入一些中、高沸点的溶剂，如醋酸丁酯、环已酮或化白水等，以减慢溶剂的挥发速度。当涂膜表面已经出现轻微泛白的现象时，可喷涂醋酸丁酯、乙二醇丁醚来消除。

（2）由于漆膜喷涂过厚、溶剂挥发过快、油水分离器中的水带入漆膜、木材管孔中的空气逸出等原因，容易造成气泡、针孔等缺陷，此时须要向硝基漆中酌加消泡剂、降低涂膜厚度、定期排放油水分离器中的水，如果施工环境潮湿，酌加化白水。

（3）由于溶剂挥发过快，涂层尚未流平就失去了流动性，常常会造成漆膜橘皮缺陷。此时可以适当增加挥发性慢的溶剂，如环已酮等高沸点溶剂，也可适当添加涂膜流平剂。

（4）冬季施工往往由于气温过低，会造成漆膜慢干现象。这时可以改用含低沸点溶剂较多的冬季用稀释剂。

3.4　不饱和聚酯漆

不饱和聚酯漆是用不饱和聚酯树脂作主要成膜物质的一类漆，简称聚酯漆。不饱和聚酯是聚酯树脂（polyesterresin，缩写 PE）的一种。不饱和聚酯漆在我国木器生产上的应用大约自 20 世纪 60 年代开始。60 年代中期，北京、上海等地的钢琴、收音机壳、高档家具等已开始陆续使用不饱和聚酯漆涂饰。世界涂料发展历史中，不饱和聚酯漆是十分重要的漆类，它不仅具有优异的综合理化性能，而且独具特点，属于无溶剂型涂料的代表性品种，现今在钢琴表面涂饰、宝丽板制造和高档家具生产上已广泛应用。

目前市场上销售的大部分所谓的“聚酯漆”是聚氨酯漆的一种，叫法不符合国家涂料分类规定，真正的聚酯漆是人们俗称的“钢琴漆”，其主要成分为不饱和聚酯树脂，晶莹光亮，令人赏心悦目，它的施工方法和化学成分与聚氨酯漆完全不同。

3.4.1 不饱和聚酯漆组成

不饱和聚酯漆是由不饱和聚酯树脂通过引发剂、促进剂与活性单体发生自由基聚合反应而形成漆膜的一类涂料。不透明色漆品种中含有着色颜料与体质颜料，有色透明品种中含有染料。

3.4.1.1 不饱和聚酯树脂

聚酯是多元醇与多元酸缩聚产物。由于多元醇与多元酸品种很多，当选用不同原料与合成工艺时，可以得到不同类型的聚酯树脂。

醇类是含羟基（—OH）的一类化合物，含一个羟基的为单元醇，如乙醇（C_2H_5OH，酒精）；含两个羟基的为二元醇，如乙二醇、丙二醇都是无色黏稠液体；含三个羟基的为三元醇，如丙三醇，二元以上即为多元醇。

有机酸为含羧基（—COOH）的化合物，含一个羧基的为单元酸，如甲酸（HCOOH，俗名蚁酸，无色有刺激味的液体），是最简单的脂肪酸。同理含两个羧基的为二元酸，如邻苯二甲酸（无色晶体）、顺丁烯二酸等，二元以上即为多元酸。

由饱和的二元醇（如乙二醇、丙二醇）与不饱和的二元酸（如顺丁烯二酸）经缩聚反应制得的是一种线型聚酯，其分子结构中含有双键，即有未饱和的碳原子，故称为不饱和聚酯。它能溶于苯乙烯（无色易燃的液体）中，在一定的条件下（如在引发剂或热作用下）能与苯乙烯发生聚合反应而形成体形结构的聚酯树脂，即性能优异的不饱和聚酯漆的漆膜。

3.4.1.2 活性稀释剂

PE 漆是一种无溶剂型涂料，因为它所采用的稀释剂是一种活性稀释剂。活性稀释剂具有反应活性，一方面可以将 PE 漆稀释到可施工的黏度，另一方面又可以与 PE 树脂聚合形成漆膜。PE 漆的活性稀释剂使用最多的是苯乙烯，它对 PE 树脂的溶解性最好，聚合后形成的漆膜硬度高，价格便宜。由于价廉和所制的漆膜质量较好等特点，已被广泛采用。

苯乙烯是一种无色、易燃、易挥发的液体，是一种含双键结构的不饱和化合物，是交联型不饱和聚酯所用的单体，它能溶解不饱和聚酯，是不饱和聚酯的溶剂。但是，与大多数漆中的溶剂不同，它能与被它溶解的不饱和聚酯发生聚合反应而共同成膜，所以它一般又被称为活性稀释剂、可聚合溶剂。正是由于苯乙烯的这种兼作溶剂与成膜物质的特性，才导致不饱和聚酯漆的涂层在成膜过程中基本不挥发溶剂，从而使不饱和聚酯漆成为独具特点的无溶剂型漆。

3.4.1.3 着色材料

当制造有色品种时，可在不饱和聚酯漆中放入着色颜料（如氧化铁红、钛白、群青等）、体质颜料（如滑石粉、碳酸钙等）和染料（如酸性染料或活性染料等），需要注意的是，应该采用不能被过氧化物（引发剂）所破坏的物质以及不能与不饱和聚酯发生反应的物质。作为聚酯树脂漆的着色材料，被采用的颜料、染料和体质颜料对聚合反应也不应有影响。

3.4.1.4 引发剂和促进剂

不饱和聚酯与苯乙烯的成膜反应需要有辅助成膜材料引发剂与促进剂的参加才能实现。不饱和聚酯与苯乙烯之间的共聚反应是游离基聚合反应，反应能够进行首先必须有游离基存在，引发剂（也称交联催化剂、固化剂等）就是一些能在聚酯漆涂层中分解游离基的材料。

游离基也称自由基，是化合物分子中的共价键在外界（如光、热等）作用下分裂成的含有不成对价电子的原子或原子集团。游离基聚合反应就是通过化合物分子中的共价键均裂成自由基而进行的反应。

最常应用的聚酯漆聚合引发剂是各种过氧化物，如过氧化环已酮、过氧化甲乙酮和过氧化苯甲酰等。过氧化环已酮是由过氧化氢（双氧水）与环已酮在低温条件下反应制成，再用邻苯二甲酸二丁酯调成含50%的过氧化环已酮的白色糊状物（也称过氧化环已酮浆），一般冷藏保存。过氧化苯甲酰是一种白色结晶粉末，稍有气味，不溶于水，微溶于乙醇，可溶于苯与氯仿等。干品极不稳定，摩擦、撞击、遇热能引起爆炸，贮存时一般注入 25% ~30% 的水，宜在低温黑暗处保存，用作引发剂时制成含邻苯二甲酸二丁酯的糊状物。

过氧化物只有在高温条件下才能很快分解游离基，在适于常温固化的木器漆涂层中还不能直接发挥作用，而促进剂正是在常温下能加速过氧化物分解游离基的材料，故聚酯漆中还须加入促进剂。促进剂也称活化剂，具有还原的性能，它与过氧化物（氧化剂）可组成引发聚合作用的氧化还原系统，以增进聚酯树脂中的引发效应，使聚酯在常温下固化。

实际涂饰施工中须根据涂料生产厂提供的具体品种的引发剂与促进剂配套使用。当引发剂用过氧化环已酮、过氧化甲乙酮时，促进剂要用环烷酸钴。环烷酸钴原为紫色半固体黏稠物，常用苯乙烯稀释至含金属钴 2% 的紫色溶液。当使用过氧化苯甲酰时，促进剂要用二甲基苯胺、二乙基苯胺，均为淡黄色的苯乙烯溶液。

3.4.1.5 多组分组成

不饱和聚酯漆属于多组分漆，常包括3或4个组分，使用前是分装的，就是买来的一套不饱和聚酯漆会有3或4个包装，也称3或4罐装。

3个组分的非蜡型聚酯漆，其中组分一，为不饱和聚酯的苯乙烯溶液，也称主剂，即常称为不饱和聚酯漆的部分。制漆时树脂合成完毕，制成的聚酯通常移入罐内，搅拌冷却至一定温度后先加入阻聚剂（对苯二酚等），然后再加入苯乙烯，继续冷却，搅匀，过滤即得的透明产品。不饱和聚酯与苯乙烯的比例对涂料性能有影响，如苯乙烯太多则固化物的收缩率大，漆料的黏度也太低，若苯乙烯太少，则不足以固化。所以，一般聚酯与苯乙烯的比例约为65∶35或70∶30。因此，不饱和聚酯漆施工时不可以轻易加入溶剂稀释，因为聚酯的溶剂苯乙烯是要参与交联反应的，这不同于其他漆类的挥发溶剂。

组分二即引发剂，也称固化剂，因外观为乳白色，故也称白水。组分三即促进剂，因外观多为紫色溶液，故也称蓝水。

如果是蜡型聚酯漆则还有组分四，即蜡液，一般为4%的石蜡苯乙烯溶液。

3.4.2 不饱和聚酯漆性能

不饱和聚酯漆是木器漆中独具特点的漆类，同时又具有优异的综合性能。

不饱和聚酯漆的最大特点是漆中的活性稀释剂苯乙烯兼有溶剂和成膜物质的双重作用，这种双重作用会使聚酯漆成为无溶剂型漆。理论上讲，涂层成膜时若没有溶剂挥发，漆中组分几乎会全部成膜，固体分含量近100%（配漆与涂漆前后可能有极少量苯乙烯挥发），涂料转化率极高，涂饰一次便可形成较厚的漆膜，可以减少施工涂层数，缩短施工周期。此外，施工过程中基本没有有害气体的挥发，对环境污染小。国内外木器漆多数为溶剂型漆，固体分含量一般为50%～60%，例如醇酸漆、硝基漆、聚氨酯漆、酸固化氨基醇酸漆等，大量涂饰后均含有定会全部挥发掉的溶剂，既对环境造成污染又消耗了大量的溶剂。

（1）聚酯是合成树脂中之上品，因此聚酯漆漆膜综合性能优异，其表现为：

①漆膜坚硬耐磨，硬度可达3H以上，因而机械强度高。

②漆膜具有良好的耐水、耐热、耐酸、耐溶剂、耐多种化学药品性，并具电气绝缘性。

③漆膜对制品不仅有良好的保护性能，并具有很高的装饰性能。漆膜有极高的丰满度，很高的光泽与透明度，清漆颜色浅，漆膜具有保光保色性，经抛光的聚酯漆膜可达到十分理想的装饰效果。

④固化时不会产生“发白”现象。

⑤不含有挥发性溶剂，理论成膜物100%，可一次获得厚涂膜（可达300μm），故涂膜中间可以夹布料、纸张、竹片等，实施特殊涂饰技巧。

（2）聚酯漆也有缺点，其表现为：

①多组分漆贮藏及使用比较麻烦，配漆后施工时限短。如环境气温高及引发剂、促进剂量加多等都可能导致多组分漆配漆后因来不及操作而固化，一般须现用现配，用多少配多少。

②由于性能独特，故聚酯漆对涂饰基材、配套材料相容性差，对下面涂层、着色剂均有选择性。基材材面有残留的油性涂膜、虫胶漆膜等不洁物质或木材中的树脂等抽提物都会影响聚酯漆的固化，导致漆膜不干。因苯乙烯会使一些漆膜溶解，PE漆一般只能与PE漆或双组分PU漆配套使用。

③传统聚酯漆须隔氧施工，蜡型聚酯漆必须打磨抛光，由于制品立面与曲面易流挂，故多用于平面的涂饰。少数厂家有涂立面品种，但产品少。

④使用聚酯漆须特别注意安全，引发剂与促进剂如直接混合可能燃烧爆炸。

⑤漆膜硬度高，打磨困难。

3.4.3 不饱和聚酯漆应用

根据是否能在空气中固化，不饱和聚酯漆可分为两大类：一类为厌氧型，俗称“玻璃钢漆”、“倒模漆”，包括蜡型和非蜡型两种，它们必须隔绝空气中的氧气才能固化；另一类为非厌氧型，非厌氧型不饱和聚酯漆在空气中能直接固化，所以又称为气干型不饱和聚酯漆。

厌氧型不饱和聚酯漆用于木器家具涂饰，在我国已有几十年的应用历史，在施工方面积累了许多经验，而气干型PE漆在我国应用历史还不算太久。目前，国内气干型PE漆品种较少，性能也比不上世界先进国家，但是因为它的适用范围比厌氧型PE漆广，施工也较厌氧型PE漆方便，在空气中常温干燥，不用隔氧施工，涂料价格虽较高，但综合成本并不高，所以近几年来它在我国较为流行。

目前，我国聚酯漆多用于钢琴和部分高档家具的涂饰，且各类品种均有使用，如聚酯腻子、底漆、面漆，透明与不透明，亮光与亚光品种等。在大量使用聚氨酯（PU）的涂饰工艺中，为了提高涂层丰满度或追求高效率，往往选用聚酯底漆做底层处理，上面罩聚氨酯面漆，这样不仅效果好，而且比涂聚氨酯底漆节省遍数，简化工艺，提高生产效率。当然钢琴表面涂饰聚酯漆工艺，有时也选用聚氨酯作头度底漆。

涂饰聚酯漆可用手工刷涂、喷涂、淋涂等。

3.4.3.1 配漆

近年来我国涂料市场品种丰富，许多厂家均有具体牌号的不饱和聚酯漆，由于厂家原料来源不同，配方设计不同，故产品性能以及配比会有变化，原则上应按具体厂家的涂料产品使用说明书规定比例配漆。

PE漆的配制是施工的重要环节，其中引发剂（白水）、促进剂（蓝水）的加量又是配制PE漆的技术关键，即使出现很小的误差，也常常会使PE漆的施工时限与涂膜的固化速度发生很大的变化。尽管我们希望PE漆的施工时限越长越好，涂膜的固化速度越快越好，但是对于常温固化的PE漆来讲，这两者是一对矛盾，也是PE漆不容易施工的主要原因。蓝水和白水的用量增加，一方面使PE漆的固化速度加快，但另一方面也会造成PE漆的施工时限缩短，这给生产操作带来极大不便。因此，蓝水和白水的用量不仅要使PE漆有足够的施工时限（调漆后的可使用时间，应大于25min），而且也要使漆膜有较快的固化速度（小于2h）。

我国北方使用的传统聚酯漆参考配比的大致范围是（按质量比）：聚酯漆100份、引发剂2～6份、促进剂1～3份、蜡液1～3份。实际上引发剂、促进剂的加入量受地域、季节以及环境气温影响很大，因为任何化学反应当温度升高时都会加速，对于聚酯漆涂层来说，如果高温加热时没有促进剂也能反应，故不同温度范围引发剂与促进剂用量必须有所变化。表3-1为聚酯漆随温度变化的引发剂、促进剂配比范围参考用量。

表3-1 聚酯漆随温度变化的引发剂、促进剂配比范围参考用量

温度/℃	聚酯漆	引发剂	促进剂
14～17	100	2	1
18～22	100	1.7	0.85
23～27	100	1.4	0.7
28～32	100	1.1	0.55

注：当相对湿度＞85%时，可酌加0.1%～0.2%的促进剂，如喷涂环境气温很低时，应设法提高喷涂室温度，并用热水加热涂料。

配漆一般有两种方法。第一种，先将按比例称取的聚酯漆与促进剂混合搅拌均匀，再放入引发剂，反之亦可，搅拌均匀后立即使用；第二种，将漆平均分成两份，其中一份加入一定量白水，另一份加入一定量蓝水，各自充分搅拌均匀后，再根据一次能喷涂的量，按照1:1的比例混合均匀后立即使用。如果一次就能将配制的漆用完，就采用第一种方法；当用漆量比较大时，可采用第二种方法。

3.4.3.2 厌氧型PE漆隔氧施工方法

（1）蜡封隔氧施工：在聚酯漆中加入少量石蜡（通常加入量为漆量的0.1%～0.3%），从而在一定程度上降低了易挥发单体的损失，并改善了涂料的流平性。石蜡的熔点对漆膜的形成有很大关系，若熔点过高，则石蜡不能很好地溶于苯乙烯中，且易结晶；若熔点过低，则石蜡不能很好地在湿涂层中浮起，所以一般选用54℃左右的石蜡。

蜡型聚酯漆的涂饰温度须在38℃以下进行，尽可能在15～30℃之间，若在38℃以上，则石蜡有可能溶解在硬化的树脂中而不浮于涂层表面，起不到隔氧的作用。

一次涂饰的蜡型聚酯漆涂层厚度须在100μm以上，太薄不利于石蜡的上浮，通常一次涂装厚度为200～300μm。非蜡型聚酯漆可以涂得薄一些。

蜡型聚酯漆一般采用刷涂、淋涂或喷涂，如前所述，固化后的涂膜必须磨掉蜡层抛出光泽。

蜡的加入量不宜太多，以免影响涂层间的附着。如果连续涂饰几遍时，每遍间隔约0.5h；如果连续涂2～3遍时，前一二遍可以不放蜡液，最后一遍再放。

（2）薄膜覆盖隔氧施工：使用非蜡型聚酯漆涂饰时可采用薄膜隔氧方法，常是按件配漆，被涂饰的板件（例如一个桌面、一个柜门或一张人造板）经表面处理（砂光、填孔、着色、腻平或打底）后，将按比例计算好的涂饰量（一般为125～250g/m^2），再按组分称量（生产中也有用量桶、量杯量取的，须先算好质量换算成容积）混合均匀倒在板件中央，适当刷开，放上隔氧的涤纶薄膜（事先把薄膜固定在比工件稍大的木框上），再用工业毡子制作的工具（用两块木板将毡子夹在中间）或橡胶辊筒在薄膜上面将聚酯漆刮或辊赶均匀并赶除涂层上的气泡。罩上薄膜的聚酯漆涂层常温下静置30～40min，也可送入烘炉（50～60℃）内15～25min干燥，然后揭去薄膜便可获得平整光滑的漆膜表面，此时漆膜已干至相当硬度，但远未干透。

注意薄膜隔氧的效果，薄膜覆盖的涂层不能漏气。一般靠木框或金属框的质量，或用金属卡具将工件与木框卡紧，或用小布袋（内装砂子）压在薄膜边角，则干后的聚酯漆膜平整不致产生波纹。薄膜表面保持平整干净对聚酯漆膜表面的光洁关系很大。

3.4.3.3 气干型PE漆施工方法

气干型PE漆施工简单，可以在空气中常温干燥，不用隔氧施工，而且涂膜可以重复涂饰。该漆可采用刷涂、淋涂、喷涂等多种施工方法，但国内外均以喷涂法施工为主，喷涂时采用“湿碰湿”工艺。由于气干型PE漆风干性优于厌氧型PE漆，所以每喷涂一道后，等待2～3min就可以接着喷涂第二道，直到达到所需厚度。施工速度明显快于含蜡厌氧型PE漆。

喷涂时，为了获得一定厚度的涂膜，并且不流挂，需采用高黏度PE漆，且采用大口径喷枪喷涂。若采用单液型普通喷枪施工时，必须适量配漆，喷尽后再重新配漆。配漆方法可以参照下面进行：首先用量杯量取含有引发剂的漆适量，视需要而定，再用另一量杯量取含有促进剂的漆等量，倒入喷枪储漆罐中，搅拌均匀，立即喷涂。如此反复。操作过程中，应经常用溶剂清洗喷涂工具，避免旧漆的胶粒分散到新漆中，使漆膜出现颗粒。

3.4.3.4 双口喷枪喷涂与双头淋漆机淋涂

聚酯漆涂饰的最大困难是施工时限太短，一般为20～40min，一次配漆不宜过多，必须现用现配，操作极为不便，普通单口喷枪难以实现连续喷涂，需采用双组分喷涂装置，即双口喷枪或双头淋漆机。双口喷枪可使两种漆料在喷嘴前的气流中混合，从而保证漆料不致在储罐内胶凝。

当采用双头淋漆机淋涂工件时，可将聚酯漆分别装在两个淋头中，把引发剂和促进剂分别放在两个淋头中，设法保证从两个淋头中流出的漆液比例为1:1。两部分漆液在工件表面相遇混合反应成膜，须保证淋涂工艺参数（温度、流量、传送带速度、淋头底缝宽度等）的稳定。

3.4.3.5 施工注意事项

不饱和聚酯漆的施工过程非常容易出现问题，一定要对施工人员进行专业培训。比如在配漆时，一旦加完蓝水，在没有搅拌均匀的情况下就加入白水，轻则着火，重则发生爆炸。再比如，由于PE漆在固化过程中会释放大量的热，这些热量对固化反应又起着加速作用，所以漆膜越厚，热量越多，固化越快；漆膜越薄，热量越少，固化越慢。因此，如果有空气流通或风吹时，就会因漆膜周围的热量散失而干燥变慢。有时为了加快固化速度，又会因加热不慎使漆膜产生针孔、气泡等缺陷，而PE漆漆膜坚硬，一旦出现缺陷，将难以修补，此时只能将工件报废。不饱和聚酯漆施工应注意以下事项：

（1）如前所述，引发剂与促进剂相遇反应非常激烈，要十分当心，绝不可直接混合，否则可能燃烧爆炸。贮存运输都要分装，配漆也不宜在同一工作台上挨得很近，以免无意碰洒遇到一起。

（2）引发剂与促进剂也不能与酸或其他易燃物质在一起贮运，引发剂也不能与酸的钴、锰、铅、锌、镍等的盐类在一起混合。

（3）不可把用引发剂浸过的棉纱或布在阳光下照射，可保存在水中，使用过的布或棉纱应在安全的地方烧掉，不能把引发剂和余漆倒进一般的下水道。

（4）如促进剂温度升至35℃以上或突然被倒进温度较高的容器时可能发泡喷出，与易燃物质接触可能引起自然起火。

（5）引发剂应在低温黑暗处保存，因为在光线作用下它可能会分解；聚酯漆也应存于暗处，因为其受热或曝光也易于变质。

（6）要按供漆涂料生产厂家提供的产品使用说明书进行贮存与使用，按其规定比例配漆，也须视环境气温试验调整比例。一般现用现配，用多少配多少。配漆应搅拌均匀，但搅拌不宜急剧或过细，以免起泡，使涂层产生气泡，破裂则变成针孔，故须缓慢搅拌。

（7）已放入引发剂、促进剂的漆或一次未使用完的漆不宜加进新漆，因旧漆已发生胶凝，黏度相当高，新漆即将开始胶凝，新旧漆存在胶化时间的差异，故新旧漆会因不能充分混溶而形成粒状涂膜，已经附着了旧漆的刷具、容器、喷枪、搅拌棒等用于新漆也有类似情况，故须洗过再用。

（8）可以选择或要求供漆厂家提供适于某种涂饰法（刷涂、喷涂、淋涂等）黏度的聚酯漆，直接使用聚酯漆原液涂饰而不要稀释。要降低黏度最好加入低黏度的不饱和聚酯，尽量不加苯乙烯或其他稀释剂，否则不能一次涂厚，增加涂饰次数，干燥后涂膜收缩大，发生收缩皱纹而得不到良好的涂膜。若加入丙酮则可能发生针孔，附着力差。

（9）当涂饰细孔木材（导管孔管沟小或没有管孔的树种，如椴木、松木等）时，如不填孔直接涂饰，应使用低黏度聚酯漆，使其充分渗透，有利于涂层的附着；当涂饰粗孔材（如柳安、水曲柳等）时，如不填孔直接涂饰，应选用黏度略高的聚酯漆，以免向粗管孔渗透而发生收缩皱纹。

（10）如连续涂饰几遍可采用湿碰湿工艺，重涂间隔以25min左右为宜；如喷涂后超过8h再涂，必须经砂纸彻底打磨后再涂，否则影响层间附着性。

（11）采用刷涂与普通喷枪喷涂，配漆量宜在施工时限内用完；如采用双头喷枪、双头淋漆机涂饰，两部分漆没有混合，应无使用时限的限制，但宜注意已放入引发剂那部分聚酯漆，如发现其黏度突然增加很快（证明已开始反应），例如夏季气温28～30℃，超过55s，则必须停止涂饰，并将漆从淋头中取出倒掉。由于这个组分存放时间有限（只几个小时），最好在涂漆前短时间内制备，剩余部分可放在 5～10℃ 冰箱中。

（12）涂饰聚酯漆前，要把木材表面处理平整、干净，去除油脂脏污，木材含水率不宜过高，染色或润湿处理后必须干燥至木材表层含水率在 10% 以下。底漆不宜用虫胶，可以用硝基、聚氨酯等。最好用同类配套底漆。如用聚氨酯作底漆，涂饰之后必须在 5h 之内罩聚酯漆，否则可能附着不牢。

（13）施工用的刷具、容器、工具等涂漆后都应及时用丙酮或洗衣粉（也可以用 PU 或 NC 的稀料）洗刷，否则漆会很快硬固无法洗除，但是刷子上的丙酮与水要甩净，否则带入漆中将影响固化。

（14）涂饰过程中如反复多次涂刷，急剧干燥（引发剂促进剂加入过多或急剧加温）则易引起气泡针孔；干燥过程中涂层被风吹过，涂膜易变粗糙，延迟干燥，故车间要求无流动空气，气流速度最大不超过 1m/s。干燥过程中也应避免阳光直射，光的作用也有可能引起涂层出现气泡和针孔。当自冷库取出较冷的漆在较暖的作业场地涂于较暖的材面上时，则漆会因温度急剧上升而易发生气泡、针孔等。硝基漆尘落在聚酯漆涂层上就有可能引起针孔，所以不宜在喷硝基漆喷涂室内喷涂聚酯漆。

（15）许多因素可能会影响聚酯漆的固化，例如某些树种的不明内含物（浸提成分），贴面薄木透胶，木材深色部位（多为心材）、节子、树脂囊等含有大量树脂成分，都可能使聚酯漆不干燥、变色或涂膜粗糙。

（16）车间应有很好的排气抽风的通风系统，并应从车间下部抽出空气，因苯乙烯的蒸气有时会分布在不高的位置上。砂光聚酯漆膜的漆尘磨屑也应排除。当聚酯漆膜经砂纸研磨时，易产生静电，会造成研磨粉屑不易除去的情形，致使无法得到良好的漆膜表面，此时可以利用静电去除枪吹之或用静电去除剂擦拭后吹干，或以树脂布轻轻擦拭，三者均可。

（17）使用引发剂应戴保护眼镜和橡皮手套。如引发剂刺激了眼睛，可用 2% 的碳酸氢钠（俗称小苏打）溶液或用大量的水清洗并及时请医生检查，不可自用含油药物，否则可能加剧伤情；如引发剂落到皮肤上则必须擦掉，并用肥皂水洗净，不可用酒精或其他溶液；如引发剂落在工作服上应立刻用清水洗去。

3.5 聚氨酯漆

聚氨酯漆即聚氨基甲酸酯漆（polyurethane，缩写 PU），是指在涂膜分子结构中含有氨酯键（—NH-COO—）的一类涂料品种。目前我国木器涂料市场上有把不饱和聚酯漆（PE 漆）与聚氨酯漆（PU 漆）笼统称作“聚酯漆”者，这不够准确。根据我国涂料分类的有关标准，不饱和聚酯漆与聚氨酯漆在化学组成、性能特点、固化机理与施工应用等方面根本不相同，在我国涂料 18 个大类的分类标准中，二者是分列在第 12 类（聚酯漆类）与第 14 类（聚氨酯漆类）的两大类漆，因此不饱和聚酯漆（PE）可称聚酯漆，聚氨酯漆则不宜称作聚酯漆。

聚氨酯漆是目前我国木制家具生产用漆中最重要的漆类，得到了最广泛的推广与应用，市场上约 80% 的木质家具是用各种聚氨酯漆涂饰的。此外，其他木制品如木质乐器、车船的木构件、室内装修等也大量使用聚氨酯漆。

20 世纪的 60～70 年代，我国的木器家具中，一般产品普遍使用酚醛树脂漆与醇酸树脂漆，中高档产品则普遍使用硝基漆。聚氨酯漆由于当时的产品质量与性能还不够完善，没有引起人们的重视。直到 20 世纪 80 年代中期，聚氨酯漆因品种丰富、性能改进，适应并满足了家具市场的激烈竞争，这才在家具表面涂饰上得到了广泛应用。

3.5.1 聚氨酯漆组成

目前，聚氨酯漆是品种最为丰富的一类木器漆，它几乎能适应现代木材涂饰方方面面的需要，对木材涂饰技术发展作出了突出贡献。

聚氨酯漆品种繁多，具有比较完整的涂料配套体系。按木材涂饰施工功用分类，聚氨酯漆有聚氨酯腻子、封闭底漆、头度底漆、二度底漆、面漆、填孔漆与着色剂等品种。按透明度与颜色分类有透明清底漆、透明清面漆、有色透明色漆、不透明色漆、珠光漆、闪光漆、仿皮漆、裂纹漆等多种品种。按光泽分类有亮光、亚光聚氨酯漆，后者又分为半亚和全亚聚氨酯漆等。按是否分装贮存有单组分聚氨酯漆与双组分聚氨酯漆，后者是目前家具及木制品涂饰用漆应用最广泛的品种。

3.5.1.1 双组分羟基固化型聚氨酯漆

双组分羟基固化型聚氨酯漆是聚氨酯涂料大类中应用最广泛、调节适应性宽、最具代表性的产品，也是目前我国大部分木制品正在使用的品种。

双组分中的一个组分即异氰酸酯部分，也称含异氰酸基（—NCO）组分，常称乙组分或硬化剂；另一个组分即羟基部分，也称含羟基（—OH）组分，常称甲组分或主剂。目前木器漆涂料市场的习惯称谓即主剂与硬化剂两个组分。双组分漆贮存分装，使用前将两个组分按比例混合，则异氰酸酯基与羟基发生化学反应，形成聚氨酯高聚物（高分子化合物）。配漆后有施工时限，在时限内如及时涂于制品表面，则会在制品表面交联固化成膜的聚合反应中形成高聚物即聚氨酯漆膜；如超过施工时限未及时涂在制品表面，仍在配漆桶中，则聚合化学反应照常进行，而配好的漆液黏度逐渐增稠最后固化，在桶中报废。聚氨酯漆仍然是由成膜物质、溶剂、辅助材料（助剂）、着色材料组成，主剂与硬化剂都是成膜物质的原料。

（1）主剂：含羟基组分，可称为多羟基树脂（多羟基化合物），也可称为大分子多元醇，因为小分子的多元醇（如三羟甲基丙烷等）只能与多异氰酸酯反应制造预聚物或加成物，或是制造聚酯树脂的原料，它不能单独成为双组分漆中的甲组分（主剂），这是因为：它是水溶性物质，与乙组分不能混合，两相互斥，造成缩孔，颜料絮凝；相对分子质量太小，结膜时间太长，即使结膜，内应力也大；吸水性大，成膜过程中要吸潮，漆膜发白。所以，必须将这些小分子的多元醇改变成相对分子质量较大而疏水性的树脂。

可用作双组分漆用的多羟基树脂的一般有聚酯、丙烯酸树脂、聚醚、环氧树脂、蓖麻油或其加工产品、醋酸丁酸纤维素等。

①聚酯：将二元酸（常用己二酸、苯酐、间苯二甲酸等）与过量的多元醇（三羟甲基丙烷、一缩乙二醇等）酯化，按不同配比可制得一系列含羟基聚酯。也可以为了提高对颜料的润湿性、流平性、丰满度、耐水性，用醇酸树脂代替聚酯（因为醇酸树脂也属于聚酯，有人称其为油改性聚酯），但其改性油不宜含不饱和双键。一般可用壬酸或月桂酸，以脂肪酸法合成醇酸树脂，因醇过量而留有适当数量的羟基，而实际上当前生产木器用聚氨酯漆用量最多的就是醇酸树脂和丙烯酸树脂。

②丙烯酸树脂：含羟基的丙烯酸树脂与脂肪族多异氰酸酯配合可制得性能优良的聚氨酯漆。丙烯酸树脂耐候性优良，干燥快、耐溶剂，机械性能好，并可提高聚氨酯的固体分含量。聚氨酯清漆多选择丙烯酸树脂，而清漆多用于木器，故当前木器漆多采用丙烯酸树脂。当前木器漆中除主要使用醇酸树脂和丙烯酸树脂外，也把硝化棉、醋酸丁酸纤维素加入羟基树脂中，加速聚氨酯漆的表干不沾尘，并改善缩孔等弊病。

（2）硬化剂：多异氰酸酯组分，含异氰酸基（—NCO）。一般不直接采用有毒的易挥发的二异氰酸酯（如TDI、HDI等），因为配制涂料时异氰酸酯会挥发到空气中，危害工人健康，而且功能团只有两个，相对分子量又小，不能迅速固化，所以必须把它加工成低挥发性的齐聚物，使它或与其他多元醇结合，或本身聚合起来。与部分多元醇结合即可增加相对分子质量，减少挥发性，降低毒性。加工成为不挥发的多异氰酸酯的工艺有三种：

①二异氰酸酯与多元醇（例如三羟甲基丙烷，它是一种无色吸潮湿性晶体，多用于制造醇酸树脂、聚氨酯树脂）加成，生成以氨酯键连接的多异氰酸酯，常被称为加成物，它是木器漆中常用的硬化剂。

②二异氰酸酯与水等反应，形成缩二脲型多异氰酸酯，典型的如HDI（己二异氰酸酯）缩二脲多异氰酸酯，其特点是不泛黄、耐候性好，可与聚酯、聚丙烯酯配套制漆，是木器漆近几年逐渐多用的一类。

③二异氰酸酯聚合，成为三聚体异氰酸酯，有TDI/HDI混合三聚体、HDI三聚体，不泛黄、漆膜硬、溶解性好，可制高固体分涂料，是木器漆主要使用的一类。

综上所述，作为聚氨酯漆的硬化剂，不直接使用有毒的易挥发的二异氰酸酯，而是加工成毒性降低的不挥发的多异氰酸酯。

供作硬化剂原料的二异氰酸酯有三种：甲苯二异氰酸酯（TDI）、二苯甲烷二异氰酸酯（MDI）、多亚甲基多苯多异氰酸酯。这三种属于芳香族异氰酸酯，应用较早，制得的漆膜虽具有优良的机械性能、耐化学药品性，但易变黄。近年木器漆逐渐使用不变黄的脂肪族二异氰酸酯，其有以下几种：己二异氰酸酯（HDI）、异佛尔酮二异氰酸酯（IPDI）、三甲基己二异氰酸酯（TMDI）、二环己基甲烷二异氰酸酯（HMDI）和苯二亚甲基二异氰酸酯（XDI）等。

（3）溶剂：聚氨酯所用溶剂与其他漆类有所不同，除考虑溶解力、挥发速率等溶剂共性外，还须考虑漆中含异氰酸基（—NCO）的特性，因此须注意两点。一是溶剂不能含有能与异氰酸基（—NCO）反应的物质，使漆变质；二是溶剂对羟基（—NO）的反应性的影响。由此可知，醇、醇醚类含羟基（—0H）的溶剂都不能使用，采用较多的是醋酸乙酯、醋酸丁酯等酯类溶剂，还有，丙二醇醋酸酯。此外，还使用甲基异丁基酮、甲基戊基酮、环己酮等酮类溶剂，但后者臭味较大，且酮类溶剂可能使聚氨酯漆色泽变深。

聚氨酯对水敏感，溶剂中如含水分，则其被带到多异氰酸酯组分中会引起胶凝，使漆罐鼓胀，在漆膜中引起气泡与针孔，异氰酸酯易与水反应，每1分子的水与1分子的异氰酸酯反应生成胺与二氧化碳。

在涂层中二氧化碳气体跑出便是气泡，胺可继续与异氰酸酯反应生成脲以及缩二脲，因此溶剂中的水会消耗不少异氰酸酯而影响成膜时需要的异氰酸酯的量，从而影响固化。所以，聚氨酯漆必须用无水溶剂，而普通工业级的溶剂都多少含些水分，因此聚氨酯漆要求用所谓"氨酯级溶剂"，即指含杂质极少且不含醇、水的溶剂。相对的施工稀释用溶剂与制漆用溶剂要求可以稍稍降低，因为施工临时少量稀释，涂布后迅速挥发，影响会小些。

（4）助剂：聚氨酯漆的优异性能有赖助剂的帮助，因此制漆时常放入多种助剂，例如防缩孔剂、消泡剂、光稳定剂、吸潮剂、消光剂、流平剂、颜料润湿分散剂、防擦伤剂等。由于助剂是制漆配方设计与原料优选的问题，主要由涂料生产厂家考虑，并在制漆时均已加足，不需用漆者再加，故这里不再赘述。

着色材料：与溶剂使用类似，着色材料的选用须注意，应以不与异氰酸酯发生反应、不含水分、不影响涂料固化为宜。

3.5.1.2 单组分聚氨酯漆

双组分漆的性能优异，但须分装贮存、按比例配漆及配漆后有施工时限等，比较麻烦。木器漆中，我国在使用双组分漆约20多年后的20世纪80年代又出现了单组分聚氨酯漆。当前木器漆应用较多的单组分聚氨酯漆是氨酯油和氨酯醇酸。

（1）氨酯油：如前所述我国早些年使用的油性漆多为用干性油（桐油、亚麻油）加热熬炼再加入催干剂制成，或再加入松香以及酚醛树脂加热熬炼制成，其涂层主要依靠干性油中的不饱和脂肪酸的双键吸氧干燥。氨酯油则是在干性油中加入多元醇与二异氰酸酯，再加钴、锰、铅等催干剂制成。其过程为先将干性油与多元醇（如季戊四醇等）进行酯交换反应，再与二异氰酸酯（如TDI）反应，然后再加入催干剂制成。其涂层仍以油脂的不饱和双键在空气中吸氧干燥固化。

氨酯油比醇酸树脂干燥快、硬度高、耐磨性好，抗水、抗弱碱性好，这主要是多异氰酸酯的作用，但氨酯油的综合性能不及双组分聚氨酯漆。可能是因为氨酯油中不含游离的异氰酸基，无中毒问题，所以它的贮存稳定性好，施工时限长，单组分施工应用方便，价格低，故有一定的应用价值。

（2）氨酯醇酸：为了降低成本，减少TDI用量，在制造氨酯油的基础上可制造氨酯醇酸。如前所述一般用多元醇、多元酸与植物油反应即制得醇酸树脂，这里用季戊四醇（四元醇）、苯酐（邻苯二甲酸酐、二元酸）、亚麻油，再加入TDI反应便可制得氨酯醇酸用氨酯醇酸所涂的漆膜，干燥快而坚硬，其硬度、耐水性、耐磨性、附着力等均优于普通醇酸树脂。

3.5.2 聚氨酯漆性能

在涂料产品中，迄今为止聚氨酯涂料可以算得上是性能较为完善的漆类，尤其近几十年在世界范围内发展迅速，品种繁多，综合性能优异，几乎用于我国国民经济的各个部门，是国内外木制品涂饰用漆极为重要的漆种之一。涂饰木器家具不仅具有优异的保护性能，而且兼有良好的装饰性能。聚氨酯漆优点有：

（1）聚氨酯漆膜硬度高，耐磨性强，在各类涂料品种中较为突出。氨酯键的特点是在高聚物分子之间能形成环形与非环形的氢键。在外力作用下，氢键可分离而吸收外来的能量，当外力除去后又可重新再形成氢键。如此氢键裂开又再形成的可逆重复，使聚氨酯漆膜具有高度机械耐磨性和韧性。与其他类涂料相比，在相同硬度条件下，由于氢键的作用，聚氨酯漆膜的断裂伸长率最高，因此聚氨酯漆膜具有良好的物理机械性能，坚硬耐磨，耐磨性几乎是各类漆中最突出的，可制成多种耐磨性高的专用漆，例如纱管漆、地板漆、甲板漆等。

（2）漆膜附着力好。聚氨酯对各种基材（金属、木材、橡胶、混凝土、塑料等）表面均有良好的附着力，因此能用于制造聚氨酯胶黏剂。在各种基材中，它尤其对木材的附着性更好。据有关研究指出，异氰酸酯基能与木材中的纤维素（含羟基，分子式为［$C_6H_7O_2$（$OH)_3$］n）起化学反应而使聚氨酯坚固地附着在材面上，因此聚氨酯极适于作木材的封闭漆与底漆，其固化不受木材内含物以及节疤油分影响。

（3）漆膜具有优异的耐化学腐蚀性能，漆膜能耐酸、碱、盐液、石油产品、水、油、溶剂等化学药品，因而可用于涂饰化工设备，例如贮槽、管道等。

（4）聚氨酯漆涂层能在高温下烘干，也能在低温中固化。在典型的常温固化涂料（环氧树脂漆、不饱和聚酯漆、聚氨酯漆三类）中，环氧树脂与不饱和聚酯在10℃以下就难以固化，只有聚氨酯在0℃也能正常固化，因此能施工的季节长。因为它在常温下能迅速固化，所以对大型工程如大型油罐、大型飞机等也可以进行常温施工而获得优于普通烘烤漆的效果。

（5）聚氨酯漆膜的弹性可根据需要调节其成分配比，可从极坚硬的涂层调节到极柔韧的弹性涂层，而一般涂料如环氧、不饱和聚酯、氨基醇酸等只能制成刚性涂层，难以赋予高弹性。

（6）聚氨酯漆膜具有很高的耐热、耐寒性，涂漆制品一般能在零下40℃到零上120℃条件下使用（有的品种可耐燃着的香烟以及高达180℃的高温），因此能制得耐高温的绝缘漆。

（7）聚氨酯不仅能独立制漆，并与聚酯、聚醚、环氧、醇酸、聚丙烯酸酯、醋酸丁酸纤维素等相容性好，均能与其配合制漆，以适应不同要求而丰富涂料品种。

(8) 聚氨酯有优异的制漆性能，可以制成溶剂型漆、液态无溶剂型漆、水性漆、粉末涂料、单罐装与多罐装的漆，以及制成头度底漆、二度底漆、高光面漆、亚光面漆、透明与不透明以及高装饰要求的闪光、珠光、幻彩、仿皮等多种形态，可以满足不同需要。

(9) 涂料品种中有些品种（如环氧、氧化橡胶等）保护功能好而装饰性稍差，有些品种（如硝基漆等）则装饰性好而保护功能差，而聚氨酯漆则兼具优异的保护功能和装饰性。聚氨酯清漆透明度高、颜色浅、漆膜平滑光洁、丰满光亮，不仅具有一系列保护性能，而且还有很高的装饰价值，故广泛用于高档家具、高级木制品、钢琴以及大型客机等。

由于具有上述优良性能，聚氨酯漆在国防、基建、化工防腐、车船、飞机、木器、电气绝缘等各方面都得到广泛的应用，新品种不断涌现，极有发展前途。当然聚氨酯漆并非完美无缺，它也有一些缺点，有些方面还在不断改进。聚氨酯漆缺点有：

(1) 多组分聚氨酯木器漆，调漆使用不便，同时配漆后有施工时限，需要现用现配，用多少配多少，否则会造成浪费。

(2) 有的聚氨酯木器漆硬化剂中含有游离的甲苯二异氰酸酯（TDI），游离的TDI对人体会造成危害，表现为疼痛流泪、结膜充血、咳嗽胸闷、气急哮喘、红色丘疹、斑丘疹、接触性过敏性皮炎等症状，因此施工中应加强通风，放置新家具的室内也应经常通风、换气。国际上对于游离TDI的限制标准是控制在0.5%以下。

(3) 聚氨酯木器漆组成中含有的异氰酸酯基团很活泼，对水、潮气、醇类都很敏感。贮存须密闭，如漏气则漆会固化在桶中而报废；漆膜遇潮气会起泡；对溶剂要求高，不能含有水、醇等反应性杂质。

(4) 价格较高。因此多用于对漆膜要求较高的场所。

(5) 施工中须精细操作，注意控制涂层间的涂饰间隔时间，如果间隔时间过短，会引起针孔、气泡，过长会引起层间剥离等。

(6) 用芳香族多异氰酸酯（如TDI）作原料制漆易使漆膜泛黄，近些年用脂肪族多异氰酸酯（如HDI）作原料可制成不黄变的聚氨酯漆。

3.5.3 聚氨酯漆应用

当前我国大部分的木家具、木质乐器、室内装修、木地板与其他木制品都在使用各种类型的聚氨酯漆。可以采用手工刷涂、喷涂、淋涂。由于施工时限比聚酯漆长许多，因此喷涂、淋涂时可使用普通喷枪与淋漆机。

由于聚氨酯属于反应性涂料，对环境敏感，因此其涂膜质量与施工有密切关系，对基材表面处理、施工环境的温度、湿度、涂层衔接等均须注意。除一般性涂料施工共性、注意事项外，还须特别注意下列各点：

(1) 溶剂：聚氨酯所用溶剂与其他漆类有所不同，除考虑溶解力、挥发速率等溶剂共性外，还须考虑漆中含异氰酸基（—NCO）的特性，因此须注意两点。一是溶剂不能含有能与异氰酸基（—NCO）反应的物质。如溶剂中含有水分，带到多异氰酸酯组分中会引起胶凝，使漆罐鼓胀；带到漆膜中，处理不当会产生气泡与针孔。二是溶剂对羟基（—OH）的反应性的影响。因为溶剂中的水会消耗不少异氰酸酯而影响成膜时需要的异氰酸酯的量，因而影响固化，所以聚氨酯漆必须用无水溶剂，所谓“氨酯级溶剂”，即指含杂质极少，不含醇、水的溶剂，采用较多的是醋酸乙酯、醋酸丁酯等酯类溶剂，还有丙二醇醋酸酯。此外，还使用甲基异丁基酮、甲基戊基酮、环己酮等酮类溶剂，但后者臭味较大，且酮类溶剂可能使聚氨酯漆色泽变深。

(2) 水分：在聚氨酯木器漆的使用过程中，异氰酸酯与水的反应是一个很重要的反应。这个反应既是潮固化型聚氨酯涂料成膜的反应机理，也是双组分聚氨酯涂料成膜后出现气泡、针孔的主要原因，此外还影响双组分聚氨酯漆中硬化剂的储存稳定性。在施工和操纵过程中，水分的引入主要有以下几个途径：施工现场潮湿、多雨；稀释剂中含水；木材含水率过高，填孔不严；水砂后涂膜没有干透就涂饰聚氨酯漆；油水分离器中的水带入漆膜中。在使用双组分聚氨酯漆时，对水分的控制在一定程度上影响着最终的漆膜质量，因此在施工和操纵过程中尽量避免水分，将水分带来的不利影响降至最低。

(3) 配漆：主要是异氰酸基对羟基的比例，双组分聚氨酯漆的制造技术之一是确定恰当的异氰酸基与羟基的比例。漆中如多异氰酸酯（—NCO）加入太少，不足以与羟基（—OH）反应，则漆膜交联度较低，抗溶剂性、抗化学品、抗水性、机械强度等涂膜性能明显下降，漆膜发软。若异氰酸酯加入太多，则多余的异氰酸基吸收空气中潮气转化成脲，增加了交联密度，提高了抗溶剂性、抗化学品性。但异氰酸酯基过多，会造成漆膜变脆。这个适宜比例就是涂料厂家开发研制产品时精心设计的，也就是涂料产品使用说明书中注明的配漆比例，这要先看具体牌号的品种，然后再按说明书中规定比例配漆。

(4) 配漆后有施工时限，在时限内如及时涂饰，则会在制品表面交联固化形成聚氨酯漆膜；如超过施工时限，未及时涂在制品表面上，仍在配漆桶中，则聚合化学反应照常进行，配好的漆液黏度逐渐增稠最后固化，在桶中报废。因此，须要根据用量调配，用多少配多少。

(5) 两组分混合后需充分搅匀，静置 20min 左右，待气泡消失后再涂饰。如配漆当日未用完则以专用配套稀释剂将其稀释至原来的 3 倍，密封后可于次日与新漆混合使用，但混合的新漆应占 80% 以上。

(6) 储漆罐要密闭，以免吸潮变质（尤其硬化剂组分）。

(7) 聚氨酯漆原漆黏度可能因不同生产厂家的具体型号而异，冬季与夏季也不一样，施工时黏度高易发生气泡，故须用配套的专用稀释剂稀释。由于稀释率不同，应针对具体施工方法，参考说明书建议的稀释比例，试验确定最适宜的黏度，自选溶剂可用无水醋酸丁酯、无水二甲苯、无水环已酮等，最好使用配套稀料，而不可乱用其他稀料（如硝基稀料等）代替，因为硝基漆稀释剂内含醇、微量水和游离酸。

(8) 配漆与涂饰过程中，忌与水、酸、碱、醇类接触，木材含水率不可过高，木材或底涂层均须干透再涂漆。注意空气喷涂时压缩空气中不得带入水、油等杂质。

(9) 不宜一次涂厚，可多次薄涂，否则易发生气泡、针孔。双组分聚氨酯漆可采取“湿碰湿”工艺喷涂，即表干连涂。须参考说明书建议的重涂时间间隔，试验确定最适宜的重涂时间，因品种不同可能有差别。间隔时间过短，容易造成气泡、皱皮等缺陷；但间隔时间也不可过长，否则层间交联不好，影响层间附着力。对固化已久的漆膜需用砂纸打磨或用溶剂擦拭后再涂漆。

(10) 某些颜料、染料及醇溶性着色剂等能与聚氨酯发生反应，不宜直接放入漆中，使用前需试验确定，例如某些酸性染料、碱性染料、铅丹、锌黄与碳黑等颜料。当漂白木材使用酸性漂白剂时，涂漆前须充分中和，以免反应变黄。

(11) 施工环境温度过低，涂层干燥慢；温度过高，可能出现气泡与失光。此外，含羟基组分的用量不当，或涂层太厚也可能使干燥变慢。溶剂含水、被涂表面潮湿、催化剂用量过多、树脂存放过久等均可使涂层暗淡失光。

(12) 施工完毕后即用配套稀释剂将工具、容器、设备等充分洗净。

(13) 由于聚氨酯有毒，施工应特别注意劳动保护，工作场所必须通风良好，操作人员中午应休息或下班后应漱口。

(14) 着色材料的选用须注意，以不与异氰酸酯发生反应、不含水分、不影响涂料固化为宜。

(15) 聚氨酯漆通常使用二甲苯、环已酮、醋酸丁酯等强溶剂，醇酸底漆、酚醛底漆等油性底漆以及硝基底漆不能与聚氨酯漆配套使用，容易出现咬底、皱皮、脱落等现象。

3.6　光敏漆

光敏漆也称紫外光固化涂料或光固化涂料（ultraviolet，缩写 UV），是应用光能引发而固化成膜的涂料，此类漆的涂层必须经紫外线照射才能固化成膜。光能越强，光化学反应越快，涂层固化越快；离开紫外线的照射，漆膜将长期不干。

光敏漆是当前国内外木器用漆的重要品种，由于具有快干、节能、无溶剂挥发、绿色环保、性能优异等特点，所以深受大家的欢迎。无论从漆膜性能上，还是从节省能源、节省时间、保护环境来说，光敏漆都是一种极有发展前途的品种。20 世纪 60 年代末光敏漆在国外兴起并首先在木材表面涂饰上得到应用；20 世纪 70 年代它在我国已引起木器行业的重视，80 年代在板式家具表面开始应用，曾经历曲折，90 年代以来在木地板与板式家具上又开始应用起来。

3.6.1　光敏漆组成

光敏漆的主要组成有反应性预聚物（光敏树脂）、交联单体（活性稀释剂）、光敏剂（光引发剂）、溶剂、助剂、着色材料等。

3.6.1.1　光敏树脂

光敏树脂是光敏漆的主要成膜物质，是最主要成分，它决定涂膜的性能，属聚合型树脂，是含有双键的预聚物或低聚物。常用品种有不饱和聚酯、丙烯酸聚酯、丙烯酸聚氨酯、丙烯酸环氧酯等。现代光敏漆以应用后两者居多。丙烯酸聚氨酯具有优异的物理机械性能，耐化学性好、附着力大、漆膜光泽高、丰满度好；丙烯酸环氧酯的硬度高，光泽与耐化学性好，附着力强，可制光敏底漆与光敏腻子，作面漆可以抛光。

水性 UV 树脂主要有三类：水性聚氨酯丙烯酸酯，水性环氧丙烯酸酯、水性聚酯丙烯酸酯，其中水性聚氨酯丙烯酸酯为主要品种，它具有优良的柔韧性、耐磨性、耐化学性、耐冲击性和较高的拉伸强度。由于水性光固化涂料本身光泽比较低，所以很容易制造亚光漆，目前 BASF、UCB、拜耳、利康等均有制造水性亚光漆的树脂出售。

3.6.1.2　交联单体

与不饱和聚酯漆类似，光敏漆中的交联单体除与光敏树脂发生聚合反应交联固化共同成膜外，还能溶解树脂，兼有溶剂的作用，因此又叫活性稀释剂。因为一般预聚物都有很高的黏度，多在100cps以上（旋转黏度计），为便于施工应用须稀释以降低黏度；为确保涂料的高固体分与不发生色移现象，光敏漆的交联单体须要使用反应型活性稀释剂。早些年应用的光敏漆多使用苯乙烯，现代则应用多官能基的丙烯酸酯类，由于官能基数量对涂膜性能有决定性的影响，所以单官能基的丙烯酸酯类因其相对分子质量低、挥发性强、有刺激气味而很少使用，而二官能基、三官能基以及六官能基的多官能基丙烯酸单体多被采用。此外光敏漆中交联单体的选用还要考虑对皮肤的刺激性以及对涂膜收缩性的影响，后者还须同时考虑硬化度、涂膜的厚薄及光源照射强度与距离等对收缩性的影响。

3.6.1.3 光敏剂

光敏剂是以近紫外光区（300～400nm）的光激发而能产生游离基的物质。光敏漆的涂层能固化成膜是光敏树脂与交联单体之间的游离基聚合反应的结果。当用紫外线照射光敏漆涂层时，光敏剂吸收特定波长的紫外线，其化学键被打断，解离生成活性游离基，起引发作用，使树脂与活性稀释剂（交联单体）中的活性基团产生连锁反应，迅速交联成网状体型结构的光敏漆膜。作为光引发剂的物质很多，选择时须考虑：在紫外光照射下自由基产生速率，在阴暗处的保存性、热安定性、溶解性、毒性、挥发性与黄变性等。早些年曾多用安息香醚类作光敏剂，例如安息香乙醚、安息香丙醚等。

3.6.1.4 溶剂

在不要求100%固体分含量的光敏漆中，加入适量溶剂可解决许多交联单体无法克服的问题，如湿涂层的润湿效果及硬化速度（一般单体的浓度与反应速率成比例）。较为常用的溶剂有甲苯、二甲苯、醋酸乙酯、醋酸丁酯、甲乙酮、丙酮、二氯甲烷等。溶剂的挥发性不可太慢，以免固化后的涂膜中溶剂残存过多。加入溶剂的光敏漆在施工后最好先经红外线辐射加热，使溶剂蒸发，预热对湿涂层流平也有很大帮助，但须注意的是可能会造成流挂；在无法加热时，至少湿涂层也应静置一段时间再行照射，但不可静置太久，以免大量氧气影响固化速度，因此再次强调，低沸点溶剂较适合使用。

3.6.1.5 助剂

利用光敏漆进行木制品涂装时，主要采用淋涂法和辊涂法，由于光敏漆属于无溶剂型涂料，且在快速固化时又要求涂膜具有极高的装饰性，因此它需要借助优良的涂料助剂。常用助剂有流平剂（如乙基纤维素、醋酸丁酸纤维素）、防流挂剂、稳定剂、消泡剂、促进剂等。

3.6.1.6 着色材料

颜料多用于制造紫外线固化型油墨，木器漆中应用较少。现代木器用光敏漆中多用染料制造透明色漆品种。着色材料的加入有可能吸收紫外线，因此需注意制漆过程中尽量避免阳光照射及研磨时发热（甚至连日光灯照射距离亦不宜太近）。此外还须注意着色材料对紫外线的透光性，须先有相当了解，选择适合的着色材料。

3.6.2 光敏漆性能

（1）光敏漆具有如下优点：

①涂层干燥快。当光敏漆涂层一经紫外线照射，光敏剂迅速分解游离基而引发光敏树脂的聚合反应，交联固化成膜。这个过程时间很短，早期的光敏漆常在数十秒或几分钟内达实干，现代光敏漆已能在几秒钟（2～3s或3～5s）内达实干。由于其特有的固化机理与无溶剂性以及干燥极快，与许多传统涂料比较显示其无比的优越性。这是迄今国内实际应用着的木器漆中干燥最快的品种，有利于实现机械化、自动化大批量生产。

②涂装施工周期短。由于干燥快，紫外干燥装置的长度短，被涂装的木器家具零部件一经照射便可收集堆垛，因此可大大节约油漆车间的生产面积，节省施工场地，缩短涂装施工周期，有利于自动化流水线施工，适合大批量生产，与许多干燥慢的传统涂料相比大大提高了涂装生产率。

③无溶剂型漆。多数光敏漆可以做成固含量近100%的品种，涂料转化率高，一次可得较厚涂膜。涂饰与干燥过程中很少溶剂挥发，基本是一种无污染的涂料，施工卫生条件好，对操作人员基本无危害。

④施工方便，没有施工时限的制约。光敏漆是在紫外线的照射下固化的，因此在没有紫外线直接照射的情况下它是很稳定的。在存放过程中，只要没有太阳光直接照射，它就不会胶化变质，所以光敏漆使用时不受可使用时间的限制。

⑤漆膜性能优异。由不饱和聚酯、丙烯酸聚氨酯、丙烯酸环氧酯等做光敏树脂，均属合成树脂中的上品，其性能优异，漆膜的装饰保护性能很高，例如漆膜的铅笔硬度可达4～6H，开裂试验均在6个循环以上。光敏漆漆膜不仅坚硬耐磨，并具优异的耐溶剂、耐化学药品等性能。

⑥节省能源，用紫外线照射比加热干燥要节省能

源上百倍。固化时不需热能，只需光能，所以很适合涂饰木材、纸张等热敏材料。

⑦涂覆设备简单，可以采用淋涂、辊涂、刷涂、喷涂等传统施工方法。大小工件可通用一套干燥设备，干燥设备通容性大。

（2）光敏漆由于采用紫外线来固化，所以在具有许多优点的同时，也存在一些不足，具体如下：

①限于目前国内只有直线形紫外线灯管作紫外光源，光只能直线传播，故只适用于平面板式零部件的表面涂饰，光敏漆涂层未吸收紫外光线的部分不能固化，因此组装好的整体家具以及表面线型较多的复杂的立体制品目前还不能应用，否则会因照射距离不同、紫外光照射不到而影响漆膜干燥。

②光敏漆涂饰须慎选着色剂，紫外线照射可能产生退色以及涂层变黄。制造和使用含有着色颜料的光敏漆比较困难。

③重涂漆膜须充分砂光，否则涂层间附着不良。

④光敏漆生产成本比其他漆类高，而且需要紫外线固化装置的投资。由于紫外光灯管还有使用寿命问题，须经常更换。

⑤有紫外线泄漏的危害。光敏漆接触人体会有刺激，紫外线长期直接照射人体会受到伤害。

⑥光引发剂残留在漆膜中会加速漆膜老化，影响漆膜耐久性。

3.6.3 光敏漆应用

光敏漆由于固化速度快、省能源、无污染、设备面积小，因此在国内外被大量用于木材、纸张、塑料、金属、运动器材等的涂装，并呈快速发展的态势。自20世纪90年代以来，我国木地板以及板式家具的涂装也广泛采用光敏漆，尤其还组成机械化涂装流水线，使木材涂装的生产效率与机械化自动化的程度大为提高。现在光敏漆品种主要有透明面漆、透明底漆、亚光面漆和高光面漆等几个品种。

由于光敏漆硬化非常快，在短时间内即可达到最终硬度，且在经紫外线照射之前，必须先使其湿涂层稳定，安定消光度，溶剂挥发完，再行照射，这些对正常施工都是很重要的，否则将会发生多种涂装缺陷。其中尤以做好静置干燥为首要条件，光敏漆涂饰应注意以下事项：

（1）静置时间。光敏漆湿涂层经紫外线照射前最好有一段流平阶段挥发溶剂，否则由于光固化干燥快，便容易产生干燥缺陷。这段静置时间如果是常温则最好在 20～30min，如果是红外线加热则需 10～15min。

（2）紫外线照射时间。光敏漆涂层需经紫外线照射才能固化，当照射不足时将会影响固化和漆膜性能；反之，若过度照射，漆膜性能会受到损伤。因为紫外线对大多数涂膜都是破坏因素，是漆膜老化的主要原因，所以辐射强度、紫外灯管对涂层的照射距离、传送带速度等均影响照射时间的长短，生产实践中各工艺参数均应经实验确定。

（3）在紫外灯照射下，光固化生产线会迅速升温，活性稀释剂会快速挥发，同时有臭氧产生，必须注意通风换气。另外，紫外灯管接通电源后温度会迅速上升，必须在接通电源前开通灯管冷却水，避免涂膜烧焦、灯管爆炸等事故发生。

（4）用光敏漆涂饰，工件含水率必须合格，含水率过高会引起漆膜起泡。

（5）进行涂料价位分析。光敏漆涂膜性能优异，但价格要比一般涂料高，因此常常影响其优先选用。然而，由于其无溶剂性，固体分含量接近 100%，涂料转化率高，则其涂饰成本并不算高。光敏漆利用紫外光固化，其能源成本低，工期短，有利于及时交货，可以降低涂饰总成本。光敏漆与一般聚氨酯漆涂饰成本比较，见表 3-2。

表 3-2 光敏漆与一般聚氨酯漆涂饰成本比较

品 种	一般聚氨酯漆	光敏漆
涂布量/（g/m^2）	130	45
固化后干漆膜量/（g/m^2）	45	45
涂料单价比	1	3
涂饰单价比	130	135

将水性木器涂料和紫外光固化技术结合起来，可以有效利用光固化技术中固化速度快、环保等优点，得到施工方便、各项性能较优的环保型水性 UV 木器漆，可适应大型家具企业自动化快速生产的需要。水性 UV 漆结合了水性涂料和光固化涂料的优点，近年来得到迅速发展，也是今后光固化涂料主要发展方向之一。水性 UV 漆有利于环境保护，固化速度也快，符合时代发展要求，在欧美等发达国家，Hoechst、UCB、ICI、Zeneca、BASF 等公司已推出了它们的光固化水性涂料产品。

紫外光固化粉末涂料是一项将传统的粉末涂料与 UV 固化技术相结合的新技术。通常的粉末涂料必须先熔融后固化，施工后必须高温烘烤，所以只能用于遇热不变形的金属，而光固化粉末涂料可以明显降低加热和固化过程的温度，不但提高了生产率，更加节省资源、人力、时间和空间，而且避免了对基材的过分加热，开辟了粉末涂料更宽的应用领域。除了用于金属以外，紫外光固化粉末涂料还可以用于木材、纸张、塑料等热敏性基材。

3.7 水性漆

水性漆是指成膜物质溶于水或分散在水中的漆，包括水溶性漆和水乳胶漆两种。它不同于一般溶剂型漆，是以水作为主要挥发分的。水性漆的使用节约了大量的有机溶剂，改善了施工条件，保障了施工安全，所以近年来水性漆在世界各国发展迅速。以合成树脂代替油脂，以水代替有机溶剂，这是世界涂料发展的两个主要方向。

3.7.1 水性漆概述

水性漆以其无毒环保、无气味、可挥发物极少、不燃不爆的高安全性、不黄变、涂刷面积大、节约大量有机溶剂，改善施工条件，保障施工安全等优点越来越受到消费者的欢迎，在世界各国发展迅速。传统的溶剂型漆主要成膜物质通常是固体或极黏稠的液体，为了使涂料便于涂饰，常使其溶解或稳定地分散在某些溶剂中，长期以来所能使用的绝大多数是有机溶剂，如松节油、松香水、苯、酯、酮、醇类等。大部分涂料中溶剂含量都在50%以上（挥发型漆调漆后的溶剂含量高达80%～90%），当湿涂层干燥时，大量溶剂都要挥发到大气中去（只有无溶剂型漆例外），既污染环境，又浪费资源，还容易引起中毒、火灾与爆炸。因此，用水代替有机溶剂制漆的经济意义重大。

水性涂料在我国起步较晚，算起来不过十几年的时间，但是，随着经济的快速发展，水性涂料在我国的发展非常迅速。近年来，国家大力推进节能减排，节约能源，保护环境，减少VOC排放，“低碳、绿色、健康”的理念逐步渗入人们的生产和生活，人们对环保家装、健康家居的意识日益增强。正是在这样的背景下，水性木器漆顺应时代的发展，凭借其卓越的性能越来越受到人们的重视，在我国悄然兴起。与传统的硝基漆、聚酯漆、聚氨酯漆等溶剂型涂料相比，水性木器漆主要以水为稀释剂，不含游离TDI、苯及苯系物，对人体无害，对环境友好，是真正的生态环保漆。

水性木器涂料主要用于家具、橱柜、门窗、地板、玩具和木器工艺品等。在经历了十几年的技术攻关、产品开发后，目前技术已日臻成熟，具备了大范围推广使用的条件。多年来，业界一直在呼吁各方支持水性木器涂料的推广和应用，但是水性木器涂料的推广步伐却相当缓慢，其原因有诸多，例如水性涂料成本高、市场认知度不够，国家标准和行业标准与国外有差距，与溶剂型涂料相比在性能上存在差异等。其中，最大的阻力还是来自家具企业，因为水性木器涂料价格较高，性能相对较低，而且必须更新现有涂饰设备，这会增加生产成本，所以家具企业多不采用水性木器涂料。但是随着人们环保意识的逐渐提高、健康要求的日益强烈，以及国家关于VOC排放标准的规定及强制执行，涂料行业的走向必将受到重大影响。单从这个方面讲，水性漆的优越性远远大于溶剂型漆，它作为溶剂型木器漆的升级换代产品，将会以较快的速度发展，必将成为家具涂饰和家装涂饰的重要潮流。

3.7.2 水性漆分类

水性漆主要包括水溶性漆和水乳胶漆两大类，但根据不同的成膜物质、干燥机理以及用途，又可将水性漆做如下具体分类：

3.7.2.1 根据成膜物质分类

根据不同的成膜物质，可将水性漆分为以下四类：

第一类是以水性醇酸树脂为主要成分的水性木器漆。

第二类是以丙烯酸乳液为主要成膜物质的水性木器漆。主要特点是附着力好，不会加深木器的颜色，价格便宜，但耐磨及抗化学性较差，漆膜较软，铅笔硬度为HB，丰满度较差，综合性能一般，施工易产生缺陷。光泽差，难以制作高光泽漆，只适合做水性木器底漆、亚光面漆。因其成本较低且技术含量不高，是大部分水性漆企业推向市场的主要产品。这也是大多数人认为水性漆不好的原因所在。

第三类是以丙烯酸与聚氨酯的合成物为主要成分的水性木器漆。其特点除了具有丙烯酸漆的特点外，又增加了耐磨及抗化学性强的特点，有些企业将其标为水性聚酯漆。漆膜硬度较好，铅笔硬度为1H，丰满度较好，干燥快，黄变程度低或不黄变，适合做亮光漆、底漆、户外漆等。

第四类是百分之百聚氨酯水性木器漆。其综合性能优越，丰满度高，漆膜硬度可达到1.5～2H，耐磨性能甚至达到油性漆的几倍，使用寿命、色彩调配方面都有明显优势，为水性漆中的高级产品，该技术在全球只有少数几家专业公司掌握。聚氨酯水性木器漆可以分为两大系列：第一系列是脂肪族或芳香族聚氨酯分散体，采用前者产品耐黄变性优异，采用后者产品具有更高的硬度和干燥性能。另一系列是采用水性双组分聚氨酯为主要成分的水性木器漆，其中一个组分是带羟基（—OH）的聚氨酯水性分散体，一个组分是水性固化剂，主要是脂肪族的。此两组分通过混合施工，产生交联反应，可以显著提高漆膜硬度、丰满度、光泽度以及耐水性能。

3.7.2.2　根据干燥机理分类

根据水性漆干燥机理，可以分为自干型和强制干燥型两大类。

自干型涂料又可以分为空气氧化干燥型和熔融成膜干燥型。空气氧化干燥主要是指水性醇酸漆，依靠组分中的不饱和脂肪酸通过氧化固化成膜；熔融成膜干燥机理与常见的乳胶漆相同，包括乳胶颗粒紧密堆积、排列，相互渗透、扩散，逐步形成涂膜等几个过程。目前水性木器漆通过这种固化机理成膜的还是主流。大多数丙烯酸乳液涂料、丙烯酸改性聚氨酯涂料、单组分聚氨酯涂料都是采用这种固化机理。这种涂料成膜与天气状况关系很大，如高温、大风、低湿、低温、过度潮湿等都将导致乳胶粒子成膜不良，最终影响漆膜性能。

强制干燥型主要包括交联固化和紫外光固化。交联固化是显著提高漆膜性能的根本方法。阴离子水性漆树脂中存在羧基和羟基，提供了进一步交联的可能，室温条件下能与羧基或者羟基反应的多官能度化合物可做交联剂，品种很多，目前应用比较成熟的主要有多异氰酸酯交联和氮丙啶化合物交联。

3.7.2.3　根据用途分类

根据施工的先后顺序，水性木器漆分为水性腻子（又称水灰）、水性封闭底漆、水性面漆；根据面漆的光泽度，可以分为高光面漆、半光面漆和亚光面漆；根据面漆中颜料的含量多少，可以分为清漆和色漆。

3.7.3　水性漆性能与应用

（1）水性木器漆的优异性能如下：

①无毒、无味、无污染，不燃烧，不黄变，不挥发有害气体，不污染环境，施工卫生条件好，是真正的绿色环保产品。

②用水作溶剂，价廉易得，净化容易，节约有机溶剂。

③可室温交联固化，附着力强。

④不含铅、汞、铬等重金属。

⑤施工方便，涂料黏度高可用水稀释。

⑥刷涂、辊涂、淋涂、喷涂、浸涂等涂饰方法均可，施工工具、设备、容器等可用水清洗。

（2）与溶剂型木器漆性能相比，其漆膜综合性能还有差距，例如涂膜丰满度不够、硬度低，价格较高，易返黏，耐水性、耐化学品性能、干燥速度还有待提高。目前，市场上推广水性木器漆遇到阻力，原因是多方面的，包括在生产技术上和实际应用中还有很多“瓶颈”需要解决。除了以上水性木器漆性能上存在缺点，还有以下一些原因阻碍其推广应用：

①由于水性漆固化机理发生了根本改变，造成施工过程中的干燥设备需要更新，这是限制水性漆发展的一个很重要的因素；

②木材属于对水敏感的材料，木纤维吸水后膨胀，给涂饰造成很大困扰，使得长期以来水性漆在木材表面的应用受到限制；

③水性漆性价比问题使家具企业难以接受，只有出好的产品，把成本做到最低，才能使市场容易接受；

④环境对水性漆的影响非常大，差异也非常大。水性漆有一个特点，即干得慢。南方和北方的温差比较大，夏天和冬天的气候条件不一样，比如说哈尔滨的水性漆可能很难施工，但是在深圳等南方地区施工相对就比较好一点。还有湿度方面的问题，湿度非常高的场合漆膜也干得很慢。

⑤应用工程师或油漆工对于水性漆的性能、施工要点还比较茫然，涂饰经验还很缺乏这就导致他们不愿意用水性漆。因此，还需要在技术上对他们进行帮助与引导，以解决水性漆应用中的问题。

近年来由于国际市场对环保产品需求的增加，水性漆得到了广泛的应用。应用领域包括木质家具、木质地板、木质门窗、装饰板、玩具和竹器等。对于水性漆而言，最大的市场还是家具出口企业。

3.8　酸固化氨基漆

酸固化氨基漆属于氨基树脂漆类，为使氨基漆在室温条件下干燥，常用酸作催化剂，故称为酸固化氨基树脂漆，简称酸固化氨基漆。

3.8.1　酸固化氨基漆概述

氨基漆的主要成膜物质由两部分组成，其一是氨基树脂组分，主要有丁醚化三聚氰氨甲醛树脂、甲醚化三聚氰氨甲醛树脂、丁醚化脲醛树脂等树脂；其二是羟基树脂组分，主要有中短油度醇酸树脂、含羟基丙烯酸树脂、环氧树脂等树脂。氨基漆本是烘漆，是靠烘烤使漆中树脂交联固化，所以它的主要品种都需要加热固化，高温烘烤，一般固化温度都在100℃以上，固化时间在20min以上，日常生活中的汽车、电冰箱、洗衣机等大多数都是采用氨基烤漆来涂饰的。由于木材对高温比较敏感，不适合高温烘烤，为了满足室温干燥的特点，于是采用外加催化剂的方法，这种催化剂一般都采用酸，因此把适合于木材涂饰的这种涂料称之为酸固化氨基漆，简称为AC漆。这样就可以使性能良好的氨基烘漆常温固化，用于木材表面涂饰。

木材用酸固化氨基漆是采用脲醛树脂或三聚氰胺甲醛树脂与短、中油度的醇酸树脂或含羟基的丙烯酸树脂为主要原料，用酸作为催化剂的两液型涂料。有时把酸催化剂称为固化剂。在催化剂的选择中，由于硫酸、磷酸、盐酸等无机酸的催化作用很强，容易造成木材酸污染，所以通常选用有机酸，在实际使用中，以对甲基苯磺酸为主。此种涂料可以在40～50℃的低温环境中快速固化成膜，为酸固化氨基醇酸树脂漆在木家具中的应用提供了条件。酸固化氨基醇酸树脂漆漆膜不容易变黄，比醇酸漆耐磨、硬度高，比硝基漆、聚氨酯漆等便宜，在马来西亚等东南亚地区广泛用于室内木地板、门窗、工具的木柄等的涂饰。在我国由于受到低温加热设备的限制，只在少数有条件的家具企业中使用。

3.8.2　酸固化氨基漆性能

（1）酸固化氨基漆的优点：

①固体分含量高，一次涂装能得较厚涂膜，漆膜厚度可以达到硝基漆的两倍。

②漆膜不容易变黄，制成的白漆不容易黄变，对需要本色涂饰的木家具可以采用AC漆涂饰。由于普通聚氨酯漆漆膜容易泛黄，不黄变的聚氨酯漆价格又高，而硝基漆的固体分含量又太低，此时从成本、耐黄变方面考虑，采用AC漆比较合适。

③硬度高，光泽度高，漆膜丰满，耐磨性好，耐热性好，装饰性好。

（2）酸固化氨基漆的缺点：

①施工过程中及漆膜干燥过程中有游离甲醛释放，污染环境，要求施工环境必须保证良好的通风。

②加入酸固化剂后的漆，必须在规定的时间内用完，尽管AC漆的施工时限较长（可以在8h以上），但仍然受到使用时间的限制，所以施工调配时，必须用多少配多少，否则会造成浪费。

③AC漆漆膜柔韧性相对较差，耐水性、耐温变性差，当温差较大时，漆膜容易开裂。

④由于AC漆使用酸性固化剂，所以涂饰时不能直接接触碱性颜料、染料着色剂或填充剂，否则涂膜不干燥，易变色。

⑤AC漆不适合与其他漆种配套使用，采用此种涂料涂饰时，底漆和面漆最好使用同一种类的涂料。

3.8.3　施工注意事项

（1）固化剂的用量随施工环境温度而变化，温度低则适量增加，温度高则适量酌减。注意在施工时不能只为追求干燥速度而多加固化剂，尤其是天气冷的时候。这种做法会使漆膜过早老化，少则3个月，多则6个月，就会出现漆膜开裂。由于各生产厂家配方不同，所需要固化剂用量也不同，必须依据产品说明书，将漆和固化剂、稀释剂按比例调配好。需要多少配多少，在漆增稠时可适量加氨基稀料稀释。

（2）固化剂系酸性物质，对金属有腐蚀性，应存储在非金属容器内。调漆时最好用塑料、玻璃、陶瓷等，尽量不要用不耐酸的容器。调色时也要采用耐酸性好的色浆。

（3）漆膜不宜太厚，否则漆膜容易开裂。

（4）主剂与固化剂混合后，应在规定的时间内用完。使用后涂饰工具应立即清洗干净，以免固化后堵塞。

（5）储存时放在通风阴凉处。由于醇酸树脂与脲醛树脂在温度较高时会自行发生反应，所以AC漆不能储存过久，一般不超过6个月。

（6）AC漆适用于木材涂装，但不适用于金属涂饰，如果木制品上有五金配件，需要将其遮掩后再进行涂饰。

本章小结

家具及其木制品生产用涂料品种繁多，其组成、性能与应用各不相同，只有充分了解掌握所用漆种组成材料、性能特点、固化机理和合理使用，才能做到优化选择，获得预期漆膜质量。现代木质家具生产常用涂料有硝基漆、聚酯漆、聚氨酯漆和光敏漆，各种物理化学性能优异，属高档涂料。我国应用最多的是聚氨酯漆，硝基漆在出口产品中应用较多，光敏漆属无溶剂型漆，环保性能好，干燥快，适合于平面产品涂饰，组织机械化生产。水性漆以水代替有机溶剂，绿色环保、无公害，是涂料工业的发展方向，但在实际应用上还须解决有关技术问题。油性漆由于漆膜性能不如树脂漆，所以一般只用在普及产品或一些户外木制品涂饰；天然大漆被称为国漆，是我国的国宝，具有各种优良的性能，但由于施工复杂，干燥慢，在现代家具生产中已很少使用，一般只用作漆器。

思考题

1. 何谓油性漆？油性漆包括哪些品种？
2. 酚醛树脂漆和醇酸树脂漆的性能如何？
3. 何谓天然树脂漆？大漆的性能如何？
4. 硝基漆的组成与性能如何？
5. 何谓不饱和聚酯树脂漆？聚酯漆有何独特性能？
6. 涂饰聚酯漆应注意哪些事项？
7. 何谓聚氨酯漆？聚氨酯漆和聚酯漆的区别是什么？
8. 聚氨酯漆是如何分类的？性能和应用如何？
9. 光敏漆性能如何？应用要注意哪些事项？
10. 水性漆性能如何？
11. 水性漆的应用现状及发展趋势如何？
12. 酸固化氨基漆施工时须要注意哪些事项？

第4章
涂饰工艺

【本章提要】

涂饰工艺是指利用一定的涂饰方法将涂料涂饰到制品表面，形成具有一定装饰、保护性能漆膜的过程，以及在涂饰过程中需要解决的一系列工艺技术问题。漆膜性能的好坏除与涂料本身的质量有关外，还与涂饰工艺设计、操作技术、装备是否先进合理以及作业环境有极大关系。本章将根据涂饰工艺过程顺序，基材处理、填孔、着色、涂饰涂料和漆膜修整，介绍涂料转变成漆膜过程的理论知识、工艺技术和质量要求等内容。

4.1 涂饰工艺概述　　4.4 填孔与着色
4.2 基材处理　　4.5 涂饰涂料
4.3 基材砂光　　4.6 漆膜修整

家具质量与价值受设计、材料、机械加工工艺、选用涂料以及涂饰工程等各方面因素影响，由于木材资源日渐缺乏，选材和机械加工控制产品质量越来越困难，因此不同种类木材的开发应用、色差调整、劣材优用给涂饰工艺设计与施工带来很大难度，要获得良好的涂饰质量，除了对木材性质和家具用涂料有深刻认识之外，对木材着色剂、填孔剂及其木材着色、填充技术和各种涂饰工艺流程设计也应加以细致研究。

4.1 涂饰工艺概述

制漆厂生产的涂料是涂饰的原料，涂料性能的优劣，最终是通过涂层表现出来的，涂料的价值与品质只能在涂饰完工以后才能最终体现出来。漆膜性能的优劣不仅取决于涂料本身的质量，而且与形成涂层过程的工艺技术、装备和作业环境有极大关系，好的涂料没有好的涂饰技术作保证，就不可能获得优质的漆膜。因此，正确选择与涂料相适应的涂饰施工技术是充分发挥涂料性能的必要条件，只有将涂料与涂饰技术有机地结合在一起，才能取得较好的涂饰效果。

4.1.1 涂饰工艺基本内容与要求

涂饰施工基本内容包括基材处理、透明涂饰着色作业、底漆和面漆的涂饰、漆膜的研磨与抛光、涂层固化等。着色作业仅在透明涂饰时进行，其他内容则在透明与不透明涂饰时进行。由于涂层固化在整个涂饰过程中多次重复，即每一次涂饰获得的涂层都必须进行良好的干燥固化，之后才能进入下一道工序，涂层固化对整个涂饰质量与生产效率影响较大，本书将在第6章专门叙述。

为了达到满意的涂饰效果，不仅要考虑涂料本身的用途和性能，还应考虑涂饰工艺，因为涂料的性能和作用是靠涂层体现出来的。因此，选择涂料品种、合适的涂饰工艺与涂饰设备及作业环境是互相促进、互相制约的。为保证涂层质量，对涂饰工艺的要求如下：

（1）明确施工目的，认真分析涂料性能和用途：由于每一涂料品种都有它特殊的性能和优缺点，应扬长避短，正确选择涂料的品种和涂装体系。

（2）制定工艺规程：结合被涂产品的特点和要求以及涂饰施工单位的实际情况，制定一套科学、先进、合理的涂饰工艺规程。该工艺规程应包括内容有：涂料品种、详细涂饰工序及其技术条件、使用的设备和工具、质量标准和检测、验收标准和方法等，以利于操作人员按工艺规程要求选择涂料品种，按工艺要求精细操作，以保证产品质量。

（3）严格进行表面处理：根据被涂物的使用条件和使用环境，利用合适的方法对被涂物进行严格的表面处理，达到工艺规程所规定的技术指标。

（4）选择最佳涂饰工艺：涂饰施工单位应根据

本单位的具体条件，诸如涂饰环境、涂饰对象、涂料品种和配套性能、经济成本等条件来选择合适的涂饰工艺和涂饰设备进行涂饰施工。

（5）保证涂层干燥条件：按涂料的技术要求和所具有的条件保证涂层干燥所需的条件，以得到性能良好的涂层。

（6）严格监控质量：为保证涂饰质量，必须拥有准确的检测仪器和可靠的检测方法，对涂饰作业中的每一个重要环节进行监测，以控制涂饰质量达到规定的标准。涂饰质量的检测包括涂饰前处理质量的检测、涂料产品自身质量的检测、涂饰施工过程中各工序的质量监控以及涂饰完成后涂膜质量的检测。

（7）及时处理涂层缺陷：对涂饰过程中和最终涂层性能的检测中查出的缺陷应及时处理，并采取相应的措施进行补救，以保证涂层质量，达到涂饰的目的。

4.1.2　漆膜构成

家具表面最终呈现的漆膜是由若干涂层构成的。

漆膜通常由腻子、着色剂、底漆、面漆、罩光漆等构成。

对于粗糙不平的基材，通常涂一层或两层腻子，以提高平整度和外观装饰效果。

为使家具外观具有要求的颜色，则须采用各种着色剂对基材或涂层进行着色，以获得美丽的外观。

底漆涂层是指面漆涂层下面的涂层，根据作用不同有时特指与被涂工件基材表面直接接触的漆层，而把接下来涂饰的底漆涂层称为打磨底漆或二度底漆。底漆涂层的作用是强化涂层与基材之间的附着力，使漆膜基础更加平整，增加漆膜厚度，减少基材对面漆涂层的影响，提高漆膜的防护性能。

面漆涂层是指在底漆涂层之上的涂层，其主要作用是提高装饰性，使漆膜具有一定的物理力学性能。不透明涂饰面漆涂层决定了产品的基本色彩，使涂层丰满美观。

罩光漆涂层是漆膜的最外层，主要目的是增加产品的装饰效果，主要用于漆膜质量要求高的高档家具涂饰。

对于漆膜整体而言，大都希望漆膜表面能够具有较好的装饰、保护等性能，内部具有较好的韧性、耐久性和经济性等，为了达到这样的目的，应尽量避免涂层固化过程中产生更多的缺陷。

4.1.3　涂料的选择与配套原则

在涂饰施工过程中，很少采用单层涂层，因为这样难以获得满足产品质量要求的涂层。涂料的配套选择就是进行涂饰体系的设计，即根据被保护对象及其环境要求条件制定出一套科学的涂料体系，以最大限度地发挥漆膜性能。

在选择涂料时，首先要了解涂料产品说明书中介绍的涂料性能、技术指标和涂料作业性能，然后根据具体产品要求考虑以下几方面问题，以选择最适宜的涂料品种。

4.1.3.1　涂料的保护性

涂饰的目的之一就是利用漆膜保护家具，因此选择涂料时必须衡量涂料的保护性。由于任何涂料产品的性能指标都不能十全十美，而有其适用范围，因此要弄清被保护家具的使用条件和技术要求，使被涂家具的使用条件与所选涂料的性能适用范围相吻合。

选择涂料的保护性须考虑产品基本功能和档次、产品设计寿命、使用环境等诸多因素，例如橱柜制品应重点考虑漆膜的耐热性和耐液性。当然，有时即使是相同的性能，由于产品功用不同，性能等级要求也可能会不同，例如对于写字桌和餐桌，同样要求漆膜耐液性要好，但餐桌的要求就高于写字桌。

4.1.3.2　涂料的装饰性

装饰性是涂饰的另一个目的，能起到美化家具的作用。人们对家具艺术性的要求各有不同，这也就决定了人们会根据涂料的装饰性来选择涂料种类。

例如，家具如果追求高亮光的美感效果，那么选择的涂料形成漆膜后就应该有相当高的光泽度；如果家具表面追求自然亚光效果，那么就应该选择亚光涂料；如果家具选择透明涂饰，那么涂料的透明度就应该高。写字桌台面漆膜的光泽度不应过高，否则强烈的反光会造成炫目，所以就应该选择漆膜具有低光泽的涂料或亚光涂料。

4.1.3.3　涂料的工艺性

涂料的工艺性是指涂料适应工艺要求的性能。涂料的工艺性强，意味着涂料调配、涂饰、固化、打磨等一系列工艺操作都很方便，也容易控制。

涂饰工艺过程由多个工序组成，涂料的性能应适应各个工序的要求，便于工序操作，方便实施。当涂饰工艺改变时，涂料也应有相当的宽裕度适应这种变化。对于相对固定的施工条件，应依据所具有的施工设备及干燥设备的条件来选用合适的涂料。

4.1.3.4　涂料的环保性

涂料的环保性是指涂料在储存、施工和家具使用时对周边环境造成的危害。

目前国内外普遍使用以合成树脂为主要成分的涂料，涂料中含有对环境和人身体有害的有机物和一些重金属。挥发性有害物质在储存和施工过程中可能有比较大的危害，不挥发的有害物质会残留在漆膜中，在家具的使用过程中危害也比较大。根据施工场所或家具使用场合的需要，应尽量选用低危害或无害的环保涂料。

4.1.3.5　涂料的经济性

涂料的经济性是指涂料性能与价格的综合比较结果。涂料的保护性、装饰性、工艺性和环保性对涂料的经济性都有直接影响。

涂饰的目的是改善家具表面的某些性能，选择涂料首先要考虑涂料的性能，但是单纯地考虑涂料性能，也会导致经济成本方面不尽合理，所以，在满足漆膜性能要求的前提下，从节约的原则出发，把当前利益和长远利益、直接利益和间接利益结合起来考虑。在进行经济核算时，要将材料费用、表面处理费用、施工费用、涂膜使用寿命及其维修费用等加以综合估算，择其经济效益最佳者。

4.1.3.6　涂料的配套性

所谓涂料的配套性就是涂饰基材和涂料以及各层涂料之间的适应性。选择涂料应依照一定的原则，以保证涂层具有良好的防护性和装饰性，满足使用条件对涂层性能的要求。它包括如下几方面的内容：

（1）涂料和基材之间的配套：不同材质的表面，必须选用适宜的涂料品种与其匹配，对于木制品、纸张、皮革和塑料表面不能选用需要高温烘干的烘烤成膜涂料，而必须采用自干或仅需低温烘干就可固化成膜的涂料。

（2）漆膜各层之间应有良好的配套性：底漆与面漆应配套，最好是烘干型底漆与烘干型面漆配套，自干型底漆与自干型面漆配套，同漆基的底漆与面漆配套。当选用强溶剂的面漆时，底漆必须能耐强溶剂而不被咬起。例如以含油量较高的涂料做底漆，用硝基漆做面漆，涂饰面漆时很容易破坏底漆层，这样的涂料搭配就不合理。此外，底漆和面漆应有大致相近的硬度和伸张强度。硬度高的面漆与硬度很低的底漆配套，常产生起皱的弊病。

（3）在采用多层异类涂层时，应考虑涂层之间的附着性：有些不同种类涂料形成的漆膜之间附着力很差，容易导致漆膜分层或剥落，选配涂料种类时要充分考虑这一方面，否则就会给工艺操作带来很大麻烦。例如聚酯漆在虫胶漆漆膜上的附着力就很差；又如聚酯漆膜充分固化后，直接涂饰下一层聚酯漆，附着力也比较低。

在底漆和面漆性能都很好而两者层间结合不太好的情况下，可采用中间过渡层，以改善底层和面层的附着性能。

（4）涂料与施工工艺的配套：每种涂料和施工工艺均有自己的特点和一定的适用范围，配套适当与否直接影响涂层质量的好坏、涂饰效率和涂饰成本的高低。涂料的施工工艺应严格按涂料说明书中规定的施工工艺进行。高黏度涂料一般选用高压无气喷涂、辊涂施工；平板件产品可采用光敏漆辊涂或淋漆。因此，对于一定的涂料必须选用与之相配套的施工工艺。

（5）涂料与辅助材料之间的配套：涂料的辅助材料虽不是主要成膜物质，但对涂料施工、固化成膜过程和涂层性能却有很大影响。辅助材料包括稀释剂、催干剂、固化剂、防潮剂、消泡剂、增塑剂、稳定剂、流平剂等。它们的作用主要是改善涂料的施工性能和涂料的使用性能，防止涂层产生弊病，但它们必须使用得当，否则将产生不良的影响，例如每类涂料均有其特定的稀释剂，不能乱用，所以当过氯乙烯漆使用硝基漆稀释剂时，就会导致过氯乙烯树脂析出。因此，各种辅助材料的使用一定要慎重，切不可马虎。

4.1.4　涂饰工艺的确定

在选择了合适的涂料体系后，便应按照规定的技术要求，选用合适的施工工艺和施工设备，把涂料涂饰在被涂物的表面上。要尽量减少涂层弊病，最大限度地提高涂料的利用率和涂饰作业的劳动生产率，改善涂饰作业环境和施工劳动条件，减少对环境的污染，得到具有最佳保护性和装饰性的涂层，以满足产品的使用要求。

如何确定涂饰工艺，在工艺过程中工程技术人员必须掌握以下影响因素：

（1）产品要求：主要考虑产品对漆膜的要求，然后选择和确定涂饰工艺过程。如根据漆膜各方面的要求，确定合理的固化时间、涂漆量、底漆与面漆厚度和层数、是否抛光处理等。

（2）涂料性能：涂料性能从多方面影响到涂饰工艺，例如固化类型、黏度、固化条件、固化时间、固体含量、流平性等。确定涂饰工艺时须对涂料各个方面的性能做充分分析。

（3）基材状态：基材具有什么样的状态或性能，对漆膜质量有比较明显的影响。是否需要对基材做处理以及如何处理等问题，将直接影响到涂饰工艺过程。

（4）技术条件：技术条件是保证实现工艺过程的基础。技术条件包括涂饰方法、设备、人员以及它们的能力和可靠性，确定涂饰工艺要与技术条件相协调。

(5) 环境条件：环境因素影响着涂料的流平、固化，对操作等涂饰过程也产生很大的影响。环境因素中以温湿度影响最大，浮尘次之。

(6) 生产率要求：企业组织生产时，除考虑质量因素外，还要考虑生产率问题。不同的涂饰工艺过程对生产率有明显的影响。所以，在确定涂饰工艺过程时，在满足质量要求的前提下，要尽量提高生产率。

(7) 经济因素：经济因素是企业生存和发展的基础，涂饰工艺过程不同，直接影响到成本的高低，对企业整体影响重大。

确定涂饰工艺须对各个方面的因素做综合分析，然后选定最佳方案，切不可片面。

4.2 基材处理

基材是指底漆与着色剂等涂饰材料直接涂于其上的木质家具的表面材料，它可能是实木板方材、实木指接集成材、薄木（常称木皮），也可能是胶合板、刨花板、中密度纤维板（也称中纤板或密度板）等人造板，还可能是经过或未经过树脂处理的各种装饰纸（如木纹纸等）。

涂饰前基材应是平整、干净、无缺陷，颜色均匀素净，不含树脂等，但实际上，无论是实木还是人造板基材表面，都有可能存在各种缺陷，虽然漆膜能掩盖基材表面上的一些缺陷，但是漆膜很薄，不可能将所有的基材缺陷都遮盖住，必须进行处理。基材处理主要解决以下几个方面问题：

(1) 使基材平整，从而保证漆膜的平整与均匀。

(2) 消除基材表面影响漆膜附着力或涂层固化的物质或因素，保证涂层固化不受影响，提高漆膜附着力。

(3) 减小基材表面的颜色差异，或使基材表面带有某种需要的颜色。

4.2.1 基材修整

工件表面可能存在开裂、虫眼、钉孔等各种缺陷，也可能在加工或搬运过程中产生刀痕、局部塌陷、凹坑等缺陷，这些缺陷所造成的基材表面不平很大，需要有针对性地处理。常利用填堵、粘补等方法处理，处理后使基材表面接近自然状态。这种处理方式和过程常称为修补。

缺陷面积较大、深度较深的裂隙或孔洞等应选择颜色、材性、纹理相近的木材，然后将其加工成与缺陷形状相似并略大于缺陷的填堵物，再在缺陷内涂上胶，将填堵物轻轻敲入缺陷中，使填堵物填满缺陷的裂隙或孔洞，并保证填堵物略高于基材表面，最后利用手工工具修平。

形状很不规则的孔洞或节子等缺陷，通常应先将缺陷挖掉，然后再填堵。挖掉部分的形状一般为船形、矩形、圆形或菱形，目前，实际生产实践中常采用修补专用的船形挖补机进行，处理得好，修补痕迹不明显，效率较高。

有时基材表面因表层剥离而形成相对面积大、深度小的缺陷，这类缺陷不适合采用填堵的方法，而应使用与缺陷形状、纹理、颜色等几乎相同的一小块材料，涂上胶，胶贴在缺陷上，或直接用锯屑拌合上胶黏剂，补在缺陷上，此法称为粘补。同填堵方法类似，胶贴上的材料要略大于和略高于缺陷部分，然后再将其处理平整。粘补方法要求胶贴物的形状与缺陷完全一致，这在实际操作中比较难，因此常将缺陷边缘修整得规则些，然后再粘补。

无论使用填堵法还是粘补法，操作都应控制在缺陷范围内，尤其不应使胶黏剂污染缺陷周边基材表面，避免给后续操作带来不必要的麻烦。

4.2.2 表面处理

涂层固化通常既有物理过程也有化学反应过程，基材表面性质和物理状态会影响到涂料的浸润、涂层固化和漆膜附着力。对于某些树种，树脂含量丰富会对油性或含油较多的涂料固化和附着力有较大的不利影响，对某些反应型涂料的附着力也有一定的影响。

4.2.2.1 去污

木制品的零部件在机械加工过程中，其表面难免要留有油脂、胶迹，特别是榫接合的胶接处、表面胶贴装饰薄木的拼缝处、单板封边的边部，含有挤出而未被刮净或擦净的胶，这些油脂与胶将严重影响涂饰着色的均匀（或无法着色）和涂层的固化与附着力。

另外，白坯制品或零部件在生产、运输和贮存过程中，表面会落有许多灰尘或受到机械损伤，用砂纸或砂布打磨时也会积存大量磨屑，所有这些灰尘、粉屑和脏污如不清除，将会隔在漆膜和木材之间，影响漆膜对木材的附着力，也影响透明涂饰木纹的清晰显现和涂饰效果。特别是藏在管孔、裂缝和洞眼处的灰尘磨屑，将会影响填孔剂与腻子的牢固附着。

表面油脂与胶迹可用温水、热肥皂水或碱水清洗，也可用酒精、汽油或其他溶剂擦试溶掉。如用碱水或肥皂水清洗，之后还应用清水洗刷一遍，干后用砂纸顺木纹打磨。也可用玻璃碎片、刨刀、刮刀等刮除表面的黏附物，然后再用细砂纸顺木纹方向磨平。

表面或管孔内的灰尘磨屑可用空气压缩吹，用鸡毛掸子弹，也可用棕刷等扫，最好不要用湿布去擦，以免灰尘泥在木纹之间，导致表面变得灰暗无光泽，透明涂饰的木纹变得不清晰。

4.2.2.2　去脂

针叶材（如樟子松）含丰富的树脂，如果树脂道直达工件表面，又分泌大量树脂的话，工件表面局部就会聚集很多树脂，这将严重影响涂料的浸润和流平，影响着色、涂料的固化和漆膜的附着力，严重时，涂层会因树脂中所含的松节油等成分对涂料中油成分产生影响，造成涂料局部不能充分固化，无法形成漆膜。处理树脂可采用高温干燥、漆膜封闭、溶剂溶解、碱液洗涤和挖补等方法。

（1）高温干燥：在木材干燥环节采用高温干燥技术，利用高温和蒸汽压等将树脂从木材内部迁移到表面或挥发掉，除掉树脂。

此法的优点是在干燥木材的同时除掉树脂，工序少，成本低，适合大批量应用针叶材的企业。此法的缺点是去树脂环节必须与木材干燥配合，企业不具有相应的技术或不采用高温干燥技术，则无法实现。干燥环节是以木材干燥为主要目的，干燥工艺未必完全适合去除树脂，所以去树脂的效果不稳定。

（2）漆膜封闭：基材材面表层去脂后，深处的树脂还有可能渗出，所以生产实践中常采用不受树脂影响的封闭涂料进行封闭，将树脂与上面的涂层隔离开，阻止树脂的外逸。早些年封闭涂料多用虫胶漆，现代多用聚氨酯底漆。

此法的优点是技术简单，效果好，但缺点是漆膜较薄时，封闭效果不好。

（3）溶剂溶解：松脂中的主要成分（松香、松节油等）均可溶于多种溶剂中，因此可用相应溶剂溶解去除。常用溶剂有丙酮、酒精、苯类、汽油、甲醇、三氯乙烯、四氯化碳等。局部松脂较多的地方，可用布、棉纱等蘸取上述一种溶剂擦拭，然后清除掉溶液即可。如松脂面积较大时，可将溶剂浸在锯屑中然后放在松脂上反复搓拭，如果在擦或搓拭的同时提高室温或用暖风机加热零部件或板面，则去脂效果更好。

此法的优点是技术简单、去除效果较好，对木材影响小，但缺点是成本较高，有毒、易燃、有刺激性气味。很少采用。

（4）碱液洗涤：利用皂化反应，配合清水，洗涤掉树脂。常用5%～6%的碳酸钠或4%～5%的氢氧化钠（火碱）水溶液。如能将氢氧化钠等碱溶液（占80%）与丙酮水溶液（占20%）混合使用，效果更好。配制丙酮水溶液与碱溶液时，应使用60～80℃的热水，并应将丙酮、碱分别倒入水中稀释。将配好的溶液用草刷（不要用板刷等）涂于含松脂部位，进行皂化反应，1～2h后，再用海绵、旧布或刷子蘸热水或2%的碳酸钠溶液将已皂化的松脂洗掉即可。

此法的优点是技术简单，成本低。缺点是会使木材颜色加深，不适合浅色或本色装饰处理；去除效果一般，通常需多次操作才能达到要求，比较麻烦；操作过程中带入很多水分，会产生附带的不利影响；碱液也会使工件表面强度下降。

（5）挖补：木材分泌树脂较多的部位，如节子、虫眼等，可采用挖补的方法去除树脂。补上的木块应注意纤维方向和胶缝严密。

此法的优点是技术简单，操作容易；缺点是容易留下修补痕迹，影响美观，生产率较低。

4.2.3　脱色

脱色就是利用化学药剂对工件表面进行处理，使材面颜色变浅，色泽均匀，消除污染、色斑的过程。经过脱色处理的基材，再经涂饰可渲染木材高雅美观之天然质感，更加能显现着色的色彩效果。脱色也称漂白，但是与造纸漂白情况不同，不是也不可能把木材漂成白纸一样白，所以准确地说可称为木材脱色。

深颜色的遮盖力通常高于浅颜色，脱色的目的之一，就是将深颜色的工件表面处理成浅颜色，以便获得浅颜色产品。当同一件制品中有颜色不一的区域，通过着色工艺很难得到统一的颜色时，可事先对木材表面进行处理，使木材的颜色趋于统一，然后再行着色。所以脱色的目的之二，就是减小工件表面色差，以便获得均匀的颜色。

脱色的主要方法是选用具有氧化或还原反应能力的化学药剂（常称为漂白剂）处理木材，破坏木材中能吸收可见光的发色团和助色团的化学结构，达到改变颜色的目的。待材面颜色变浅后再用清水洗掉作用过的漂白剂。

氧化性的漂白剂包括无机氯类、有机氯类、无机过氧化物和有机过氧化物。各类所包括的常用化学药剂见表4-1。

表4-1　常用氧化性漂白剂

种　类	化学药剂名称
无机氯类	氯气、次亚氯酸钠、次亚氯酸钙、二氧化氯、亚氯酸钠
有机氯类	氯氨T、氯氨B
无机过氧化物	过氧化氢、过氧化钠、过硼酸钠、过碳酸钠
有机过氧化物	过醋酸、过甲酸、过氧化甲乙酮、过氧化苯甲酰

还原性漂白剂较少用于漂白木材。这类漂白剂主要有含氮类化合物、含无机硫类化合物、含有机硫类

化合物和酸类物质等。各类所包括的常用化学药剂见表4-2。

表4-2 常用还原性漂白剂

种类	化学药剂名称
含氮类化合物	氨基脲
含无机硫类化合物	次亚硫酸钠、亚硫酸氢钠、雕白粉、二氧化硫
含有机硫类化合物	甲苯亚磺酸、甲硫氨酸、半胱氨酸
酸类物质	甲酸、次亚磷酸、抗坏血酸

应用较多的漂白剂与助剂有：过氧化氢（双氧水）、草酸、次氯酸氢钠、亚硫酸氢钠、亚氯酸钠、碳酸钠、高锰酸钾、氨水等。这些材料配成适当浓度的漂白剂溶液涂于木材表面即可。

此外，曾受各种污染变色的木材表面，可用以下方法脱色处理：

铁污染：木材与铁接触后，其中所含单宁、酚类物质与铁离子发生化学反应，形成单宁铁化合物和酚铁等化合物，表面出现青黑色的络合物。可用浓度为2%～5%的双氧水（pH值约为8）涂擦被污染部位，干后用水清洗。铁污染也可用4%的草酸水溶液处理，除去污染后，再以$50g/m^2$的用量涂以浓度为7%的亚磷酸钠的水溶液。经过这样处理后的木材表面，将不再发生铁污染。

酸污染：木材接触酸类物质便受到酸污染，表面呈淡红色，变色程度因树种的不同而各异。消除酸污染时，先在2%的双氧水中加入氨水，将其pH值调到8～9，再涂于木材表面被污染处，处理过程中，随时观察去污情况，逐渐提高双氧水的浓度，直到10%为止。为防止脱色后表面颜色不均匀，可在未被污染部位也涂上极稀（0.2%）的双氧水溶液。

碱污染：木材表面受到碱性物质污染后，变色的情况因树种和木材表面的pH值的不同而各异，有灰褐色、黄褐色、红褐色等。用草酸处理碱污染的表面，往往效果不佳，草酸溶液浓度过高，又将引起酸污染。可先用pH值为7～5的弱酸性双氧水溶液处理，并按处理后的脱色情况，逐渐提高其浓度，最高不超过10%。用浓度为1%的雕白粉溶液（pH值为5）也能有效清除碱污染。

青变菌污染：青变菌类侵入松木，常使其边材发生局部青、红等色变，清除此类污染，宜用氧化作用较强的次氯酸系列的漂白剂，如次氯酸钠、次氯酸钙（漂白粉）等，其溶液的pH值宜为12。也可用浓度为10%的二氯化三聚异氰酸钠的水溶液（pH为6.2～6.8），处理后再用水洗。如发现材面泛黄，耐光性差时，再用pH值为8的双氧水处理。

因木材树种繁多，每块木材所含色素不同，分布情况也不一样，上述配方均是在特定情况下的试验结果。同一配方在不同情况下，其具体使用效果可能不一样，有些树种可能很好，有的可能很差，有的树种也许根本无法漂白，因此对具体木材，所选漂白剂的品种、浓度、涂饰遍数与所用时间等还须试验摸索。不能期望一种方法可以处理所有树种，也不能期望所有的树种都能达到所期望的脱色效果。

4.2.4 腻平

一般人造板表面缺陷较少，天然材料常因本身结构与机械加工的原因，会有许多缺陷，例如节子、虫眼、裂纹、缝隙及局部凹陷、钉眼、榫孔和钝棱等局部缺陷，这在透明和不透明涂饰时都可能遇到，如不加以处理，会吸收许多涂料造成浪费，还会使涂层的基础不平整。因此在涂饰前常用稠厚的腻子对局部缺陷进行填补。这对于透明和不透明涂饰都是不可缺少的工序。

腻平就是选用各种腻子填充各类凹陷，待腻子干燥后与基材形成一平表面，在此基础上再实施涂饰。当基材表面具有大面积分布比较均匀、凹陷相对较小的不平（如刨花板表面等）时，也可以采用大范围的腻平。

在木材涂饰施工中，用腻子腻平局部缺陷也称嵌补或填腻子。腻子一般是由颜料和黏结剂调配而成。颜料主要使用体质颜料，透明涂饰用的腻子为与着色色调一致，常要放入少量相应的着色颜料，腻子的颜色应比工件要求的最终颜色略浅。黏结剂可以用水、胶液以及各种成膜物质。依据黏结剂的不同，腻子可分以下几种：

4.2.4.1 水性腻子

用水将碳酸钙与着色颜料调配成的稠厚膏状物。其优点是调配简单，使用方便，但是干燥较慢、附着力很差，干燥后收缩较大，只适于一般产品使用。这种腻子最简便的调配方法，就是采用已调配好的水性填孔着色剂，再加一定量的碳酸钙即可调成。

4.2.4.2 胶性腻子

用胶水将碳酸钙、少量着色颜料调成的稠厚膏状物。如颜料∶乳白胶∶水 ＝（70～75）∶（15～22）∶（8～15）。胶性腻子的性能略好于水性腻子，因此可用于中级产品，有时也用于高级产品的初次腻平。

4.2.4.3 硝基腻子

硝基腻子也称喷漆腻子、快干腻子，可用硝基清漆、体质颜料、着色颜料调配而成。硝基漆可按

1∶(2～3)比例兑入稀释剂（信那水），用量占腻子的25%，体质颜料约占75%，这种腻子干燥快，干后坚硬，不易打磨。

硝基腻子多用于表面上涂过硝基漆但仍须进一步填补的地方，例如透明涂饰时涂过硝基漆以后的局部缺陷，又如不透明涂饰时涂过第一道色漆以后要填补的洞眼、缝隙。硝基腻子干燥后宜用水砂纸湿磨。

4.2.4.4 填平漆

填平漆是专门用于不透明涂饰的全都填平材料。主要用于大管孔木材及刨花板表面，其组成和作用与腻子类似，但因其含有较多的树脂，所以性能较一般腻子要好，尤其是附着力、封闭性和抗冲击性能等。填平漆也分为油性填平漆、胶性填平漆以及硝基填平漆等。

填腻子绝大多数是用手工操作的，所用工具有各种嵌刀与刮刀。操作方法是：嵌补前清除缺陷处的灰尘和木屑，再将腻子压入缺陷处，然后顺木纹方向先压后刮平，使腻子填满缺陷并略高出表面，待干后收缩下陷能与表面一平。操作时尽量少玷污其周围表面，否则留下较大的刮痕，增加打磨量，影响着色效果。

木材表面的缺陷很难一次完全腻平，当涂过底漆之后发现腻子干后收缩，就要再填一次，称复填腻子。一般是每涂过一遍底漆之后检查一次收缩和遗漏的洞眼，然后再填一次，直至完全腻平，可能需填2～3次。

每遍腻子干后都要单独用砂纸打磨填腻子处，或随白坯木材表面以及涂层一起打磨，经过打磨再涂下道腻子。

4.3 基材砂光

由于各种原因，切削加工后，工件表面还会存在不平，须先处理，降低表面不平后再涂饰。消除这些不平最为理想的方法就是砂光。基材砂光是基材处理的一个重要内容，是整个涂饰工艺过程中非常重要的工序，对最终涂饰质量有很大的影响，所以这里进行单独阐述。

基材砂光也称白茬砂光或白坯砂光，就是用砂纸、砂布或砂带手工或机械研磨基材表面的方法与过程。

4.3.1 砂光意义

砂光是基材处理的一种方式和环节，砂光的目的在于提高涂饰漆膜质量，不进行砂光处理，很难获得优质的漆膜。就目前现有的技术而言，涂饰前必须对工件表面砂光。砂光的意义在于：

（1）提高基材表面不平度：任何档次的木质家具最终的表面涂膜都要求极其平整光滑，这个效果需要逐个涂层积累，并从白坯开始。通常漆膜总厚度不足1mm，每层漆膜厚度不超过90μm，基材的不平超过100μm时所引起的漆膜不平，肉眼明显可见，因此基材表面不平度应低于100μm，并最好能将工件表面最大不平度（R_y）控制在30μm以内。如果白坯基材表面粗糙不平，那么尽管对中间涂层和最终的表面漆膜作大量修饰研磨也无济于事。

基材结构不平、加工留下的切痕、搬运可能造成的划痕等，所有这些基材表面不平问题都需要通过砂光消除，然后再涂饰。

用砂纸对白坯木材全面细致地研磨可进一步使白坯表面平整、光滑、洁净，可进一步消除素材表面的污迹、木毛、划痕、压痕以及木材表面吸附的水分、气体、油脂等，改善了木材表层界面的化学性质和状态；同时研磨的质量还直接关系到涂饰效率、木纹显现的程度、漆膜的表面状态以及光泽与附着力。因此说，白坯研磨是影响涂饰质量的决定性因素也不为过。

（2）清除污迹：工件在加工等各个环节表面都可能受到污染，如汗渍、水渍、胶液痕迹、油污、灰尘等，这些污染可能对涂料浸润有影响，从而影响到涂层的流平和漆膜平整度、漆膜附着力等。另外，透明涂饰时污染还可能影响到产品的美观。对于表面污染依然需要采用砂光手段磨掉这些污迹，提高漆膜质量和美观性。

（3）提高表面活性：木材长时间曝露在空气中，表面会因氧化、吸附水或其他物质的影响而使活性降低，此现象称为钝化。实验证明，白茬产品曝露在空气中超过6h，木材表面就会出现较为明显的钝化，表面活性有所下降，涂料或着色剂等在钝化的木材表面上浸润性变差，影响到涂层的流平，漆膜附着力也会降低。砂光能有效地消除钝化，使基材表面产生大量具有活性的基团，提高木材表面的活性，有利于提高涂饰质量。

4.3.2 砂光方法

砂光有手工砂光和机械砂光两种方法。手工砂光采用手持砂纸或使用手动砂光工具进行砂光，工人凭借技能和经验控制砂光质量。手工砂光效率低，劳动强度较大，不易得到均一平坦的研磨效果，但砂纸中包一块平垫木再磨会好些。工作环境对工人身体健康有较大的威胁，砂光质量几乎均不及机械砂光，而且砂光质量、效率还与工人的技能和经验有很大关系。但是，手工研磨适于曲面、边角等机械无法磨到之处，比较灵活机动，适应性强。机械砂光是采用各种砂光机进行的，操作者通过控制机械完成砂光工作。效率高，砂光质量均匀，可以克服手工砂光的缺点，但不够灵活，不适合形状复杂工件砂光。

砂光也会在工件表面留下磨削痕迹，即砂痕，顺着木材木纹方向磨削，能有效掩盖砂痕，但轻微的横向磨削，能很好地切断木毛，提高砂光质量。手工研磨用力大小要均匀，尤其横向研磨，用力一定要轻，最后必须顺纹磨削，否则会损伤材面留下较深的砂痕，待着色后砂痕会十分明显，影响涂饰效果。采用机械砂光，一般均采用顺纹磨削。砂纸用一段时间就会失效，须及时更换，磨屑粉尘也须及时清除。

砂光机主要有辊式、带式和刷式三种。常见的辊式砂光机为小型辊式砂光机，适合于规格尺寸相对较小的工件，常用于曲面工件的砂光和倒楞。辊式砂光机有多种类型可供选择，使用中应特别注意其转速、研磨方法、压力、次数、砂纸目数等。带式砂光机分窄带式和宽带式两类，适合加工平表面。窄带式砂光机适合加工规格尺寸小些的工件，相对而言有一定的灵活性。宽带式砂光机多用于大平面材面砂光，作业简便，砂光质量高，效率高。高质量的宽带式砂光机砂光精度可以控制在 ±0.1mm 以内，工件幅面如果较小，可以将工件并排一起进给。目前，国内有很多企业采用工作台可移动的上带式砂光机砂光较大幅面的平表面工件或木框，砂光质量完全凭工人操作技术和经验控制，质量和效率虽远不及宽带式砂光机，但因设备投资少，砂光质量和效率能满足一般需要，所以应用较为普遍。刷式砂光机主要用来砂光表面形状有凸凹变化的工件。由于机械砂光效率高，研磨过程中会产生大量粉尘，因此应配置除尘装置。

基材研磨较重要的工艺因素是砂纸的选择，砂纸目数（一般代表砂粒的粒度，目数越大砂纸越细）常根据砂光质量要求不同、材质软硬不同、木材表面粗糙度与研磨次数来决定。材质硬选粗一些（目数小一些）砂纸，反之用细砂纸。研磨次数的顺序可按先粗后细的原则，中间换 2～3 个目数即可。粗砂纸研磨快但研磨后的表面粗，细砂纸研磨慢但研磨后的表面细，例如机械粗砂光可用 80#～100#砂纸，硬木手工粗砂可用 120#～150#，软木手工粗砂可用 150#～180#，最后细砂可用 180#～240#。也有个别情况，例如已组装好的柜门，在砂光机上砂光时就做不到完全顺纤维方向砂光，总会有两个边是横纤维砂光的，此时第一遍砂光就要选择 180#以上的细砂纸砂光，最后一遍砂光要选择 240#～320#砂纸。

砂纸目数大小对砂光效率有很大的影响，一般先用粗砂纸完成研磨量的大部分（约 80%），再用细砂纸研磨消除粗砂纸的砂痕及剩余的研磨量。如果使用太粗的砂纸容易产生砂痕，难以消除，反之选用太细的砂纸有可能影响研磨效率以及涂层的附着力。

当前许多木制家具行业多用进口砂纸，因为部分国产砂纸粒度不均匀，易造成局部砂痕过深。还有许多厂家在涂面漆前的底漆膜砂光都用进口砂纸。

白坯木质家具或其零部件经过砂磨使表面平整，也去除了木材表面吸附的水分、气体、油脂、灰尘等，改善了木材表面的界面化学性质，此时，应尽快涂漆，如不及时涂漆，上述表面吸附物就会再度出现，就需要再一次研磨。

4.3.3　去木毛

仅仅研磨还不够，还不能完全去除木毛，木毛是木材表面的微细木纤维，平时可能倒伏在木材表面或管孔中，一旦木材表面被液体（如漂白液、去脂液、着色剂等）润湿，便膨胀竖起使表面粗糙不平，木毛周围极易聚集大量染料溶液，使着色不均匀，木毛的存在还可能使填孔不实、木纹不鲜明、涂层渗陷，因此高质量的涂饰基材研磨必须同时去除木毛。

去木毛的主要方法是先润湿，后干燥，再砂磨。现代涂饰常采用黏度为 10s（涂－4，20℃）左右、固含量为 7%～10% 的聚氨酯封闭底漆（商品名称为底得宝）涂饰家具表面，使木毛吸湿竖起。因含漆的木毛竖起比较硬脆易磨，干燥后可用细砂纸顺纤维方向轻轻打磨，木毛即可去掉。打磨时不可用力过大，否则会产生新的木毛。

封闭底漆能有效地封闭涂层下面的表面，减少工件表面孔槽中空气的外逸，防止面漆漆膜产生针眼和气泡；操作不会带入水分，不会引起胶贴的饰面层剥离或工件的变形和开裂；填孔时易于擦除导管槽外多余的填孔剂，使着色更均匀，鲜明地显现木纹。但是生产成本略高。

平整或成型的零件表面也可以用热轧法处理木毛。热轧机上装有直径约 180mm 的 2～3 对辊筒，将上辊筒加热到200℃左右，辊轧压力为0.4～2.5MPa，零件以 2～15m/min 的进给速度通过辊筒热轧以后表面会变得密实、光滑，木毛将不再竖起，涂饰时还可以节省涂料用量。如果在热轧前先在工件表面涂一层稀薄的脲醛树脂或硝基漆等，辊轧后，不仅表面光滑，而且略带光泽，就不用再涂清漆或其他涂料，多用于家具内部零件如搁板或隔板等。

4.4　填孔与着色

木器家具的外观色彩是其装饰质量和装饰效果的首要因素，因为人们选购木器家具的第一印象就是外观色彩，其次才是家具的款式造型与用料做工等，因此外观色彩对木器家具的商品与使用价值来说是至关重要的。填孔与着色一方面能够增加木材原有的材质感，加强原有色彩，另一方面能够将低档次木材做成名贵木材颜色，提高产品的价值。

4.4.1 填孔

填孔与不填孔有着各自的工艺特点和装饰特征，是否需要填孔应根据产品设计需要而定。由于填孔优点明显，家具设计与生产多选用填孔装饰，以获得丰满厚实及具有高光泽的表面漆膜，所以，目前大多数家具涂饰都选择填孔装饰。但是，对于没有明显管孔、管沟的树种木材表面或特意选择显孔装饰（全开放、半开放）的家具，填孔操作可不进行。尤其是受回归自然思潮的影响，由于显孔装饰更能表现木材的天然质感和视觉特征，所以半开放、全开放装饰应用也越来越受到消费者的重视。

4.4.1.1 填孔作用

填孔操作除能获得丰满厚实具有高光泽的表面漆膜外，还能起到以下作用：填平表面；防止渗漆；突显木纹；消除气泡隐患；木材着色。

4.4.1.2 填孔剂

填孔剂也称填孔材料，也有使用填孔漆的。其组成与腻子类似，但其黏度要比腻子稀薄，常由填料、黏结剂、着色材料与稀释剂组成。

填料通常选择价格较低的矿物质材料，例如硅藻土、高岭土、滑石粉、碳酸钙、锌钡白、石膏等。

黏结剂是一些将填料调成便于施工操作黏度的材料。依据黏结剂种类不同，可将填孔剂分为水性填孔剂、油性填孔剂、胶性填孔剂、树脂填孔剂等。以水、胶或油为黏结剂自行调配的填孔材料常称为填孔剂；以树脂或某些涂料为黏结剂外购的填孔材料常称为填孔漆。早些年家具生产所用填孔剂多为用漆者自行调配，近些年油漆涂料生产厂已有许多成品填孔剂（透明腻子等）商品供货。

当以水为黏结剂时，填孔后水分蒸发，填充材料自身及与木材之间的结合力很弱，很容易在后面的施工过程中脱落或影响漆膜附着力，因此还要加入胶黏剂，提高相互间的结合力。常用胶黏剂为聚醋酸乙烯酯乳液胶。如果黏结剂为树脂或涂料，即可免去胶黏剂。

有时视情况，还需要用溶剂或稀释剂调节以油、树脂或涂料为黏结剂的填孔剂或填孔漆的黏度等，此调节不是必需的操作。

填孔剂中添加颜料或染料，就可制成带有颜色的填孔剂。使用带有颜色的填孔剂填孔，就可以进行底着色，显现某种色调，表现与加强木材纹理特征。

常见的填孔剂配比见表4-3。

表4-3 常见的填孔剂配比

填孔剂	各种材料质量比
水性填孔剂	碳酸钙（大白粉）65%～75%、水25%～35%，其他着色颜料适量
水性染色腻子	化学浆糊24.5%、乳白胶8%、碳酸钙（大白粉）或硅酸镁（滑石粉）33.5%、无水硫酸钙（熟石膏粉）7%、着色颜料1.5%、酸性染料6.5%、水19%
油性填孔剂	清漆10%、碳酸钙（大白粉）60%、松香水20%、煤油10%，着色颜料适量
合成树脂填孔剂	树脂8%～10%、碳酸钙（大白粉）30%～40%、硅酸镁（滑石粉）15%～20%、松节油25%～30%，着色颜料适量

水性填孔剂调配简单，成本低，操作简单，干燥快，可选择各种颜色，适合各类底漆，不改变木材颜色，但附着力差，会使木纹模糊，干燥后体积收缩较大或出现开裂，容易造成涂料的渗透。目前许多企业仍然使用水性填孔剂。

油性填孔剂通常用油性清漆或植物油为黏结剂。油性填孔剂中的黏结剂干燥缓慢，填孔剂附着力好，木材纹理清晰，填孔剂干后体积收缩小。但是，因其调制和操作不方便、影响生产率，现在应用已很少。

树脂填孔剂通常用合成树脂或是聚氨酯清漆、氨基清漆、硝基清漆等作黏结剂。树脂填孔剂填充效果好，附着力好，透明度高，能清晰地显现木纹，与合成树脂漆的附着力好。商品化的树脂填孔剂性能比较稳定，但干燥缓慢，影响生产率、价格较高、需要调配，比较麻烦。目前常在高档家具生产中使用。

4.4.1.3 填孔方法

填孔有机械和手工两种操作方式。不管采用哪种方式，填孔的基本原则是将填孔剂均匀地填充到工件表面的孔槽中，而木材实质部分没有填孔剂存在，否则木材表面上会到处都是填孔剂，木材纹理一片模糊，漆膜附着力也会下降。

填孔剂中含有大量的填料，施工黏度较大，需要用较大力才能将填充材料填堵到孔槽中，所以机械填孔通常采用辊涂方式。常选择逆转辊涂机实施，为了使填孔剂在工件表面上有充分的横向揉搓和擀压效果，辊轴常与工件进给方向形成一定的倾斜角度，呈倾斜状，生产中常选择两个涂布辊相对倾斜的形式，以提高填充效果。填充效果不理想可重复操作，保证彻底填满孔槽。填充完毕后可用一个或几个辊筒将工件表面多余的填孔剂清除掉。

手工填孔有擦涂法、刮涂法，即用软布、棉纱擦涂或用刮刀手工刮涂。填孔操作时，先将填孔剂摊涂到工件表面，然后用软布、棉纱或刮刀等工具将填孔剂揉擦或刮到孔槽中，先横纹操作，后顺纹轻操作，待填孔剂呈现半干状态，再用棉纱等轻擦，除去多余填孔剂，以利于木纹的鲜明与清漆涂膜的透明度。一次填孔如果没能达到要求的效果，可反复填充几次，直至达到要求。

先横纹操作的目的是保证有足够的剪力和压力，使填孔剂能进入到孔槽中；顺纹轻轻操作的目的是防止留下明显的擦痕；擦除多余的填孔剂选择半干状态，是因为半干状态时孔槽中的填孔剂有了一定的结合力，清除多余填孔剂时不会将填堵好的填孔剂也擦出来。

填孔后干燥很重要，经填孔的板件或制品不可紧密放置而应进行良好的通风干燥，如气温过低应送入专门的干燥室加热干燥，干透再涂漆，否则管孔中可能会有残余溶剂，其一经涂漆，过一段时间后可能变白，造成涂饰缺陷。

填孔后的打磨应视具体填孔目的而决定，对于以填孔为主要目的的，要对工件进行很好的打磨，进一步清除多余的填孔剂，使工件表面更加平整；而对于在填孔的同时以进行着色为主要目的的，打磨一定要轻，或采用软质材料轻擦表面，以防磨花工件表面。

4.4.2 着色

使家具外观呈现某种色彩的操作过程称为着色。着色可以和填孔同时进行，也可以单独实施。

着色所用材料为各种着色剂。着色剂是由着色材料（染料与颜料）同水、溶剂、油或漆液调配而成，有时需要再加入适当助剂调配，可以是成品，也可以是半成品（可再调入底、面漆中），可直接用于木材或涂层的着色。采用擦涂、喷涂、浸涂或辊涂等方法均可为家具着色，当用着色剂直接擦涂或喷涂木材做底着色时，如着色效果好（色泽、层次、显现木纹等），可以直接涂清底漆与清面漆。如果达不到要求（如色泽未达到最终要求或不均匀等）可对涂层再进行着色，也称中修色，此时将着色剂加在底漆或面漆中，也可在底漆膜上直接喷涂着色剂或专门色漆。在未进行底着色的透明涂饰过程中，只在涂面漆阶段使用有色透明面漆涂饰并着色，如果这样做效果能够达到要求，则既简化了工艺，也节省了材料，只是着色效果欠佳，木纹不够清晰，装饰效果差。

早年使用的着色剂几乎没有油漆涂料生产厂家的成品供货，多由木器家具厂的油漆车间中的油工师傅自行调配。自20世纪90年代以来，我国木器涂饰有了很大进步，各涂料生产厂家纷纷推出品种繁多的着色剂，例如色浆、色膏、色母、着色油、擦拭着色剂、有色透明面漆等。这些着色剂的原材料不外乎上述的着色材料（颜料、染料）、溶剂、树脂和助剂等，但各厂家的具体品种都有较强的针对性、配套性和专业性。现代着色剂中所用着色材料虽然也用颜料、染料，但是比传统的着色材料已有了很大改变，例如透明或半透明的氧化铁系颜料、金属络合物染料、合成树脂、新型助剂以及相应溶剂的使用等，所以现代着色剂的性能更为完善，色泽鲜艳耐久，色谱齐全，透明度高，能更清晰地显现木纹，木材质感效果好，固化快，使用方便。由于各涂料生产厂家不同品种的着色剂常强调其针对性、配套性和专业性，因此实际使用时须根据涂料使用说明书所提供的品种、性能和使用方法进行优选与使用，不可凭传统经验，选用时应注意以下事项：

①色谱是否齐全，能否调出用户要求色泽。

②着色剂的耐光、耐热、耐酸、耐碱性能如何，是否容易退色。

③色泽鲜明度、透明度，是否影响木纹和木材质感的清晰显现。

④渗透性、干燥速度如何，是否便于施工操作。

⑤使用配套稀释剂和涂料品种。

⑥有无木材膨胀、起毛粗糙或涂层间渗色溶色现象的发生，有无气味与毒性。

⑦适合于何种涂饰方法（擦涂、喷涂），是否同时完成着色和填孔以及成本价格等。

现代木材透明涂饰的着色作业较常见的方法是底着色中修色，即在木材表面直接着色后涂底漆，在底漆涂层上进行修色补色，最后罩透明清漆，此法着色效果好。

着色剂主要包括颜料着色剂、染料着色剂和色浆着色剂。

4.4.2.1 颜料着色

颜料着色主要分为水性颜料填孔着色剂（水粉子）和油性颜料填孔着色剂（油粉子）。

（1）水性颜料填孔着色剂：其组成成分与前面所讲的水性填孔剂相同，所不同的是在施工过程中，填孔的同时要进行着色。水性颜料填孔着色剂部分颜色调配参考配方，见表4-4。

表 4-4 水性颜料填孔着色剂部分颜色调配参考配方

材 料	颜色和配方质量比/%								
	本 色	浅黄色	橘黄色	浅柚木色	深柚木色	荔枝色	栗壳色	蟹青色	红木色
碳酸钙	70	71.3	69	67.8	69.8	68	64.2	68.5	63
立德粉	1								
铬 黄			2						
铁 红		0.2	0.5			1.5	2.1	0.5	1.8
铁 黄	1	0.1		0.6	0.5	1		0.5	
哈巴粉		0.4		2.6	2.7		6.2		
红 丹			0.5						
铁 黑								1.5	
墨 汁						5.5	1.5		3.2
水	28	28	28	29	27	24	26	29	32

调配方法，按表中比例先将老粉放入水中调成粥状，搅拌均匀，按照先浅后深的顺序陆续加入着色颜料，如将铁黑和碳黑先用酒精溶解之后再放入水中。如果用于涂擦粗孔材（如水曲柳），调得稠厚些填孔效果好，但是太稠不便涂擦；如果用于细孔无孔材（椴木、松木），可调得稀些。

水粉子干燥较快，在大面积表面上涂擦时，最好分段进行，以保证填孔着色的质量。

(2) 油性颜料填孔着色剂：它是用体质颜料、着色颜料、油或油性漆以及相应的稀释剂调配而成，使用时即在填孔的同时着色。油性颜料填孔着色剂部分颜色调配参考配方，见表 4-5。

调配方法，一般先用清油或油性漆与老粉调合，并用松香水与煤油稀释之后再加入着色颜料调匀即可。油粉子贮存易挥发结块，因此一次不宜配多，最好现用现配。

水性或油性颜料填孔着色剂都可以使用擦涂、刮涂和辊涂等方法，可手工操作，也可使用机械。操作与填孔相似，涂布着色剂后，应立即用干净的棉纱擦干工件表面，擦除多余的着色剂，待彻底干透后，用

表 4-5 油性颜料填孔着色剂部分颜色调配参考配方

材 料	颜色和配方质量比/%						
	本 色	淡黄色	橘黄色	柚木色	棕 色	浅棕色	浅咖啡色
碳酸钙	74	71.3		68.1		57	69.34
硫酸钙			50.2		46		
立德粉	1.3						
哈巴粉		0.41				2	
铬 黄	0.05						
铁 黄		0.1		1.8			1.04
石 黄			4.2				
地板黄					5.5		
铁 红		0.21		1.8		1	
红 土					10		
樟 丹			1.3		1.8		
铁 黑				1.3		1	
碳 黑					0.9		0.17
清 油	4.55	5.3	2.5	4.5	5.8	10	6.4
煤 油	7.6	10.34		10			11.26
松香水	12.5	12.34	41.8	12.5	30	29	11.79

细砂纸轻轻顺纹打磨，或采用软质材料轻擦表面即可。

水性颜料填孔着色剂调配简单，成本低廉，颜色直观，操作简单，干燥迅速，修补颜色简单。油性颜料填孔着色剂透明度高，木纹清晰，不会导致木材表面膨胀起毛，但干燥需8～12h，严重影响生产率，调配麻烦，表面容易硬结，不容易调整颜色，成本高，容易污染工件表面，对上层涂料有配套限制。水性颜料填孔着色剂在企业中有较为广泛的应用，油性颜料填孔着色剂的应用并不普遍。

4.4.2.2　染料着色

用染料对木材进行染色可以将普通木材染成贵重木材的色调，也可以将边材染成心材的颜色，使颜色不均匀的木制品整体颜色一致。木材染色有表面着色和深度染色之分，前者是在木材表面上用喷、刷、擦、淋、辊等方法来完成，后者是采用浸渍法处理木材单板或木材。木材表面着色是在家具厂来完成，木材深度染色通常在木材加工厂进行，深度染色后的木材被切成薄片制成染色板，粘贴在其他人造板上。

染料着色是用各种染料溶液对木材表面或涂层进行着色。染料型着色剂具有各种各样的色调，色泽艳丽，透明度高，最适宜用于制作完全透明的涂膜，所以在木质家具的透明涂饰中，它是一种十分重要的着色剂。染料着色剂主要分为水溶性染料着色剂、醇溶性染料着色剂和溶剂型染料着色剂。

（1）水溶性染料着色剂：水溶性染料着色剂是将能溶于水的染料（主要是酸性染料、碱性染料和直接染料等），按百分之几的比例用热水冲泡溶解配成的染料水溶液，生产中也称为水色。国内外木材着色应用较多的是酸性染料，酸性染料可以直接使用也可以两种或两种以上配合在一起使用。由于我国木材的透明涂饰以红棕、棕黄色居多，所以我国木材涂饰长期使用两种已经混合好的酸性染料，即黄钠粉和黑钠粉，它们主要由黄、红、橙、黑等酸性染料与硼砂、栲胶等配制而成。黄钠粉为棕黄色粉末，适用于棕褐色等颜色的着色，黑钠粉为红棕色粉末，适用于红棕色等颜色的着色。两者均可以溶解于热水和乙醇中。

应注意的是，最好使用同类染料调配，如酸性红、酸性黄；不同类染料如直接染料（或酸性染料）与碱性染料就不宜混用，否则可能产生不易溶解的沉淀色料。水色一般用于木材表面着色。水性染料着色剂部分颜色调配参考配方，见表4-6。

调配水色时，根据使用量按比例称取黄纳粉、黑纳粉等放在碗中，用开水浸泡溶解，经搅拌均匀静置冷却，用纱布过滤后再用。水色常常是热溶冷用。根据色泽和选用染料的染色特性，可将染料溶液配成各种不同的浓度。每种染料溶液都有一定的溶解度，一般1L温水只能溶解15～30g染料。超过溶解度即达到饱和，再多加染料也不能溶解，颜色也不会变深。因此，使用水色着染较深色调时，需多次重涂。但是，刷涂水色往返次数不宜多，宜于一次完成，否则可能造成色花和起泡。

表4-6　水性染料着色剂部分颜色调配参考配方

材　料	颜色和配方质量比/%						
	浅柚木	深柚木	蟹青色	荔枝色	栗壳色	红木色	古铜色
黄纳粉	3.5	2.3	2	6.6	12		4
黑纳粉						17	
墨　汁	1.7	4.7	9	3.4	25		16
开　水	94.8	93	89	90	63	83	80

用水色在木材表面直接染色比较复杂，影响染色效果的因素很多，不容易染均匀。用水色进行涂层着色时，刷水色前，木材表面应经过水粉填孔着色和涂过虫胶清漆并干燥砂光过，再用排笔蘸取适量水色满涂一遍，之后马上用较大的干燥漆刷（硬鬃刷或大排笔）先横后竖地顺木纹方向涂均匀，用力要轻而匀，直至水色均匀分布为止。不要留下刷痕，以免造成流挂、过楞及小水泡等缺陷，小面积和边角可用纱布揩拭均匀。

涂水色如出现“发笑”现象，即表面上水色分布不均匀，局部不沾水色，可将蘸水色的排笔在肥皂上擦擦，使它带点肥皂，再刷就可消除“发笑”现象。刷水色应注意以下两点：第一，在进行下道工序前，不能用湿手触摸表面，也不可使水滴洒在水色上，以免留下指痕或水迹。第二，水色干燥后可用虫胶清漆封罩，但刷涂时，刷子来回次数最好不超过三次，以免把水色溶解拉起或刷掉，使表面颜色不均匀。

涂饰水色可用刷子、海绵、软布、棉球等手工涂擦，也可以用喷涂、辊涂和浸涂，应用较多的是手工刷涂。涂水色后一般不宜用纱布擦拭，避免纱布纤维粘附在着色表面，引起涂膜缺陷。

使用水色的特点是着色后涂层色调鲜艳透明，便于显现木纹，耐光性好，调配简便，但干燥缓慢使施工周期加长。另外，木材直接着色，易起木毛或出现着色不匀，在木材表面处理阶段一定要彻底去木毛。

（2）醇溶性染料着色剂：醇溶性染料着色剂是将能溶于酒精的染料（碱性染料、醇溶性染料与酸性染料）用酒精或虫胶清漆调配而成，生产中也称为酒色。应用较多的是碱性染料，例如品红、品绿、品紫、杏黄等。

酒色常用于如下两种情况：一是木材表面在经过水粉填孔着色之后，色泽与要求的仍有差距。当不涂水色时，可用涂刷酒色的方法，增强涂层的色调，达到所要求的颜色，或者是在用过水色之后，色泽仍未达到要求，也常用酒色进行修补。二是使用酒色进行拼色。因而，酒色是一种辅助性的着色方法，主要用于涂层着色和调整色差，很少用于直接着染木材表面。上述酒色多用于修整底色的不足和拼色，因此着色材料常须根据具体底色情况加入，一般没有严格配方，常凭生产经验判断。

当使用碱性染料调配酒色时，可预先放在瓶内用酒精浸溶，当用虫胶漆调配酒色时再适量移入漆中。

由于酒精与木材相溶性大，对木材的渗透性好，干燥快，故酒色更适于喷涂、淋涂或辊涂，也可以用排笔、板刷手工刷涂。刷涂酒色需要相当熟练的技术，顺木纹用较快的动作刷涂，且不宜多回刷子，因每刷一次都会加深色调。调配时要调得淡些，免得一旦刷深不好调整改正。酒色常须连续涂刷 2～3 次，每次干后用细的旧砂纸轻轻打磨再涂下一次，直至最后一次，颜色恰好达到需要的程度。

醇溶性染料着色剂色泽鲜明，但不及水色艳丽和耐光。干燥快，对木材渗透性好，比水色可较少引起木材膨胀和起毛，但由于干燥快、渗透性好、流展性差，则要求较高的涂饰技巧，容易着色不均。

（3）溶剂型染料着色剂：溶剂型染料着色剂也称油溶性染料着色剂，这些染料能溶解在酯类、酮类、醚类等单一溶剂或它们的混合溶剂中，不溶于水和酒精，大部分微溶于甲苯、二甲苯。它们的优点是不膨胀木材，不起毛，渗透性好；缺点是会使木材的软质与硬质的部位产生明显的色差，着色不匀，耐光性差，会渗色。在干燥不充分情况下涂饰涂料时，会使漆膜慢干，并会出现与漆膜附着力不好等弊病。

现在市场上销售的染料溶液都是含量约为 30% 的溶剂型着色剂，即色精。该着色剂适合底着色用，如果作为面修色着色剂时可以加入少许清面漆。

4.4.2.3 色浆着色

色浆是指用不同黏结剂调制的着色剂，着色材料可以是颜料、染料或颜料与染料并用。黏结剂可以用胶黏剂、油类、清漆、树脂等。因此，色浆着色主要分为水性色浆着色剂、油性色浆着色剂和树脂色浆着色剂。色浆着色能够将填孔、着色与打底几道工序合并作业。色浆着色的效果好，颜色鲜艳，木纹清晰，附着力好。

（1）水性色浆着色剂：由水溶性黏结剂将颜料、染料和填料调配而成，并用水作稀释剂。

用作粘结剂的常为羧甲基纤维素，是一种白色粉末状物质，易吸湿，溶于水可制成粘性溶液，用它来作水性色浆的黏结剂，可使填孔着色层有良好的附着力。

着色材料多用酸性原染料与氧化铁颜料，一般不

表 4-7 部分色泽的水性色浆参考配方

成分	材料	色泽名称和配方重量比/%			
		红木色	中黄纳色	浅柚木色	蟹青色
黏结剂	4% 羧甲基纤维素	110	100	110	110
	聚醋酸乙烯乳液	36	36	36	36
着色材料	酸性媒介棕	5.1	10	0.5	4
	弱酸性黑	1.1	2.5		
	酸性大红	0.4	1		
	酸性红	0.05	1		
	酸性嫩黄	2.1	4		
	酸性橙	4.5	10		
	墨汁		2		3
	氧化铁红	1.8	4	0.5	1
	氧化铁黄	1.5	4		1
	氧化铁棕			1.5	
填料	滑石粉	150	150	140	150
	石膏	30	30	30	30
稀释剂	水	84	84	84	84

宜用成品混合酸性染料（如黄纳粉、黑纳粉等）。染料与颜料品种以及用量可根据具体产品色泽要求试验确定。部分色泽的水性色浆参考配方，见表4-7。

调配水性色浆时，先称取羧甲基纤维素用水隔夜浸渍溶解，呈透明糊状，搅拌均匀（不要调成块状），然后将按配方量称取的各种染料混合后再放入着色颜料，均匀混合在一起，用沸水冲泡混合的染料与颜料，使其均匀溶解、分散，再加入聚醋酸乙烯乳液和已溶解好的羧甲基纤维素，最后加入填充料，搅拌均匀即成。

水性色浆可用带刮刀的辊涂机涂饰平表面的板式部件，也可以手工刮涂。水性色浆干燥较快，所以手工刮涂须快速操作，一次刮净。手工刮涂时，先用漆刷蘸色浆满涂于零件表面，随即快速用羊角或钢刮刀顺木纹方向一次刮净，显露清晰的木纹。在室温20～25℃下，隔20min，用同法重刮一次。施工剩余的色浆，可加入少量的水封面以防干结，在下次使用前将水倒掉即可使用。

水性色浆主要用于木材表面填孔着色，在经过清净砂光的白坯木材表面上刮涂一度水性色浆，干燥，再刮涂一度水性色浆，干燥后砂光，然后涂饰底漆与面漆。

上述水性色浆的特点是：干燥快，成本低，无毒无味，操作方便，有利于手工和机械施工，简化了涂饰工艺，提高了涂饰效率。

当在机械化连续涂饰流水线上使用水性色浆时，被涂饰板件通过80℃的远红外辐射热烘道，经7min可达实干；当涂饰二度水性色浆后，经烘道约需14min后便可涂底漆。手工刮涂，每一遍在室温20℃时进行，需15～20min干燥，然后可砂光涂底漆。

水性色浆与前述水性颜料填孔着色剂比较，由于含黏结剂而填孔效果好，附着牢固；由于含染料而着色效果好，色泽鲜明纯正。水性色浆的缺点是在干燥过程中，当水分挥发后，填实的管孔有收缩现象，封闭性差。

（2）油性色浆着色剂：油性色浆着色剂的组成与前述油性颜料填孔着色剂类似，但也有区别，即含有染料，并用蓖麻油作黏结剂，专与聚氨酯漆配套使用。

调配油性色浆时，着色材料使用油溶性染料（如油溶黄、油溶红等）和一般着色颜料（如铁红、铁黄等）。油溶性染料先用松节油加热溶解，再与其他材料混合一起搅拌均匀。着色材料要视具体色泽要求经试验确定。蓖麻油是一种不干性油，其分子结构中含有羟基（—OH），能与聚氨酯漆中的甲组分（含异氰酸基—NCO组分）反应成膜。所以，用上述油性色浆涂擦木材表面填孔着色后，一般不会干燥，可接涂聚氨酯底漆（黏度稍低，在所用聚氨酯漆中加入10%～15%的聚氨酯稀释剂），则色浆可随底漆一起干燥。涂底漆时须注意，顺木纹涂刷，少回刷子，否则可能出现翻底刷花现象。

使用油性色浆填孔着色，可以手工刷涂、擦涂，也可以用机械辊涂，其流动性好，清洗方便。

白坯木材表面涂擦油性色浆，多在表面清净、砂光并涂水色（浅色不必涂，深色需要涂）干燥的基础上进行，然后再涂聚氨酯底漆与面漆。油性色浆只能与聚氨酯漆配套使用。

用油性色浆填孔着色，色泽鲜艳，木纹清晰，填孔坚牢，装饰质量高。使用油溶性填孔色浆，可去掉传统的聚氨酯工艺中涂水老粉和涂饰多道虫胶漆的操作，简化了施工工艺，节约了材料和时间，降低了成本，并能提高木材家具表面的装饰质量，使漆膜坚硬、附着力好、颜色鲜艳、木纹清晰、光泽持久、耐热耐候性好。

（3）树脂色浆着色剂：树脂色浆着色剂主要用合成树脂（如聚氨酯、醇酸树脂等）作黏结剂，着色材料用染料、颜料或染料与颜料混合调配，此外还有填料以及与黏结剂、染料相应的稀释剂。

树脂色浆包括颜料树脂色浆、染料树脂色浆和混合树脂色浆，其中含有颜料与填料的树脂色浆只能用于涂擦木材表面，为木材填孔着色；如仅含有染料而不含颜料与填料的树脂色浆，则可用于木材表面与涂层表面的着色，但是不能填孔。

用树脂色浆着色与填孔，木纹清晰透明，富立体感，填孔坚牢，着色与填孔效果好，可提高装饰质量，但成本较高，干燥较慢。

着色直接影响到产品的外观，对产品质量影响相当大，工艺安排和操作处理要慎之又慎，为此要注意：

①考虑到涂料的颜色，着色颜色比最终颜色（常与样板颜色比对）要求要浅些。

②颜料或染料质量、批次和用量不同，都明显影响着色效果，所以调配的着色剂要统一配方，最好也使用同一批次的原料。

③染料主要是通过化学方法使材料带有颜色，木材含水率、木材中浸填体、树脂、纹理方向、木材细胞腔体大小和密度、涂料种类、漆膜表面状态、环境温湿度、处理作用时间长短等众多因素都影响染色效果，使用同一染料染不同的材料时，获得的颜色可能就不同，甚至差异非常大，因此在染色之前最好进行实物试验。

④颜色与光有关，颜色调配和质量检验时，要保证环境光线明亮。

⑤不同种类染料不可轻易混合，否则可能引起化

学反应而使染料失效或出现沉淀等。调配和盛装染料时也要避开与金属等接触，也不能使用硬水，且最好经过煮沸处理。

⑥着色处理用物质对后续的涂饰或胶合可能产生比较大的影响，在着色处理前要认真考虑。如异氰酸酯活性很强，能与着色材料中的羟基、氨基等反应，造成变色；使用酸固化氨基醇酸树脂涂料涂布在碱性染料着色处理的基材表面上，有时就会产生变色和漆膜附着力下降；而醌类物质会阻碍聚酯漆的聚合，染料中醌类物质将对聚酯漆产生不利影响。

4.4.3　着色过程

家具表面颜色对家具的美感效果至关重要，是衡量家具装饰效果和风格特征的重要依据之一。木材本身具有一定的颜色，不做任何处理直接涂饰，形成的颜色效果称为“木本色”或“本色”。家具设计与生产以及消费者对家具颜色的需求是多方面的，仅有本色涂饰远远满足不了多种需求。就是同一颜色，由于着色工艺不同，所表现出的外观效果也大不一样。

另外，对于绝大多数清漆而言，都或多或少带有较淡的黄色，这不是人们所希望的。使用这样的清漆涂饰，即使不做着色处理，工件表面还是会有一定的颜色，尤其是本色装饰，涂饰后得到的表面颜色效果并非真正的木材本色，着色时应注意涂料颜色对工件外观最终颜色的影响。

透明涂饰着色的全过程可分为三个阶段，即底着色（基材着色）、涂层着色（中着色或中修色）与修色（拼色，调整色差）。从着色工艺形式上分，透明涂饰着色可分为底着色、中着色和面着色。

4.4.3.1　底着色

底着色即为白坯木材着色，是将着色剂直接涂在基材上，底色是整个制品色彩的基础，底色做得好会为整个制品的外观色泽定下基调。底色做得满意达到了具体色调的要求，可以不再进行其他着色操作，使着色工艺简化。对于装饰质量要求高的则在底色基础上进行涂层着色（中修色）与拼色。底色干透后应及时涂饰封固底漆进行封罩保护。

染料着色剂、颜料着色剂和色浆着色剂都可以用于基材着色。在国外喷涂各种染料溶液应用较多，而国内的实际生产中应用颜料着色剂较多，特别是染料与颜料混合的着色剂，在填孔着色时应用更广。

4.4.3.2　涂层着色

涂层着色是指在底色的基础上涂底漆，然后在底漆干透的涂层上涂饰各种染料溶液，或者在中间涂层的漆中加入相应染料进一步进行着色。涂层着色只能用染料着色剂，因为颜料、染料的着色效果不同，染料着色更为鲜明艳丽，因此，用染料着色剂对涂层着色，能够进一步加强色调，完善着色效果，提高装饰质量。根据产品的要求不同，可以省去底着色，而只采用涂层着色，这种工艺过程所获得的产品外观颜色效果层次感不强，在中档家具生产中应用较多。

总之涂层着色是对底色的加强与修正，生产中常使用的色漆是将染料加到漆中调配出来的，但是色漆中所含树脂很少，所以色漆涂层很薄，干燥后只需要用240～320#旧砂纸或砂纸背面轻磨，切不可打磨过度，谨防露底。

4.4.3.3　修色

工件表面颜色的不均匀、组织结构的不均匀、工人着色技术较低、着色剂质量不好等多方面原因都可能导致着色不均匀或颜色与要求有差异，在涂层着色处理之后对一个工件或一批工件的颜色偏差进行校正和修补的过程称为修色。

底着色和涂层着色处理时，考虑到修色操作对已干燥的着色剂可能产生的影响，应在着色处理层上面罩上一层底漆，然后在这层漆膜上再做修色处理，修色属于较为特殊的涂层着色处理。底漆漆膜上没有孔隙，修色处理不能选择颜料着色剂。考虑到生产效率和附着力问题，生产中常选用醇性染料着色剂。

具体的修色操作有两种方式，一种是着色处理后工件整体有颜色偏差，另一种是工件局部与整体有颜色偏差。

整体修色是在已着色的漆膜上薄薄地涂饰一层颜色较淡的醇性染料着色剂，校正颜色偏差。等着色剂层干燥后，上面再涂饰底漆封罩或直接涂饰面漆。

如果工件局部有颜色偏差，须细心修补颜色。传统方法是用毛笔蘸着色剂一点一点地修补颜色色差，这种修色方式常称作拼色或补色。现代生产一般采用小口径喷枪喷涂着色剂进行修补。拼色要求技术较高，需要操作工人有很好的耐心和细致工作的态度，也需要根据颜色偏差区域的大小、颜色不均匀程度、漆膜平整程度等比照样板，遵照先浅后深的原则逐个区域修补。

修色完毕待修色层干透后，可用320～400#旧砂纸轻轻将色面打磨光滑，擦净浮粉，再用罩光漆进行罩光保护。

4.4.3.4　面着色

面着色有两种情况，一种是在透明涂饰过程中，将染料着色剂加入面漆中，制成有色面漆，在涂饰面漆的同时进行着色，产品外观颜色就是表层漆膜的颜色。面漆中由于染料的加入，耐磨性和透明性降低，基材纹理不清，所以，透明涂饰面着色工艺只是用于普通产品。另一种是在不透明涂饰过程中，底层漆膜和基底的颜色已经没有意义，表面涂层采用各种磁漆涂饰，产品颜色就是磁漆颜色。

综上所述，一个满意的外观色彩，不是一次着色处理就可获得的，它需要经过多次着色，如图4-1所示。实际生产中只有选择适宜的着色材料，采用合理的着色过程，才能达到理想的着色效果。

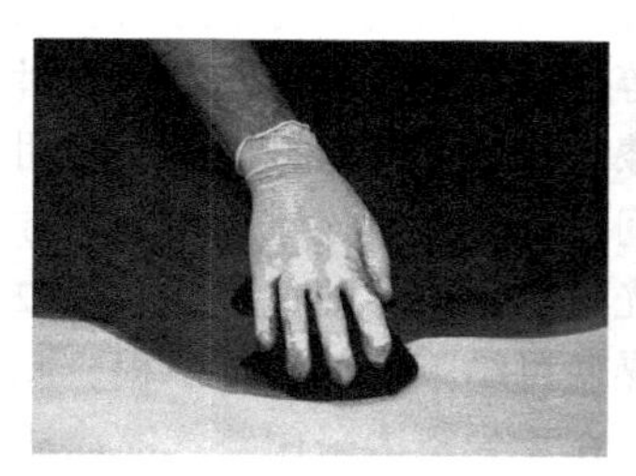
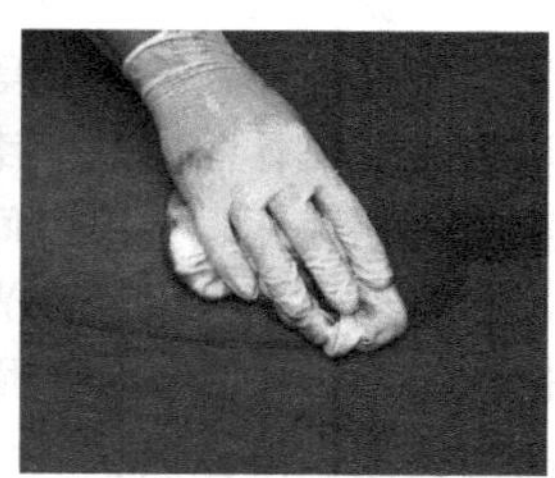

图4-1　多次着色

4.5　涂饰涂料

虽然经过上述基材表面处理与着色作业等许多工序，但是制品表面尚未获得最终要求的涂膜，而木制品表面具有一系列装饰保护性能，有一定厚度的涂膜，通常是由多道性能作用不同的底漆、面漆涂层构成。涂饰涂料就是利用各种涂饰方法将涂料涂布到工件表面，形成具有装饰、保护性能的漆膜。

为使木材表面漆膜显得丰满厚实，经久耐磨，涂漆必须达到足够的厚度，但也并不是越厚越好。涂得过厚，不仅浪费涂料与工时，而且漆膜脆性大，韧性降低，不能受剧烈的温度变化，容易开裂，漆膜也显得臃肿，这显然不必要，也是不合理的。为使漆膜达到必要的厚度，从节约涂料与工时的观点来看，最好是通过一次涂漆操作来完成，然而实践证明，这是不可取的。因为除了不饱和聚酯漆以外，大多数漆种一次涂饰形成的较厚涂层容易“流挂”，不利于干透，内应力大，且常导致漆膜起皱、光泽不均匀等质量缺陷。

因此，木器家具制品表面具有装饰、保护性能并有足够厚度的漆膜总是由性能、作用各不相同的底漆与面漆的多次涂饰所形成。一般从基材表面开始涂饰的几遍底漆（也称打底）构成漆膜基础，最后制品表面涂饰的1～2遍面漆构成漆膜外观表面。

4.5.1　底漆涂饰

底漆涂饰也称涂底漆或打底，是在整个涂饰过程中开始涂饰的几遍漆或特指第一遍漆，是紧接着木材表面处理、填孔着色之后进行的，第二遍漆也称为二度底漆，常涂饰2～3遍。涂底漆有以下作用：

封闭基底；提供平整底层；降低成本；改善漆膜性能。

涂饰底漆要兼顾基底和面漆，要根据要求和涂料性能选择底漆，另外还要注意底漆与面漆之间的配套，避免因面漆与底漆之间可能存在不良接合而导致附着力下降。

4.5.1.1　封闭底漆

封闭底漆或称封固底漆（商品涂料常称底得宝），是一些固体分含量和黏度都很低且渗透性好的底漆涂料。按现代木材涂饰的观念，木材封闭作业，对整体涂饰后的涂膜效果是非常重要的。材面未经封闭底漆涂饰而直接进行打磨底漆和面漆涂饰，就如同人未穿内衣一般，是既不恰当也不合理的做法。封闭底漆涂饰的功用在于：由于封闭漆易于渗透，因此较少在材面成膜，多渗入木材深处成膜，能起到封闭作用，可阻止木材的吸湿散湿，防止木材所含水分、油脂与其他化学成分的渗出，赋予上层涂料以良好的基面，防止上层涂料与溶剂的渗入，利于木毛的竖起，且易于着色与研磨，可改善整个涂层的附着力，利于保持木材的天然美感。

木材中的油脂与水分如不能有效地加以封闭，经过一段时间会破坏涂膜的附着性，造成涂膜脱落。由于粗孔材导管粗长，它的吸漆力比较强，如封闭不好木材将会逐渐吸收过多的底漆（二度底漆）而致使底漆承托力不足，将会影响整个涂层的丰满度。

封闭底漆多选用聚氨酯漆和硝基漆，尤以聚氨酯漆的封闭作用更好。封闭底漆只有充分渗入木材才能起作用，故其对木材表面的润湿与渗透性十分重要。因此要使用低固含量（常为5%～10%）与低黏度（10～12s，涂-4杯，25℃）的底漆，由于其干燥速度快，涂饰不宜过厚，一般喷涂一遍，如遇油脂多的木材须多涂一遍。每次涂饰量为60～90g/m²，涂后须干透，适量研磨，注意不能研磨过度。

4.5.1.2　二度底漆

二度底漆的主要作用在于构成涂膜的主体，即木材涂饰所形成的整个涂膜主要靠底漆完成，底漆涂层可使面漆涂层不致被木材吸收而影响成膜，失去光泽，所以要求底漆必须流平性好、透明度高、干燥快、易研磨、附着力好。有时也会因木制品品种性质和用途不同，而对其硬度、韧性、渗透性等的要求有所不同。

底漆涂料中除含有适于砂磨的树脂、助剂以外，还含少量易于渗入管孔的填充料，一般呈乳白色黏稠液体，固体分含量较高，有一定的填充性，干后涂膜易磨，可获得较为平滑的底漆层，再上涂面漆便可获得平整光滑的表面效果。

根据涂饰质量要求可选用适宜的底漆品种，当前应用较多的是聚氨酯类底漆，除有较好的底漆品质外，还有突出的附着力。通常涂饰 2 ~ 3 遍，每遍涂漆量为 120 ~ 160g/m^2。每遍涂层都应进行很好的干燥，然后进行很好的打磨，保证最终获得良好的底漆基层。如果遇到特殊情况时，可以在表干的漆膜上直接涂上层涂料，减少了中间涂层干燥和打磨工序，缩短了生产周期，这种涂饰工艺操作方法称为“表干连涂”或“湿碰湿”法。“湿碰湿”法涂层溶剂挥发较难，涂完最后一遍，要保证有充分固化时间。

欲获得丰满坚韧的涂膜，底漆可采用不饱和聚酯漆，涂饰 1 ~ 2 遍即可，每遍涂漆量为 150 ~ 200g/m^2。

硝基类漆因是挥发型漆，干后漆膜易渗，并且耐溶剂性与耐热性差，故多用于显孔装饰，不适用丰满度要求高的装饰。硝基漆每遍涂漆量一般为 80 ~ 120g/m^2。

底漆涂饰可选择刷涂、揩涂、喷涂、辊涂和淋涂，目前家具生产中多使用喷涂，批量板式家具生产多使用淋涂。

4.5.2 色漆涂饰

如果采用涂层着色或面着色工艺，则需要在封闭底漆或二度底漆之上涂饰色漆，涂层着色和面着色的要求不同，所以对两者的涂饰要求也不同。

涂层着色的主要功用是调整颜色，所以该层应薄一些，固含量要低，而且透明度要好，一般涂布一遍即可，涂漆量为 40 ~ 60g/m^2。涂层固化后对该涂层打磨须相当谨慎，因漆膜较薄，不会产生新的较大的不平，打磨的目的仅在于提高面漆的附着力，所以应使用 240 ~ 320#旧砂纸或砂纸背面轻磨，切不可打磨过度，防止磨漏漆膜。

对于透明涂饰过程中的有色透明面漆涂饰，是为了获得有色透明的产品外观颜色，最终颜色正确与否，除了与选用的有色透明面漆颜色有关外，还与涂漆量的多少有非常大的关系。一般来讲，涂漆量大，涂层厚，颜色就深。具体涂漆量控制多少，应根据实际情况决定。

在不透明涂饰过程中，面着色与面漆涂饰相似，为了保证颜色的准确，常涂饰两遍。

涂层着色或面着色采用喷涂或刷涂时要注意涂痕重叠部分不可过大，防止出现颜色不均。如果采用辊涂方法面着色，须注意辊涂痕迹对颜色的影响，必要时可适当降低涂料的施工黏度，并采用逆向辊涂。

4.5.3 面漆涂饰

面漆涂饰即在整个涂饰过程中最后涂饰的几遍漆。面漆层的性能在很大程度上决定了家具表面物理化学性能，尤其是视觉效果。涂饰面漆的操作与底漆相似，底漆层一定要完全固化。涂饰的几遍底漆干燥后须精细研磨，为面漆涂饰打下较为平整的基础。面漆涂饰一般为 1 ~ 2 遍。

依据木制品涂饰设计中确定的透明与不透明、亮光或亚光、原光或抛光等，选择相应的面漆涂饰。对所选用的具体品牌的面漆应确认其光泽、硬度、透明度、固化速度、重涂时间、配比等理化性能、使用方法与配套性。如采用原光装饰方法，即在最后的 1 ~ 2 遍面漆涂饰之后，经干燥便可结束全部涂饰工程。此时应选用优质面漆，最好在无尘室内采用空气喷涂法精细喷涂，喷后如能在无尘且温度稍高（30 ~ 40℃）的专门干燥室中干燥，能获得较理想的涂饰效果。如采用抛光装饰方法，可在最后一遍面漆涂完，经彻底干燥后，再对表面漆膜进行研磨抛光处理。选用有色不透明色漆涂饰时，为了增强涂层的光泽和丰满度，可在涂层最后一道面漆中加入一定量的同类清漆，或也可再涂一遍同类清漆罩光。同一批家具要用同一批次的漆，按相同方式调配，保证一批家具具有相同的颜色。面漆固含量、涂漆量和施工黏度应低些，以有利于获得光滑平整的漆膜。

面漆的涂饰也可采用“湿碰湿”工艺（油性漆除外），提高效率，节省能源，节省场地，缩短施工周期，但装饰效果稍差一些。

面漆涂饰应特别精心操作，多组分漆应准确按涂料产品使用说明书规定的比例配好施工漆液，注意配漆使用期限，调好黏度。面漆应用多层细筛网仔细过滤。亚光漆与不透明色漆等含颜料与亚粉（消光剂）的涂料，使用前应充分搅拌，避免涂层厚薄不均匀以及颜色与光泽的不同。尤其注意施工环境卫生条件，喷涂以及晾干或烘干场所都应是干净无尘，能在调温调湿和空气净化除尘的喷涂室中操作最好，以确保预期的涂饰效果。

涂完面漆后应有足够的时间使漆膜干透，然后才能进行研磨与剖光或包装出厂。

4.6 漆膜修整

尽管在涂饰前家具白坯表面都经过了各种处理，但在表面处理和涂漆过程中，由于种种原因，还会出现若干的微观不平度，在涂饰每层涂料前最好能减小或消除这些不平，这就需要对已经固化成漆膜的涂层进行砂光处理，为接下来的涂饰创造良好的基层，以使得最后经过干燥固化的面漆漆膜表面质量满足要求。

对于最终表现出来的面层漆膜来讲，如要获得更加完美的装饰效果，可再对面层漆膜进行精细磨光，然后采用抛光手段进行抛光，获得抛光装饰漆膜。对已经固化成漆膜的表面进行砂光和抛光的处理称为漆膜修整。

4.6.1　漆膜修整的意义和方法

涂饰涂料之前虽然对基材进行了表面处理，但是经过填孔、着色后，表面会吸收溶剂或水而膨胀，干燥后又可能出现一些木毛，粗孔材表面管孔如未填满填实，涂漆时将会向孔内渗陷，涂层干燥后就显出粗糙不平。

溶剂型涂料的组成中，含有 50% 以上的挥发性溶剂，在涂层干燥过程中，随着溶剂的蒸发，涂层将发生体积收缩，涂层越厚，溶剂含量越多，收缩也越严重。特别是当干燥固化规程制定的不合理，干燥过程进行的不恰当时，漆膜表面会产生气泡、针孔、起皱和橘皮等缺陷。

涂饰工具使用不当，使涂层沾上刷毛或织物纤维；由于手工涂饰时技术不熟练，操作不够认真，特别是在涂料本身流平性差的情况下，涂层表面留下刷痕等涂饰痕迹；当涂层的厚度不均匀时，干燥后的漆膜表面微观不平度会暴露无遗。

最为常见的是涂饰施工场所的卫生条件不好，空气中粉尘多。涂料使用前未经仔细过滤，涂料容器或涂饰工具不能保持清净等，这些就使干燥后的漆膜表面不可避免地会出现一些明显的颗粒，变得粗糙不平。

上述这些情况说明，在涂饰前的表面处理以及涂漆过程中，表面上重新出现微观不平的可能性是很大的，往往是不可避免的，因此，每当出现这些情况，都必须及时用砂纸打磨，然后才能进行下一道涂饰，这就是所谓中间漆膜的研磨。而对最后一道面漆漆膜实干以后的打磨，就是漆膜表面的最后修整。通常原光涂饰时，往往只需进行中间涂层的研磨，最后一道面漆漆膜实干以后，不再进行修整加工。抛光涂饰的制品则不仅要对中间涂层及时研磨，还需要对实干后的面漆漆膜进一步磨光与抛光，这才能达到产品标准中所规定的表面光泽的要求。

漆膜的修整主要是通过砂光和抛光的方法来实现的。木材表面涂层固化以后，其微观断面情况如图 4-2 所示，从图中可以看出，漆膜断面上存在两种不同的微观不平度。较大的波距 L 称为波度，较小的波距 l 称为粗糙度。通过砂光除去漆膜表面的波度，然后再用抛光的方法消除表面细微的粗糙度，使漆膜具有镜面光泽。

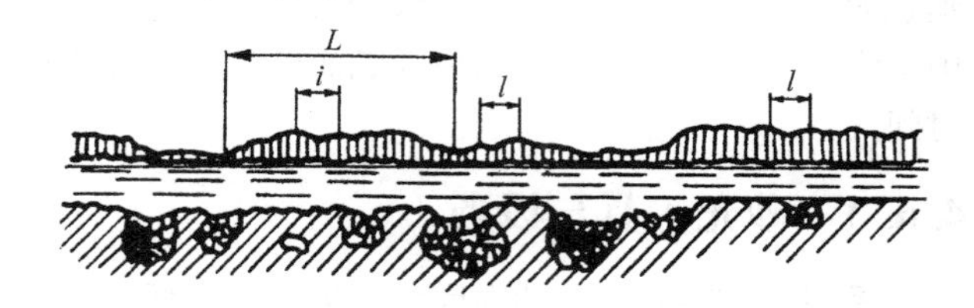

图 4-2　涂层固化后微观断面示意图

4.6.2　漆膜砂光

漆膜砂光主要包括中间漆膜砂光和面漆漆膜砂光。

4.6.2.1　中间漆膜砂光

中间漆膜干燥后，都要随即砂光，以除去新出现的颗粒、气泡、针孔、橘皮、流挂、木毛、过楞等众多缺陷，不减轻这些不平，对后面的涂饰操作会带来很大不利影响。由于漆膜较薄，一般只是磨去凸起的不平，凹陷的地方由涂布的下一遍涂料来填平。

中间漆膜多用手工干法砂光，干磨时，对局部表面嵌补的腻子常用 150# ~ 180#砂纸打磨，全面刮涂的腻子或填平漆一般用 240#砂纸打磨；头度底漆可采用 180# ~ 240#砂纸，二度底漆可采用 240# ~ 320#砂纸，质量要求高时选用砂纸还要细一些，一般用 360#砂纸砂光。批量生产平板类产品多采用宽带漆膜砂光机砂光。

用砂纸打磨时，一定要顺着木纹方向打磨，切不可横磨，否则将在漆膜上留下明显的磨痕。操作时，手感要灵敏，动作要轻快。特别是边角、线条、雕刻等处，要仔细小心，谨防磨穿露底，要用粒度小的细砂纸。如使用新砂纸时，预先将砂面对折起来搓几下，使砂面变钝些，然后再用。着色层都很薄，一般不需砂光，只在非常必要的情况下才可打磨，一定要轻，精心打磨几下即可，要防止打磨不均而出现色花等缺陷。

4.6.2.2　面漆漆膜砂光

面漆漆膜砂光就是磨去其表面上波距较大的突出部分，以减小其微观不平度，漆膜的平均厚度也相应地减小。砂光一般可以分为干法和湿法两种形式。

干法砂光就是用砂纸或砂布在干燥的状态下对漆膜进行砂磨。湿法砂光生产中常被称为“水砂”，磨光时使用的耐水砂纸是用氧化铝粉（刚玉、人造金刚砂）作为磨料，用耐水的合成树脂黏合在熟油浸过的纸上制成的。水砂纸都比较细，常在 240#以上。湿法磨光常用肥皂水作为冷却润滑剂，注洒在漆膜表面，这样磨削起来效率高、省力，很少有磨削痕迹，也不致引起磨屑粘附砂纸。湿法磨光后，要随即将漆膜表面擦干，使其尽快干燥。水砂纸使用前宜在温水中浸泡片刻，适当软化，以免发脆而破裂，缩短使用时间。

4.6.3 砂光工具与设备

采用手工磨光，劳动强度大，生产效率低，除了小批量生产中对于装配好的木制品或具有型面的木制件表面的漆膜手工磨光修整以外，常采用各种手持电动工具和磨光机械来进行磨光。手持电动工具有振动式、带式、盘式等多种，见图 4-3。

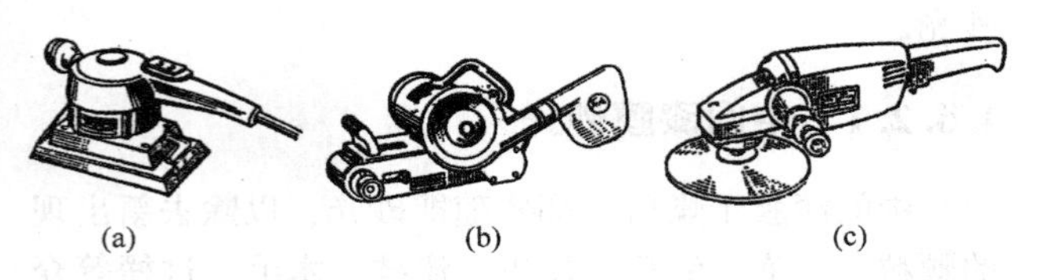

图 4-3 手提式磨光机
（a）振动式 （b）带式 （c）盘式

振动式磨光机由手柄、振动器、夹紧器和橡胶垫等几部分组成，每分钟振动频率为 10000 ~ 12000 次。可以根据要求在橡胶垫下面装夹不同粒度的砂纸。这种磨光工具体积小、轻便、灵活、工作效率高。盘式磨光机的主要缺点是磨盘上各点的速度不一致，越是接近中心处，其转速就越小；磨料颗粒容易在漆膜表面上留下弧形磨痕，特别是当操作时磨盘不易保持水平状态，稍有倾斜就会在漆膜表面留下沟纹，即使下一步抛光之后，也难以消除。

用于木材表面漆膜修整的机械有上带式手持压块磨光机、半自动水平带式磨光机和宽带式磨光机等多种。其中手持压块的上带式磨光机，是由操作者直接用手控制施加在砂带上的压力，这样就比较敏感，便于按漆膜承受程度来调节磨削量，而且在其砂带上方绷张着一条结实的布带或薄钢带，可减少压块对移动着的砂带的摩擦，从而防止漆膜被磨穿，保证磨削均匀。这种磨光机的工作原理示意图见图 4-4。

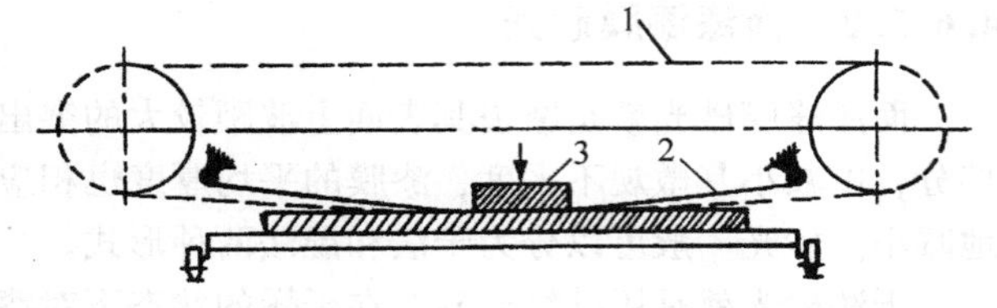

图 4-4 上带式手持压块磨光机的工作原理示意图
1. 砂带 2. 薄钢带 3. 压块

有些木制件表面漆膜需要采用湿法磨光，可使用多种形式的水砂机，其工作头基本上都是作直线往复运动。用于板件表面漆膜湿法磨光的水砂机工作头的表面积通常为 110mm × 130mm。见图 4-5 为一多用水砂机，常用于柜类家具的门板、旁板、写字台等的面板漆膜的修整。这种水砂机由工作头往复移动机构、升降机构、夹紧机构、夹紧器升降机构和工作台移动机构等几部分组成。工作台横向移动速度为 2m/min，是由电动机通过传动件使工作台下的丝杆螺母回转而实现的。

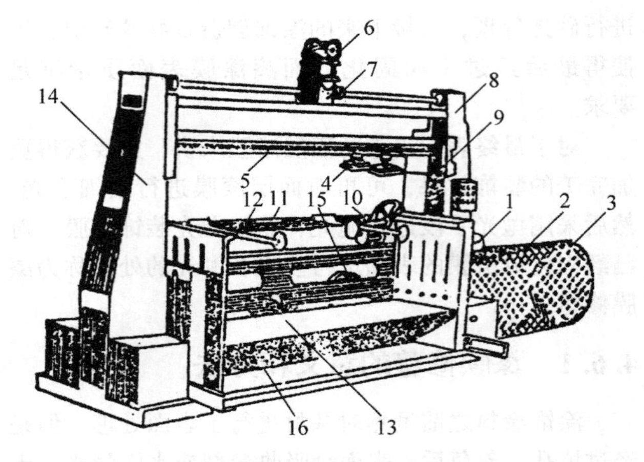

图 4-5 多用水砂机结构示意图
1、6、10、13、15. 电动机 2. 齿轮减速箱 3. 偏心连杆 4. 砂磨头 5. 导轨 7. 涡轮减速箱 8. 圆锥齿轮箱 9. 溜板 11. 长丝杆 12. 夹紧器 14. 机架立柱 16. 工作台

4.6.4 漆膜抛光

抛光的目的是为了进一步消除经过磨光修整的漆膜表面上存在的细微不平度。一般磨光修整以前，漆膜表面微观不平度通常为几十微米，磨光修整之后待抛光的漆膜表面的微观不平度为几个微米，想要得到光亮如镜的漆膜表面，漆膜表面的不平度应低于 0.2μm（可见光波长之半），这时，漆膜表面就不再有漫反射发生，获得镜面光泽。

我国生产较多采用的是先后分别用砂蜡和光蜡抛光的方法。抛光处理要求干漆膜具有一定的硬度，因此只适用于硝基漆、聚氨酯漆、丙烯酸漆和聚酯漆的漆膜。硬度较低的油性漆、酚醛漆的漆膜不宜抛光。

商品砂蜡呈膏状或硬块状，是用粒度很小、硬度也较低的硅藻土、氧化铝或氧化铬粉末作为磨料，用蜡、矿物油或篦麻油等作黏结材料混合制成的。使用块状砂蜡时，须先将其捣碎，用煤油浸泡成泥浆状，再用筛网滤去杂质和较大的颗粒，然后方能使用。

光蜡是无磨料的抛光材料，由蜂蜡、石蜡和硬脂酸铝等组成，也可以制成膏状或块状。用光蜡抛光有时也称为上光处理。因为蘸上光蜡的工作头与漆膜表面摩擦，在产生光泽的同时还在漆膜上形成很薄的蜡层，使之不易沾附灰尘和各种污染物，蜡层填堵了漆膜表面的细微孔眼，可防止水气渗入内部，从而也增强了漆膜的耐水性和耐候性。

现代家具生产应用较多的是液体抛光蜡，有粗蜡与细蜡之分，抛光效率高，质量好。

由上述情况不难看出，抛光与磨光修整漆膜的差别不仅表现在数量方面，即磨削量的大小方面，而且还表现在实质上，抛光过程中除了以极小的磨削量除掉表面上以微米计算的微观不平度以外，在用抛光布轮摩擦的同时，还伴随着发生在漆膜表面摩擦热和压力的作用下而被软化、被熨平的物理—化学过程。因此，只要在经过干燥的漆膜达到适当的厚度和硬度的情况下，磨光后的漆膜再经过正确的抛光处理，就能获得优质的表面光泽。

由于光蜡膜比较薄，光蜡之间的结合力也很弱，这层蜡膜很容易被磨掉，甚至用手轻轻摩擦都可能破坏蜡膜的连续性，因此，对于高档产品在使用过程中要经常性地再补擦光蜡，保护漆膜和光泽。

抛光可以用手持抛光工具，也可以在抛光机上进行。两者的抛光原理是一样的，都是用高速旋转的布轮（常用绒布制成）携带抛光膏对木制品表面进行抛光。抛光机布轮直径较大，与工件的相对移动由机械控制，运动轨迹通常是直线，所以抛光机适合大批量平板状工件的生产使用，灵活性较差。手持抛光工具比较灵活，能适应造型复杂木制品的抛光需要，虽然使用时生产率低，劳动强度大，但仍然被普遍采用。

使用手持抛光机时，注意不要在工件局部施加过大压力，用力要均匀，不要在局部停顿时间过长，防止局部漆膜被磨漏或摩擦生成的高温使漆膜损坏。抛光膏用量要适中，用量不足会导致抛光效率明显降低；过多既造成浪费，又不容易判断抛光的程度，会造成抛光不均匀。抛光时移动的速度要快，逐渐减少抛光膏的用量。抛光到后期时，要边观察边顺木纹方向往复移动抛光，发现有抛光不匀的地方或是能看到抛光划痕的地方，要在有缺陷地方的四周顺木纹方向往复抛光，直至满意为止。在抛光工件边缘和装饰线条等窄小突出的地方用力一定要轻。

手持抛光工具有电动的和气动的。图4-6所示的是一种手提气动抛光机，操作时先在抛光辊1上涂擦抛光蜡，握紧手柄4，打开开关7，压缩空气即由软管6通过气孔5驱动叶片9，使主轴2转动，随即带动抛光轮转动，抛光轮直径常为35cm左右。这种抛光工具使用灵活，适用于小型木制品或曲线形零件的表面抛光。

图4-7为手提电动抛光机，是当前应用较多的一种，比较轻快、灵活、方便，常用于桌、几类家具的抛光。

图4-8为定位式的软辊抛光机，工作时先将板件

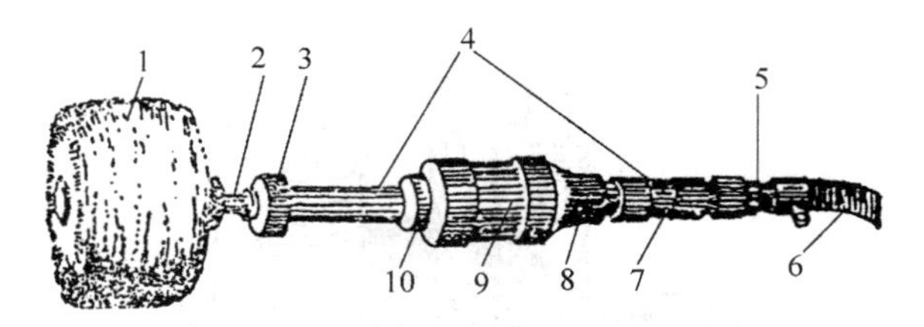

图4-6 手提气动抛光机

1. 抛光辊 2. 主轴 3. 轴承 4. 手柄 5. 进气孔 6. 输送空气软管 7. 开关 8. 风叶 9. 叶片 10. 出气孔

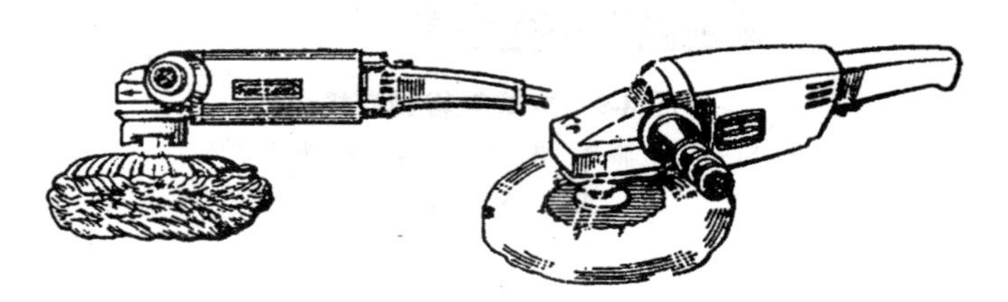
图4-7 手提电动抛光机

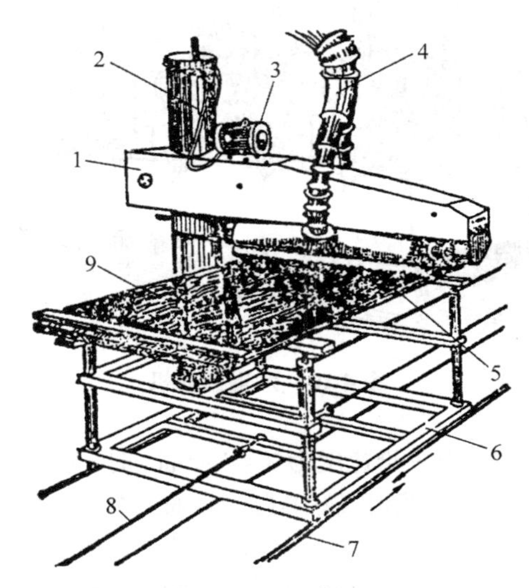

图4-8 软辊抛光机

1. 悬臂轴架 2. 立柱 3. 电机 4. 吸尘管道 5. 软辊 6. 机架 7. 导轨 8. 牵引 9. 板件

9装夹在机架6上，通过悬臂轴架1调好抛光软辊5的高度，并将抛光蜡擦在抛光软辊上，启动电机3带动抛光软辊转动，然后用钢丝绳牵引机架6沿着导轨7以10~15m/min的进给速度往复移动。抛光时产生的粉尘则由吸尘管道4抽吸出去。这种抛光机既可抛光板件，也可以抛光已装配好的柜类制品表面。

图4-9为定位式的立式软辊抛光机，即可以用于抛光成摞的板件的侧边，也可以手持具有各种型面或曲面的零部件进行抛光。工件托架3上可摞放600mm高的板件，可抛光长度为2200mm，宽度为760mm。抛光软辊的转速为900r/min。

图4-10为机械进给的通过式六辊抛光机。这种抛光机在板式部件大量生产中得到广泛使用（如钢琴表面涂饰），特别适用于聚酯漆膜表面的抛光，生

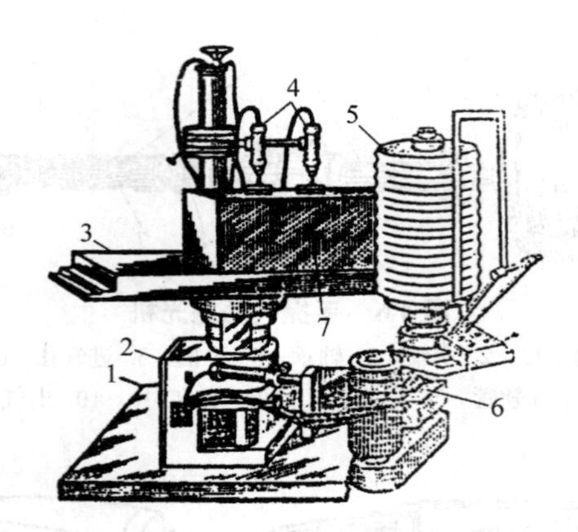

图 4-9 立式软辊抛光机

1. 机座 2. 轴架 3. 工件托架 4. 夹紧装置 5. 软辊 6. 传动装置

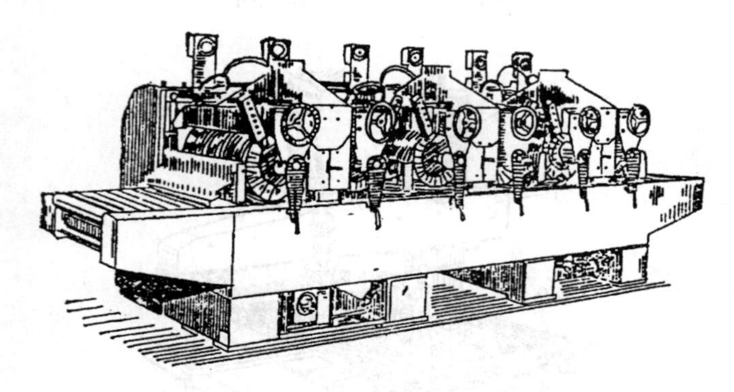

图 4-10 六辊抛光机

产效率高。当进给速度为 3 ~ 4m/min 时，板件通过机床 1 ~ 2 次即可获得很好的抛光表面。抛光布轮的直径最初为 40 ~ 45cm，随着工作过程的进行而磨损，逐渐减小至 30cm 左右；布轮的转速应随漆膜种类的不同而有所不同，对于硝基漆漆膜宜为 700 ~ 1000r/min，对于不饱和聚酯漆的漆膜可提高到 1000 ~ 1600r/min。

用呢绒毛毡制成无端头的带，可以替换砂带安装在带式砂光机上，擦上抛光膏也可以进行抛光操作。任何形式的带式砂光机都可以这样使用，操作方法与用带式砂光机磨光漆膜基本相同。

无论用手持抛光工具，还是采用机械进行漆膜表面抛光，抛光辊轮都应以顺木纹方向移动来结束抛光过程，否则就将在表面留下细微显眼的痕迹，有损于产品表面质量。

本章小结

家具表面涂饰是一个复杂的工艺过程，它包括基材处理、白茬砂光、填孔与着色、涂饰涂料和漆膜修整等多个过程，不同要求的工序，需要解决在各工序工艺过程中可能出现的各种技术问题。最终获得的漆膜质量受选择的面漆质量影响，但更重要的在于基材以及底层漆膜处理的好坏。只有高度重视涂饰工艺设计，根据产品要求选择合适的涂料、着色剂以及辅助材料，采用科学合理的工艺技术手段、控制好作业环境，才能获得理性的漆膜质量和外观效果。

思考题

1. 涂饰工艺的基本内容和要求如何？
2. 漆膜一般都有哪些涂层构成？各涂层作用如何？
3. 简述家具表面涂饰涂料的选择与配套原则。
4. 影响涂饰工艺设计的因素有哪些？
5. 涂饰涂料前为什么要进行基材处理？
6. 去木毛的意义如何？现代生产常用什么方法去木毛？
7. 填孔的作用如何？填孔剂一般由哪些材料组成？
8. 着色的目的与意义如何？着色剂一般由哪些材料构成？
9. 颜料着色与染料着色的区别在哪里？
10. 涂底漆的作用是什么？
11. 漆膜修整的意义和方法是什么？

第5章 涂饰方法

【本章提要】

涂饰方法分为手工涂饰和机械涂饰。手工涂饰虽然古老，但也是一种不可缺少的涂饰方法，尤其对特定的制品、特殊的工序，还必须采用手工涂饰。现代涂饰操作多采用机械涂饰，包括喷涂、淋涂和辊涂。不同的涂饰方法都有它的特点和适用范围，选择哪种涂饰方法都必须有最佳的施工工艺条件配合和良好的施工环境条件，才能很好地发挥涂饰方法和工具设备的作用，从而获得良好的涂饰质量。本章将对各种涂饰方法的工作原理、工艺条件、应用特点等进行介绍。

将涂饰材料均匀地涂饰到制品表面上的方法很多，但基本上分为手工涂饰和机械涂饰两类。手工涂饰包括刷涂、擦涂和刮涂等，机械涂饰常用的方法有空气喷涂、无气喷涂、静电喷涂、淋涂、辊涂、浸涂等。

不同的涂饰方法有着各自的特点，适应不同场合和工艺过程的要求。掌握不同涂饰方法与特点，充分发挥它们的优点，才能很好地发挥涂饰方法和工具设备的作用，保证漆膜质量，提高作业效率。

5.1 手工涂饰

使用各种手工工具（如刷子、棉团、刮刀等）将涂料涂饰在木制品或零部件表面上，形成所需涂层的方法称为手工涂饰。此方法虽然古老，但也是一种不可缺少的涂饰方法，尤其对特定的制品、特殊的工序，还必须采用手工涂饰。此法所用工具简单，灵活方便，能适应不同形状、大小的涂饰对象，依靠熟练的操作技巧，可以获得良好的涂饰质量。但是，手工涂饰的劳动强度大，生产效率低，卫生条件很差。为改善这种情况，应当合理采用机械涂饰方法。

手工涂饰因使用的工具和操作方法不同，主要分为刷涂、擦涂和刮涂三种方法。

5.1.1 刷涂

用各种刷子蘸取涂料，在制品或零部件表面刷涂，形成均匀涂层，此种涂饰方法为刷涂。除极少数流平性差的快干漆以外，绝大多数涂料都可以刷涂，刷涂能使涂料很好地渗入木材，因而能增加漆膜与木材表面的附着力。刷涂时涂料浪费很少，但涂饰质量则在很大程度上取决于操作者的技术水平和工作态度。

5.1.1.1 刷涂工具

刷子种类很多，按形状分有扁形、圆形、歪脖形等；按制作材料可分为猪鬃刷、马鬃刷、羊毛刷、狼毫刷、獾毛刷等。市场上出售的有扁鬃刷、圆鬃刷、板刷、歪脖刷、羊毛排笔刷、底纹笔和天然漆刷等。见图5-1。木制品涂饰常用的是扁鬃刷、羊毛排笔刷和羊毛板刷。

选用哪种刷子，除个人爱好外，一般遵循的原则是：刷涂黏度大，表干慢的涂料，选择较硬的刷子；涂料黏度小，表干快，选择柔软的刷子。刷涂时应随着涂料的特点（如黏度、干燥速度等）和被涂饰木制件的形状、大小而进行调整。多数情况下，涂漆用扁鬃刷，着色用扁鬃刷或圆刷。扁鬃刷也称漆刷，适用于刷涂酚醛漆、醇酸漆、调和漆等较高黏度的涂料。但是，刷子不可混用，例如刷色漆的不可再用于

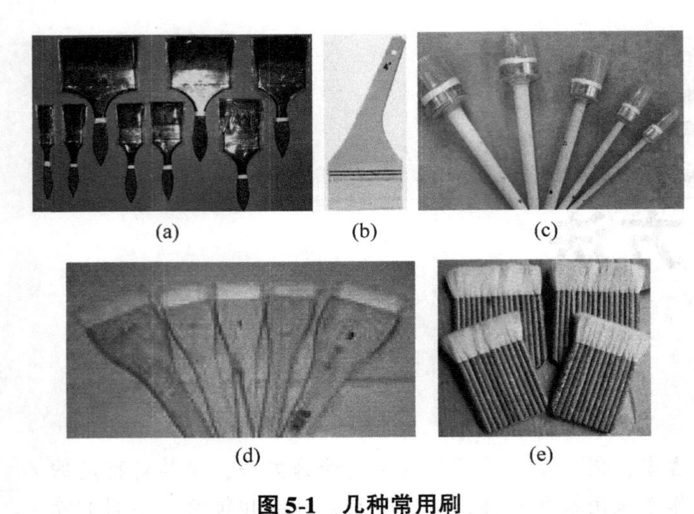

图 5-1　几种常用刷
(a) 扁鬃刷　(b) 歪脖刷　(c) 圆鬃刷
(d) 底纹笔　(e) 排笔刷

刷清漆，刷深色漆的也不应再用于刷浅色漆。

羊毛排笔刷和羊毛板刷刷毛柔软，适于刷涂黏度较低的涂料，例如染料水溶液、虫胶漆、硝基漆、聚氨酯漆、丙烯酸漆、水性漆等。

5.1.1.2　刷涂的基本操作步骤

(1) 蘸料：蘸料时，刷毛浸入涂料的部分不应超过毛长的一半（图 5-2），以免在刷毛的根部堆积涂料，不易清洗；此外，蘸漆过深也容易使涂料滴落和流淌。为了使蘸漆既多又不滴落，蘸漆后应该立即将刷头两面多余的涂料在容器内壁边缘轻轻刮掉，然后略微捻转一下刷子并将其迅速横提到涂刷面上。对干燥迅速、固体含量低的涂料，每次蘸漆量不要过多，刷毛进入漆面的深度要准确，本着少蘸、快涂的原则进行刷涂。

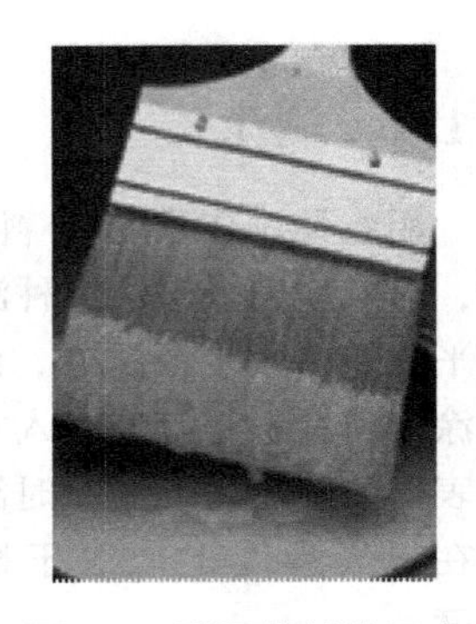

图 5-2　刷子蘸料的深度

(2) 摊料：将涂料涂敷在被涂工件表面，使涂料摊开。摊漆时，用力适中，先向上走刷，耗用刷子背面的涂料；然后再由上向下走刷，耗掉油刷正面的涂料，摊刷之间要留有一定的间距，间距大小要依摊漆的多少和基层状况而定。一般的物面可以留 5 ~ 6mm，不吃油的物面可以留三个刷面宽的间距，吃油的物面可以不留间距。在平面上摊漆，不要将涂料一下子都摊到物面上，以免涂料沿边缘流坠。物面的边缘，可以用摊漆时多的油在理料时完成。对吃油多或者不平整、难刷的部位，可以适当地多摊一些漆。摊好漆后，用未蘸漆的刷子，将摊好的漆横向、斜向刷匀。

(3) 理料：用漆刷将涂料纵、横反复刷抹至均匀，最后用刷子梢部顺木纹轻刷，一刷一刷地将涂料理顺，消除刷痕及堆积现象。为了使涂膜均匀，走刷要平稳，用力要均匀。刷子要与物面垂直，每刷快要结束时，要在走刷的同时逐渐将刷子抬起留下茬口。走刷时切忌中途起落刷子，以免留下刷痕。为了避免接痕，刷涂的各片段在相互连接时最好能经常移动一下位置，不要总在一个部位相接，运刷次数不宜过多，两次涂刷痕迹要有 1 ~ 1.5cm 的搭接，以保持涂层的连续和平整。工艺过程见图 5-3。

图 5-3　理料工艺过程举例

5.1.1.3　刷涂的特点

(1) 操作简单，工具简单，使用方便，不受场地与环境条件限制。

(2) 适用性强，几乎任何种类的涂料和任何形状的制品都可以应用。

(3) 涂料利用率高，浪费少。

(4) 对操作环境要求不高，不需要设备，投资少，投入生产快。

(5) 生产效率低，消耗工时，劳动强度大。

(6) 施工卫生条件差，工人直接接触涂料，对身体健康影响大。

(7) 涂饰质量受人为因素影响大，质量不稳定。

5.1.1.4　刷涂注意事项

(1) 选择漆刷时，要求刷毛前端整齐，手感柔软，无断毛和倒毛；新漆刷使用前要弹松刷毛，清除掉毛。

(2) 刷毛浸入涂料部分的长度不应超过毛长的一半。

(3) 刷上面时蘸漆要少，动作应快捷，薄刷多次，以防流挂；避免漆液滴落到地面上，沾有涂料的漆刷，要在容器的内表面轻轻地抹一下，以除去多余的涂料。

(4) 涂刷的一般规律是：从左到右，从上到下，先里后外，先难后易。刷涂木材表面时，最后一次刷涂应顺着木纹方向进行。

(5) 漆刷的运行速度应该快慢一致，用力均匀，以保证涂层厚薄均匀；过厚容易产生皱纹，过薄则要露底或影响漆膜外观。

(6) 刷子应平放或悬挂存放，避免将漆刷鬃毛压弯。对长期不再使用的刷子，要用溶剂彻底洗净、晾干，保存在干燥的地方，最好撒些樟脑粉，以防虫蛀，并用油纸包好；对短时间中断施工时，把漆刷的鬃毛部分垂直悬挂在相应的溶剂或水中，不让鬃毛露出液面。需要使用前，把溶剂或水甩干净即可。

(7) 刷涂时不应来回涂刷次数过多，以防起泡或留下刷痕。

(8) 应该保证施工现场能够适当通风。

5.1.2 擦涂

擦涂又称揩涂，是用棉团蘸取挥发性漆在木器家具表面上多次反复地涂抹以逐步形成漆膜的一种涂饰方法。此法最适用于硝基清漆、虫胶清漆等挥发型清漆的涂饰。因为挥发型漆膜干燥后仍可被溶剂溶解，所以在已涂过漆的表面进行擦涂时，漆膜高处被揩平，漆膜低凹处则被填平，结果很快就得到平整光滑的漆膜。此法操作繁杂，但可以获得韧性好、耐光的优质漆膜。擦涂硝基清漆用于中高档木器家具，在过去相当长的一段时间内，曾是一种主要的涂饰方法。

5.1.2.1 擦涂工具及使用

擦涂用棉团做工具，棉团里面采用与溶剂作用下不致失去弹性的细纤维材料，例如脱脂棉、羊毛、旧绒线或尼龙丝等。外面的包布应是结实、牢固的，并能很好地被溶剂润湿和软化，例如常用细棉布、洗过的棉布或亚麻布等。

棉团直径通常为3～5cm，做好的棉团可用漆浸透并挤干，使用前先将棉团浸入漆液中2/3左右，使其吸收漆液而润滑，随后拿出来旋拧以便定形。用于擦涂小面积表面的棉团端部可捏成扁形。擦涂时棉团的蘸漆量要适当，只要轻轻挤压就有适量的漆液从棉团内渗出并保持湿润即可。此法全靠手工操作，经验与手法颇为重要，擦涂手势见图5-4。

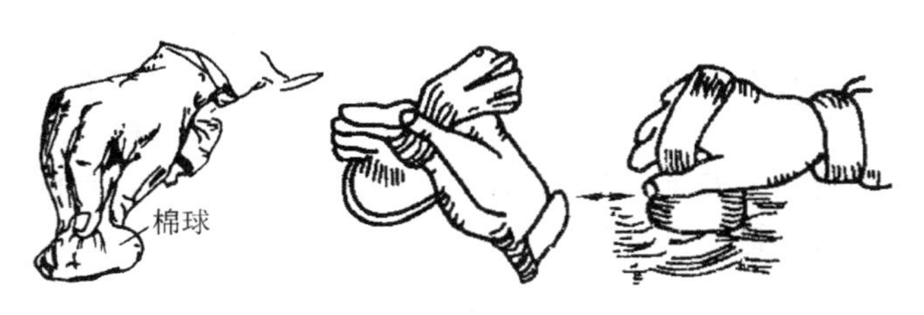

图5-4 擦涂手势

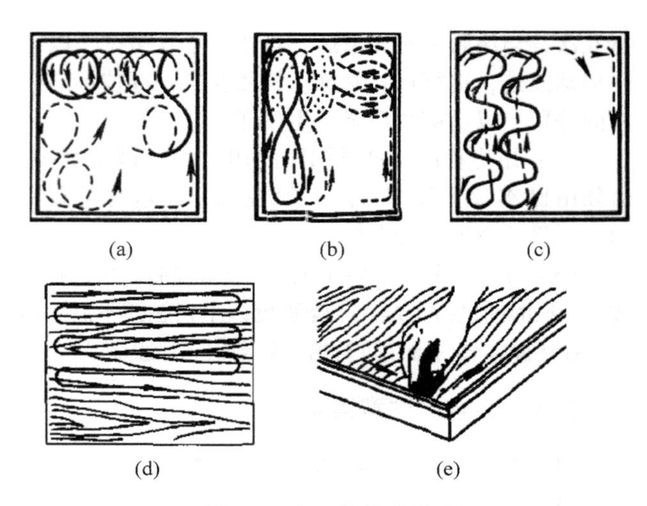

图5-5 常用的擦涂方法

(a) 螺旋擦涂 (b) "8"字形擦涂 (c) 蛇形擦涂 (d) 直线擦涂 (e) 直角擦涂

5.1.2.2 常用的擦涂方法

擦涂时的操作就是用蘸过漆的棉团在被涂饰表面上作连续的曲线或直线运动，与此同时轻巧而均匀地挤捏棉团，使漆液擦抹在工件表面上。以使用棉团擦涂硝基漆为例，常用的擦涂方法可归纳为如下几种(图5-5)。在涂饰的时候，可以选择一种方法，也可以选择几种方法交替进行，这样形成的漆膜平整、光滑、质量好。

(1) 螺旋擦涂：也称圈涂，即在涂饰面上作圆形或椭圆形的运动，运动的形式有顺时针和逆时针两种方法。

(2) "8"字形擦涂：是在涂饰面上擦出连续的相互重叠一半的"8"字形。

(3) 蛇形擦涂：是在涂饰面上做规则曲线形擦涂，各行曲线间都相互重叠1/3的面积。

(4) 直线擦涂：棉团在制品表面做长短不一的直线运动。直涂的作用是消除圈涂、"8"字形擦涂、蛇形擦涂的痕迹，使涂层更加平整、坚实、光滑。

(5) 直角擦涂：用棉团在制品表面的四角作直角形擦涂，利用棉团将涂料均匀地擦涂到角落内。直角擦涂可使制品表面角落的涂膜与其他部位涂膜的厚度相同。在经过圈涂、直涂后，角落部位往往涂不到漆或涂膜厚度不够，利用直角擦涂可弥补这些缺陷。

5.1.2.3 擦涂操作要点

(1) 涂料的稀释：挥发型漆的固体份含量由高到低，稀释程度逐渐变大。

(2) 蘸取涂料量：以刚能渗出涂料为好。

(3) 棉团的操作：以圆弧状敏捷地揩拭成连续的漆膜。待漆膜干后，再擦第二道，将此操作反复进行几次，当涂膜平整光滑后，再顺着木纹揩拭，以消除棉球痕迹，进行最终修饰。棉团在同一部位不应长时间停留，以防溶解漆膜产生斑印。

（4）用力程度：揩拭棉团的用力大小最难掌握，必须由操作者多加练习。一般说来，开始时稍微用力，到最后就要轻轻揩拭。

（5）干燥时间：如果在揩拭时发现漆膜软化，则可放置一段时间进行干燥。干燥程度以手指触摸不沾手即可。在漆膜柔软时继续进行揩拭就会引起漆膜剥落。

5.1.2.4 擦涂的注意事项

（1）擦涂用的涂料，应以虫胶漆、硝基漆等挥发型快干清漆为宜。

（2）擦涂用的涂料黏度不宜过高。

（3）去除表面的浮粉、残液应该在漆膜未干的时候进行。

（4）擦涂用的材料应选用吸附性好的材料，并将初擦与复擦的材料分开，以保证擦涂效果。

（5）色漆擦涂时，注意两行漆的搭接面要尽可能少，否则搭接处颜色偏深。

5.1.2.5 擦涂的特点

（1）漆膜均匀，填充饱满。

（2）擦涂后的装饰效果和质量均佳，常用于高档木制品表面涂饰。

（3）生产效率低，劳动强度大，不适合批量加工。一般擦涂操作少则十几遍，多则几十遍，否则漆膜薄而不光亮，达不到装饰效果。

擦涂操作技术几近失传，极少应用。目前多用于擦涂着色剂。

5.1.3 刮涂

刮涂是使用各种刮涂工具将腻子、填孔剂、着色剂、填平漆等涂饰材料刮涂到制品表面上的一种涂饰方法。刮涂是利用工具上的平直刃口在工件表面上移动，给涂饰材料施加较大的水平剪力和向下的压力，依此将涂饰材料展开在工件表面，形成涂层。利用刃口与工件表面之间的间距和移动速度控制涂布量，但不容易控制，如果涂料黏度低，还很容易形成流挂等缺陷，在垂直面上刮涂，更是如此。

5.1.3.1 刮涂工具

刮涂使用的工具有嵌刀、铲刀、牛角刮刀、橡皮刮刀和钢板刮刀等多种。见图5-6。根据不同的使用要求、被刮涂材料的性质和部位选择刮刀。

嵌刀也称脚刀，是一种两端有刀刃的钢刀，其中一端为斜口，另一端为平口。嵌刀用于把腻子嵌补到

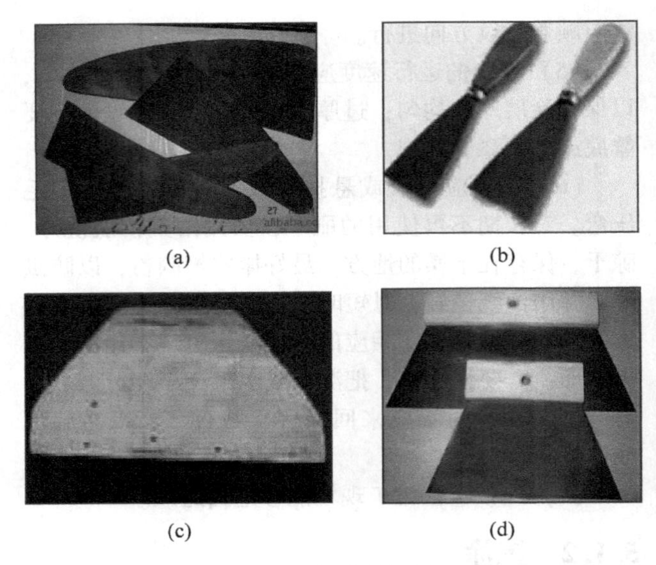

(a) (b) (c) (d)

图5-6 常用刮涂工具

（a）牛角刮刀 （b）铲刀 （c）橡皮刮刀 （d）钢板刮刀

木材表面的钉眼、虫眼、缝隙等处。有时也用它剔除线角等处残留的腻子、填孔材料和积漆等。

铲刀也称灰刀、腻子刀，由钢板镶在木柄内构成，用于刮涂小件家具或大表面产品。

牛角刮刀又称牛角翘，由牛角或羊角制成，其特点是韧性好，刮腻子时不会在木材表面留下刮痕。选用牛角刮刀时，以有一定透明度、纹理清晰、刮刀面平整、刀口平齐、上厚下薄的为好。

橡皮刮刀是用耐油、耐溶剂性能好、胶质细、含胶量大的橡皮夹在较硬的木柄内制成。多为操作者自制。

钢板刮刀是用弹性好的薄钢板镶嵌在木柄内制成，其刀口圆钝，常用于刮涂腻子。

刮涂操作主要有两种，即局部嵌补与全面满刮。前者是在木材表面缺陷处（如虫眼、钉眼、裂缝等）用腻子补平，后者则是用填孔着色剂或填平漆全面刮涂在整个制品表面上。

局部嵌补目的是将木材表面上的局部缺陷补平。嵌补时，腻子不可用得过多，嵌补部位周围尽量不要有多余的腻子，不应将嵌补面积扩大。考虑到腻子干燥后的收缩，可以将缺陷部位补得略高于周围表面。

全面满刮是刮涂整个木器制品表面，虽然如此，透明涂饰工艺中粗孔材表面的填孔工序和不透明涂饰工艺对木材表面进行底层全面填平工序的目的和要求是各不相同的。前者是用填孔剂填满木材表面被割切的管孔，表面上不容许浮有多余的填孔剂，而后者则要求在整个表面涂上一层薄的填平漆。

5.1.3.2 刮涂操作步骤

刮涂操作过程分以下三步：

(1) 将涂料在工件上以适当的宽度刮涂几次。

(2) 将刮上的涂料顺着一定方向强力挤压，使其厚度均匀一致，以消除刮涂的不均匀。

(3) 修饰表面，将刮刀稍微放平，稍用力挤压，将涂料表面抹平，以消除接缝。

例如在木材表面刮涂腻子时，先将腻子取放到刮刀刃口处，让刮刀与制品表面成35°~45°角，顺木纹方向往返刮涂，不得出现刮棱，平刮完毕后，再用刮刀将涂料清除干净。

5.1.3.3 刮涂操作要点及注意事项

刮涂要求有一定的操作技巧，应注意以下事项：

(1) 用稀释剂调节好涂饰材料黏度，不能太稠，也不能太稀，并充分调和，在刮刀刃口上沾上少许腻子，一边挤压一边刮涂。

(2) 刮刀与被涂面的角度最初约保持45°，随着刮涂的不断移动，逐渐倾斜，最后约为15°，此时腻子已基本上刮平。

(3) 刮涂时，刮刀尖端用力处应均匀，不要左右用力不均，否则会产生接缝式条纹。

(4) 取料一次不宜太多，保持清洁，减少浪费。

(5) 在高低不平的制品表面刮涂时，要以被涂物高处为准刮平整。

5.1.3.4 刮涂的特点

(1) 涂层平整光滑，填充效率高，填充效果好。

(2) 刮涂分为满刮和局部刮两种，满刮效率高，但是技术要求也较高，须具有相当熟练技术水平才可操作。

(3) 刮涂与刷涂相比，从操作难易程度、作业效率和操作效果等多方面看，都没有明显的优势，甚至缺点更大些；但刮涂产生的剪力和向下的压力是刷涂远不及的，它可以将高黏度物质摊开，并压入木材表面的凹陷中，为此刮涂常被用于涂布腻子、填孔剂、底漆等黏稠物。

5.2 空气喷涂

利用压缩空气和喷枪将涂料雾化均匀地喷涂到制品表面上，形成连续完整涂膜的涂饰方法称为空气喷涂，也称气压喷涂。

5.2.1 空气喷涂原理与特点

采用空气喷涂时，将压缩空气机产生的压缩空气通过软管送入喷枪，当压缩空气以很高的速度从喷枪的喷嘴喷射出来时，会在喷嘴周围产生真空，从而将

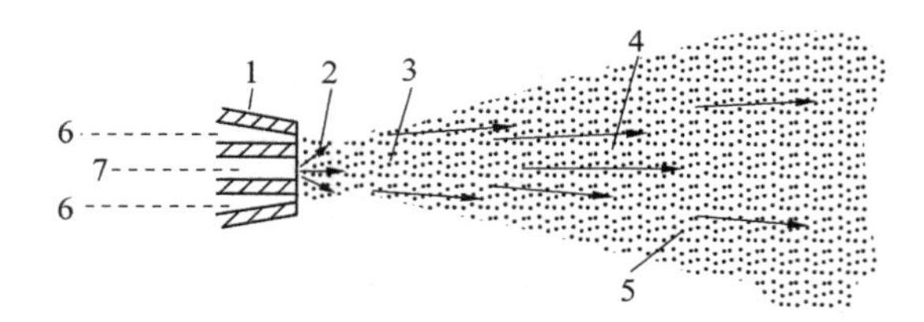

图5-7 空气喷涂形成涂料射流示意图

1. 喷头（空气喷嘴与涂料喷嘴） 2. 负压区 3. 剩余压力区 4. 喷涂区 5. 雾化区 6. 压缩空气 7. 涂料

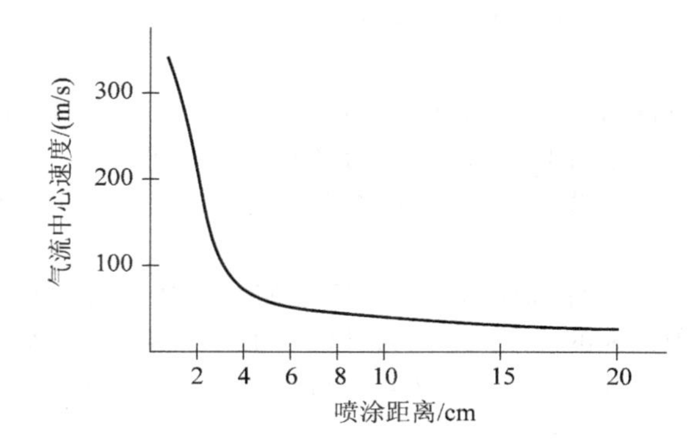

图5-8 空气喷涂气流中心速度与喷涂距离关系

涂料从储罐中（吸入式喷枪）抽吸出来，这些涂料在气流的作用下被吹散形成很细的雾状漆液，并被喷到制品表面上，在表面张力作用下融合，形成涂层。

喷射气流的流动特性如图5-7所示，压缩空气以极高的速度（可达450m/s）从很细的喷嘴中喷出，在相当短的距离内，高速气流产生剪切层，涂料在切应力的作用下不断分裂而雾化。压缩空气形成的剪切层不稳定地急速膨胀，形成涡流，涡流卷吸周围的空气，使气流体积沿流动方向不断变大，前进速度越来越慢，在距离喷嘴20cm左右时，速度可降到40m/s左右，而且气流边缘由于摩擦阻力的原因，速度下降更快。空气喷涂气流中心速度与喷涂距离关系如图5-8所示。

雾状漆液由压缩空气携带向前运动，这个运动过程非常不稳定。喷射气流边缘的涡流会导致处于气流边缘的液滴改变运动轨迹，不再飞向工件，而是飞向其他方向；另外一些处于喷射气流边缘没有被涡流卷吸走的液滴，有一部分会因速度明显下降而在中途沉降，落到地面。

喷射气流喷到工件表面后，气流会明显改变方向，这些改变方向的气流会裹挟走部分液滴，此现象称为“反弹”，反弹也会造成部分涂料的损失，而且不可避免。直射反弹回来的气流与后面的前进气流相遇，气流速度迅速下降，液滴速度也会明显降低，因此导致涂料液滴沉降。

由此可见，空气喷涂时，携带液滴的气流会出现涡流减速、涡流飞溅、反弹减速、反弹飞溅的现象，

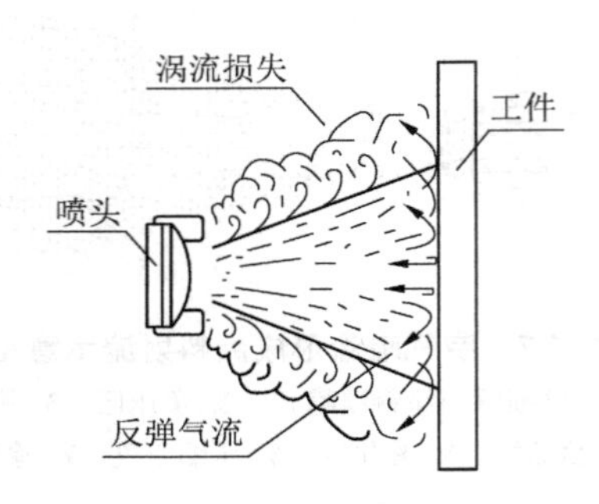

图 5-9 空气喷涂雾化损失示意图

导致涂料损失，这种损失是由空气喷涂工作原理所至，是不可避免的，称为雾化损失。见图 5-9。

空气喷涂方法优点突出，主要表现在以下几方面：

（1）涂饰质量好：由于压缩空气从喷枪的喷嘴喷射出来的速度高，则液体涂料被分散雾化成很细的微粒，喷到制品表面上可形成细致均匀、平整光滑的漆膜。

（2）适应性强：可以喷涂各种形状的家具成品或零部件，均能获得良好的涂饰质量。尤其喷涂大平表面制品，更显得快速、高效、质量好。

（3）适用范围广：油性漆、挥发型漆、聚合型漆、清漆、色漆以及染料溶液等都可以实施喷涂作业，但喷涂时应根据不同漆种调整涂料黏度，一般要求涂料黏度较低。

（4）生产效率高：空气喷涂时单位时间的喷涂量较大，可组成连续生产流水作业，平面产品喷涂清漆可达到 150 ~ 200m^2/h。

（5）设备简单：喷涂设备装置简单，投资少，运行与维修费用低，技术要求低，容易掌握。

由于上述优点，即使在机械化自动化涂饰方法不断发展的今天，空气喷涂以对各种涂料、各种被涂饰的制品和零部件都能适应的特点，成为机械涂饰方法中适应性最强、应用最广的一种方法。自动空气喷涂、机械手喷涂的成功应用，给空气喷涂带来了广阔的应用空间，是现代木制家具生产最常用的一种涂饰方法。

空气喷涂也有缺点。其一，涂料利用率低，被空气雾化的涂料并没有完全喷到制品表面上，有相当一部分跑到了喷涂周围空气中损失掉了。涂料利用率一般在 50% ~ 60%，喷涂大表面时，涂料利用率高一些，可达 70% ~ 80%；喷涂框架类制品，涂料利用率只有 30% ~ 40%。其二，由于大量漆雾飞散到空气中，对人体有害，环境污染大，如不及时处理，容易引起火灾甚至爆炸，需要有专门的处理装置将其排走。其三，空气喷涂由于涂料雾化很细，一次喷涂漆膜较薄，需经多次喷涂才能达到一定涂层厚度。

5.2.2 空气喷涂设备

空气喷涂所用设备包括空气压缩机、输气管道、软管、油水分离器、喷枪、喷涂柜（室）、供漆罐等，见图 5-10。

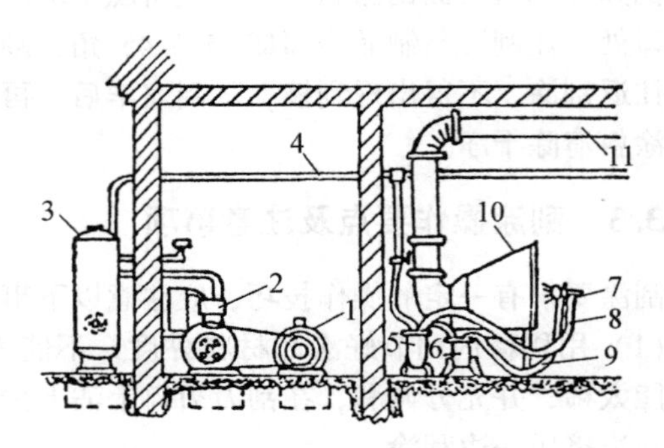

图 5-10 空气喷涂设备示意图

1. 电动机 2. 空气压缩机 3. 储气罐 4. 压缩空气管道 5. 油水分离器 6. 供漆罐 7. 喷枪 8、9. 软管 10. 喷涂柜 11. 排气管

5.2.2.1 喷涂柜

采用空气喷涂时，大量的涂料被吹散到环境中，既污染环境，还存在火灾隐患，影响工人健康；同时，漂浮的涂料颗粒又可能回落到漆膜表面，影响漆膜质量。为此，空气喷涂装置中常配有喷涂柜（或喷涂室）。喷涂柜为封闭或半封闭漆雾处理装置，能够将包括涂料颗粒在内的浮尘排除到车间外或者过滤掉，同时还能防止车间内气流对涂饰的影响。

通常各类喷涂柜的工作原理都是利用流动的空气携带涂料颗粒，然后再由过滤装置将涂料颗粒与空气进行分离。

一般根据是否用水作为主要过滤物质，将喷涂柜分为干式和湿式两类。干式喷涂柜及其构造见图 5-11、图 5-12，其优点是结构简单，通风量和风压均较小，设备投资和运行费用低；由于不使用水，不会产生因水引起的漆膜缺陷，也不需要进行废水处理，不会产生二次污染。其缺点是过滤网容易被堵死，需经常更换，过滤网耗用量大；设备转角、风机、通风管道等处容易堆积涂料颗粒，很难清理，容易引起火灾。这类喷涂柜不适合大批量生产。

湿式喷涂柜利用含水的过滤装置，有效地防止了涂料颗粒再次飞起，也便于集中处理涂料颗粒。由于有水的存在，也大大降低了火灾隐患。生产中应用较多的是水幕式喷涂柜，见图 5-13，飘散在空气中的漆雾直接飞向水幕，涂料颗粒向四周飞散的更少，更容易集中，过滤效果更好。主要缺点是需要大量循环水、含有涂料液滴的混合空气遇到水幕、颗粒等物质

图 5-11 干式喷涂柜

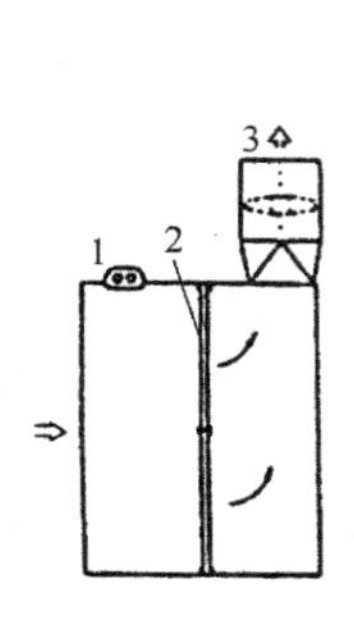

图 5-12 干式喷涂柜构造示意图

1. 日光灯 2. 干式滤器 3. 风机

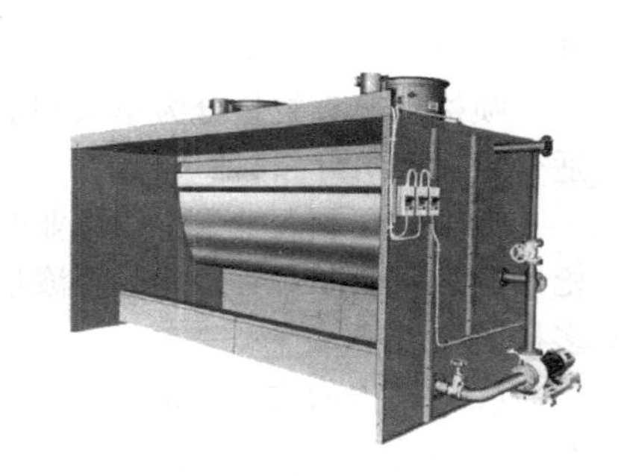

图 5-13 水幕式喷涂柜

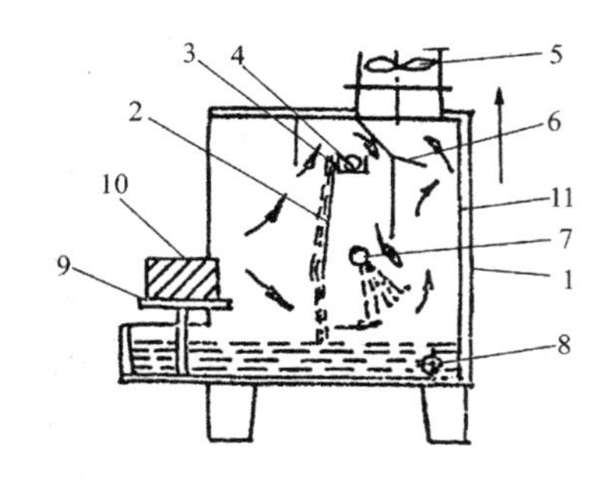

图 5-14 水幕式喷涂柜构造示意图

1. 室体 2. 淌水板 3. 溢流槽 4. 注水管 5. 通风机 6. 气水分离器 7. 喷管 8. 水泵吸口 9. 支架转盘 10. 工件 11. 折流板

图 5-15 空气补偿式喷涂室

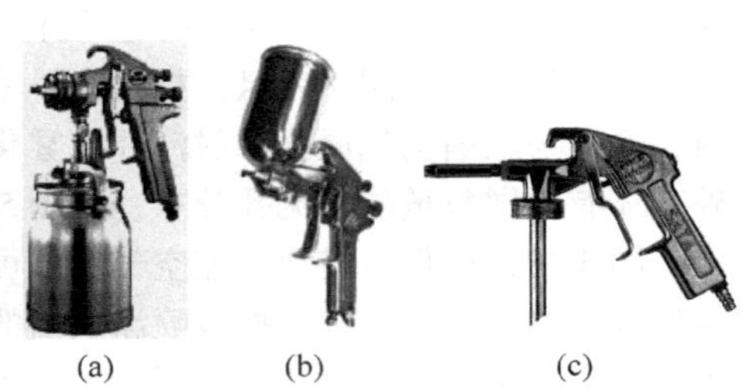

图 5-16 喷枪种类

（a）吸入式 （b）自流式 （c）压送式

形成沉降，由水携带排出，需要对污水进行二次处理。局部有大量水存在，也可能使局部环境的湿度增大，影响到涂饰质量。

图 5-14 为水幕式喷涂柜构造示意图。水从注水管 4 中喷出，落在溢流槽 3 里，待溢流槽水满在淌水板 2 上形成水幕，开动通风机 5 时，喷涂室内的混合气体经过水幕洗去漆雾或溶剂蒸气，再经折流板 11、气水分离器 6 脱除水分，然后排到室外，浮在沉降槽水面上的涂料残渣人工定期清除。槽内污水经过滤后由水泵送往注水管，可循环使用。

上述各类喷涂柜如果呈半敞开形式，仍然会有涂料液滴和溶剂等飞散到周围环境中，另外环境中的其他浮尘也可能影响到喷涂作业。如果将上述喷涂柜完全封闭，仅有排风，会导致喷涂室内出现微弱的负压，导致排风的风量和风速等均达不到要求，除尘作用差。如果此时具有等量的空气补充，可以避免形成负压，这类具有空气补偿形式的喷涂室就称为空气补偿式喷涂室。见图 5-15。

5.2.2.2 喷枪

（1）喷枪的种类：喷枪工作时由压缩空气管路和供漆装置分别供给压缩空气和涂料。根据生产批量、涂饰面积和质量要求不同，需采用相应的供漆方式。按涂料供给方式不同可将喷枪分为吸入式、自流式和压送式。见图 5-16。

吸入式喷枪的涂料罐安装在喷枪的下部，利用压缩空气喷射时在喷头前方产生的负压，将涂料从储罐中吸出与压缩空气混合形成射流。吸入式喷枪的涂料罐容积相对较大，操作稳定，但当涂料罐中涂料很少时，若吸管口露在空气中，涂料就不能正常吸上来，会造成少量涂料浪费。中、小型家具企业使用较多。

自流式喷枪的涂料罐安装在喷枪的上部，压缩空气形成的负压与涂料重力共同作用，保证涂料供给。这种喷枪的涂料储罐通常较小，要频繁加注涂料，会影响生产率。当喷涂用漆量较大时，可将较大容量的涂料罐放置在高处，通过软管向喷枪供给涂料，此时涂料罐的位置必须高于喷枪工作时举起的最大高度。

压送式喷枪的枪体上没有安装涂料罐，涂料另装在一个具有较大容量的涂料罐里，并有压缩空气经过减压装置通入涂料罐内（表压约 0.06MPa），涂料在空气压力作用下，经过软管输送到喷枪。这种供漆方式适用于大批量生产，或是向几个同时喷涂的喷枪供给涂料。这种涂料罐是密闭的，罐内所装涂料总是处于一定的气压之下，因而可减少溶剂蒸发而引起的损耗，也有利于安全防火。

喷枪按喷头数量分为单头和双头两种，双头喷枪适合喷涂双组分涂料。

在现代企业大批量生产作业时，可采用泵浦向喷枪供漆。泵浦形式有多种，供漆量也不同，可同时向多把喷枪供漆。

（2）喷枪的构造与使用：喷枪由枪体、枪头和调节装置构成。枪头包括涂料喷嘴、针阀、空气帽；调节装置包括空气量调节装置、涂料喷出量调节装置、喷涂漆形调节装置。喷枪构造及实物对照见图5-17。

使用喷枪时扣动扳机10，空气阀9打开，气路接通，压缩空气经喷枪内通道进入喷头并从环形空气喷嘴喷出，在喷头前方形成一个空气稀薄的负压区；继续按压扳机，针阀3后退，打开涂料喷嘴，喷出涂料，涂料与压缩空气混合成射流并被雾化。喷枪喷头外部还有不同数量的可见孔分布，见图5-18。喷头构造见图5-19，操作时接通压缩空气，就可在射流出口处形成辅助气流，用以根据被喷涂表面的形状和面积大小，来控制喷出的射流断面形状。喷嘴旋组4上的气孔用于调节漆雾幅度的大小，喷头辅助气孔3能够调节中心空气环孔2和喷嘴旋组气孔1的喷流，使其实现良好平衡、冲击、合流，促进涂料微粒化，并且整理漆雾形状。各部分作用不同，应保证其良好、畅通。

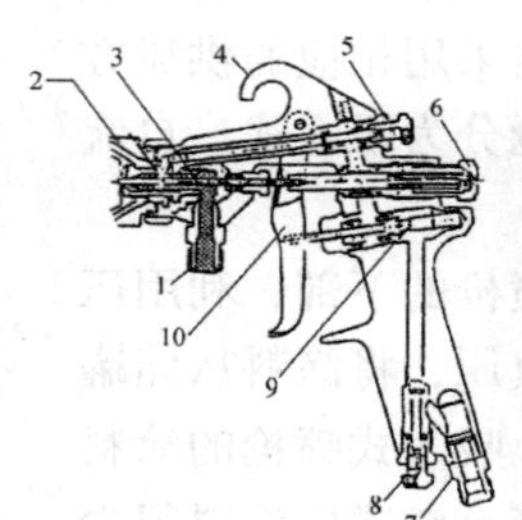

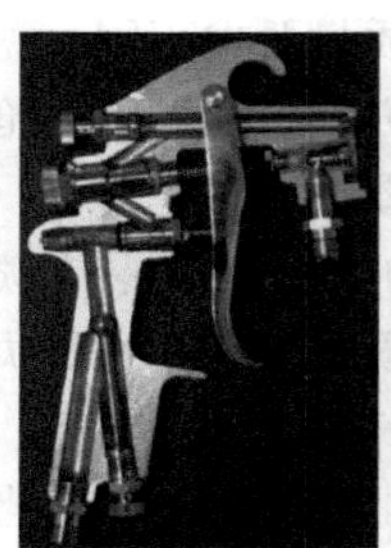

图5-17 喷枪构造及实物对照图

1. 涂料供给接口 2. 喷嘴旋组 3. 针阀 4. 枪体 5. 空气控制旋组 6. 涂料控制旋组 7. 压缩空气接口 8. 空气调节旋组 9. 空气阀 10. 扳机

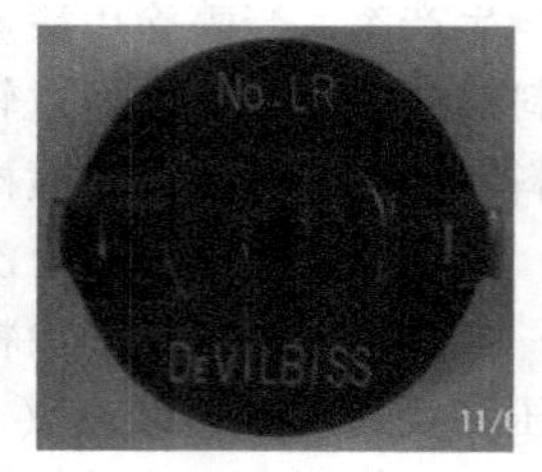

图5-18 喷头外部可见孔分布

涂料的喷出量，一般可以由顶针伸出的程度来控制，而顶针伸出的程度又可以用限位螺钉来调整。要想显著地改变涂料的喷出量，则需要更换不同口径的喷嘴。利用喷头上的辅助空气通道及喷嘴的不同位置，可调得各种不同漆雾形状。空气喷涂射流断面形状示意图，见图5-20。

（3）喷枪的调整：喷枪的调整主要是指出气量和出漆量的调整。二者互相关联。出气量太小，不易使漆液雾化，反而成滴状洒落，会使涂膜不平整。出漆量的大小与出气量的大小相对应，因此在喷涂之前要调整好出气量和相应的出漆量，使漆液雾化好，均匀地喷涂于物面上。调整喷枪一要听，即听气流声音，知道气流大小；二要看，即看喷枪口漆液的雾化程度和扇形面积的大小。

（4）喷枪的选择：喷枪的选择应注意，底漆在涂层中主要起填平补缺、增加涂层厚度的作用，因此底漆的粒度较大，黏度较大，比重较大，强调出漆量要大，所以喷涂底漆的喷枪应该选用大口径的喷嘴，下边贮漆罐也要大一些。喷涂面漆时，在雾化程度方面要求高，故常选用口径较小而雾化好的喷枪。常用喷枪的喷嘴有不同口径，有 $\phi0.6$mm、$\phi0.8$mm、$\phi1.0$mm、$\phi1.2$mm、$\phi1.3$mm、$\phi1.5$mm、$\phi1.8$mm、$\phi2.0$mm、$\phi2.2$mm、$\phi2.5$mm 等各种型号的，可根据所喷涂的涂料及喷涂的物件大小来选择。例如口径 $\phi2.0\sim2.5$mm 的喷枪，常用来喷涂粒度较粗、黏度较大的底漆或大面积喷涂；口径 $\phi1.5\sim1.8$mm 的喷枪，主要用来喷涂面漆；口径 $\phi0.6\sim1.3$mm 的喷枪，主要用于喷涂小型零部件、工艺品或修补漆膜用。

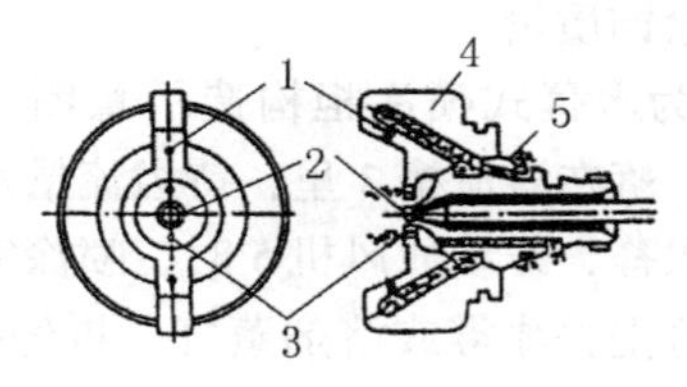

图5-19 喷头构造示意图

1. 喷嘴旋组气孔 2. 中心空气环孔 3. 喷头辅助气孔 4. 喷嘴旋组 5. 涂料喷嘴

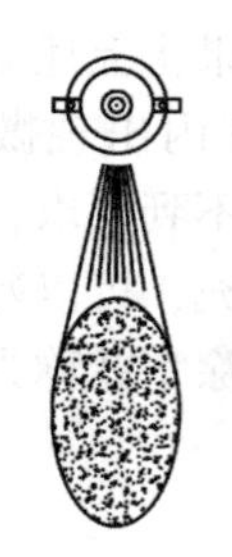
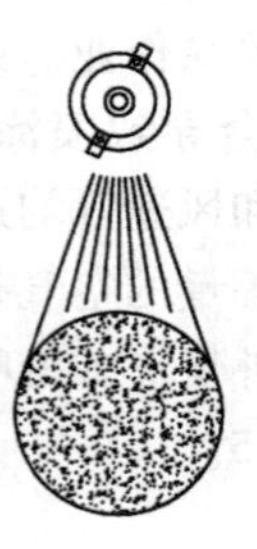
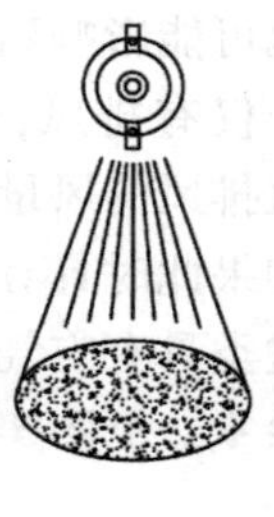

图5-20 空气喷涂射流断面形状示意图

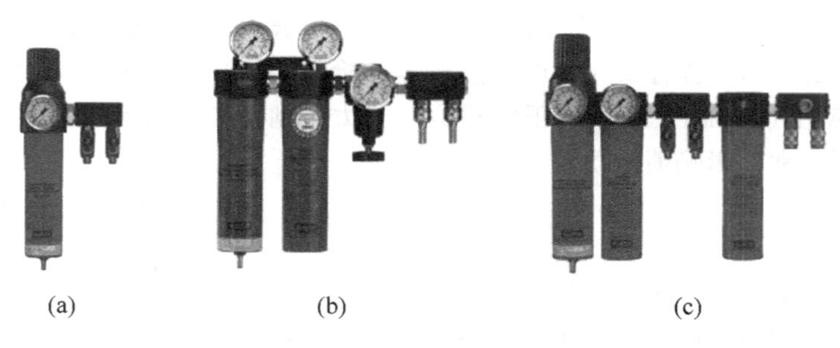

图5-21 油水分离器

（a）单节油水分离器 （b）双节油水分离器 （c）三节油水分离

5.2.2.3 压缩空气供给和净化系统

（1）空气压缩机：根据喷涂所需的空气压力和风量选用空气压缩机。用于喷涂的空气压力通常为0.6MPa，风量则按使用的喷枪数目及其空气耗用量来确定。空气压缩机常与贮气罐相连在一起，贮气罐是一个容积比较大（一般为1～2m^3）的密闭空气罐，作用是保证连续不断地供给压缩空气，并保持空气压力稳定。大型企业则由压缩空气站通过管路系统将压缩空气输送到车间供喷漆用。

（2）油水分离器：油水分离器的作用在于滤去混入压缩空气中的凝结水和油污，防止引起漆膜泛白、气泡、针孔等缺陷，保证涂饰质量。油水分离器是一个密闭的圆筒，见图5-21，筒内放置多层毛毡，毛毡下装满焦炭；筒底有一个排污阀门，用于定期排放分离出来的油和水；筒顶的顶盖上装有安全阀和减压器，已滤净的压缩空气通过减压器调压后分别输送给喷枪和涂料罐。

5.2.3 空气喷涂工艺条件

空气喷涂法的优点是，它能用于涂饰任何形状和各种表面轮廓的零部件或制品；与手工涂饰相比，漆膜质量好，生产率效率高。其最大缺点就是涂料损失很大，包括雾化损失、涂料射流落到被涂饰表面以外以及从被涂饰表面反弹而造成的损失。因此，为保证喷涂质量，尽可能减少涂料损失，就必须针对涂料特点（工作黏度、干燥速度等）、喷枪的性能（喷孔直径、涂料及空气喷出量，涂料射流的形状及宽度等）、喷涂设备和操作技术的情况制定出正确的操作工艺规程，并严格付诸实施。对喷涂质量和效果有较大影响的因素如下：

5.2.3.1 涂料黏度

在常温条件下进行气压喷涂，要求涂料的工作黏度比手工刷涂时低些，通常在15～30s（涂－4）范围内。黏度高就需要压缩空气有较高的压力。工作黏度过高，常使涂料分散不好，若射流中的涂料微粒很粗，就会导致涂层表面粗糙，甚至射流时断时续，出现大颗粒漆滴。反之，工作黏度过低时，涂层容易产生流挂，涂料的固体分含量低，涂层太薄，需要多次反复喷涂，才能达到预定的厚度。根据试验统计，适合于气压喷涂的涂料工作黏度为：硝基漆16～18s，氨基漆18～25s，醇酸漆25～30s，双组分聚氨酯漆13～22s（均为涂－4）。在保证涂饰质量的前提下，涂料的工作黏度应尽可能高些，以减少喷涂时的涂料雾化损失。

不同的气候、不同的施工温度条件下，空气喷涂施工黏度调节应有所变化：夏季室温在35℃以上时，溶剂容易挥发，漆液的黏度应低一些，以14～18s为宜，否则漆膜的流平性差；冬季室温在17℃左右时，漆膜中溶剂挥发慢，漆液的黏度可以控制在18～25s范围内，否则容易产生流挂。

5.2.3.2 空气压力

喷涂所用空气压力应当与涂料的工作黏度相适应，以保证涂料均匀而充分地分散雾化。一般来说喷涂的涂料黏度高，空气压力要大些，否则将导致涂料雾化不均，漆膜表面粗糙，甚至形成“橘皮”。反之，涂料黏度低，空气压力不应过高，否则会造成强烈雾化，喷涂时易产生流挂，并加大涂料雾化损失。

空气喷涂时的压缩空气压力一般为0.4～0.6MPa，底漆可低些，调整到0.3～0.5MPa，面漆可高些，调整为0.5～0.7MPa。此外，要保证喷涂施工时压缩空气压力不能有波动，必须控制在一定的范围内。

当喷涂气压低于0.2MPa时，则漆液雾化不充分，漆膜不均匀，喷涂质量不好，容易产生喷涂不均、花色等缺陷；当喷涂气压过高时，漆液雾化好，但涂料漆雾速度过快，漆料损耗加大，易产生流挂，且高压气流喷到未固化的漆膜上，容易产生凹坑和细小的气泡等漆膜缺陷。

导入供漆罐中的空气压力，也应根据涂料品种和黏度以及输漆软管的长度来适当地调节。对于低黏度涂料，输漆软管长度为2～3m时，供漆罐内的空气压力常保持在0.12～0.13MPa。含有重颜料的黏度较大的涂料，空气压力应在0.15MPa以上。压力过大或过小，都将使供漆不正常，影响喷涂质量。

5.2.3.3 喷涂距离

气压喷涂时，要针对被涂饰表面的形状、尺寸，涂料的工作黏度和喷枪的型号，确定最适当的喷涂距离。为保证涂层厚度均匀、流平性好，无流挂、起皱、橘皮等缺陷，喷涂时正确地保持喷枪与被涂饰表面之间的垂直距离，至关重要。

喷涂距离是指喷枪的喷嘴到被喷涂工件表面的垂直距离。如果喷涂距离过大，特别是在喷涂快干涂料时，涂料微粒在尚未达到被涂饰表面之前，就会因溶剂迅速挥发而变成半干状态，导致涂层黏度增大，流平性差，甚至引起“粒子”和“橘皮”等漆膜缺陷，在这种情况下，漆雾损失也随之增大，一次喷涂的涂层很薄，喷涂效率低，形成的漆膜也缺少光泽。涂料工作黏度越低，这种现象越严重。当喷涂距离过小时，容易引起涂层流挂、起皱等缺陷，反弹现象严重，涂层厚度极不均匀，喷涂色漆非常容易出现颜色不均，漆膜质量差。喷涂距离过近、过远对喷涂质量的影响，见图5-22。一般大口径（ϕ1.8～2.0mm）喷枪喷涂距离为20～30cm，小口径（ϕ1.3～1.5mm）喷枪喷涂距离为15～25cm。具体喷涂距离应根据具体产品形状、尺寸、涂料黏度、喷枪的类型以及操作工人的技术水平和熟练程度而定。

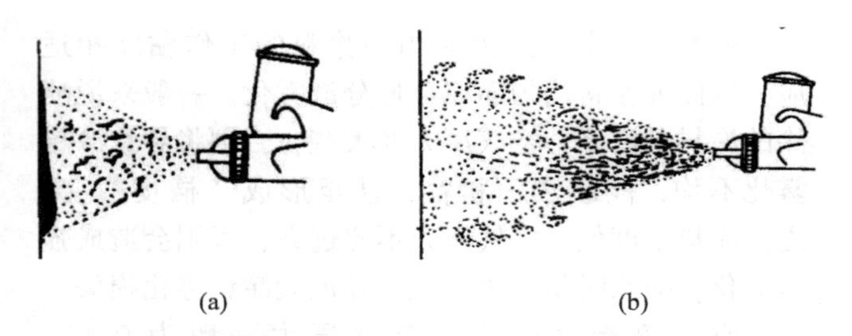

图5-22 喷涂距离过近、过远对喷涂质量的影响

（a）喷涂距离过近时的影响 （b）喷涂距离过远时的影响

5.2.3.4 运枪方式

除了喷涂距离以外，为保证涂层厚度均匀，还须注意喷枪与被涂饰表面的相对位置、持枪移动的速度以及相邻两涂饰带的正确搭接。从图5-23“喷涂角度对喷涂质量的影响”可以看出，当喷枪头倾斜时，涂层断面厚度即出现明显的不均匀，唯有当喷枪与被涂饰表面互相垂直时，涂饰带断面两边缘厚度才逐渐减小，而中部的厚度基本上是一致的，因此要求枪嘴与被喷涂表面之间的角度为75°～90°。为使喷枪相对于被涂饰表面始终保持正确的相对位置，喷涂时喷枪就必须平行于被涂饰表面移动，移动速度要适当，太慢则容易出现流挂，太快又会涂饰量不足。

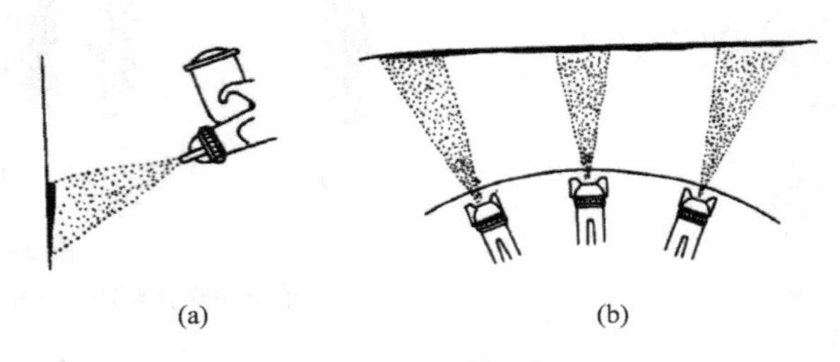

图5-23 喷涂角度对喷涂质量的影响

（a）喷枪倾斜涂层断面明显不均

（b）喷涂过程可能出现的角度变化

在整个喷涂过程中，喷涂距离和喷枪移动速度都应尽可能保持固定不变，喷枪的移动速度一般为30～60cm/s。连续平移喷枪得到的涂料痕迹称漆痕，先后相邻的两条纵向漆痕应有漆痕宽1/4～1/3的搭接；在喷涂距离与运枪速度等固定的条件下，每次喷涂搭接宽度都应固定不变，否则涂膜不均，可能产生条纹和斑痕。见图5-24。

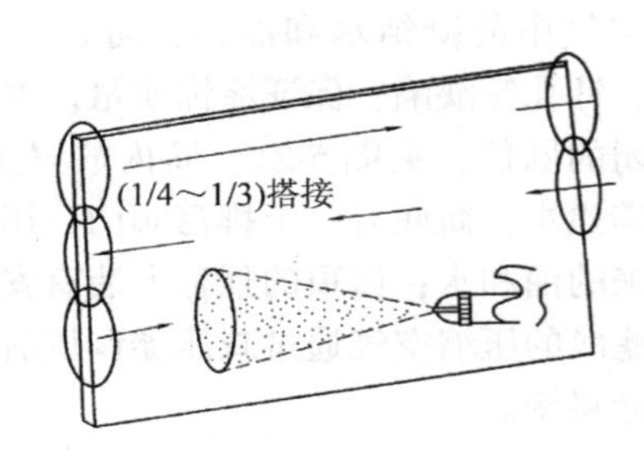

图5-24 喷涂搭接示意图

为获得均匀的涂层，在一个表面上喷涂第二遍时，应与前一遍喷涂的涂层纵横交叉，即一横一竖交替喷涂，使涂饰漆痕相互交叉，保证涂层厚度尽可能均匀一致。纵横一次称为“一道”或“一度”，加一次为“半度”。生产实践中，常用“度”来衡量漆膜的厚度。

5.2.3.5 风速

在喷涂施工时，喷涂室内风速必须加以控制，以0.3～0.8m/s风速为宜，空气的流动方向应从上向下流动，即新鲜洁净气流流过施工区域后随同漆雾一起由底部抽走。如果空气流速过高，则漆雾在工件上的附着量减少，漆液损耗加大，风速高也加快漆膜中溶剂的挥发，使漆膜流平性差，容易产生橘皮等涂饰缺陷；空气流速太小，则起不到通风换气的作用，影响溶剂挥发，造成环境污染。

表 5-1　空气喷涂常见缺陷与消除措施

缺　陷	产生原因	消除措施
橘皮	空气压力不够或涂料黏度过高	调高到必要的压力，加入溶剂降低涂料黏度
涂层厚度不均	喷涂距离太小	加大喷涂距离
表面粗糙，无光泽，有小气泡	喷涂距离太大	调整喷涂距离
表面有气泡和斑点	压缩空气中混入油、水	排放油水分离器中的污水
漆面模糊、泛白	车间温度低且湿度高，压缩空气湿度大，木材的含水率高，底漆或填孔剂不配套	调整空气状态使之过滤，干燥降低木材含水率，改用配套材料
漆膜脱落	面漆与底漆附着不好，木材含水率过高，底层干燥不够	改用配套材料，降低木材含水率，使底层充分干燥

5.2.4　空气喷涂常见缺陷与消除措施

空气喷涂常见缺陷与消除措施，见表5-1。

5.2.5　热喷涂

受技术的限制，常温情况下空气喷涂的涂料施工黏度不能高，涂料的固含量比较低，环境污染大，工作效率低。温度对施工黏度影响比较大，所以预先将涂料加热再喷涂，可以有效地改善所存在的问题。

如图5-25所示，采用连续循环加热装置，预先将涂料加热到70℃左右再进行喷涂。加热喷涂时，涂料从贮漆罐1中由齿轮泵2抽出，流入蛇形管4的过程中被加热器3加热，经过输漆管9进入喷枪8，剩余的涂料可以沿回漆软管10返回继续被加热使用。

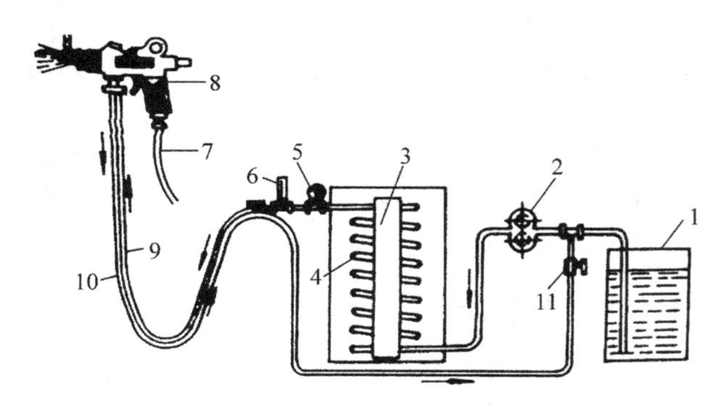

图5-25　涂料连续循环加热装置

1. 贮漆罐　2. 齿轮泵　3. 加热器　4. 蛇形管　5. 压力计　6. 温度计　7. 供气软管　8. 喷枪　9. 输漆管　10. 回漆软管　11. 调节阀

涂料加热后，可以明显地降低黏度，以适合喷涂作业。热喷涂与空气喷涂相比有如下一些优点：

（1）节省稀释剂（一般可节省2/3），也有利于减少喷涂时漆雾对环境的污染。

（2）涂料的固含量较高，为达到一定厚度漆膜所需的涂饰次数相应减少，提高了涂饰效率。

（3）加热后的涂料流平性增高，有利于改善漆膜质量。

（4）挥发性涂料用热喷涂法涂饰，即使在空气湿度较大的条件下，也不易产生漆膜泛白等缺陷。

（5）漆膜丰满，不易产生流挂等施工弊病。

加热喷涂要附带加热装置，使设备装置复杂。为减少涂料在加热过程中溶剂挥发过多，要求涂料使用中、高沸点的溶剂，一般这类溶剂价格较高，会增加产品成本，而且含有中、高沸点溶剂的涂料，涂层固化时间也较长。该法减少溶剂用量可降低成本，而应用价格高的溶剂又会增加成本，再加上整个装置复杂，所以综合成本有可能高些。热喷涂法要求工人的技术水平较高，操作比较复杂，所以在国内的应用并不普遍。

并非所有涂料都能用加热法喷涂。此法主要适用于溶剂型涂料，例如硝基漆、水溶性漆、乙烯类涂料和醇酸涂料等。凡用热喷涂法的涂料，其配方应与常温下喷涂的同名涂料有所不同。热固性涂料会因加热促进化学反应而过早地凝胶化，所以不宜采用热喷涂法。常温与加热喷涂硝基漆的性能比较见表5-2。

表 5-2　常温与加热喷涂硝基漆的性能比较

比较项目	常温喷涂	加热喷涂
原漆的固含量/%	25～30	40～45
涂料与稀释剂之比	1∶1	1∶(0～0.2)
稀释后的固含量/%	12.5～15	30～45
常温下的涂料黏度/s（涂-4）	20～25	80～105
喷涂时的涂料温度/℃	常温	70～75
表干时间/min	5～10	15～20
实干时间/min	60～80	120～180
一次喷涂的漆膜厚度/μm	10～12	30～40
漆膜光泽	较高	很高

5.3　无气喷涂

无气喷涂也称高压无气喷涂，是利用高压泵将涂料加压从喷嘴高速喷出，进入大气，立即剧烈膨胀，分散成极细的微粒被喷到工件表面上。

5.3.1　无气喷涂原理与设备

高压无气喷涂是利用高压泵在密闭容器内对涂料加压至10～20MPa，涂料在高压作用下由喷枪喷嘴喷出时形成了高速液体流（离开喷嘴时速度为100m/s左右），在喷嘴附近高速液体流与周围空气形成强烈的冲击，随着冲击空气和高压的急速下降，涂料内溶剂急剧挥发，体积骤然膨胀，涂料被分散雾化成很细的微粒，喷到制品表面，形成涂层。由于此方法中涂料的雾化不需要压缩空气，故称无气喷涂。雾化后漆雾中液滴前进的动力来源于涂料自身压力，之后在惯性力的作用下前进，其前进的轨迹中途不会改变，因此不存在雾化损失。

无气喷涂涂料压力较大，设备装置比空气喷涂复杂。无气喷涂设备（图5-26）包括高压泵、蓄压器、过滤器、高压输漆软管和喷枪等，设备工作原理见图5-27。

5.3.1.1　高压泵

高压泵常用电动隔膜泵或气动活塞泵。电动隔膜泵是电动机驱动的，由液压泵和涂料泵两部分组成。电动机通过联轴器带动一偏心轴，高速旋转，偏心轴上的连杆就驱动柱塞在油缸内作直线往复运动，将油

图5-26　无气喷涂设备

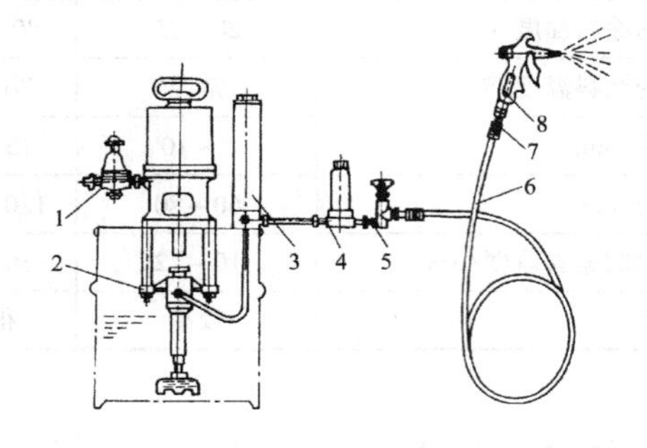

图5-27　无气喷涂设备工作原理示意图
1. 调压阀　2. 高压泵　3. 蓄压器　4. 过滤器
5. 截止阀　6. 高压软管　7. 旋转接头　8. 无气喷枪

箱中的液压油吸上并使它变为脉动高压油，推动一个高强度隔膜，隔膜的另一面接触涂料。隔膜向下时为吸入冲程，打开吸入阀可将涂料吸进涂料泵；隔膜向上时为压力冲程，此时吸入阀关闭，输出阀打开，并以高压力将涂料经软管输送至喷枪。压力可在0～25MPa范围内任意调节，而且压力稳定，不会过载。机件不承受冲击载荷，工作可靠。

气动活塞泵实际上是一个双作用式的气动液压泵。它的上部是气缸，内有空气换向机构，使活塞作上下运动，从而带动下部柱塞缸内的柱塞作上下往复运动，使涂料排出或吸入。因为活塞面积比柱塞有效面积大而实现增压。这种有效面积之比根据所需的涂料出口压力来确定，通常为（20～35）：1，即进入气缸的压缩空气压力为0.1MPa时，高压柱塞缸内的涂料压力可达到2～3.5MPa，如果所用压缩空气压力为0.5MPa，涂料就可以增压到10～17.5MPa的高压。

5.3.1.2　蓄压器

蓄压器是一个简单的圆柱形压力容器，上下各有一个封头，涂料从底部进入，在涂料进口处装有一个滚珠单向阀。蓄压器能减少喷涂时的压力波动，用于稳定涂料压力，以保证喷涂质量。

5.3.1.3　过滤器

无气喷枪的喷嘴孔很小，涂料稍有不净，就很容易使喷嘴堵塞。因此，必须对涂料严格过滤，才能保证喷涂工作正常进行。无气喷涂设备共有三个形式不同的过滤器：其一是装在涂料吸入口的盘形过滤器，用以除去涂料中的杂质和污物；其二是装在蓄压器与截止阀之间的，用于滤清上次喷涂后虽经清洗但仍残留在柱塞缸及蓄压器内结块的残余涂料；其三是装在无气喷枪接头处的小型管状过滤器，用于防止高压软管内有杂物混入喷枪。

5.3.1.4　高压输漆软管

高压输漆软管用于将高压泵输出的高压涂料送至喷枪。它能耐20MPa的高压，耐油、苯、酮、酯类强溶剂的腐蚀，还轻便、柔软，便于操作。通常用尼龙或聚四氟乙烯制成，外面包覆不锈钢丝网，见图5-28。

图5-28　高压输漆软管实物举例

5.3.1.5　无气喷枪

无气喷枪由枪身、喷嘴、过滤网、接头等组成，见图 5-29。与空气喷涂所用喷枪不同，无气喷枪内部只有涂料通道，不输送空气，而且要求密封性强，不泄漏高压涂料，扳机要开闭灵活，能瞬时实现涂料的切断或喷出。

图 5-29　无气喷枪

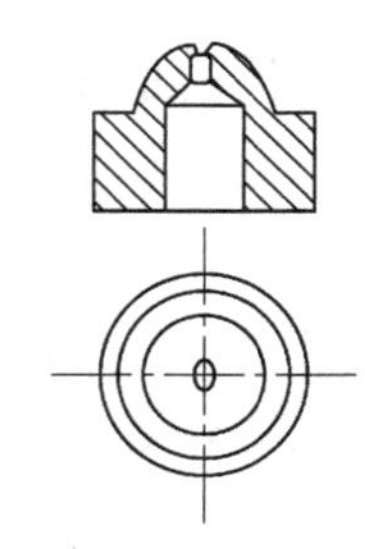

图 5-30　无气喷枪喷嘴

喷嘴是无气喷枪的重要零件，见图 5-30，种类也较多。喷嘴孔的形状、大小及表面光洁度对涂料分散程度、喷出涂料量及喷涂质量都有直接影响。喷嘴因高压涂料喷射而易于磨损，常用硬质合金制成，已磨损的喷嘴喷出涂料射流不均匀，易形成流挂、露底等缺陷。无气喷枪喷嘴口径与适用涂料特性见表 5-3。

表 5-3　无气喷枪喷嘴口径与适用涂料特性

喷嘴口径/mm	适用的涂料特性	实　例
0.17 ~ 0.25	非常稀薄的	溶剂、水
0.27 ~ 0.33	稀薄的	硝基清漆
0.33 ~ 0.45	中等稠度	底漆、油性清漆
0.37 ~ 0.77	黏稠的	油性色漆、乳胶漆
0.65 ~ 1.8	非常黏稠的	浆状涂料

用于加热喷涂的高压无气喷涂设备，高压泵的压缩比率较低，约为 1 : 9，由此产生的涂料压力为 2 ~ 5MPa。加热到 65 ~ 100℃ 的涂料，不仅黏度明显降低，而且其中的部分溶剂因处于高压状态而达到沸点，蒸气压增高。当涂料从喷嘴喷出时，其中的溶剂立即转化为气态，其膨胀率可达 1 : 1500，极有利于涂料高度微粒化。

专用于不饱和聚酯涂料的高压无气喷涂装备，由高压泵驱动两只注塞泵，分别对含有引发剂和含有促进剂的涂料进行定量加压，并在调混器内按准确的比例混合，然后输送至喷枪喷出，当喷涂操作结束时，由另一泵将稀释剂送入调混器内清洗。这样就有效地解决了混合后的聚酯漆因为活性期短而造成浪费的问题。

5.3.2　无气喷涂工艺条件

无气喷涂的工艺因素与空气喷涂基本相同，但因无气喷涂工作原理不同于空气喷涂，所以具体工艺条件也有一些差别。

（1）涂料黏度：应与涂料压力相适应，黏度低则使用较低的涂料压力，反之，则使用高的涂料压力。如果涂料施工黏度过高时，可以考虑向涂料中加入配套的稀释剂或将涂料加热，不应单靠提高压力达到雾化。加热涂料比较复杂，故常采用稀释剂调整。如果压力过低喷涂出的漆形就不正常，压力过高又会出现涂料流淌或流挂。尤其是冬季施工，环境温度较低时，由于涂料流量较大，对无气喷涂的影响很大。部分涂料黏度与压力之间的关系见表 5-4。

表 5-4　无气喷涂时部分涂料黏度与压力之间的关系

涂料种类	涂料黏度/s（涂 -4）	涂料压力/MPa
硝基漆	25 ~ 35	8.0 ~ 10.0
挥发性丙烯酸漆	25 ~ 35	8.0 ~ 10.0
醇酸磁漆	30 ~ 40	9.0 ~ 11.0
合成树脂调和漆	40 ~ 50	10.0 ~ 11.0
热固性氨基醇酸漆	25 ~ 35	9.0 ~ 11.0
热固性丙烯酸漆	25 ~ 35	10.0 ~ 12.0
乳胶漆	35 ~ 40	12.0 ~ 13.0
油性底漆	25 ~ 35	12.0 以上

（2）涂料压力：涂料压力、流出喷嘴的速度和流量间的关系直接影响到无气喷涂的雾化效果。一般来讲，涂料压力高，涂料经过固定喷嘴的速度就大，与空气冲击的强度就高，涂料雾化就会更细、更均匀，即雾化效果好。但是，涂料压力与涂料喷涂量成比例，对喷涂漆形影响较大，压力过高会出现流挂等涂饰缺陷，因此，若想提高喷涂量就应更换喷嘴，而不应单纯提高压力。

（3）喷涂距离：比空气喷涂时距离稍远些，一般为 30 ~ 50cm。

（4）喷涂操作：喷枪移动速度决定涂层厚度与均匀性，因此，其选择应根据喷嘴大小、涂料黏度和压力、喷涂距离和喷涂量而定。一般比空气喷涂喷枪移动速度要快些，50 ~ 80cm/s 较为适宜，喷涂角度一般以与工件表面垂直为原则。无气喷涂漆痕各处厚度比较均匀，喷涂搭接的宽度可小些，仅搭接上即可。喷涂室内风速过大会改变漆形，影响喷涂质量，风速一般控制在 0.3m/s 为宜。

使用高压无气喷涂时首先要根据涂料和被涂饰表面的特点选好喷嘴，调整好涂料的黏度，检查并连接好无气喷涂的全部设备，防止喷涂时涂料泄漏。因涂料压力大，喷射速度高，涂料泄漏容易造成人身伤害。涂料从喷枪中高速喷出时，会产生静电并积聚在喷枪等处，因此应使涂料泵良好接地，以保证安全操作，预防火灾和爆炸等危险事故的发生。

5.3.3　无气喷涂特点

高压无气喷涂的优点：

（1）喷涂效率高：此法涂料喷出量大，一支喷枪可喷涂 3.5～5.5m²/min，比空气喷涂效率高。尤其喷涂大面积的制品，如车辆、船舶、桥梁、建筑物等，更显示出高的涂饰效率。

（2）涂料利用率高：与空气喷涂相比，由于没有空气参与雾化，喷雾飞散少，雾化损失小，对环境污染相对减轻。

（3）应用适应性强：被喷涂表面形状不受限制，平表面的板件以及组装好的整体制品或者倾斜的有缝隙的凸凹的表面都能喷涂，甚至拐角与凹处都能喷涂很好，因漆雾中不混杂有空气，涂料易达到这些部位。反跳甚少。

（4）可喷涂高黏度涂料：由于喷涂压力高，即使较高黏度的涂料，如 100s（涂-4）也易于雾化，而且一次喷涂可以获得较厚的涂层。甚至可以喷涂原浆涂料。

高压无气喷涂的缺点：

（1）漆膜表面较粗糙，易产生橘皮。喷涂质量不及空气喷涂。

（2）喷嘴易被堵塞。

（3）每种喷嘴的涂料喷出量和喷雾幅度及喷涂漆形不能自由调节，只能通过更换喷嘴来实现。

无气喷涂与空气喷涂的比较见表 5-5。

5.3.4　无气喷涂常见缺陷与消除措施

无气喷涂常见缺陷及消除措施见表 5-6。

5.3.5　空气辅助无气喷涂

空气辅助无气喷涂又称空气辅助高压无气喷涂，简称 AA 喷涂（air assisted airless pray），是涂料在压力作用下射出喷枪的喷嘴并雾化，然后在喷嘴处吹压缩空气，提高雾化效果。该法工作原理克服了空气喷涂和高压无气喷涂的缺点（前者涂料损耗大，后者质量不理想），并巧妙地将二者相互结合在一起的一种喷涂方法。

空气喷涂的致命缺陷是雾化损失过大，产生雾化损失的根本原因在于涂料液滴前进的动力为高速压缩空气。无气喷涂不存在雾化损失，但涂料雾化效果不理想，如果通过进一步提高压力来提高雾化效果，会提高整个系统的复杂程度和制造成本，技术上和经济上都不合理。所以，将无气喷涂和空气喷涂两者结合起来，整个系统不使用很高的压力，涂料前进的动力来源于该压力，然后主要利用压缩空气辅助改善雾化

表 5-5　无气喷涂与空气喷涂的比较

项　　目	无气喷涂	空气喷涂
喷涂的动力	涂料增压	压缩空气
涂料适用黏度与涂层厚度	可喷涂高黏度涂料，涂层较厚	黏度较低，涂层较薄
涂料喷出量/（ml/s）	最大为 40，一般为 10～15	最大约为 15，一般为 4～7
射流最大宽度/cm	约 100	约 50
漆痕间的搭接	搭接上即可	约占漆痕的 1/4
涂料微粒平均直径/μm	约 150	约 200
涂料损失率/%	约 10	40～50
喷涂距离与喷枪移动速度	可取较大范围	较小
喷涂质量	很好	很高
喷涂室	简易排气即可	必须有

表 5-6　无气喷涂常见缺陷与消除措施

缺　　陷	产生原因	消除措施
橘皮	涂料压力不足，环境温度过低	提高涂料压力，提高环境温度
皱皮	环境温度过低，涂料流速不均	提高环境温度，调整涂料黏度和压力
表面粗糙	喷涂距离太小，环境有浮尘	加大喷涂距离，改良环境
有气泡	涂料雾化不好，流速不均匀	调整涂料黏度和压力
流挂	涂漆量过大	减小涂漆量

效果，既降低了涂料的压力，又获得了比较好的雾化效果，故称空气辅助无气喷涂，其最大特点是涂料损失少，喷涂质量好。

高压无气喷涂的喷枪比较简单，只用输漆软管将高压涂料送入喷枪，经小的喷嘴喷出即可，AA 喷涂则在原喷枪喷头上增加空气孔将少量低压空气（0.1MPa 左右）送入喷枪，经空气孔喷出，帮助雾化，使高压涂料的漆雾变得非常细腻，这样既改善了涂饰质量，又保持了低的涂料损耗。此时涂料压力可降至 5MPa 以下。

空气辅助无气喷涂工艺条件见表 5-7。

表 5-7 空气辅助无气喷涂工艺条件

项　目	适用范围	常用范围
涂料黏度/s	10～35	15～30
喷涂距离/mm	200～400	200～300
涂料压力/MPa	2.0～5.0	2.0～3.0
辅助空气压力/MPa	0.1～0.4	0.1～0.3
喷嘴直径/mm	0.2～0.8	0.2～0.5

空气辅助无气喷涂应用范围广泛，适于各类中高档家具与工艺品的涂饰，在国外家具表面喷涂应用较多，我国家具行业应用也在逐渐增多。其优点如下：

（1）涂料损失少，节约涂料，涂饰效率高，环境污染小。AA 喷涂是几种喷涂法中涂料损失较少的一种。根据有关实际测定资料，空气喷涂的涂着率平均为 20%～40%，高压无气喷涂为 40%～60%，AA 喷涂为 70%～80%，静电喷涂为 80%～95%。

（2）雾化质量好，涂饰质量较高。AA 喷涂实际上是将涂料加上一定压力，使涂料自身能够初步雾化，同时加上较小的空气压力使其彻底雾化，该过程实际上是二次雾化的过程，因此雾化效果好，喷涂质量比无气喷涂好。

（3）可以调节喷涂漆束形状。由于喷枪上有漆束调节孔，可以根据被涂饰产品形状调节漆束形状以达到最佳效果。

（4）设备装置比无气喷涂简单、安全，但操作和调整比空气喷涂要求高。

5.4 静电喷涂

静电喷涂的方法，一向都用于对金属物件的涂布。因为被涂物为金属，导电性能好，很容易被接地及带上正电荷，从而使操作喷涂平稳，质量好。而木质物件要进行静电喷涂，难点在于木材——特别是干燥木材对电的绝缘性，因此必须对被涂木质物件进行适当处理以实现其静电喷涂。目前用于木制品的静电喷涂生产线不少，且运作正常，效果很好，比如木餐椅的涂饰等。

5.4.1 静电喷涂原理与设备

静电喷涂的实质是利用电晕放电现象，由高压静电发生器产生高压直流电，喷具与负极相连，被涂饰的工件与正极相连并接地，在工件与喷具之间就产生了高压静电场。涂料在离心力作用下分散成微粒离开喷具并带上负电荷，又由于相同电荷相斥的作用，涂料微粒被雾化，在电场力的作用下，沿电力线方向朝着被涂饰工件表面移动，并被吸附、沉降在其上，形成连续的涂层。

由于涂料是在电场内移动，与被涂饰表面之间存在引力，所以喷涂时涂料损失很少，约在 10% 以下，这是空气喷涂与高压无气喷涂均无法比拟的。涂料颗粒带有相同电荷，同性电荷的斥力使涂料微粒之间相互保持着非常均匀的间距，保证了涂层的均匀。另外，静电喷涂适合于机械化自动涂饰，操作方便、综合成本低，环境污染小。

静电喷涂设备有固定式和便携式两种，木制品涂饰多用固定式。设备包括高压静电发生器、喷具、供漆系统、传送装置和静电喷涂室等。固定式静电喷涂工作原理如图 5-31 所示。

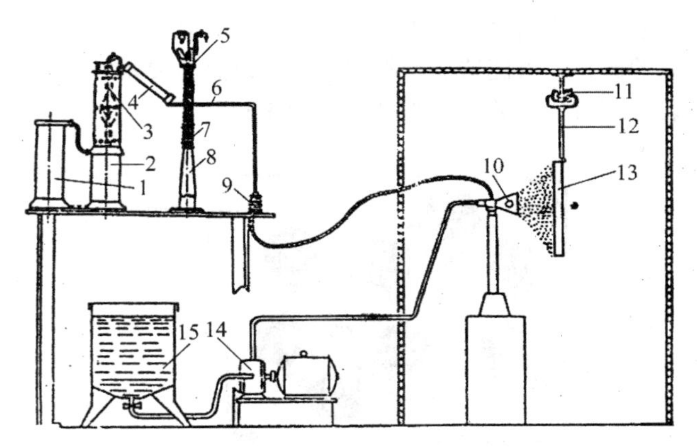

图 5-31 固定式静电喷涂工作原理图

1. 高压静电发生器 2. 变压器 3. 整流管 4. 电阻 5. 自动放电器 6. 导电条 7. 绝缘管 8. 立柱 9. 绝缘器 10. 喷具 11. 悬吊式运输链 12. 挂钩 13. 工件 14. 涂料泵 15. 涂料罐

（1）高压静电发生器：高压静电发生器用于提供静电喷涂所需高压直流电源，有工频高压和高频高压静电发生器两种。高频高压静电发生器构造简单，质量轻，应用较多。通常小型设备要求输出电压为 60～90kV，大型设备要求输出电压为 80～160kV。

（2）喷具：使涂料雾化和带电的主要装置，有机械静电雾化式、空气雾化式、静电雾化式和静电振

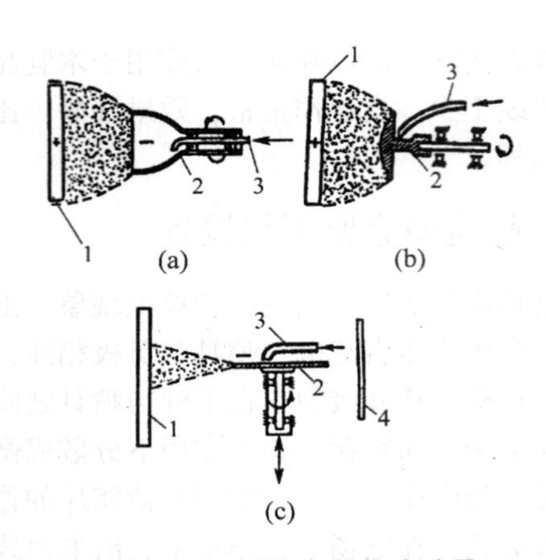

图 5-32 机械静电雾化式喷具
(a) 旋杯式 (b) 蘑菇式 (c) 盘式
1. 被涂饰制品 2. 喷具 3. 输漆管 4. 屏板

荡雾化式等多种，其中机械静电雾化式在家具涂饰生产中应用广泛，见图 5-32。

利用高速旋转形成的机械力和静电场力将涂料雾化，目前国内多使用盘式静电涂饰设备。盘式喷具喷头为一直径 100～300mm 的圆盘。圆盘高速旋转，速度可达 15000r/min 左右，在离心力的作用下，涂料向圆盘四周飞散，借助电场力的作用，涂料雾化，同时飞向工件。离心力垂直于旋转轴，涂料沿圆盘直径方向指向工件，作用于涂料微粒的离心力与电场力方向相同，使涂料微粒具有较好的分散性和倾向性，但离心力使涂料沿所有直径方向飞离，会有背向工件飞离的涂料，可能造成涂料浪费，所以总是要将圆盘安装在环行传送装置的中央，见图 5-33。

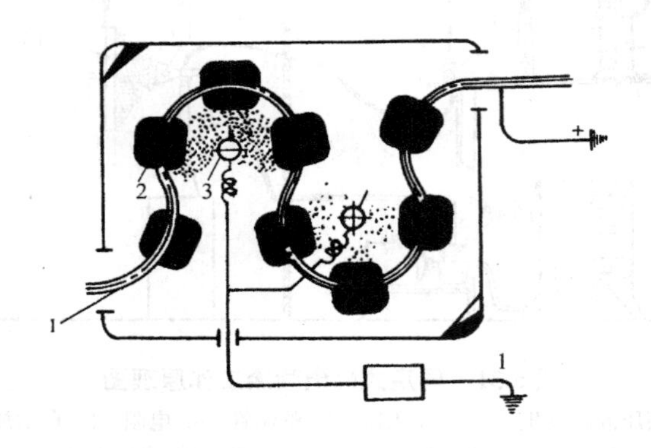

图 5-33 盘式喷具与运输链布置形式
1. 悬吊式运输链 2. 被涂饰制品 3. 盘式喷具

盘式喷具可根据被涂饰工件的具体情况，朝上或朝下安装在垂直的立轴上，悬吊式运输链在喷涂处围绕喷具，连续流水喷涂作业。盘式喷具分散涂料范围比较小，为此转盘在旋转的同时需沿轴向往复移动，以喷涂更大的工件。盘式静电喷涂设备安装构造见图 5-34。盘式喷具引入两个输漆管，就可以将涂料的两个组分分别输送到盘的两面，旋转时两组分在盘

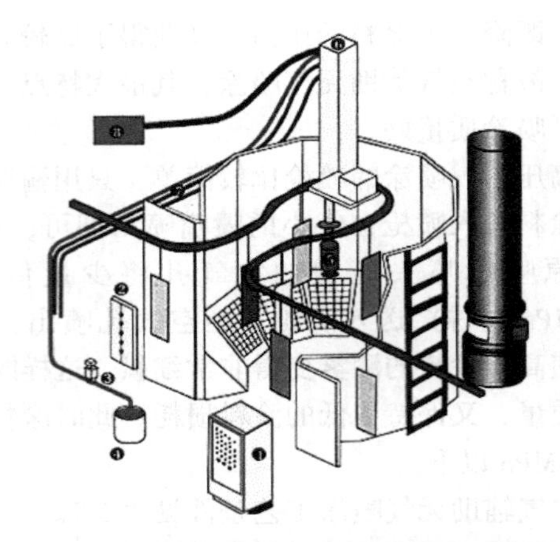
图 5-34 盘式静电喷涂设备安装构造示意图

的边缘混合后喷出，这样就可以用于喷涂不饱和聚酯漆等多组分涂料。

(3) 供漆系统：由涂料罐、输漆软管及涂料泵组成。固定式静电喷涂设备中，可用涂料泵供漆的压送式，也可以利用涂料自重供漆的吊挂式，但涂料容器都必须完全绝缘，用乙烯树脂胶管连接喷具。

(4) 传送装置：通常采用悬吊式运输链，链上有挂钩用于吊挂工件，为使工件各部分涂饰均匀，挂钩在移动的同时还可以转动。

(5) 静电喷涂室：由室体、通风装置和安全装置等组成。其作用是将多余的漆雾和溶剂蒸气排出。常用的“Ω”形喷涂室室体多为圆柱形，用金属板焊接或螺丝连接而成；为了容易清理内壁，可在内壁涂上黄油或贴上蜡纸或塑料等；室体设有观察窗，以便随时观看涂饰情况。室体安装有通风装置，通过室体内底部吸风口将多余漆雾和溶剂排出，室内通风风速要小，一般为 0.1～0.4m/s，避免风速过高引起漆雾飞散。

5.4.2 静电喷涂工艺条件

木制品表面采用静电喷涂时，涂饰质量与电场强度、喷涂距离、涂料性质和木材表面性质有直接关系。

5.4.2.1 电场强度

电场强度实际上是静电喷涂的动力，电场强度的强弱直接影响静电喷涂的效果，在一定范围内，高压静电场中电场强度越高，涂料雾化与吸引的效果就越好，涂着效率也越高。反之，电场强度越小，电晕放电现象越弱，涂料雾化与涂着效率也越差，甚至无法实现涂饰。

静电场中电场强度的大小取决于加在喷具上的电压和喷具与被涂饰工件表面之间的距离。它与电压成正比，与极距成反比。电场强度通常用平均电场强度表示：

$$E_{平均} = U/L$$

式中：$E_{平均}$——平均电场强度，V/cm；

U——加在喷具上的直流电压，V；

L——喷具与被涂饰工件表面之间的距离，cm。

实践证明，在高压静电场涂饰木材或其他导电性差的材料时，电场强度以4000～6000V/cm较为适宜。电场强度过大，可能会出现火花放电现象，特别是在喷涂室通风不足时，容易因溶剂蒸气而引起火灾和爆炸危险；电场强度过大，还可能发生反电晕现象，即集聚在被涂饰表面凸出部位的负电荷将排斥带负电的涂料微粒，这些部位因而也就涂饰不好。

一般条件下，木材表面静电喷涂时常用的电压为60～130kV，极距常取200～300mm。当极距小于200mm时，容易产生火花放电的危险；而极距过大，涂着效率差。当流水线上有两个以上喷涂位置时，为避免其工作时相互之间的电场干扰，两喷具之间距离必须保持在700mm以上。

最适宜的电场强度值，应根据具体条件通过试验来确定。按电场强度和电压来确定极距，在喷涂工作过程中要注意保持极距不发生大的变化。当电压稳定不变时，工件的摆动或回转幅度较大就可能改变极距，从而会引起电场强度的变化。

5.4.2.2 涂料的性质

静电喷涂所用的涂料要求能在高压静电场中容易带电，这就与涂料的性能，如涂料的电阻率、介电系数、黏度和表面张力等有关。其中比较容易测定和控制的是涂料的电阻率和黏度。

电阻率显示涂料的介电性能，它直接影响涂料在静电喷涂中的荷电性能、静电雾化性能及涂着效率。为达到最佳的喷涂效果，必须将涂料的电阻率控制在一定的范围内，否则涂料电阻率过高，其微粒荷电困难，不易带电，静电雾化与涂着效率就差；而涂料电阻率过小，又容易在高压静电场中产生漏电现象。适合于静电喷涂的涂料电阻率为5～50MΩ·cm。

涂料的电阻率可用溶剂来调节，即在高电阻率的涂料中添加电阻率低的极性溶剂，如二丙酮醇、乙二醇乙醚等。极性溶剂能降低涂料的电阻，使之易于带电。高极性溶剂如酮、醇、酯类能有效地调整涂料电阻，有利于涂料带电和雾化。对于电阻率低的涂料则可添加非极性溶剂来调节。在涂料配方设计时加入相应的助剂可以制得满足静电喷涂要求的涂料。

黏度高的涂料难以雾化，如降低涂料黏度，使其表面张力减小，就能改善其雾化情况。通常是用沸点高、挥发慢、溶解力强的溶剂来调整涂料的黏度。用于静电喷涂的涂料黏度都比空气喷涂低些，以18～30s（涂－4）为宜。

静电喷涂时涂料雾化过程中，其微粒雾化效果比气压喷涂好，喷涂射流的断面也较大，因而涂料微粒群的密度小，溶剂蒸发较快。如涂料含较多的低沸点溶剂，那么在涂料微粒达到工件表面之前，大量的溶剂已被挥发，剩下的溶剂不足以保证涂层在工件表面流平，容易使漆膜表面出现“橘皮”等缺陷。同时高压静电场中有可能发生火花放电，如使用闪点温度低的溶剂，容易引起火灾。由于上述各种原因，所以静电喷涂使用的溶剂以高沸点、高极性与高闪点温度的为宜。溶剂的最低闪点应在20℃以上。

5.4.2.3 木材性质

木材的导电性很差，绝干木材的电阻率极大，因此，木材静电喷涂要比金属材料困难得多。但是木材的表层含水率对其静电喷涂时的导电性影响较大，如果预先经过适当的处理，就可以保证正常静电喷涂。

实践证明，当木材表层含水率达到8%以上时，其导电性就能适应静电喷涂的要求；当电压为80kV，含水率为10%以上时，可以获得良好涂饰效果；如含水率为15%，则最为适宜。但是，同样在80kV的电压下，木材含水率在10%以下，就不能喷涂均匀，有些部位几乎就喷涂不着。

对含水率低的木材，在静电喷涂之前要预先进行表面增湿处理，以提高其表层含水率。处理的方法很多，可以将木制件在空气相对湿度为70%以上的房间内放置24h，或在房间内设置水雾、蒸汽喷雾来处理。但是，增湿处理也要适度，不能使木材表层含水率增加得太高，否则涂饰后形成的漆膜表面模糊混浊，附着力差。

涂饰经过增湿处理的木制件时，静电喷涂场所的温度不宜过高，否则增湿后的木材表层吸附性能难以保持，通常在60%～70%的相对湿度下，室温以(20±5)℃较为适宜。

涂漆前木材表面准备的情况与静电喷涂的质量也有很大关系，表面上的木毛要彻底清除干净，否则有木毛处会发生反电晕现象，这些部位就涂不上漆。凡是用酸类、盐类化学药品处理过的木材，其导电性都有所增高，所以木材涂饰前的表面处理阶段的某些工序，实际上也能不同程度地提高木材的导电性。例如漂白时使用的过氧化氢、草酸、次氯酸盐以及染色时所用的酸性染料着色剂等都有助于增加木材的导电性。

经过几次静电喷涂的木材表面，有时最后再涂面漆时，会发现涂饰质量不佳，这是由已形成的干漆膜的导电性不够所致。针对这种情况，就需在底漆中添加能增加其导电性的材料，如磷酸、石墨或金属填料等，或是改用导电性的底漆。

静电喷涂工艺条件见表5-8。

5.4.3 静电喷涂特点

静电喷涂不仅能涂饰与漆流相对的工件表面，也能涂饰侧面和背面，具有传统涂饰所不具备的许多优点。

(1) 涂料利用率高：静电喷涂时，带有负电荷的涂料微粒沿电力线方向被涂饰到工件表面上，基本上没有涂料射流反弹和漆雾飞散现象，漆雾损失很小，涂料利用率可达到85%以上。

(2) 涂饰质量好：在严格遵守正确的操作规程实行静电喷涂时，由于高压静电场的作用，涂料微粒分散度高，并且均匀，因此在工件表面形成的涂层平整、均匀、光滑，漆膜丰满，附着力好。

(3) 涂饰效率高，适合大批量自动化流水线生产：生产实践表明，静电喷涂连续流水生产线，传送链运行速度可达24m/min，远远超过其他喷涂流水线。对于一些因具有特殊框架结构而不可能采用淋涂、辊涂的木制件如桌、椅、框等，静电喷涂的综合经济效益尤为明显。

(4) 施工环境和劳动条件好：应用较多的固定式静电喷涂设备，通常都是与悬吊式传送装置配套组成连续涂饰流水生产线，在这种情况下，操作者的工作仅限于对涂饰工件的准备和装卸以及对设备的调控和照管等，因此，与涂料直接接触的机会和体力劳动强度都大为减少。此外，在高压静电场中喷涂时，漆雾的扩散也远小于气压喷涂或无气喷涂，这样就使得涂饰环境得到明显改善。

由于静电喷涂的技术特点，致使该法还存在一些缺点，限制了应用。

(1) 对于形状复杂或表面凹凸较深的工件，难以获得均匀的涂层。工件死角处不易附着涂料，一般还要设手工补喷工位，修补涂饰缺陷。

(2) 工件改变，必须重新调整涂饰工艺参数，不适合多品种小批量生产。

(3) 静电喷涂所用涂料与溶剂有选择性，并非任何涂料与溶剂都可使用。

(4) 静电喷涂存在高压火花放电引起火灾的危险，当工件晃动或操作失误造成极间距离过近时，会引起火花放电，均易酿成火灾。因此，必须有可靠的防火、防爆设施，严格遵守安全操作规程。

(5) 静电喷涂质量容易受环境温湿度的影响。

5.4.4 静电喷涂常见缺陷与消除措施

静电喷涂常见缺陷与消除措施见表5-9。

5.5 淋涂

涂料从淋漆机的机头呈幕状流出，工件由传送装置进给，通过机头下方的漆幕，其表面就被淋上涂层的涂饰方法称为淋涂。淋涂法涂饰，涂层均匀，生产效率高，广泛应用于木制品及家具生产当中。

5.5.1 淋涂设备

淋涂使用的设备是各种淋漆机。淋漆机主要由机

表5-8 静电喷涂工艺条件

项　目	适用范围	常用范围	说明
涂料黏度/s	18～30	18～30	也可以使用粉末涂料
喷涂距离/mm	200～350	250～300	小于200mm容易放电打火
环境气流速度/(m/s)	小于0.5	小于0.3	
工件移动速度/(m/min)	12～24	15～18	
电压/kV	40～160	80～90	
电场强度/(V/cm)	2000～10000	4000～6000	与电压成正比，与极距成反比
木材含水率/%	12～24	13～18	

表5-9 静电喷涂常见缺陷与消除措施

缺陷	产生原因	消除措施
漆膜不连续	工件表面导电性差，电场强度不均	适当提高工件含水率和电压
橘皮	环境温度过低	提高环境温度
流挂	环境温度过高，涂料黏度过低	降低环境温度，提高涂料黏度
漆膜厚度不均	电场强度不均，涂料雾化不好	提高工件含水率和电压，更换雾化头，提高转速
颗粒	涂层中混有杂质	清洁喷涂室，送过滤空气

头、涂料箱、涂料循环系统和工件传送进给装置等几个部分组成，见图5-35。淋漆机的机头又称淋刀，是淋漆机形成漆幕的重要部件，生产中常用的是底缝成幕式淋漆机，其工作原理见图5-36。

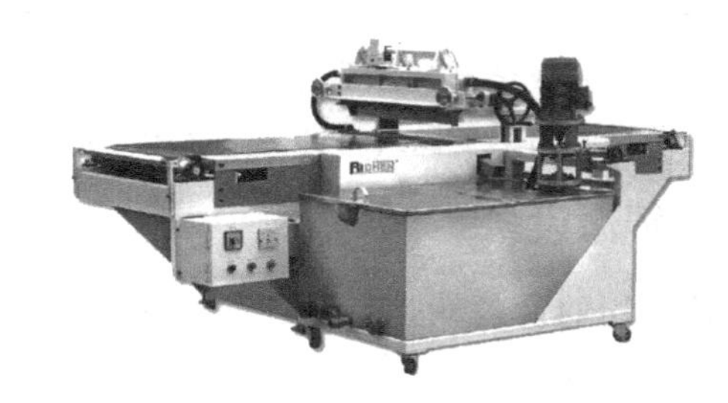

图5-35　淋漆机

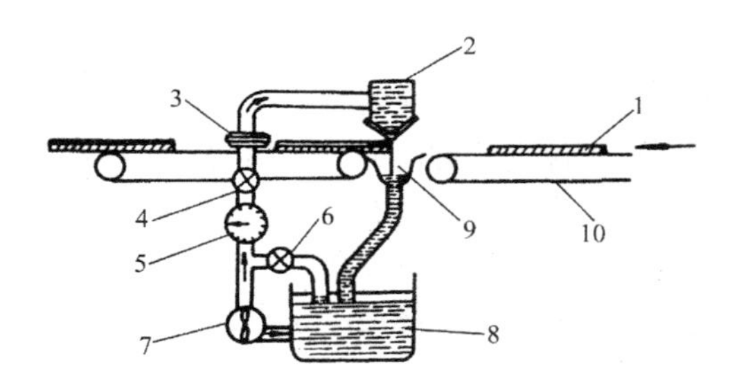

图5-36　底缝成幕式淋漆机工作原理示意图

1. 工件　2. 淋漆机的机头　3. 过滤器　4. 调节阀　5. 压力计　6. 溢流阀　7. 涂料泵　8. 涂料箱　9. 涂料承接槽　10. 传送装置

底缝成幕式淋漆机的机头底部装有两个刀片，一个是固定的，另一个可以移动、启闭，用于调整两刀片间的宽度和清理机头。涂料从这两把刀片间的缝隙中均匀流出形成漆幕，铺盖在经传送带传送过来的工件上。涂层厚度由活动刀片和固定刀片之间的缝隙大小决定，缝隙调节范围一般为0.6～1.0mm，调整方便，涂膜厚度易于掌握。淋漆机工作时机头内应充满涂料，如果涂料供应不足，机头内就会出现空隙而使淋幕断裂，造成涂层缺损。机头内的涂料通常处于0.01～0.02MPa的低压状态。这种淋漆机的主要缺点是较难保持漆幕在整个长度上的稳定性，工作结束时清洗也比较麻烦。

涂料循环系统包括涂料箱、涂料泵、过滤器、压力计、调节阀、受漆槽和输漆软管等。其作用是在淋漆机工作时，将调好的涂料过滤后送入机头，然后又使多余的涂料回流到涂料箱内，以此不断循环，保证淋涂连续正常进行。

涂料箱是一个有夹层的容器，夹层中可通入热水或冷水，使涂料保持施工所要求的温度。涂料泵通常是用直流电机带动无级调速的齿轮泵，用以向机头连续不断地供给涂料，以使涂料正常地循环。

传送装置是由独立传动的两段带式输送机组成，用无级调速电机驱动，输送速度可在0～150m/min范围内自由调整。两段传送带应运行平稳。

淋漆机最适合于淋涂宽的平面板件，也可以用来淋涂表面轮廓不深的木制件、方材零件和窄表面等。为防止涂料外流，可在漆中添加一些高分散性的氧化硅等助剂。

5.5.2　淋涂作业工艺条件

在现有的各种涂饰方法中，淋涂的涂饰效率最高，也容易获得良好的涂饰质量。影响涂饰质量的工艺因素主要有涂料黏度、传送带速度和底缝宽度。

5.5.2.1　涂料黏度

适用淋涂的涂料黏度范围较大，15～130s（涂－4）黏度的涂料都可以进行淋涂。使用尽可能高的黏度，可以节省大量稀释剂，减少涂饰次数；但是黏度过高，涂层的流平性差，影响漆膜质量。生产实践中，涂料黏度一般为25～50s（涂－4）。为解决淋涂高黏度涂料流平性不好的问题，国外木制品生产常在涂饰前将工件表面预热，以改善其涂层的流平性。

5.5.2.2　传送带速度

传送带速度即为工件的进料速度，速度越快，涂饰效率就越高，但是涂饰量要随之减少，速度太快有可能出现漆膜不连续。底缝成幕式淋漆机，传送带速度一般取50～90m/min较为合适。传送带速度与涂漆量的关系可参考表5-10。

表5-10　传送带速度与涂漆量的关系

传送带速度/（m/min）	涂漆量/（g/m^2）
30～50	200以上
50～70	100～200
70～90	70～100
90～130	50～70

注：涂料为硝基清漆，底缝宽度0.6mm，黏度25s（涂－4）。

5.5.2.3　底缝宽度

底缝越宽，涂料流量越大，涂层越厚，但底缝不宜过宽，否则容易造成工件侧边流淌，一般底缝宽度为0.2～1mm。机头与工件表面的距离也不宜过大，一般为100mm左右，否则漆幕会受工作环境影响，漆幕抖动，涂层不连续。

以上几方面工艺因素是相互关联的，在淋涂之前，应结合具体涂料和设备等情况，通过试验测定合适的工艺参数。由于漆幕较薄，又不断循环，长时间暴露在空气中，因此要时刻掌握涂料黏度的变化，必要时应补充溶剂或稀释剂，及时加以调整。要清除涂料在循环流动中因夹带空气而形成的气泡及混入的灰尘和杂质。

淋涂工作结束，应先将涂料箱中的剩余漆排出，在其中放入一定数量的稀释剂，然后启动淋漆机，清洗机头及整个循环系统，随后将机头开启，擦净内部。

5.5.3 淋涂特点

在严格遵守工艺规程且正确操作的情况下，淋涂法能获得优质的漆膜。其主要有以下优点：

（1）涂饰效率高。由于传送带速度高，通常为 50～90m/min，工件通过漆幕就完成涂漆，是各类涂饰方法中效率最高的，也便于组成涂饰流水线。

（2）涂饰质量好。由于漆幕厚度均匀，所以淋涂能获得厚度均匀、平整、光滑的漆膜，没有刷痕或喷涂不均匀等缺陷。

（3）涂料损耗少。因为不产生漆雾，未淋到工件表面上的涂料全部被收回再循环使用，因此除了涂料循环过程中有少量溶剂蒸发外，没有其他损失。与喷涂相比，可节省涂料 30%～40%。

（4）淋涂设备简单，操作维护方便，不需要很高的技术，作业性好，施工卫生条件好，可淋涂较高黏度的涂料，既能淋涂单组分漆，使用双头淋漆机时也能淋涂多组分漆。

（5）与喷涂相比，环境污染和动力消耗都少。

但是，淋涂法受工作原理的限制，也有其不足之处。

（1）被涂饰表面形状受到限制，最适用于淋涂平表面的工件，形状复杂或组装好的制品都不能淋涂。

（2）只适用于批量生产，必须具备足够的涂料量，才能形成循环和漆幕，当生产批量不足、频繁开关机或更换涂料时，涂料损失较大。

（3）工件进给速度过快，不容易与生产节奏协调，设备前后必须有足够的生产缓冲区。

5.5.4 淋涂常见缺陷与消除措施

淋涂常见缺陷与消除措施见表 5-11。

5.6 辊涂

辊涂法是先在辊筒上形成一定厚度的湿涂层，然后将湿涂层部分或全部转涂到工件表面上的一种涂饰方法。辊涂只适用于平板类工件，广泛用于地板涂饰。

5.6.1 辊涂设备

辊涂使用的设备就是具有各种不同功能的辊涂机。辊涂机由各种不同功能的辊筒、传动装置和供漆装置构成。按涂料辊转动方向与工件进给方向之间的关系，辊涂机分为顺转辊涂机和逆转辊涂机两大类。前者的涂料辊与工件接触的线速度方向与被涂饰工件进给方向一致；后者的涂料辊与工件接触的线速度方向则是迎着工件进给方向的。常用的辊涂机都是用于涂饰工件的上表面，但也有用于涂饰工件下表面或同时涂饰上、下两个面的辊涂机。一般可根据实际生产和工艺的不同要求，选择或确定辊涂机类型。

5.6.1.1 顺转辊涂机

普通顺转辊涂机的工作原理，见图 5-37。这两种辊涂机都是用泵将涂料直接送到涂料辊 1 与分料辊 2 之间的。涂料辊表面包覆着耐磨、耐溶剂橡胶或其他

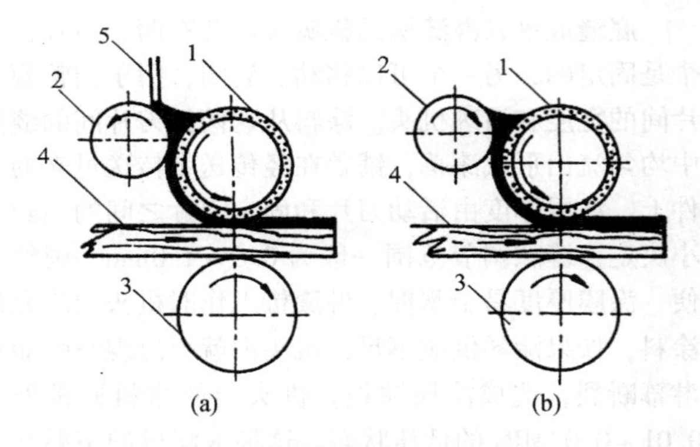

图 5-37 普通顺转辊涂机工作原理示意图

1. 涂料辊 2. 分料辊 3. 进料辊 4. 工件 5. 刮刀

表 5-11 淋涂常见缺陷与消除措施

缺　陷	产生原因	消除措施
气泡	被涂饰表面有敞开的槽孔，循环系统内涂料含有气泡，涂料黏度过大	填孔、表面预热，循环系统中保持一定的涂料量，降低涂料黏度
涂层不连续、不均匀	漆幕破裂，淋涂工作区风较大，机头上方通风太强，机头与工件表面距离太大，涂料黏度过低，底缝不匀	挡住过堂风，降低通风机风量，降低机头高度，提高涂料黏度
漆膜起粒，表面毛糙	淋涂量太大，涂料黏度过高，车间环境中有浮尘，过滤器损坏，涂料不清洁	降低涂漆量，降低黏度，环境除尘，净化空气，更新过滤器

材料，这种弹性层也有助于补偿工件的厚度差。分料辊是镀铬的钢制辊筒，用于控制涂层厚度。左图所示的辊涂机，分料辊与涂料辊同向转动，因此，需要在分料辊上安装一把刮刀，以保持它和涂料辊之间有厚度均匀的涂料层。这种辊涂机常用于涂饰100～150s（涂－4）的高黏度涂料。右图所示的辊涂机，其分料辊和涂料辊转动方向相反，不需要安装刮刀，多用于涂饰低黏度涂料。

涂饰涂层厚度是通过调整分料辊与涂料辊之间间隙的大小、涂料辊对工件的压力以及涂料黏度来控制的。工件在辊涂机上的进给速度变化对于涂料用量和涂层厚度没有明显的影响。

涂料用量和涂层厚度将随着分料辊与涂料辊之间的间隙加大而增加。间隙过大时，涂料就会漫流到工件边缘以外，甚至会落到进料辊上。如果间隙太小，则得到的涂层又太薄。试验表明，辊涂黏度为98s（涂－4）的硝基清漆时，分料辊与涂料辊间的间隙调到100μm较为合适。

涂料辊与进料辊之间的距离应略小于被涂饰工件的厚度。涂料辊对工件保持一定的压力，有助于涂料在工件表面上的均匀展开，涂饰质量也较好。如果压力不足，涂料辊辊涂会打滑，工件表面将出现涂层漏空，以致出现完全涂不着的现象。当压力过大时，涂料又可能从工件端头和两侧被挤压出来。

顺转辊涂时，当涂料辊与液态涂层脱离时，受表面张力的作用，涂料被上下拉扯，会同时粘附于工件和涂料辊表面，涂料形成向里凹的弧线表面。随着辊筒转动，涂料吸附点与工件间距离越来越大，涂料表面破坏，并在表面张力作用下迅速收缩，一部分会留在涂料辊上，还有一部分会留在工件表面，形成涂层。紧接着又会有上述现象出现，周而复始。由此可见，这种方式涂饰，涂层最初并不是平整的，而是呈现出波浪形式。如果涂料黏度过高，涂饰量又大，辊出的涂层表面就会留下条纹或毛刺；如果涂料的流平性不好，会得到波浪起伏的漆膜表面。所以，顺转辊涂适合黏度低、流平性好的涂料。如果在辊涂之前，先将工件表面预热，将有助于消除涂层表面拉毛的现象。

精密顺转辊涂机工作原理，见图5-38。工作时，拾料辊2从涂料槽5中带起涂料，并将涂料转涂到网纹辊4上，刮刀6刮去网纹上多余的涂料（刮刀与网纹辊接触的紧密程度是可调的），网纹辊再将涂料转移给涂料辊1，在这里又一次用刮刀控制涂层厚度，最后再辊涂到工件7表面上。为清洗被弄脏的工件背面，进料辊3的下部浸在洗涤剂槽8内。

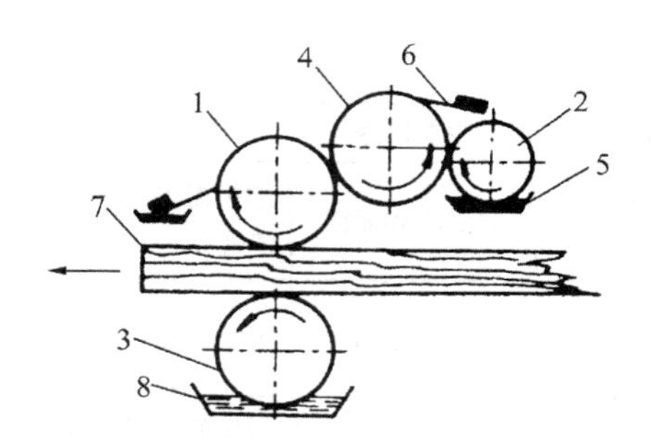

图5-38 精密顺转辊涂机工作原理示意图
1. 涂料辊 2. 拾料辊 3. 进料辊 4. 网纹辊 5. 涂料槽 6. 刮刀 7. 工件 8. 洗涤剂槽

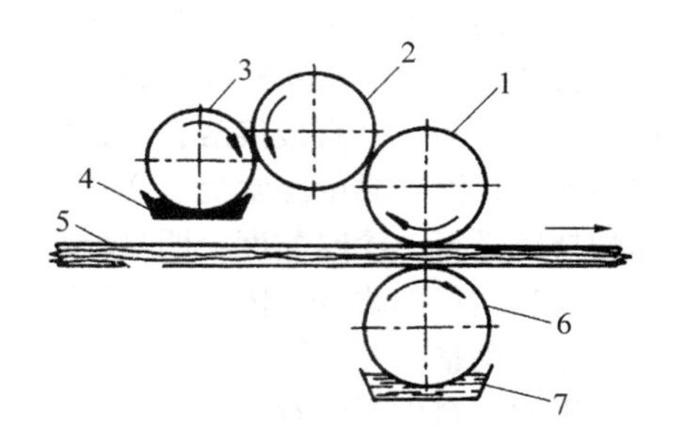

图5-39 逆转辊涂机工作原理示意图
1. 涂料辊 2. 中间辊 3. 拾料辊 4. 涂料槽 5. 工件 6. 进料辊 7. 洗涤剂槽

5.6.1.2 逆转辊涂机

逆转辊涂机又称逆向辊涂机，其工作原理见图5-39。这种辊涂机的拾料辊3与涂料辊1之间装有中间辊2，其作用在于调整涂料辊上涂料分布情况。涂料辊是逆着工件进给方向转动的，涂料是在没有压力的情况下转移到工件表面上的，因此可以使用黏度较高的涂料，以较大的涂布量，涂出较厚的涂层。逆转辊涂机上的辊筒通常是各自用电动机单独驱动，因而可以分别调节涂料辊或进料辊的转速，调节这两个辊筒的转速，就可以控制工件表面涂层的厚度。

逆转辊涂在工作原理上消除了顺转辊涂的缺点，能获得比较平整的涂层。逆转辊涂时，涂层受到相当大的剪力，这样的剪力作用有利于将填孔剂等中的颜料颗粒擦入木材表面上的孔隙中。但是，逆转辊涂时，涂料辊与工件在相互接触处作相反运动，形成很大的摩擦，很容易造成涂料辊表面橡胶层的磨损，而影响涂饰质量。若工件厚度误差大或表面粗糙度过大，涂料辊与工件之间的摩擦力会有很大的波动，造成涂层厚度明显不均。

逆转辊涂机对工件表面平整度和厚度精度要求较高，不符合要求的工件，很难获得连续完整的涂层。

上述几种辊涂机，各有其用途与优缺点，见表5-12。

5.6.2 辊涂作业工艺条件

影响辊涂质量的工艺因素有很多，例如涂料种

表 5-12 几种辊涂机的用途与优缺点

名称	主要用途	优缺点
普通顺转辊涂机	涂底漆和面漆	结构简单、操作方便，对工件有较强的适应性，宜涂饰黏度较低、流平性好的涂料，有可能产生辊印痕迹。一次涂层厚度 10～20μm
精密顺转辊涂机	涂着色剂	可涂饰成薄而均匀的涂层，着色均匀
逆转辊涂机	填平、填孔	适用的涂料黏度和涂层厚度范围较宽，涂层均匀、光滑，不易产生辊印痕迹，但结构较复杂，价格高，对工件质量要求较高

类、黏度，稀释剂的配套性，涂料辊的硬度，工件表面状态，各辊筒的调整、保养以及维修情况等。

在辊涂机的结构中，涂料槽大面积敞开，涂料在辊筒表面上展开，与空气直接接触，涂料中溶剂的挥发，这些因素导致涂料黏度经常处于变化之中。随着涂饰工作的持续进行，涂料黏度会明显增高，这会引起涂层厚度及其质量的改变。因此，在辊涂施工过程中，应经常注意调整与控制涂料黏度。

在辊涂用的涂料中要注意溶剂的配比，既要保证一定的涂层干燥速度，又要延缓其黏度的升高。最好是能做出涂料黏度随工作持续时间和室温变化而变动的曲线图表，掌握黏度变化规律，以便及时采取措施，加以调整。

辊涂法主要适用于涂饰平面板件，辊涂作业工艺条件可参考表 5-13。

表 5-13 辊涂作业工艺条件

项 目	适用范围	常用范围
涂料黏度/s	40～200	45～60
工件进给速度/m/min	5～25	5～9
分料辊与涂料辊间距/μm	10～500	50～150

5.6.3 辊涂特点

辊涂法与淋涂法类似，是使用各种辊涂机，适合于在平表板件上涂漆的方法，其特点如下：

（1）适应多种涂料涂饰。如各种清漆、色漆、填孔漆、着色剂、底漆以及乳胶漆等，高黏度的涂料往往不便用其他方法涂饰，而辊涂法可以涂饰高黏度的腻子。

（2）辊涂生产率高，可组成连续生产流水线，适合于大批量生产。

（3）涂料浪费少，涂料基本没有损耗，涂饰卫生条件好。

（4）设备投资和运行费用相对低，操作简单。

（5）涂饰质量较好，常用于地板涂饰。

（6）工件表面不平，涂料辊与工件表面接触程度不同，涂层厚度不均匀，严重的可能形不成连续的涂层，所以辊涂法对工件尺寸精度和表面几何形状要求较高，否则无法获得高质量的漆膜。只适用平表板件，限制了辊涂的应用，面漆辊涂应用较少。

（7）工作时涂料长时间暴露在空气中，涂料的性能会有所变化。

（8）受辊涂工作原理的限制，工艺设备若调整不当，涂层可能会形成波纹。

5.6.4 辊涂常见缺陷与消除措施

辊涂常见缺陷与消除措施见表 5-14。

几种涂饰方法的特点比较，见表 5-15。

表 5-14 辊涂常见缺陷与消除措施

缺 陷	产生原因	消除措施
辊筒印痕	涂层过厚，涂料黏度过高，涂料辊压力不够	降低涂层厚度，降低涂料黏度，加大涂料辊对工件的压力
针眼	厚的涂层固化速度过快	溶剂蒸发过快，使用适用稀释剂，调整涂料黏度
漆膜缺少光泽、光泽不均匀	涂层太薄或稀释剂不适用	必须使用指定的稀释剂，调整涂料黏度
横向波纹	涂料辊与分料辊的间隙太大，涂料辊转速明显大于进料辊，涂饰量过大	调整涂料辊与分料辊间距，降低涂饰量，调整各辊筒转速
纵向皱纹、漆膜不完整	涂料黏度太高，涂料黏度较低而涂饰量过大，工件翘曲变形，表面不平整，涂料辊施加的压力不足	调整涂料黏度和涂漆量，严格保证工件的形位公差，提高其表面平整度，提高涂料辊施加的压力

表 5-15 几种涂饰方法的特点比较

涂饰方法	工时消耗 /(min/m²)	涂料用量 /(kg/m²)	固含量/%	涂饰次数	涂料利用率/%
常温喷涂	3.2	1.34	18	4	60
热喷涂	2.5	0.72	29	3	70
辊 涂	1.6	0.47	39	3	80
淋 涂	0.6	0.42	39	3	90

本章小结

涂饰方法分为手工涂饰和机械涂饰。手工涂饰主要包括刷涂、擦涂和刮涂，此法所用工具简单，灵活方便，能适应不同形状、大小的涂饰对象，但劳动强度大，生产效率低，卫生条件很差。现代涂饰操作多采用机械涂饰，常用机械涂饰方法有空气喷涂、无气喷涂、静电喷涂、淋涂和辊涂。尤其空气喷涂，涂饰质量好，适用范围广，生产实践中得到了广泛应用；淋涂适用于平面产品，可大批量生产。不同的涂饰方法都有各自的特点和适用范围，工作原理和施工工艺条件也各不相同，应根据具体涂饰要求、产品特点和技术条件选择合适的涂饰方法。

思考题

1. 手工涂饰方法有几种？其应用特点如何？
2. 空气喷涂原理和特点如何？需要哪些设备？
3. 简述空气喷涂工艺因素对喷涂质量的影响。
4. 简述空气喷涂常见缺陷与消除措施。
5. 高压无气喷涂原理和特点如何？与空气喷涂有何区别？
6. 静电喷涂原理和特点如何？对涂料、溶剂和木材有何要求？
7. 淋涂作业工艺条件如何？淋涂法有何特点？
8. 简述淋涂常见缺陷与消除措施。
9. 简述辊涂作业工艺条件和特点。
10. 简述辊涂常见缺陷与消除措施。

第6章 涂层干燥

【本章提要】

采用某种涂饰方法涂饰在基材表面上的液体涂层逐渐转化为固体漆膜的过程称为涂层干燥（或涂层固化）。涂层干燥在整个涂饰工艺过程中是必不可少的工序，每进行一次涂饰都需要进行涂层干燥，干燥时间长短直接影响生产效率。本章将在了解涂料的干燥机理基础上，对自然干燥和人工干燥各种涂层干燥方法进行介绍，研究采用先进的涂层干燥方法、工艺和设备，加速涂层干燥是提高生产效率的重要途径。

目前用于木制品涂饰的涂料干燥方法有两大类，即自然干燥和人工干燥。前者是在常温条件下的自然干燥、干燥时间长，后者则是采用各种人工措施加速涂层的固化，以缩短干燥时间，包括木材预热干燥、热空气干燥、红外线辐射干燥和紫外线干燥。涂层在什么条件下进行干燥，进行得是否正确、合理，对最终产品质量和生产效率都有很大影响。没有正确、合理的涂层干燥，就不可能获得优质的装饰保护漆膜。

6.1 概述

木制品表面涂饰是使用各种涂料（包括填孔剂、着色剂、底漆、面漆等）进行多次涂饰操作的过程，每次涂饰的液体涂层都伴随着涂层干燥。由于涂料品种不同、特性各异，其固化机理也就不同，因此有必要对涂层干燥机理和影响因素作一个较为详细的研究。

6.1.1 涂层干燥意义

涂层干燥是保证涂饰质量的需要。液体涂层只有经过干燥，才能与基材表面紧密黏结，具有一定的强度、硬度、弹性等物理性能，从而发挥其装饰保护作用。如果涂层干燥不合理，就会造成严重不良后果，使涂层表面质量恶化，无法保证涂饰质量。

为了保证涂饰质量，每作一遍涂饰，包括腻平、填孔、着色、打底、罩面以及去脂、漂白等，都必须进行良好的涂层干燥，才能转到下道工序。否则，溶剂的挥发或者在成膜过程中出现的物理、化学变化，常会使涂膜产生一些涂饰缺陷或引起漆膜破坏，因而不能获得优良的装饰保护漆膜。例如腻子、填孔剂、底漆涂层尚未达到理想的干燥效果就涂饰面漆，那么，受底层中残留溶剂的作用和不断干缩的影响，漆膜会出现泛白、起皱、开裂以及鼓泡、针孔等缺陷。

涂层干燥是获得良好漆膜性能的需要。涂层干燥对漆膜性能影响很大，如不合理，漆膜会产生光泽差、橘皮、皱纹、针孔等缺陷。严重的在漆膜内存在内应力，会使漆膜附着力降低，使用时间一长漆膜就会产生裂缝，难以保证漆膜性能稳定，失去其保护装饰作用。

对涂层干燥的把握是提高涂饰效率的关键。涂层干燥是一项多次重复而又最费时间的工序，一般涂层自然干燥时间远比涂饰涂料时间长，少则几十分钟，多则十几个小时。因此，缩短涂层干燥时间是提高涂饰施工效率的重要措施。

涂层干燥是实现涂饰连续化生产的技术关键。在涂饰施工的全过程中，涂层干燥所需时间最长，有时要占涂饰全过程所用时间的95%以上，远远超过涂饰涂料以及漆膜修整等工序所需的时间，工序之间所用工时比例极不均衡。因此，在现代化生产中，如何加速涂层干燥，不仅关系到缩短生产周期和节约生产面积，而且也是实现连续化与自动化生产必须解决的关键技术问题。

6.1.2 涂层干燥阶段

按液体涂层的实际干燥程度，涂层干燥可分为表面干燥、实际干燥和完全干燥三个阶段。

表面干燥是指涂层表面已经干结成膜，手指轻触已不黏手。表面干燥的特点是，液体涂层刚刚形成一层微薄的漆膜，灰尘落上已经不能被粘住而能够吹走。因此，表面干燥也常被称为防尘干燥阶段。但是，这一阶段中的涂层并未实际干燥，在其表面按压时还会留下痕迹。对于可进行表干连涂的涂料，此时可接涂下一遍漆，称作“湿碰湿”或“表干连涂”工艺，可提高生产效率。

实际干燥是指手指轻压涂层而不留指痕。涂层达到实际干燥时，有的漆膜就可以经受进一步的加工——打磨与抛光。此时硝基漆漆膜的摆杆硬度为0.3~0.35；聚酯漆漆膜为0.35~0.55，零部件完全可以垛放起来，但是漆膜尚未全部干透，还不具备涂膜应有的性能，产品还不应该投入使用。实际上，这时的漆膜还在继续干燥，硬度也在继续增加。大管孔木材如果管孔没有填实，实际干燥阶段的涂层还会有下陷现象。

完全干燥指漆膜已完全具备应有的各种保护装饰性能。这时漆膜性能基本稳定，制品可以投入使用。为了缩短生产周期，木制品在涂饰车间通常只干燥到第二个阶段，之后便入库或销售到用户手中。家具表面漆膜测定国家标准规定时间为10d。

6.1.3 涂料固化机理

涂层固化机理因涂料种类与性质的不同而不同。涂层从液态转变成固体漆膜的过程中，有溶剂的挥发、熔融冷却等物理变化，也有涂料组成成分分子之间的交联反应等化学变化。涂层固化一般可分为以下几种类型。

6.1.3.1 溶剂挥发型

溶剂挥发型涂料是由涂层中溶剂的挥发而干燥成漆膜的，例如硝基漆就属于这类涂料。这类漆最大的特点是干燥时间短，例如硝基漆涂层，仅需10min左右即可达到表干。漆中都含有大量的有机溶剂，固化时无化学变化，干后漆膜仍能被原溶剂溶解，易于修复，涂饰的过程是可逆的。影响此类漆涂层固化速度的主要因素是溶剂的种类及其在涂料中混合的比例、生产场所的温湿度条件等。溶剂在涂料中的作用不仅是溶解成膜物质、调节黏度，而且还包括调整涂层的干燥速度。溶剂挥发型涂料在常温条件下能自然蒸发，达到干燥。温度升高可加快干燥速度。

6.1.3.2 乳液型

乳液型涂料由水和分散的油及颜料构成。涂层干燥时，当作为分散剂的水分蒸发或渗入基材后，涂层容积明显缩小，乳化粒子相互接近，乳化粒子分散时起作用的胶膜因粒子的表面张力而破坏，油或树脂粒子流展，从而形成均匀连续的漆膜，颜料则沉留在涂层中，此后的固化过程就大体与溶剂挥发型涂料相同。

6.1.3.3 交联固化型

交联固化型涂料是由于涂料中的成膜物质的氧化、聚合或缩聚反应而交联固化成膜的。属于此类的涂料有油性漆、酚醛漆、醇酸漆、聚氨酯漆、聚酯漆和光敏漆等。在交联反应过程中，光、热、氧气以及催化剂等起着十分重要的作用，成膜物质由低分子或线型高分子物质转化为体型聚合物，分子量不断变大，最后形成不溶不熔的三维网状体型结构的漆膜，是不可逆的。目前国内常用的交联固化型涂料，按应用习惯可分为氧化聚合、逐步聚合、游离基聚合与缩合聚合反应成膜四类。

氧化聚合反应型涂料有油性漆、酚醛漆、醇酸漆等，涂层固化过程中，虽然也有溶剂的挥发，但主要是依靠成膜物质高分子之间的氧化聚合反应，其固化速度主要取决于氧化聚合反应的速度。影响固化速度的主要因素是组成涂料的干性油的类型和油度，以及树脂与所用催干剂的类型与配比。此类漆涂层干燥时间较长，例如酚醛漆涂层达到表干通常需要4~6 h以上。

逐步聚合反应型涂料，如双组分羟基固化型聚氨酯漆，涂层固化时溶剂挥发，含有异氰酸基组分与含羟基组分之间发生加成（逐步）聚合反应成膜。

游离基聚合反应型涂料，如聚酯漆、光敏漆等，不饱和聚酯树脂分子结构的碳原子之间保留了双键，能溶于苯乙烯单体中，在引发剂和促进剂存在时，发生共聚反应，交联转化为不溶不熔的物质。苯乙烯在其中既是成膜物质又是溶剂。为消除氧气的阻聚，在涂料中填加蜡液或用涤纶薄膜覆盖，使涂层封闭。

光敏漆的基本组分是反应性预聚物、活性稀释剂和光敏剂。这种涂层受到紫外线照射时，其中的光敏剂分子吸收一定波长紫外线的能量而分裂产生游离基，这些游离基能起到引发聚合作用，使反应性预聚物与活性基团产生连锁反应，迅速交联成网状结构而固化成膜，固化速度非常快。

缩合聚合反应型涂料，如酸固化氨基醇酸树脂漆，涂层固化时溶剂挥发，在酸作用下氨基树脂与醇酸树脂交联反应成膜。

由上述可知，涂料固化是一个复杂的物理变化与化学反应成膜过程。干燥工艺的设计应针对不同漆种分别对待，绝不可一概而论。

6.1.4 影响涂层干燥的因素

涂料固化过程比较复杂，影响涂层干燥速度与成膜质量的因素也很多，主要有涂料类型、涂层厚度、干燥温度、空气湿度、通风条件、外界条件、干燥方法与设备以及具体干燥规程等；而制定涂层固化工艺规程的主要依据又是涂料的种类、性能、涂层的厚度以及固化的方法等，所以，必须认真对待、综合考虑各因素。

6.1.4.1 涂料类型

在同样的干燥条件下，不同类型涂料干燥速度差别很大，一般来说挥发型漆干燥快，油性漆干燥慢，聚合型漆干燥快慢情况各不相同。光敏漆干燥最快，其他聚合型漆则介于挥发型漆与油性漆之间。挥发型漆、酸固化氨基醇酸树脂漆比较适合组织机械化涂饰生产线，光敏漆最适宜，而油性漆最不适合。

6.1.4.2 涂层厚度

漆膜厚度一般为100～200μm，由于受各种条件的限制，不宜一次获得，需要经过多遍涂装才能形成。实践证明，每次涂饰涂层较薄、多涂几遍，无论是在干燥速度还是在成膜质量上，都比涂层较厚、少涂遍数（聚酯漆除外）更适宜，但施工周期要长，成本加大。涂层薄，在相同的干燥条件下，涂层内应力小；而涂层过厚，不仅内应力大，而且容易起皱和产生其他干燥缺陷。

油性漆的涂层厚度对其固化时间有很大影响。随着涂层厚度的增大，固化所需时间也将大大延长。因为涂层越厚，其下层就越难获得油类氧化聚合反应所必需的氧气。所以，油性漆的涂层不宜涂得很厚。

蜡型聚酯漆涂层厚度小于100μm，不易在表面形成蜡膜，影响封闭隔氧，有碍涂层的固化，所以，蜡型聚酯漆一次涂层厚度应在200μm以上才适合。

6.1.4.3 干燥温度

干燥温度高对绝大多数涂层都能起到促进其发生物理变化和化学反应的作用，所以干燥温度高低对涂层干燥速度起决定性的影响。当干燥温度过低时，溶剂挥发与化学反应迟缓，涂层难以固化；提高干燥温度，能加速溶剂挥发和水分蒸发，加速涂层氧化反应和热化学反应，干燥速度加快；但干燥温度不宜过高，否则容易使漆膜发黄或变色发暗。高温加热涂层的同时，基材也被加热，基材受热会引起含水率的变化，产生收缩变形，甚至翘曲、开裂。

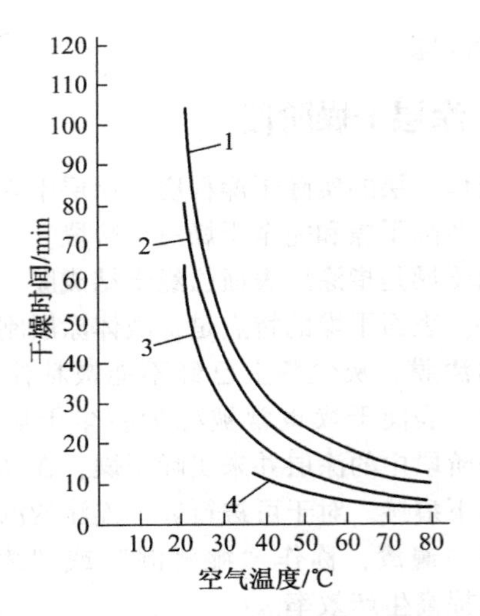

图6-1 染料水溶液涂层加热温度与干燥时间的关系

1、2、3. 栎木、桦木、松木染色表面对流干燥时的情况
4. 该几种木材染色表面辐射干燥时的情况

用染料水溶液染色的木材表面，最好是在60℃的温度下进行干燥。图6-1表示涂层加热温度与干燥时间的关系。实验表明：如果将干燥温度提高到60℃以上，其对缩短干燥时间并没有明显效果，而对于某些染色层的颜色反而有不良影响。

硝基漆涂层干燥，最高温度不应超过50℃。特别是在干燥初期，如果温度稍有偏高，涂层就很容易起泡。粗孔材（栎木、榆木、水曲柳等）上的硝基涂层干燥时，这种现象尤为明显。这是由于涂层内的溶剂蒸发过于强烈和木材内的空气因受热膨胀而从木材中排放出来所致。为防止起泡，经过涂饰的木制品在进入干燥设备之前，要先在室温条件下陈放一段时间。进入干燥设备的最初几分钟，温度应逐渐地升高。硝基涂层的干燥时间因其所含溶剂的组成、涂层厚度和后续加工的特点不同，而有很大的差异。干燥后不再需要磨光的，只需在40～50℃温度下干燥15～20min即可；干燥后还须磨光、抛光的，如采用对流干燥则需在50℃温度下干燥3～4h，若用辐射干燥法干燥则需在50℃温度下干燥2h。例如淋涂硝基清漆的家具板件，涂料黏度为35～45s（涂-4）时，先后淋涂3～4次，每次需在25℃温度下涂层干燥2～4h，最后一道面漆涂层，必需干燥36h后才能进行漆膜的研磨加工。图6-2表示硝基漆涂层干燥温度与时间的关系。

不饱和聚酯漆的品种不同，其固化适宜温度也不相同。蜡型不饱和聚酯漆的固化温度宜为15～30℃，如果超过38℃，则涂层的凝胶化会很快发生，溶入涂料的蜡就不能析出于涂层表面，导致表面固化情况迅速恶化，漆膜模糊不清而且发黏，根本就无法进行磨光与修整；如果温度低于15℃，石蜡将会在涂层

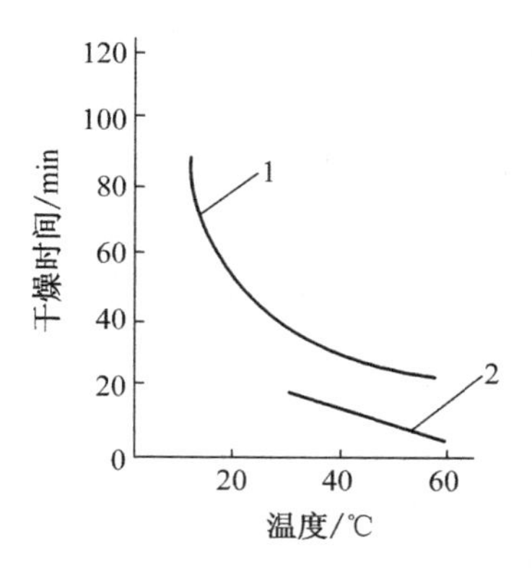

图6-2 硝基漆涂层干燥温度与时间的关系

1. 对流干燥 2. 辐射干燥

内结晶，也会引起漆膜模糊。非蜡型不饱和聚酯漆，如采用薄膜隔氧法固化，可以在较高的温度下进行。不同的引发剂有各自的最佳引发温度，如过氧化环己酮的最佳引发温度为20~60℃，而过氧化苯甲酰的最佳引发温度为60~120℃。因此，在涂饰不饱和聚酯涂料后可以用红外线辐射等方法适当加热以加速涂层的固化。涂料中引发剂和促进剂的用量与配比对于固化速度是有很大影响的，见图6-3，用量少则固化时间长，加大用量可使固化时间缩短；但是如果用量过多，也将会降低漆膜的性能。

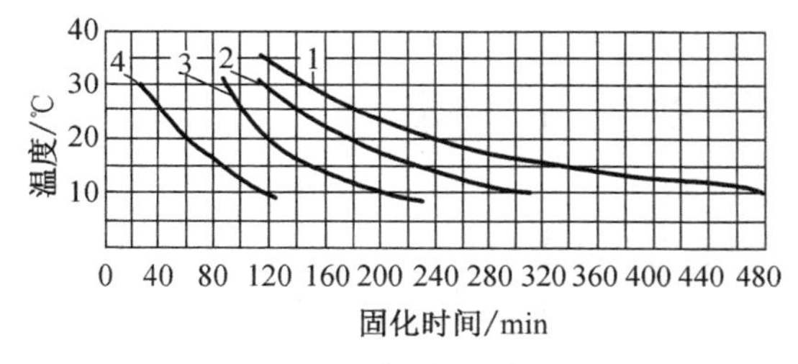

图6-3 不同引发剂、促进剂的用量和配比与固化时间的关系

1. 引发剂0.5%，促进剂0.5% 2. 引发剂1%，促进剂1%
3. 引发剂1%，促进剂2% 4. 引发剂2%，促进剂2%

用于木制品表面涂饰的聚氨酯漆，主要是双组分羟基固化型涂料，可以采用高温干燥，提高生产效率，但考虑高温对木制基材的影响，干燥温度不宜超过70℃。此类涂料的固化时间要比硝基漆长，不同品牌的固化速度也不一样。

6.1.4.4 空气湿度

大部分涂料在相对湿度为45%~65%的空气中干燥最为合适。湿度过大时，涂层中的水分蒸发速度降低，溶剂挥发速度变慢，因而会减慢涂层的干燥速度。如果空气过分潮湿，不仅会使干燥过程缓慢，而且容易造成漆膜模糊不清和出现其他缺陷。相对湿度对挥发性漆的干燥速度影响不明显，但对成膜质量关系很大；尤其当气温低、相对湿度超过70%时，涂层极易产生“发白”现象。

对于油性漆，当空气相对湿度超过70%时，其对涂层干燥速度的影响要比温度对干燥速度的影响还要显著。

6.1.4.5 通风条件

涂层干燥时要有相应的通风措施，使涂层表面有适宜的空气流通，及时排走溶剂蒸气。增加空气流通可以减少干燥时间，提高干燥效率。新鲜空气供应量以及涂层表面风速应经过计算与试验确定，才能提高干燥效率，保证干燥质量。

空气流通有利于涂层溶剂挥发和溶剂蒸气排除，并能确保干燥场所的安全。密闭的溶剂蒸气浓度高的环境下，漆膜干燥缓慢，甚至不干。

采用热空气干燥时，通风造成热空气循环，其干燥效果在很大程度上取决于空气流动速度。流动速度越大，热量传递效果越好，但气流速度过大，会影响漆膜质量。热空气干燥一般采用低气流速度0.5~5.0m/s，温度为30~150℃。高气流速度为5~25m/s。

空气流动方向也是至关重要的。风向与涂层平行时，基材的长度是个不可忽视的因素。在风速不变的条件下，空气传递温度与基材长度之间关系如图6-4所示。

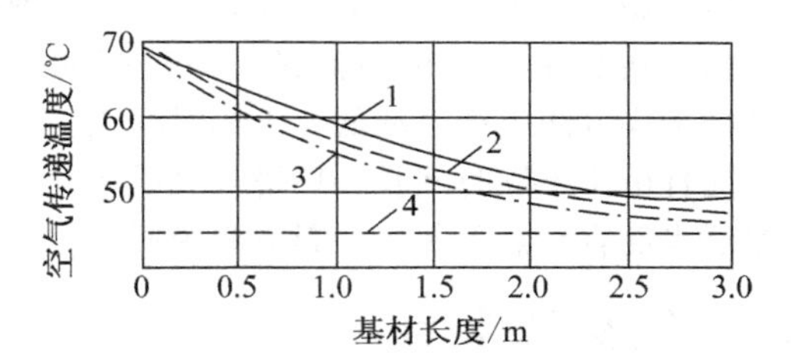

图6-4 空气传递温度与基材长度关系

1. 风速15m/s 2. 风速9m/s
3. 风速3m/s 4. 基材温度

风向与涂层垂直时，风速可进一步提高，传热条件因而大为改善。以酸固化漆为例，平行和垂直送风的涂层干燥时间对比见表6-1。表中数据表明，在其他条件相同时，垂直送风热空气干燥优于平行送风。

表6-1 两种送风方向的涂层干燥时间对比

涂层干燥工序	平行送风	垂直送风
晾置时间/min	1	1
预热干燥时间/min	5	2
固化时间/min	3	1
冷却时间/min	5	1
整个干燥时间/min	14	5

总之，无论自然干燥或人工干燥，空气流通有利于干燥场所的温度均匀。此外，空气流通能及时供应氧气，有利于油性漆涂层的氧化聚合反应，但过大的气流速度容易使油性涂料激烈地接触新鲜空气，使表层固化过快，而涂层内部仍存在溶剂，从而使漆膜产生皱纹、失光等缺陷。

6.1.4.6 外界条件

对于靠化学反应成膜的涂料，其涂层固化是一个复杂的化学反应过程。固化速度与树脂的性质、固化剂和催化剂的加入量密切相关，而温度、红外线、紫外线等往往能加速这种反应的进行。外界条件作用的大小，又取决于外界条件与涂料性质相适应的程度。如光敏涂料在强紫外线照射下，只需几秒钟就能固化成膜；若采用红外线或其他加热方法干燥，则很难固化，甚至不会固化。所以，涂层干燥方法要根据所用涂料的性质进行合理选择。

6.2 自然干燥

目前，木制品生产普遍使用的涂料有醇酸漆、硝基漆、双组分聚氨酯漆、聚酯漆等，均属常温固化型。对于这些涂料干燥，现在多采用自然干燥方法。所谓自然干燥就是不使用任何干燥装置，不采取任何人工措施，在20℃左右的室温条件下进行的涂层干燥。这种干燥方法生产效率低、干燥时间长、占用面积大，而且由于干燥时间长，环境空气质量又难以控制，涂层表面容易沾附灰尘，影响漆膜质量。

6.2.1 自然干燥特点

由于我国木材加工与家具生产企业组织现代化生产起步比较晚，专业化生产还没有真正建立起来，涂饰车间技术装备还不完善，所以，目前大多数企业还都采用自然干燥法。自然干燥有如下特点：

(1) 方法简便：自然干燥既不需要任何干燥设备，又不需要复杂的操作技术。如果涂饰采用干燥较慢的漆种，单班生产，可充分利用班后时间进行涂层干燥。

(2) 适应范围广泛：根据目前家具生产所用涂料类型，绝大多数漆种都能够适用，不需要进行设备投入与改造。

(3) 干燥缓慢：自然干燥涂层的干燥时间很长，生产效率低，占地面积大，不适合大批量流水线生产。

(4) 需要适度通风和控制温湿度：自然干燥也应做好干燥场所的适度通风和控制温湿度。温度要求不低于10℃，空气相对湿度不高于70%，干燥环境空气清洁。涂层自干速度与气温、湿度和风速等有关。一般温度越高，湿度越低，进行适度换气，自干条件就越好。反之，温度低，湿度大，通风换气差，干燥变慢，漆膜容易出现各种质量缺陷。

6.2.2 自然干燥方法

自然干燥方法主要有以下两种：

(1) 直接在涂饰现场就地干燥。干燥时涂饰制品之间应至少留出0.5m的距离；小型物品、零部件干燥可以放在专用的架子上，放置时应使涂饰后的表面能与空气充分接触。

此法干燥漆膜表面质量差，干燥速度慢，适合于快干漆。干燥过程中挥发出的溶剂蒸气有害于工人身体健康，并有产生火灾的危险。

(2) 专门自然干燥室干燥。对于聚氨酯漆、硝基漆、醇溶性漆等，在涂层干燥时，由于产生大量有害气体，对操作者不利，并容易引起火灾。自然干燥宜放入专门的自然干燥室干燥，而不应在油漆施工场地直接干燥。此种干燥室应适当增加采暖设施，以便冬季也能保证室内达到20℃左右的温度条件。同时应有通风装置，以便及时排除挥发出来的有害气体，防止火灾。

6.3 热空气干燥

为了克服自然干燥的一些弊端，应尽可能采用人工干燥的方法来加速涂层干燥（固化）的过程。人工干燥方法不仅有利于获得好的漆膜质量，干燥时间短，而且适合大批量生产，涂饰操作可有节奏地相互协调进行。

热空气干燥也称对流干燥或热风干燥，即先将空气加热到40～80℃，然后用热空气加热涂层使之达到快速干燥的方法。

6.3.1 热空气干燥特点

热空气干燥是应用对流传热的原理对涂层进行加热干燥的方法。常用电或蒸汽作为热源，先使空气加热，热量通过对流方式由热空气传递给涂层表面，使涂层得到快速干燥。采用热空气干燥时，涂层周围的热空气是加热介质。涂层总是具有一定厚度的，热量要从涂层表面传达到里层边界，这就需要一定的时间。传热的速度，取决于涂层的厚度及其导热能力。因此，对流加热时，涂层表面总是先被加热。干燥初期，表层的溶剂蒸发最强烈，涂层的固化也是先从表层开始，随后逐渐地扩展到下层，致使底层最后干燥。涂层热空气干燥的原理如图6-5所示，带圆圈的箭头表示溶剂蒸气移动的方向，带十字的箭头表示热量传递的方向。即涂层干燥时，溶剂蒸气从内向外逸出，与热量由外向内传递的方向正相反。

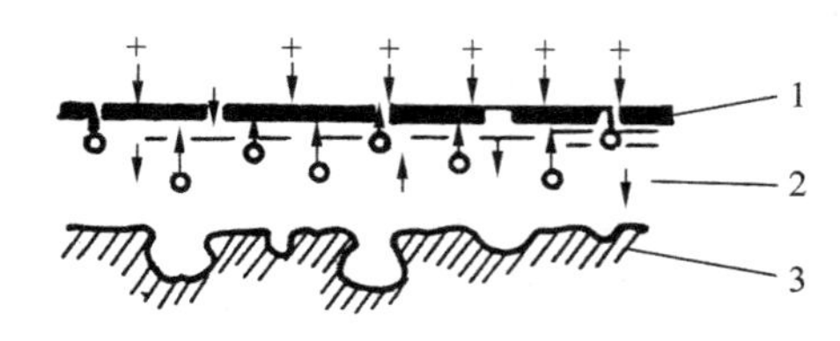

图6-5 涂层热空气干燥原理示意图

1. 已成膜的涂层 2. 未成膜的液体涂层 3. 基材

热空气干燥木质基材表面的涂层，如果是挥发型漆，一般将空气加热到40～60℃；非挥发型漆可在60～80℃条件下干燥。干燥涂层时，木材也被加热，因此温度控制要得当。随着温度的提高，木材中水分蒸发，木材将产生收缩、变形，甚至开裂；木材导管中的空气受热膨胀逸出可能造成漆膜产生气泡、针孔等缺陷；有时还会因为加热而使材色变深。所以，木质家具表面涂层的加热温度不宜过高。热空气干燥特点是：

（1）适应性强，应用广泛。在涂层干燥中，热空气干燥是应用较为广泛的一种人工干燥形式。它适用于各种尺寸、不同形式的工件表面涂层的干燥，既能干燥组装好的整体木制品，也能干燥可拆装的零部件，特别适用于形状复杂的工件。

（2）涂层干燥速度较快，比自然干燥快许多倍。例如油性漆涂层干燥时，当温度由20℃提高到80℃，干燥时间可减至1/10。

（3）设备使用、管理和维护较为方便，运行费用较低。

（4）热效率低，升温时间长。热空气干燥热能传递是间接的，需要空气作中间介质。热源通过空气传递到涂层，中间介质会造成热损失，增加了额外的能量消耗，热效率较低。由于空气为中间介质，其热惰性大，升温时间长。

（5）温升不能过高过快。热空气干燥涂层时，其热量的传递方向与溶剂蒸气的跑出方向正相反。干燥初期，如果升温过快、过高，涂层表层结膜就越快，这样就会阻碍涂层下层溶剂的自由排出，延缓涂层干燥过程，甚至影响成膜质量。因为当涂层内部急骤蒸发的溶剂继续排出时，会冲击表面硬膜，其结果是使漆膜表面出现针孔或气泡。为避免上述缺点，涂饰完后的液体层应预先在室温条件下陈放静置一段时间，以使涂层大部分溶剂挥发掉，并让涂层得到充分流平，然后，再在较高温度条件下使涂层进一步固化。因此，必须根据涂料的性质合理确定干燥规程，才能保证干燥质量。

（6）设备庞大，占地面积大。

6.3.2 热空气干燥室

热空气干燥室是采用对流原理，以空气为载热体，将热能传递给工件表面的涂层，涂层吸收能量后固化成膜。

6.3.2.1 干燥室类型

热空气干燥室类型很多。按作业方式分，有周期式和通过式两种；按所用热源可分为热水、蒸汽、电及天然气等多种；按热空气在室内的对流方式可分为强制对流循环和自然对流循环。木制品生产企业涂层固化常用周期式或通过式强制循环的对流式干燥室。

周期式干燥室也称尽头式或死端式干燥室。可以做成单室式或多室式。周期式干燥室周围三面封闭，只在一端开门，被干燥的制品或零部件定期从门送入，关起门来干燥，干燥后再从同一门取出。此类干燥室装卸时间较长，利用率低，主要用于小批量生产企业。

周期式干燥室按热空气对流方式可分为两种。

（1）周期式自然循环热空气干燥室。见图6-6，冷空气从进气孔8经加热器5进入室内，靠冷热空气的自然对流向上流动，在分流器1处转向穿过多层装载车7。这种类型干燥室的优点是结构简单，缺点是干燥速度慢，很难控制工艺条件。

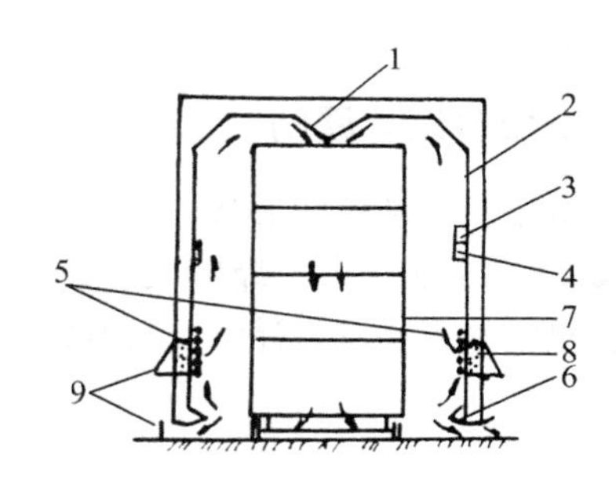

图6-6 周期式自然循环热空气干燥室

1. 空气分流器 2. 空心保温墙 3. 温湿度计 4. 湿度调节器 5. 加热器 6. 排气孔 7. 多层装载车 8. 进气孔 9. 气阀

（2）周期式强制循环热空气干燥室。见图6-7，冷空气在轴流风机的作用下，从进气孔9经空气过滤器10进入室内，加热器3将空气加热后，在室内横向循环。气阀1和8可分别调节进出气量。

通过式干燥室，工件装载在干燥室一头，而卸载在另一头。干燥室两端开门，被涂饰的工件由运输机带动，从一端进入向另一端移动，涂层在移动过程中干燥。移动方式可分为连续和间歇两种，后者每间隔一定时间移动一段距离。通过式干燥室内通常形成温度、风速、换气量不同的几个区段，可按交变的干燥规程来干燥涂层。

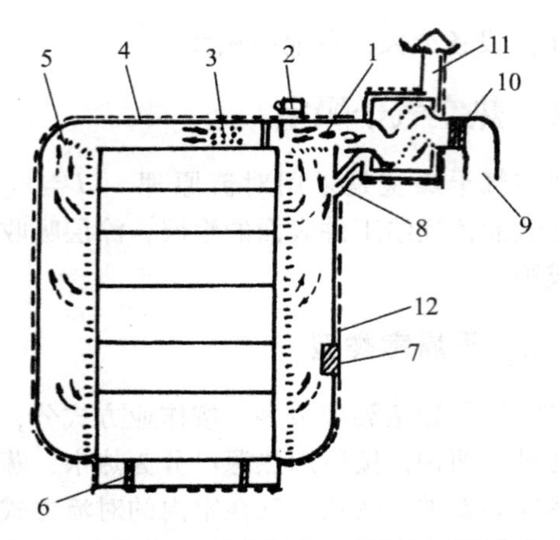

图 6-7 周期式强制循环热空气干燥室

1. 气阀 2. 正反转电动机 3. 加热器 4. 保温层 5. 气流导向板 6. 载料台 7. 湿度调节器 8. 气阀 9. 进气孔 10. 空气过滤器 11. 排气孔 12. 温湿度计

将涂饰后的工件送到干燥室内的运输装置，有移动式多层小车，带式、板式、悬吊式和辊筒式运输机等。

图 6-8 是一种专门干燥板式部件的通过式强制循环热空气干燥室。装载板式部件小车吊在高架单轨上，由传动装置牵引，沿导轨间歇动作向前移动。工件从干燥室的一端装到小车上，在干燥室的另一端卸下，空的小车沿另一侧导轨返回。干燥室共分三个区段，第一区段为流平区；第二区段为固化区；第三区段为冷却区。

6.3.2.2 干燥室设计原则

由于家具及其零部件的形状规格不一，采用的涂料品种有多种，故热空气干燥室没有统一的设计标准。在进行热空气干燥室设计时，基本原则如下：

（1）干燥室内温度应尽量均匀，对蒸气加热干燥室来说，室内温度波动范围应控制在 7～10℃。

（2）应尽量缩短干燥室的升温时间。通常要求 45～60min，室内温度应达到要求的干燥温度。

（3）尽量减少干燥室不必要的热量损失。

（4）干燥室内循环热空气必须清洁，以免影响涂层的表面质量。

（5）干燥室的设计必须考虑防火、防爆、减少噪声和环境污染等因素。

6.3.2.3 热空气干燥室的主要结构

各种类型的热空气干燥室，一般由室体、加热系统、温度调节系统、运输装置等部分组成。图 6-9 为热空气干燥室结构组成示意图。

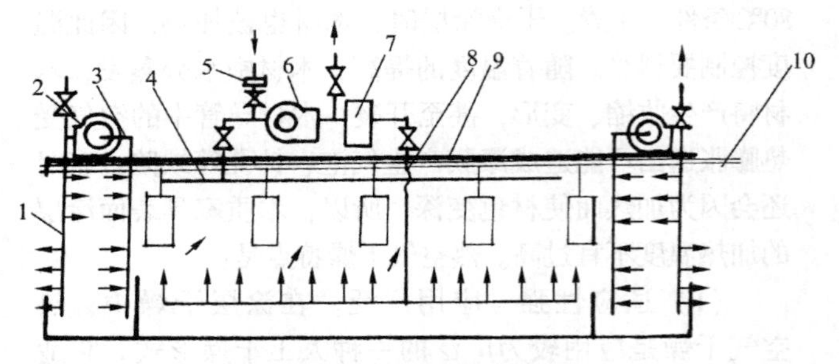

图 6-9 热空气干燥室结构组成示意图

1. 空气幕送风管 2. 风幕风机 3. 风幕吸风管 4. 吸风管道 5. 空气过滤器 6. 循环风机 7. 空气加热器 8. 压力风道 9. 室体 10. 悬链运输机

干燥室的室体作用是使循环的热空气不向外流出，维持干燥室内的热量，使室内温度保持在一定的范围之内。室体也是安装干燥室其他部件的基础。由于热空气干燥设备的类型不同，干燥室室体的形式也

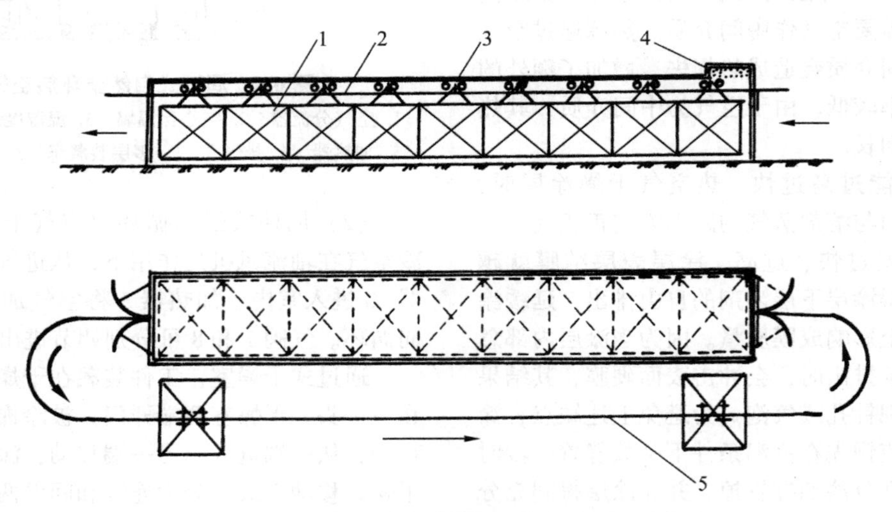

图 6-8 通过式强制循环热空气干燥室示意图

1. 小车 2. 轨道 3. 支架 4. 动力装置 5. 回车轨道

多种多样。

全钢结构的室体由骨架和护板构成箱型封闭空间结构。骨架是由型钢组成封闭矩型钢架系统。骨架应具有足够的强度和钢度，使室体具有较高的承载能力。骨架的周围铺设护板，护板的作用是使室体保温和密封。护板与骨架之间常用螺栓固定。护板内敷设保温层，保温层的作用是使室体密封和保温，减少干燥室的热量损失，提高热效率。常用的保温材料有矿渣棉、玻璃纤维棉、硅酸铝纤维和膨胀珍珠岩等。

除了金属结构的室体外，还有砖石结构和钢骨砖石混合结构的室体。砖石结构的围壁可以用红砖砌成，砖壁厚度在 12.5cm 以上。围壁内可以使用静止空气层作为保温层，也能得到良好的保温效果。

室体的地面要求导热性小，保温能力强，一般采用红砖上加水泥抹面或混凝土地面。为了减少室内热量损失，可以在地面铺设保温层以提高地面的保温能力。

热空气干燥室的加热系统是加热空气的装置，它能把进入干燥室内的空气加热到一定温度范围。通过加热系统的风机将热空气引进干燥室内，并形成环流在室内流动。连续地加热使涂层得以干燥。为了保证干燥室内的溶剂蒸发浓度处于安全范围之内，加热系统需要排出一部分带有溶剂蒸气的热空气。同时，需从室外吸入一部分新鲜空气予以补充。

热空气干燥室的加热系统一般由风管、空气过滤器、空气加热器和风机等部件组成。

空气幕装置是在干燥室的进出口门洞处，用风机喷射高速气流而形成的。对于连续通过式干燥室，由于工件连续通过，工件进出口门洞始终是敞开的，为了防止热空气从干燥室流出和冷空气流入，减少干燥室的热量损失，提高热效率，通常在干燥室进出口门洞处设置空气幕装置。

温度控制系统的作用是调节干燥室内温度高低和使温度均匀。热空气干燥室温度的调节有两种方法，即调节循环热空气量和调节循环热空气的温度。

调节循环热空气量主要通过调整风机风量和进排风管上阀门开启大小来实现。通过调节加热器的加热热源来调整循环热空气的温度的方法也得到广泛应用。常用可控硅调控器来控制干燥室的温度。

6.3.3　热空气干燥工艺条件

涂层干燥工艺规程是指合理地确定涂层干燥的各种技术参数，并编制成指导生产的技术文件。制定涂层干燥工艺规程考虑的主要工艺因素是涂料性能、涂层厚度及干燥方法。

（1）对于涂饰过染料水溶液的木材表面，最好将其放在 60℃ 的气温下进行干燥。见图 6-1 涂层加热温度与干燥时间的关系。

（2）油性漆涂层干燥时，温度宜在 80℃ 以下。

（3）挥发型漆的涂层干燥，主要是通过提高加热温度和降低空气湿度及增加空气的流速来加快溶剂的挥发，使之迅速干燥成膜。但温度过高，空气流速过大，则会导致涂膜起泡或皱皮，涂层越厚，起泡和皱皮现象越严重。因此，随着涂层的增厚，加热的温度和空气的流速就得适当减小。热空气加热干燥硝基漆涂层，一般不超过 50℃，特别是干燥初始阶段不宜超过 35℃，最好在 30℃ 的气温中干燥 5 ~ 10min。以使涂层得以充分流平并让大部分溶剂挥发掉，然后再进行高温干燥。待涂层干后，再缓慢降温，以减少涂膜的内应力。防止皱皮现象发生。

硝基漆涂层的干燥时间，与它的溶剂的组成及含量、涂层厚度、干燥介质状况等因素有关。在通常情况下，采用热空气干燥，高温区的气温保持在 40 ~ 45℃ 的范围内，涂层干燥 15 ~ 20min。

挥发型漆涂层常采用分段干燥的方法，随着干燥时间的增加，按温度划分为三个阶段。例如硝基漆，开始时温度低些，常为 20 ~ 25℃，此时溶剂激烈蒸发；然后加热温度提高，至 40 ~ 45℃，此时溶剂已不再大量蒸发，涂层基本固化；最后阶段再降低温度到 20 ~ 25℃，使漆膜稳定。至于每段时间的长短，需根据涂料种类与涂层厚度和下一步加工特点来确定。

（4）酸固化氨基醇酸漆中，固化剂的加入量为涂料重量的 5% ~ 10%，应根据气温而定。在 15℃ 时约为 10%，20℃ 时约为 8%，25 ~ 30℃ 时约为 5%。需快干时，最好提高温度。因为加大固化剂用量，在加速涂层固化同时，也将使硬度增高，活性期缩短，易引起漆膜发白或开裂。酸固化氨基醇酸树脂漆的干燥时间、温度和固化剂用量的关系如图 6-10 所示。

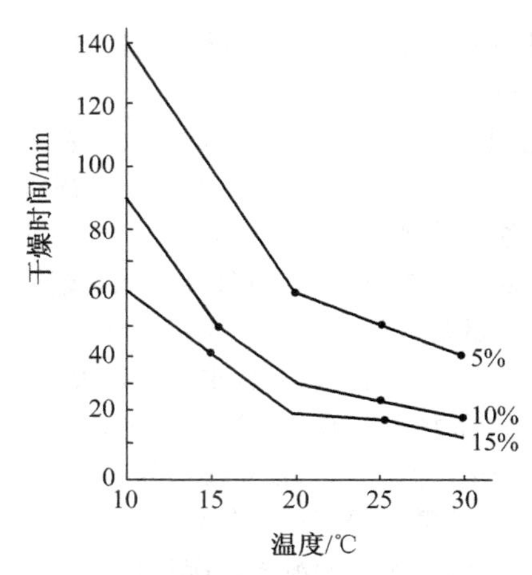

图 6-10　酸固化氨基醇酸树脂漆的干燥时间、温度和固化剂用量的关系

6.4 预热干燥

预热干燥法就是在涂饰涂料之前，预先将基材表面加热，使基材蓄积一定的热量，当涂饰涂料之后，由基材蓄积的热量传递给涂层，促进涂层内溶剂的蒸发以及化学反应的进行，从而加速涂层固化的一种干燥方法。

6.4.1 预热干燥特点

预先加热材料表面，对涂层干燥是十分有利的，因为这时热量的传递是自下而上进行的，热量是从木材传到涂层，与溶剂蒸气蒸发的方面一致。于是，首先是涂层的下层被加热，涂层自下而上干燥固化，涂层中的溶剂蒸气可以顺利地从涂层中散发出来，从而缩短了干燥时间。涂层预热干燥原理见图6-11。

用预热法干燥涂层，还能改善成膜质量；由于涂料一接触热的木材，黏度立刻降低，这就有助于改善其在木材表面的流平性。另外，由于木材经过预热，木材表面管孔中的空气膨胀，部分被排除，所以漆膜起泡的现象明显减少，有利于改进成膜质量。

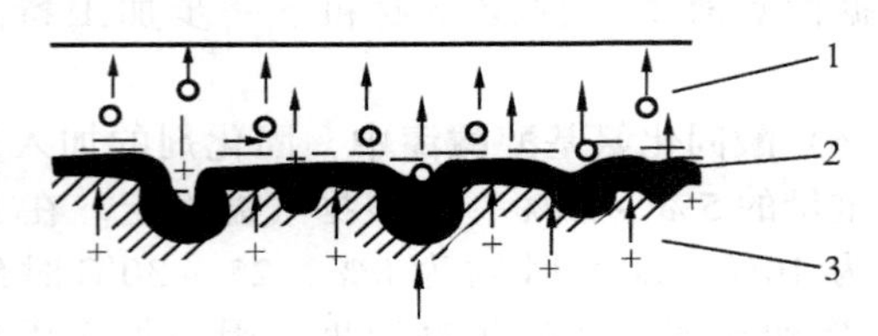

图6-11 涂层预热干燥原理示意图
1. 溶剂继续蒸发的液体涂层 2. 涂层下面开始固化的薄膜 3. 基材

6.4.2 预热干燥方法

预热木材表面可以采用接触加热、辐射加热或热风对流加热等方法。

采用预热法时，涂料的组成、木材表面温度和涂饰涂料的方法，对流平情况和漆膜质量都有影响。预热法用于快干涂料时，效果较显著（如挥发型漆类）；对于慢干涂料（油性漆），则往往只能起辅助作用，这是因为木材的热容量较小，预先蓄积在木材上的热量，对于慢干涂料的涂层干燥过程来说，是很不够的。

对于涂饰方法来讲，预热法干燥涂层，适用于辊涂或淋涂法涂饰涂料，此时效果较好；如果进行喷涂，由于涂料微粒落在热的木材表面上蒸发太快(几乎在瞬间)，涂料的流平情况反而不好。

预热法在国外应用较多，如家具板式部件，地板、门板、方料、门框以门装饰板等的涂层干燥。

由于在涂饰涂料之后的第一阶段里，挥发分激烈蒸发，因此对于经过预热并涂饰过涂料的零部件，还需要有一个专门的场所（干燥室或干燥装置）用于稳定涂层，并装设较大的通风系统。

6.5 红外线辐射干燥

红外线干燥是利用红外线辐射器发出的红外线来照射涂层，加速涂层干燥的方法。由于红外线干燥具有较多的优点，特别是远红外线干燥对涂层能发挥更好的效果，因而得到广泛的应用。

6.5.1 红外线性质

红外线是电磁波的一种，波长范围为0.76～1000μm。通常将红外线分成两部分，波长小于5.6μm，离红色光较近的称为近红外线；波长大于5.6μm，离红色光较远的称为远红外线。分近、远红外线是相对的，也有人将红外线分为近红外线、中红外线和远红外线。波长在2μm以下称近红外线；波长为2～25μm的称为中红外线；波长为25～1000μm的称为远红外线。

红外线的产生与温度有着密切关系。自然界里所有物体，当其温度高于绝对零度（即－273.15℃）时，都会辐射红外线。其辐射能量大小和波长的分布情况是由物体的表面温度决定的。物体表面辐射能量与物体表面温度的四次方成正比；物体辐射能量最大的波长区间（称为峰值波长）随着温度的升高向波长短的方向移动，温度较低时的峰值波长比温度较高时长，即一个物体温度越高，越能辐射波长较短的近红外线，而温度较低时能辐射波长较长的红外线。

红外线一旦被物体吸收，红外线辐射能量就转化为热能，加热物体使其温度升高。当红外线辐射器产生的电磁波（即红外线）以光速直接传播到某物体表面，其发射频率与物体分子运动的固有频率相匹配时，就引起该物体分子的强烈振动，在物体内部发生激烈摩擦产生热量，所以常称红外线为热辐射线，称红外辐射为热辐射或温度辐射。根据红外线的这种性质，当利用红外线辐射涂层时能够加热涂层而使其加速干燥。当一束红外线照射到涂层表面时，一部分被涂层表面反射，一部分进入涂层内部被涂层吸收，转化成热能从涂层内部加热涂层，还有一部分透过涂层到基材表面与内部，并由辐射能转化为热能从涂层下面加热涂层。这种自发热效应能快速有效地加热涂层，而且涂层的固化是由内而外、自下而上进行的，干燥过程与预热干燥相似，干燥效果较好。红外线照射、反射、吸收和透过示意图见图6-12。

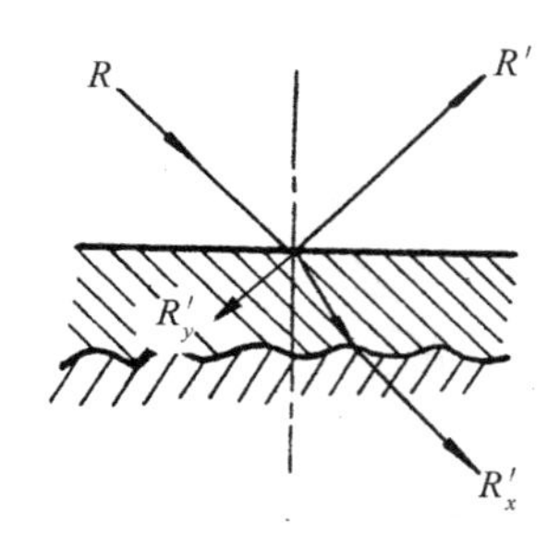

图6-12 红外线照射（R）、反射（R′）、吸收（R'_y）和透过（R'_x）示意图

当用近红外线辐射涂层表面时，其辐射能量约10%被涂层吸收，约30%被涂层表面反射，其余约60%透过涂层被基材吸收，转化成熟能，从涂层下面加热涂层。当用远红外线辐射涂层表面时，约有50%的辐射能被涂层吸收，涂层表面对红外线的反射率很低，低于5%，余下的约45%是被基材吸收，转化成熟能，从涂层下面加热涂层。

涂料能很好地吸收红外线辐射能，是因为这些有机高分子物质的振荡波谱为3～10μm，对3～50μm的远红外线能很好地吸收，由于辐射的红外线频率与涂料高分子物质的分子振荡频率相匹配，引起涂料高分子产生激烈的分子共振现象，涂层内部迅速均匀加热，加热速度快，效果好，所以用远红外线比用近红外线干燥涂层的效果更高、更好。在远红外线干燥中，由于涂层表面溶剂的不断蒸发吸热，使涂层表面温度降低，造成内部温度比表面温度高，更有利于溶剂的挥发，从而可提高漆膜质量。除光敏涂料和电子线固化涂料以外，几乎所有涂料的涂层都可以用远红外线加热干燥。

6.5.2 红外线辐射干燥特点

（1）干燥速度快，生产效率高。与热空气干燥相比，干燥时间可缩短3～5倍。特别适用于大面积表层的加热干燥。

（2）干燥质量好。在红外辐射过程中，一部分红外线被涂层吸收，另一部分透过涂层至基材表面，在基材表面与涂层底部产生热能交换，使热传导的方向与溶剂蒸发方向一致。这样，不仅加热速度快，而且避免了干燥过程中产生针孔、气泡、橘皮等缺陷。另外，红外线干燥不需要大量循环空气流动，因此飞扬尘埃少，涂层表面清洁，干燥质量好。

（3）升温迅速，热效率高。辐射干燥不需中间媒介，可直接由热源传递到涂层，故升温迅速。它没有因中间介质引起的热消耗，减少部分热空气带走的热量，因此热效率高。

（4）设备紧凑，使用灵活。由于红外辐射干燥时间短，故设备长度短、占地面积小。结构上比热空气干燥设备简单、紧凑，便于施工安装。使用灵活、操作简单，用变压器调节温度很方便。

（5）对工件形状有一定要求。由于红外线直线传播，某些照射不到的地方涂层难以干燥。应考虑辐射器的排列方式，特别是反射板的设计，必须考虑如何尽量提高照射效率。对于几何形状复杂的工件，照射阴影较严重，也难以控制照射距离使其大致相等。可能造成辐射距离近的工件表面漆膜变色，而较远或阴影部分不完全干燥的现象。复杂工件干燥质量难以保证。

（6）由于涂层升温迅速，短时间内（20～30min）涂层固化，有时溶剂来不及蒸发，也影响成膜质量，应加以控制。

（7）温度过高，漆膜有变色变脆的危险，淡红色的漆膜往往更容易变色。

6.5.3 红外线干燥设备

生产中采用红外线干燥涂层时，常用一定数量的红外线辐射器组装成通过式干燥室。涂饰过的零部件或制品，用传送装置载送，在干燥室中通过，使涂层固化。

远红外线辐射干燥，是应用较早的一种辐射干燥法。它在很多方面优于热空气干燥，但也有不足之处。因此，现在已有将两者合为一体的远红外辐射热空气干燥室。

目前国内尚未有定型的干燥室，要根据生产具体条件进行设计。在设计干燥室时，要选择合适的辐射器并合理布置。确定最佳的辐射温度与距离，确定干燥室尺寸与结构，并需考虑干燥室的保温与通风等因素。

6.5.3.1 干燥室结构

红外线干燥室结构与热空气干燥室的一样，可以设计成周期式，也可以设计成通过式。图6-13为远红外线辐射干燥室结构示意图。

远红外辐射干燥室主要由室体、辐射加热器、通风系统、温度控制系统等组成。

远红外干燥室的室体类型、结构要求等，可参照一般的热空气干燥室。但其尺寸要小，且很少有砖结构。

作为辐射干燥室主体的室体，其作用是保持干燥室内一定温度，减少热量损失，提高干燥效果。室体断面尺寸大小和形状的设计及辐射器的配置，根据被加热工件的性质、形状和大小以及所选用的辐射器类型、温度和照射距离等因素确定。室体的长度与体积，则根据工件大小、加热时间、运输速度和产量来决定。

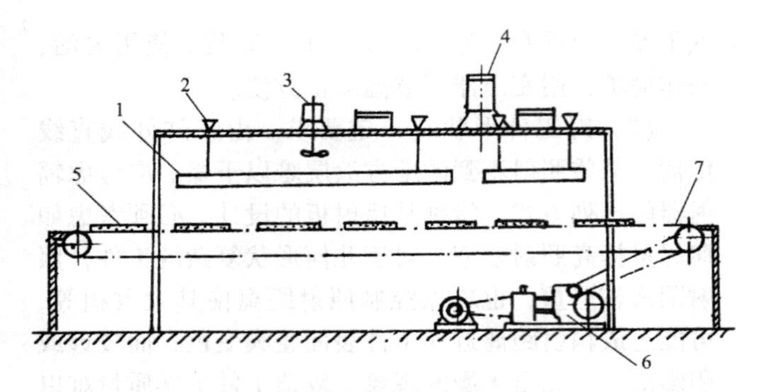

图 6-13 远红外线辐射干燥室结构示意图

1. 板状远红外线辐射器 2. 调整装置 3. 通风机 4. 排气孔 5. 涂漆零件 6. 传动装置 7. 运输链

远红外线加热干燥是利用辐射加热，但实际上不可能是单纯的辐射加热。当远红外辐射器工作时，也在一定程度上加热了室内空气，因此热空气加热也起一定作用。所以，干燥室还要有适当的保温措施，在室体内覆盖绝热材料，以减少热损失和改善操作条件。

辐射加热器又称辐射元件，是指能发射远红外线的元件。辐射加热器由远红外涂层、发热体、基体及附件组成。

常用辐射涂层是位于化学元素周期表 2、3、4、5 周期的大多数元素的氧化物、碳化物、氮化物、硫化物、硼化物等，在一定的温度下，都会不同程度地辐射出不同波长的红外线。可按需要选择一种或多种物质混合，以不同工艺方法涂于辐射器表面。选择远红外元件时，要根据不同涂层的要求选择波长与涂层相匹配的远红外涂层。

热源的作用是给辐射涂层提供足够的热量，使其辐射出远红外线。理论研究表明，辐射涂层所辐射远红外线的能量，与辐射器表面绝对温度的四次方成正比。因此，提高温度可以增加远红外线的辐射量。通常采用电、煤、蒸气等作为热源，实际应用最多的是电阻丝加热，即电热远红外线。

6.5.3.2 电热远红外线辐射器

电热远红外线辐射器可分为灯式、管式、板式三种。

灯式远红外线辐射器由辐射元件和反射罩组成，见图 6-14。这种灯式辐射器发射出的远红外线大部分经反射罩会聚后，以平行线方向发射出去，无方向性。因此，在不同照射距离上造成温差不大，照射距离 20cm 和 50cm 处温差小于 20℃，适于处理大型工件和形状复杂工件。装配简单，维修容易。灯式辐射器规格有 175W、250W、350W 等，灯泡表面温度为 600～700℃。

氧化镁管式远红外线辐射器的结构示意图，如图

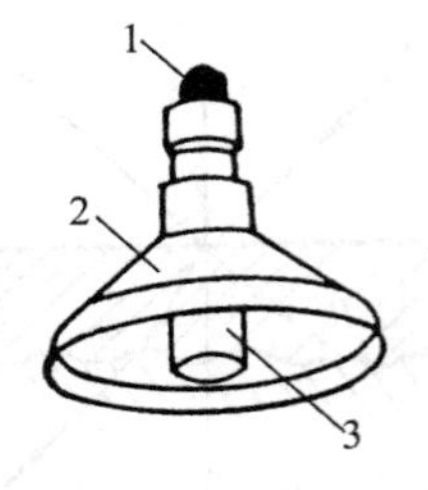

图 6-14 灯式远红外线辐射器

1. 灯头 2. 反射罩 3. 辐射元件

6-15 所示。辐射器内部有一条旋绕的电阻丝，外面是一根无缝钢管，在电阻丝与管壁间的空隙中，紧密地填满结晶态的氧化镁，使其具有良好的导热性和绝缘性。管壁外面涂覆一层远红外线辐射材料，在管子背面装有铝质反射板。当电阻丝通电加热时，管子表面温度可达 600～700℃，放射出几乎不可见的远红外线，其辐射强度为 $2.5\sim3.0\mathrm{W/cm^2}$。当使用反射板时，实际辐射强度为：

$$Z=(2.5\sim3.0)\times d\pi/w\ (\mathrm{W/cm^2})$$

式中：w —— 反射板宽度，cm；

d——钢管直径，cm。

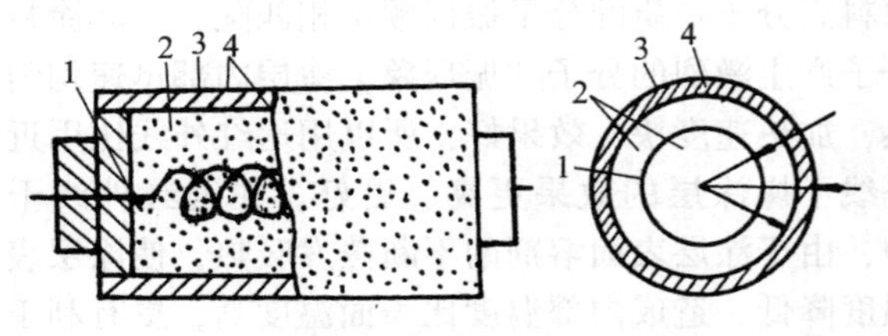

图 6-15 氧化镁管式远红外线辐射器结构示意图

1. 电阻丝 2. 氧化镁粉 3. 无缝钢管 4. 辐射层

反射板的形状，应根据光学设计原理，使远红外线能平行反射出来。由于涂料的挥发物凝结，使反射板污染，反射强度将大大减少，因此，要经常加以清理。

管式辐射器所发射红外线波长在 3～50μm，具有体积小、坚固、耐冲击、防火防爆、使用寿命长等优点，广泛应用于干燥小型零件和形状不复杂的平表面涂层。

板式远红外线辐射器结构，如图 6-16 所示。电阻丝夹在碳化硅板或石英砂板沟槽中间，其后设有保温盒，内填辐射率低、绝热性好的填料。在碳化硅板或石英砂板的外表面，涂覆一层远红外涂料。

板式远红外线辐射器的特点是热传导性好，省电，温度分布均匀，适于加热板式部件涂层，不用反射板，维修方便，结构简单，能耐高温。

为了提高热效率和适应不同的加热方式，远红外线辐射器还可以做成各种特殊形状。如筒形、半圆形、圆弧形、方形、T 形、网状等，大小也各不相

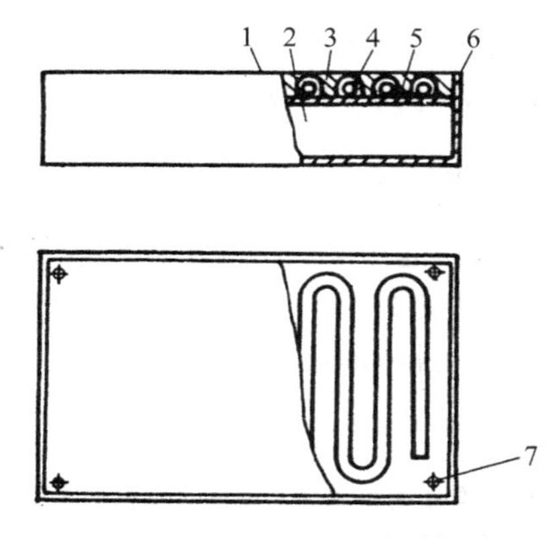

图6-16 板式远红外线辐射器

1. 碳化硅板 2. 保温材料 3. 氧化镁粉 4. 电阻丝 5. 石棉板 6. 远红外涂层 7. 安装孔

等，通称为异形辐射器。在使用过程中，还可以根据不同干燥对象而制成各种特殊的规格尺寸。

6.5.3.3 通风系统

辐射干燥室通风系统主要有三个作用。其一，保证室内溶剂蒸发出的浓度在爆炸下限以下；其二，加速水分和溶剂蒸气的排出，保证室内有一定相对湿度，有利于涂层固化；其三，应使室内气体在通过式干燥室的两端开口处不外逸，若有少量外逸，也应使溶剂蒸气浓度符合劳动卫生要求。

通风系统可分为两类：一类为自然排气，此类系统不用机械强制通风，而是利用干燥室的较高的废气压经烟囱排出；另一类为机械强制通风系统，有机溶剂型涂料均用此类系统。

强制通风系统主要由风机、主风管、主风道、支风管及蝶阀等组成。从进入干燥室一端计起，支风管的布置由密到疏。风口的风速取0.8～1.2m/s，空气循环速度不宜过快，特别是最初阶段。图6-17是一用于涂层固化的管式远红外辐射加热器设备结构图，采用这种设计的干燥设备，板件表面和侧边上的涂层可以同时被加热固化。

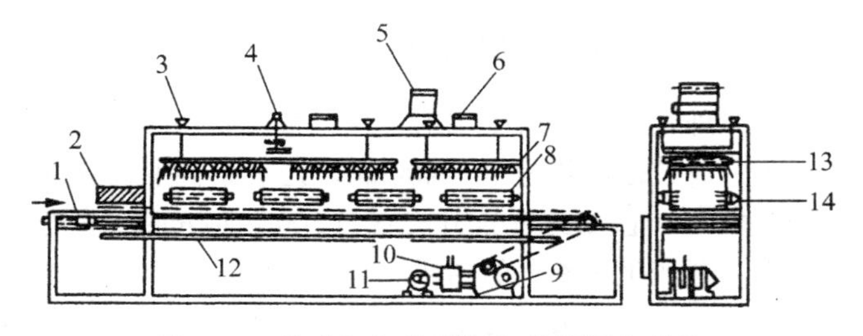

图6-17 管式远红外辐射加热器设备结构

1. 工作台 2. 工件 3. 调整装置 4. 风机 5、6. 排气口 7、13. 上方安装的远红外线辐射器 8、14. 侧面安装的远红外线辐射器 9. 电机 10. 减速器 11. 传动装置 12. 托台

6.5.3.4 温度控制系统

辐射干燥室温度控制系统，是保证室内各区段温度达到工艺要求的重要装置。温度控制系统由测量装置、显示仪表和控制仪表等组成。测量装置一般采用热电偶感温元件，温度检测点的布置可根据工艺要求来布置，对于横断面较小的干燥室，可在每段的中部设一检测点。温度控制可采用电路通断法、电压调整法及可控硅调压控制法等。

6.5.3.5 传送装置

远红外干燥室的工件输送装置，通常采用带式、辊筒式或链式运输机，传送速度一般为1～2m/min，且为连续传送。带式运输机要注意选取耐红外线辐射性能好的运输带，以防过早老化。

6.5.4 红外线干燥工艺条件

在进行辐射干燥过程中，辐射器表面温度、辐射波长、辐射距离、辐射器的组合与布置、挥发介质蒸气等因素会对辐射干燥产生影响。

6.5.4.1 辐射器表面温度

辐射器表面温度对辐射干燥有很大影响。首先，辐射器的辐射能量与其表面温度的四次方成正比，即表面温度增加很小，其辐射能量却增加很大。为获得高辐射强度，就应提高辐射表面的温度。其次，任何辐射干燥都不可能是单纯的辐射传热，在实际使用中，为了提高效率，减少对流传热损失，使对流热损失比例控制在50%以下，应使辐射器在较高的表面温度下工作，其温度不应低于400℃。但是，辐射器表面的温度不宜过高，因为物体辐射能量最大波长区间（峰值波长）随温度升高而向波长短的方向移动，辐射器表面温度过高会减少总辐射能量中远红外部分的比例，这对涂层的干燥是不利的。

所以，确定辐射器表面温度的主要依据是全辐射能量的大小和被加热物质的吸收特性。辐射器表面温度选择的原则是既要使其发射足够的辐射强度，又要考虑其波长范围尽可能在远红外区域内。根据这一原则，涂料的辐射干燥，其辐射器表面温度以350～550℃为宜。

6.5.4.2 辐射波长

辐射器发射的波长长短对被干燥涂层影响很大。对于涂料，尤其是高分子树脂型涂料，它们在红外及远红外波长范围内有很宽的吸收带，在不同的波长上有很多强烈的吸收峰。辐射器的辐射波长与涂料的吸收波长完全匹配，就能够提高辐射干燥的效率与速度，但实际上要做到波长的完全匹配是不可能的，只能做到相符或相近。对于涂层干燥，辐射器的辐射波长应处于远红外辐射范围内。

6.5.4.3 辐射距离

通常不能将辐射干燥室的辐射器视为点光源，所以，被加热物体接受辐射器表面辐射出来的能量与它们之间的距离关系不符合“与距离的平方成反比”定理（一般认为非点光源的辐射距离对辐射换热的影响不大），但许多干燥实验及实践证明，辐射距离的大小，直接影响红外线辐射强度。辐射距离越近，强度越大，干燥效率也越高，但干燥不均匀性也随之增加，当辐射距离小到一定范围，辐射强度也会显著减缓。距离越大则辐射强度越小，温度也低，干燥均匀性显著，但距离远到一定程度后，辐射强度的下降幅度会急骤增大，干燥效果也大大下降。

选择辐射器与涂层最佳距离，最好通过模拟试验来确定。根据实践经验得知，当工件相对于辐射器静止时可取 150～500mm，相对运动时视速度不同可取 10～150mm。

6.5.4.4 辐射器的组合与布置

辐射器的适当组合与合理工艺布置能使工件表面辐射均匀，从而保证干燥质量。辐射线是直线传播的，工件的表面应置于辐射器表面的法线方向上（指板状辐射器）。对于形状较复杂的工件，辐射器的布置以尽量减小其辐射阴影面积为宜。

辐射器的组合，可以是同种（灯式、管式、板式），也可是不同种的组合，应视需要而定。

红外线具有被反射、折射、吸收等性质。因此，为使其能集中于加热工件的方向，防止辐射能损失，必须安装反射率高的反射板。抛物线形的反射罩比平面形反射效率要高 30%。对于采用球面式旋转抛物面反射器的灯式辐射器，直辐射范围在各方向上的辐射强度基本上是相同的，所以组合起来没有方向性。辐射器之间距离一般为 150～250mm。

6.5.4.5 挥发介质蒸气

干燥过程挥发的水分及绝大多数溶剂的分子结构均为非对称的极性分子。它们固有的振动频率或转动频率大都位于红外线波段内，能强烈吸收与其频率相一致的红外线辐射能量。这样，不仅一部分辐射能量被水分及溶剂蒸气吸收，而且这些水分及溶剂蒸气在干燥室内散射，使辐射器辐射强度减弱，溶剂蒸气浓度大，将阻碍红外线通过，从而减弱了涂层得到的能量。由于这些挥发介质蒸气对辐射干燥不利，因此，干燥室内应有适当通风，使空气流通，加速水分和溶剂蒸气的排除。但必须注意，空气的流速不宜过大，否则将影响辐射器的工作效率。

6.5.4.6 干燥规程

（1）蜡型不饱和聚酯清漆涂层红外线辐射固化工艺条件，见表 6-2。

（2）聚酯色漆涂层红外线辐射固化工艺条件，见表 6-3。

表 6-2 蜡型不饱和聚酯清漆涂层红外线辐射固化工艺条件

工 序	工 艺 条 件
涂腻子	不饱和聚酯腻子，30～40g/m²
晾 置	50～60s
固 化	红外线辐射器，20～30s
淋涂涂料	蜡型不饱和聚酯清漆，60～80g/m²
晾 置	60～90s
固 化	红外线辐射器，20～30s
冷 却	100～120s

注：基材为贴面刨花板。

表 6-3 聚酯色漆涂层红外线辐射固化工艺条件

工 序	工 艺 条 件
淋涂涂料	不饱和聚酯色漆，200～250g/m²
晾 置	210～240s
固 化	红外线辐射器，50～60s
冷 却	100～120s

注：基材为贴面刨花板。

6.6 紫外线干燥

紫外线干燥即光固化，是利用紫外线照射光敏漆涂层使其迅速固化的一种方法，是近些年发展较快的一种新型快速固化涂层的方法。

6.6.1 紫外线干燥原理

紫外线干燥也属于辐射干燥，紫外线是电磁波的一种，波长范围约为 10～400nm。光敏涂料中含有一种光敏剂，它受到近紫外光区（300～400nm）的光激发后能产生游离基的物质。当用紫外线照射光敏漆涂层时，光敏剂吸收特定波长的紫外线，其化学键被打断，解离成活性游离基，起引发作用。它能使树脂与活性稀释剂中的活性基团产生连锁反应，迅速交联成网状体型结构的光敏漆膜，致使涂层在很短时间内固化。当紫外线照射停止，这种反应也随即中断，涂层难以固化。

涂层固化的速度与紫外线的强度成正比，强度越大，固化速度越快。涂层厚度在一定范围内对固化速度影响不大，不论涂层多薄，都需要一定的能量和时间才能固化。

6.6.2 紫外线辐射装置

生产中采用光敏漆涂饰，常组装成一条涂饰流水线，这种光固化流水线一般由涂漆设备、砂光机和紫外线辐射装置等组成，用运输装置连接起来。紫外线辐射装置是根据具体工艺条件设计的。

紫外线辐射装置包括照射装置、冷却系统、传送装置、空气净化、排风系统和操作控制系统等。

6.6.2.1 紫外线辐射照射装置

照射装置主要由光源、反光罩、冷却系统、照射器、漏磁变压器等部分组成。

光敏涂料的感光特性是以波长为360nm的近紫外线为主，而对波长为200～400nm的紫外线也有相当的感光效果。因此，光固化设备中所配置的光源，必须能发射出与涂料相应的紫外线，只有这样才能迅速产生用于固化的游离基。

国内光固化设备用光源，主要有低压汞灯和高压汞灯。先用低压汞灯预固化，然后再用高压汞灯进行主固化。近几年多直接采用2～3支高压汞灯，固化一般在几秒钟完成，固化装置大大简化。这里所说的低压、高压，是指汞蒸气在灯内的压强。低压汞灯压强在60kPa以内，高压汞灯可达一个到几十个大气压。

用于涂层固化的低压汞灯，全称为热阴极弧光放电低压水银紫外荧光灯，也就是农业上用于捕杀昆虫的黑光灯。这种灯的外形结构尺寸与普通日光灯基本相同，所不同的只是灯管内壁所涂荧光粉。黑光灯用的是紫外荧光粉（重硅酸钡），而日光灯多用卤磷酸钙粉。紫外荧光粉受激后辐射的光谱波长位于300～400nm，峰值在365nm；紫外线输出率（输入电能与辐射紫外线能之比）为18%左右；平均寿命为1000～5000h；功率为0.35～1.0W/cm。此类灯我国曾大量使用，因固化慢用量多，近几年已很少应用。

目前用于涂层主固化的高压汞灯主要有高密度长弧紫外线高压汞灯（简称高压汞灯）、紫外线金属卤化物灯、长弧氙灯三种。

紫外线高压汞灯的功率密度一般在80W/cm以上，主要辐射波长为365nm。此外，它还能大量辐射可见光和红外线。这种灯紫外线输出率较低，一般为7%～10%；功率为3～6kW，平均寿命为几千小时。

紫外线金属卤化物灯的内部充有金属卤化物。它在灯内向电弧提供金属原子，使放电空间发生金属原子的激发辐射，产生所需要的光谱。这种灯的优点是灯内气压一般为1～5个大气压，比高压汞灯低。紫外线输出率可达30%～40%；波长范围可根据充入金属卤化物种类加以调整。涂层固化常用镁-汞灯、锌-铅-镉灯、铁-汞灯等。

长弧氙灯可以用于固化涂层，但由于紫外线输出功率太低，目前很少使用。

反光罩的作用是使辐射能量得到充分利用，高效率地照射到涂层上。其材料采用高纯铝，经电解、阳极氧化、抛光而制成。也可以采用黄铜板表面镀铬抛光。

反光罩的形状成抛物线形，适用于平面固化。若固化边线或曲面零部件，则可采用椭圆集光型。见图6-18，其作用都是为了使紫外线能够得到合理与有效的利用。

为使高压汞灯具有良好的辐射效率和使用寿命，并防止由于辐射过度而使漆膜出现起泡，须采用冷却装置，如在灯罩上装冷却水箱或在灯管外加散热水套，使灯管冷却。

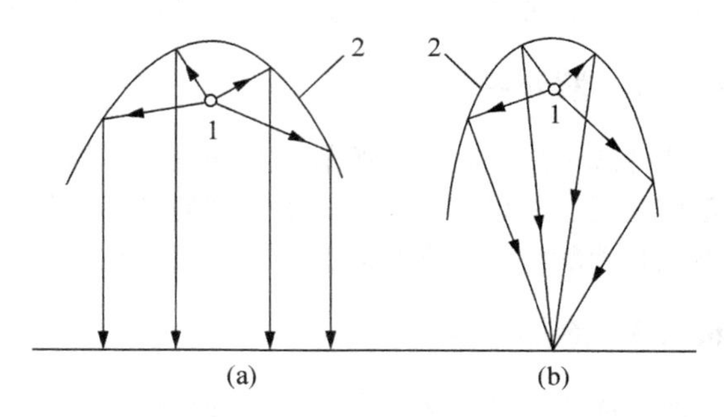

图6-18 反光罩的形状

（a）抛物线面反光罩 （b）椭圆面反光罩

1. 高压汞灯 2. 反光罩的断面

6.6.2.2 排气通风及空气净化

排气通风的目的是为了排除预固化区的热量，排除部分溶剂所挥发的有害气体以及高压汞灯所产生的臭氧。

为了保证产品质量，可将整个涂漆装置及照射装置都安装在密闭的隔离室内，进入隔离室的空气必须净化。在风机吸风口前设置布袋式粗过滤器，出风口后设置泡沫塑料中效过滤器以达到净化要求。另外，净化装置亦有采用棕丝及铜丝二重过滤。第一道棕丝层厚度为5cm；第二道放置6～8层200#的铜丝网，其净化效果较好。

为了避免外界灰尘进入，须使隔离室内维持微量正压，这就要求进风量大于排风量。

6.6.2.3 传送装置

紫外线照射部分的传动，要防止传送带老化，宜采用链条传送。由于涂料感光速度不同、环境温度对紫外线输出有影响、光源会逐渐老化等因素，固化时间会有所变动，故要求输送速度作相应调节。可采用直流电机作无级变速拖动。

6.6.3 紫外线干燥的影响因素及工艺条件

影响紫外线干燥的因素有紫外线波长、紫外线强度、涂层厚度及涂层温度等。

6.6.3.1 紫外线波长

紫外线是电磁波的一种，波长范围约为10～400nm，适合于光敏涂料干燥的波长为300～400nm。采用光固化法，使用不同光敏树脂与光敏剂则需要不同波长范围的紫外线。如果采用波长小于200nm的紫外线，则其辐射能量过剩，因而光敏漆配方中所有组分易被分解，所生成的聚合物（即漆膜）的机械强度降低。如采用波长过大的紫外线，则辐射能量太小，光固化所必需的交联反应不能发生。因此，针对具体配方的光敏漆，应经过试验选择最适宜的波长。

6.6.3.2 紫外线强度

紫外线干燥过程中，照射的紫外线强度越强或照射距离越近，干燥得就越快。水银灯的光照度与光固化不饱和聚酯涂料干燥时间的关系，见表6-4。

表6-4 光照度和干燥时间的关系

光照度/lx	波长/nm	漆膜厚/μm	完全干燥时间/min
28	300～400	20	3.0
35	300～400	20	2.0
41	300～400	20	1.5
47	300～400	20	1.0
69	300～400	20	30s
80	300～400	20	20s

6.6.3.3 涂层厚度

涂层固化速度与涂层厚度有一种特殊关系。涂层厚度在一定范围内对固化速度影响不大，如厚度10μm和50μm的涂层固化时间大致相等；厚度为100μm和300μm的涂层固化时间基本相近。只有当涂层超过300μm时，其固化时间才随涂层的增厚而有所增加。但是，不论涂层多么薄，都需要一定的能量和时间才能固化。

6.6.3.4 涂层温度

光固化速度与涂层本身温度有较大关系。对非蜡型涂料来说，必须考虑涂层温度。

6.6.3.5 干燥工艺条件

光敏涂料的固化工艺条件，因涂料种类不同，会有很大差别。光敏不饱和聚酯漆（清漆）照射条件与干燥时间的关系，见表6-5，仅供参考。

6.6.4 紫外线干燥特点

（1）涂层固化快，干燥效率高。紫外线照射时间十分短，涂层约在几秒钟内就可固化干燥。由于干燥快，干燥装置长度短，被涂饰工件一经照射即可收集堆垛。可节约车间面积，缩短施工周期，为组织机械化连续涂饰流水线创造了优越条件，大幅度提高了

表6-5 不饱和聚酯漆照射条件与干燥时间的关系

照射条件	涂层厚/μm	干燥时间		
		表面干燥/s	实际干燥/min	完全干燥/min
直射阳光（室外温度30℃）	100以下	30	4	5
	250	30	4	5
	500～1000	60	5	6
低压汞灯（40W）照射距离150mm（25℃）	100	50	4	4
	250	60	5	5～6
	500～1000	60	6	7
高压汞灯（400W）照射距离200mm（25℃）	100	30	40s	1.0
	250	30	40s	1.5
	500～1000	60	1.5	2.0
高压汞灯（2000W）照射距离250mm	100	—	—	1.0s
	250	—	—	1.5s
	500～1000	—	—	2.0s

涂饰效率。

（2）适用于不宜高温加热的基材表面涂层干燥。光固化时，当涂层已固化而基材未被加热时，基材含水率可保持稳定，避免或减小因含水率变化而引起基材变形、翘曲等。

（3）涂料转化率高，漆膜质量好。光敏漆属无溶剂型漆，涂料转化率接近100%，固化后的漆膜收缩极少，漆膜平整光滑。

（4）装置简单，投资少，维修费用低。

（5）只能干燥平表面工件。光固化干燥方法目前只能干燥平表面的零部件或平直的板边。某些照射不到的地方，涂层就难以固化。不透明着色涂层内部，不易使光透过。复杂构件等有时难以控制。

（6）需要采取防护措施。紫外线对人的眼睛和皮肤有危害，可造成眼炎和红斑，设计和操作时都必须引起足够重视。辐射装置的结构应保证紫外线的遮蔽，防止泄漏。操作时不得直接用肉眼向高压汞灯照射区内窥望。

本章小结

涂层干燥在整个涂饰工艺过程中是必不可少的工序，每进行一次涂饰都必须进行很好的涂层干燥，干燥时间长短、选择何种干燥方式、工艺条件确定合理与否，对最终产品质量和生产效率都影响很大，具有重要的实际意义。根据涂层实际干燥程度，涂层干燥分为表面干燥、实际干燥和完全干燥三个阶段。涂料种类不同，其干燥机理大不相同，涂料类型、涂层厚度、干燥温度、空气湿度、通风条件、外界条件、干燥方法与设备以及干燥规程等对涂层干燥都有很大影响。自然干燥方法简单，适应范围广泛，但干燥效率低，质量差，应根据实际生产需要积极探索与采用先进的人工干燥方法，以提高生产效率和产品质量。

思考题

1. 涂层干燥的意义是什么？
2. 涂层干燥常用方法有哪几种？有何特点？
3. 请阐述常用涂料的固化机理。
4. 简述涂层干燥的影响因素。
5. 何谓热风干燥？热风干燥的原理是什么？干燥工艺条件是什么？
6. 红外线干燥与紫外线干燥的区别是什么？
7. 红外线干燥原理和特点是什么？
8. 紫外线干燥原理和特点是什么？

第2篇 贴面装饰

第7章 薄木贴面装饰

【本章提要】

薄木是人造板及其板式家具部件理想的贴面材料，不仅能保留天然木材的颜色、纹理和自然特征，而且对促进木材综合利用及合理使用有积极的作用。由于薄木是天然木质材料，其在加工、保存和贴面工艺等方面均具有特殊性，并且在防止胶贴缺陷和保证贴面质量方面更有诸多要求；基材人造板也由木质材料制成，具有许多天然木材特性，同时又有人造板自身特点。学习掌握薄木贴面技术对家具表面装饰是十分重要的。

7.1　薄木分类
7.2　薄木贴面工艺
7.3　薄木贴面缺陷及质量控制

薄木贴面装饰是指将加工好的具有各种美丽花纹的薄木或单板粘贴在基材或板式家具部件表面或直接贴在家具表面上的一种装饰方法。这种装饰不是家具表面的最终装饰，还需要在薄木贴面装饰后再进行涂饰处理，使之获得各种颜色效果和平整、光滑、牢固的涂膜。薄木贴面工艺历史悠久，能使家具表面保留天然木材的优良特性并具有天然木纹和色调，是至今仍得到广泛使用的一种家具表面装饰方法。近年来，国内家具行业及房地产业得到飞速发展，加之世界性的资源与环保压力，薄木作为一种极佳的表面装饰材料，在得到行业和消费者的青睐下也随之迅速发展起来，并由早期依赖进口逐步发展到以国内生产为主的格局。

薄木贴面工艺过程主要包括薄木准备、基材准备、基材处理、涂胶与配坯、加压胶合和后期处理等。

7.1　薄木分类

木材经过一定的处理或加工后，再经刨切或旋切制成的具有珍贵树种纹理或花纹特色的薄型贴面材料称为薄木，俗称“木皮”。薄木是刨花板、纤维板、胶合板等人造板基材表面装饰的良好材料，特别是具有各种美丽自然木纹的优质薄木，是现代板式家具最为理想的装饰材料，越来越受到广大用户的青睐，有着广泛的市场发展前景。

随着科学技术的进步和薄木用途的发展与变化，薄木的种类越来越多，常见的薄木分类方法如下：

7.1.1　按厚度分类

按厚度分类，薄木可分为厚薄木、薄木和微薄木。

（1）厚薄木：厚度≥0.8mm的薄木，多为0.8～1.0mm。

（2）薄木：0.8mm＞厚度≥0.2mm的薄木，习惯上所称的薄木即为此种类型薄木，常用的厚度为0.3～0.6mm。

（3）微薄木：厚度＜0.2mm的薄木，现在国内应用较少。

由于珍贵树种的木材越来越少，价格越来越贵，因此薄木的厚度也日趋微薄。现欧美常用薄木的厚度为0.7～0.8mm，日本常用薄木的厚度为0.2～0.3mm，我国常用薄木的厚度在0.3～0.6mm范围内。薄木厚度越小，力学强度越低，越容易破裂，胶贴时越容易透胶，对基材的平整度要求也越高。

对于＜0.2mm的微薄木，尚须预先在薄木的背面粘贴一层强度较好的优质薄纸，借以防止薄木在贮存、加工、胶贴的过程中被撕裂与透胶。

7.1.2　按表面纹理分类

按表面纹理分类，薄木可分为弦向薄木、径向薄

(a)

(b)

(c)

(d)

图 7.1 薄木表面纹理特征

(a) 弦向薄木 (b) 径向薄木 (c) 树瘤薄木 (d) 多种特殊花纹薄木

木、树瘤薄木、虎皮纹薄木等。

(1) 弦向薄木：薄木表面上的木纹为抛物线或“V”形曲线状排列的薄木称为弦向薄木，即木材的年轮在薄木表面上呈“V”形排列，如图 7-1（a）所示。

(2) 径向薄木：薄木表面上的木纹呈近似平行直线状排列的薄木称为径向薄木，即年轮在薄木表面上呈明显的线条状，如图 7-1（b）所示。

(3) 树瘤薄木、虎皮纹薄木等：纹理是薄木的主要特征，它是由生长轮、木射线、导管沟槽、早晚材密度差异等木材构造特征所形成，也受木节、树瘤、斜纹理、变色等天然缺陷的影响，并和不同的锯剖方向密切有关。

树瘤薄木是用树瘤刨切出来的薄木；虎皮纹薄木常出现在木射线发达的柞木、山毛榉、山龙眼等树种刨切出来的薄木；琴背花纹薄木常出现在槭木及桦木树种上；樟木、水曲柳等树种由于纤维局部扭曲极易形成鸟眼纹薄木。这些薄木表面呈现出各式各样不规则的优美奇特图案，有的如大海的波涛，有的似天空上的云雾，有的像动物的皮革，真是变化莫测，具有很好的装饰效果，应用非常广泛。如图 7-1（c）、（d）所示。

7.1.3 按制造方法分类

按制造方法分类，薄木可分为旋切薄木、偏心旋切薄木和刨切薄木。

(1) 旋切薄木：由原木经软化处理后，以原木的中心线为旋转中心，利用旋切机进行旋切所制得的薄木。其薄木为美丽连续的弦向薄木，直至原木旋切至最小直径为止。如图 7-2（a）所示。利用此种方法制造的薄木俗称单板，主要用于生产胶合板。也可直接用于基材为刨花板、纤维板等板式家具的表面贴面装饰。

(2) 偏心旋切薄木：也称半圆旋切薄木，即原木旋切加工的中心线跟原木中心线不为同一轴线，而是偏心一定的距离，所加工出来的薄木是宽度不等的弦向与半弦向薄木。如图 7-2（b）所示。由于用此种方法制造的薄木，其宽度由大逐渐变小，用于拼贴相同规格的花纹时，不仅利用率较低，且工作效率也很差，所以应用较少。

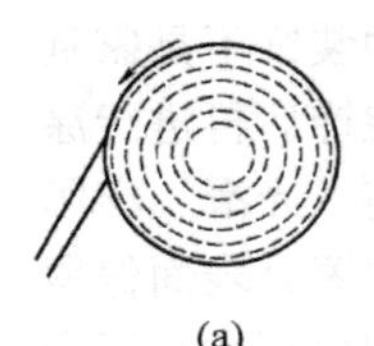

(a)

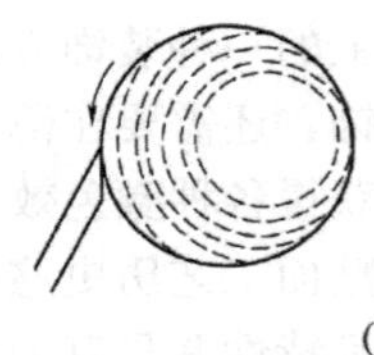

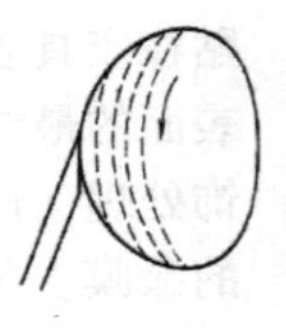

(b)

图 7-2 按制造方法分类薄木

(a) 旋切薄木 (b) 偏心施切薄木

(3) 刨切薄木：对预先锯解好的方木进行软化处理，再利用刨切机加工而制得的薄木。如图 7-3 所示，为刨切薄木的方法。若按方木的弦向进行刨切所得的薄木即为弦向薄木，若按方木径向进行刨切所制得的薄木即为径向薄木。利用刨切薄木，可以方便地拼接出各种规格相同的优美图案，直接用于家具表面装饰，是现代高级木家具不可缺少的装饰材料，应用十分广泛。

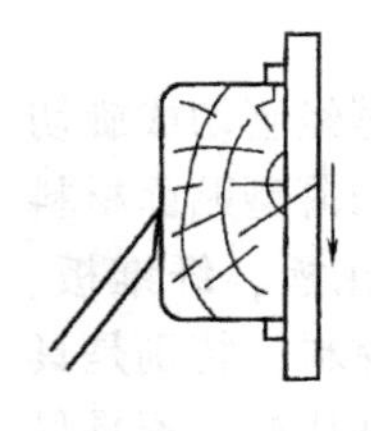

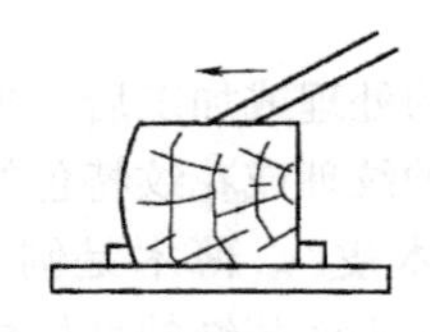

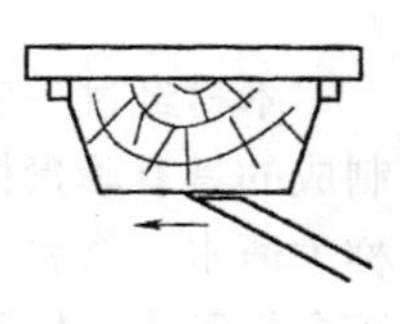

图 7-3 刨切薄木

7.1.4　按材种分类

在薄木制造以及家具生产中，常根据制造薄木的材种给薄木命名，例如用水曲柳木材刨制的薄木便称为水曲柳薄木，用柚木刨制的薄木就称为柚木薄木。

7.1.5　按薄木结构形态分类

按薄木结构形态分类，薄木可分为天然薄木、染色薄木、艺术薄木、集成薄木、组合薄木、科技木薄木、复合薄木、成卷薄木等。

天然薄木，是采用珍贵树种，经过水热处理后，再经刨切或半圆旋切而制成的薄木。

染色薄木，是将廉价的木材采用先刨切后染色的方法加工制得的薄木，可模仿珍贵树种材色。

艺术薄木，是选择奇特树种的根部、树瘤、树墩以及畸形部位，经锯剖、重组成一定形象的块料，热处理后，刨切或旋切成一定形象的薄木，然后镶嵌或胶贴在板面上，构成具有艺术形象、色调不同的装饰品。

集成薄木，是将小块木方按设计图案胶拼成较大的集成木方，再由集成的木方刨制成整张拼花薄木。这种薄木具有较好的装饰效果，被广泛用于家具表面装饰。

组合薄木，又称人造薄木，它是利用杨木、椴木、松木、柳桉木等普通树种的旋切单板或薄木，经漂白、染色、干燥、涂胶组坯、热压成木方，再经刨切制成的薄木。

科技木薄木，是一种可全材加工利用的木质材料，是科技木经不同加工方法制成的薄木。

复合薄木，当用厚度小于0.2mm的微薄木作为木质装饰材料时，由于其自身的横纹抗拉强度较小，一般在微薄木的背面贴上一层高强度衬纸或无纺布以构成复合薄木。

成卷薄木，由旋切天然薄木与纸（布）质基材胶合一起，制成可以卷成卷的薄木。

除成卷薄木与复合薄木外，其他薄木的共同特点是将原料制成木方再刨切成薄木，不同之处主要在木方的制作。特别是科技木木方，是按照人们喜爱的花纹，将普通速生树种木材旋切成单板，再按电脑模拟仿真设计，经染色、配色、层积模压而成。

7.2　薄木贴面工艺

薄木贴面工艺是将薄木胶贴在以人造板为基材板面上的一种饰面加工方法，其工艺过程主要包括基材准备与处理、薄木准备、涂胶、配（组）坯、胶贴和后期处理等工序。

7.2.1　基材准备与处理

胶合板、刨花板、中密度纤维板等人造板均可作为薄木贴面的基材，但因为薄木很薄，常用厚度为0.3～0.4mm，基材的缺陷很容易在薄木表面留下痕迹，所以基材必须进行严格挑选，对有节子、裂缝和树脂囊的基材必须进行修补处理，基材的含水率严格控制在8%～10%。在用薄木对各种基材进行贴面之前，都应将基材进行精细砂光，砂光的目的是：①调整基材厚度，使其厚度偏差控制在±0.1～±0.2mm，以适应机械化、连续化生产的需要；②砂去刨花板及纤维板表面预固化层和石蜡层，以保证薄木与基材表面的胶合强度；③通过砂光可得到平整光滑的表面，砂去基材表面的各种污染，提高基材表面的化学活性，以利于胶贴。

7.2.1.1　基材的特性与贴面关系

用于表面装饰加工的人造板基材，必须满足一定的质量要求。有人认为基材表面因要用各种装饰材料覆盖，所以可以用质量等级较差的，这种认识是错误的。因为，无论采用何种装饰材料，均只有较薄的一层，基材上的某些缺陷很容易反映到产品表面上来，直接影响产品表面装饰的外观质量，所以有必要对作为基材的人造板进行严格的挑选。当然，在实际生产中要完全使用无缺陷的优质人造板也是不可能的，因此有必要充分认识各种基材的特性，选择有效合理的装饰方法与生产工艺。根据装饰方法的不同，应明确掌握作为基材的人造板允许的缺陷和缺陷范围，即确定选择基材相应的质量要求，这一质量要求随加工方法及人造板种类的不同而有所不同。

人造板基材都是以木质材料作为基本原料制成的。这些木质材料来源于木材、竹材以及农作物秸秆等，从形态看有原木、梢头木、枝丫材、制材板皮及截头、细木工废料、刨花、锯末等，并采用相适应的加工工艺制成不同的几何形态原料（如纤维、碎料、刨花、大片刨花、单板等），并按不同的方式组合，分别生产出胶合板、中密度纤维板、刨花板、细木工板等。由于基材的几何形态及组合方式不同，各种人造板均具有自己的特性；又由于都是以木质材料为基本原料，所以又都具有木材的某些特性。故要进行人造板表面装饰加工，必须首先了解木材结构的特点以及相关的特性。

（1）木材的结构特性：木材是一种天然的有机复合材料，其性质与木材的结构特点有关，而木材的多孔性、各向异性、内含物及木材自然缺陷等会直接影响表面装饰的效果。

①多孔性：构成木材的木纤维、管胞、木射线等都是由细胞组成，细胞腔、胞间隙及细胞壁上的纹孔构成了许多孔隙。此外，阔叶材还存在导管，针叶材存在树脂道，因而木材的径切面、弦切面和横切面均不是完全由木材的实质部分组成。弦切面上的空隙率一般为50%～70%，有的高达80%（如红柳桉），这些空隙给木材贴面装饰及涂饰均带来不少困难。在贴面装饰时，木材表面的导管沟槽处常易造成表面缺胶，加之胶黏剂的渗透及涂布不均，严重影响胶合质量。同时，随外界空气温度、湿度的变化，开口的导管槽反复闭合、张开，使上面的装饰层也反复受到压缩和拉伸，最终导致疲劳破坏，使贴面层出现裂纹。

②木材各向异性：木材的各向异性反映在横、径、弦三个切面上，这是由于木材组织呈现三维结构所致。从宏观观察木材的横切面，年轮是以髓心为中心作同心圆分布，木射线作辐射状分布，其他组织则依轴向而排列，因此，径、弦两个切面的纹理具有不同的特征。

从木材微观结构看，不论何种细胞均呈现各向异性。由于木射线是径向分布，在树干内起到径向（内外）联系的作用；而树干内的弦向（左右）联系则没有专门的组织，只能靠细胞壁上的纹孔作为通道。所以，木材的湿胀与干缩在纵横向上会相差几倍至几十倍，而弦向比径向约大两倍。

③木材的内含物：木材中除含有纤维素、半纤维素和木质素外，还含有浸提物，如挥发油、树脂、单宁和其他酚类衍生物。它们不仅与木材的色、香、味和耐久性有着密切的关系，而且对木材材性的均一性、加工工艺有着重要的影响。贴面装饰时，天然树脂会妨碍胶黏剂的渗透和浸润，严重影响胶接强度，即出现所谓的树脂障碍。

④木材天然缺陷：没有缺陷的木材极少。对于生产中的木材原料，由于存在这样或那样的缺陷，因而加剧了木材的变异性。最常见的是节子、腐朽、夹皮、变色、水渍纹（俗称水线）等。这些缺陷的存在，往往会影响人造板表面装饰的质量和效果。无论哪种人造板，只要含有黄心腐朽的木材，贴面加工时都会严重影响贴面材料的胶接强度，甚至在腐朽处脱落。节子处多含树脂，较重、较硬，难以切削加工。节子中的树脂同样影响胶接强度，并增加涂饰困难。在胶合板表面有变色、水渍纹等缺陷，采用透明涂饰就比较困难，贴面装饰时必须进行打底处理，否则必须用遮盖力强的材料，这样往往会增加贴面成本。

（2）人造板表面特征：虽然各种人造板都是以木材作原料，但由于备料时会加工成不同几何形态，并以不同的方式组合，所以都具有各自的特性。胶合板是将原木旋切（或刨切）成单板，将单板按照相邻层纤维纹理相互垂直排列胶合而成。胶合板最外层的单板，即面、背板仍保持了木材弦切面的木材纹理和构造特点。

刨花板是利用采伐剩余物（如枝丫、梢头等）和加工剩余物（如制材边皮、截头、细木工边条、刨花、锯末等）加工成刨花或碎料，以及农作物剩余物（如亚麻秆、蔗渣等）制成碎料，经拌胶、铺装成板坯，再热压而制成。由于刨花的形态及刨花板的构成不同，刨花板有若干品种：如单层结构刨花板、三层结构刨花板、渐变结构刨花板、大片刨花板（即华夫板）、定向结构刨花板等，它们的表面状态有很大差别。刨花板的表面状况与刨花的几何形态密切相关。在刨花板构成中，由于刨花相互交织形成许多沟槽，使表面高低不平，因此刨花越薄、越细小，这种不平度越小。

在刨花板热压过程中，虽然表层刨花因施胶量大、水分多、温度高，在初期压力较高的情况下能形成密度较高的表层，但是板的表层在热压板闭合前因先受热，树脂已预固化，影响了表层密度提高，因此密度的最大值出现在离表层不远的内层。表层密度低，刨花间黏合力小，贴面装饰时，表层刨花易随贴面材料一起剥离。为避免这种现象出现，刨花板在表面装饰之前都需要进行砂光，目的在于砂去低密度部分，并使表面平滑。在贴面过程中，应尽量避免与水接触或在潮湿的环境中存放。

中密度纤维板是纤维分离后，经干燥、施胶、成型，再热压而成，所以成品板材两面光滑、平整、板面纤维胶合强度高，有利于进行表面装饰加工。

7.2.1.2 基材的膨胀与收缩

木材含水率在纤维饱和点以下时，具有吸湿膨胀、解吸干缩的特性，加之木材结构上的各向异性，导致木材在各个纤维方向的干缩率都不相同，一般正常木材的全干缩率纵向为0.1%～0.3%、径向为3%～6%、弦向为6%～12%。这是木材的一种不良性质，它使木材尺寸稳定性差，产生的应力往往使木材发生翘曲变形，甚至开裂。人造板在某种程度上改善了木材各向异性的性质。

胶合板由于相邻单板的纤维方向互相垂直，在湿胀或干缩时，相邻层相互牵制，因此其尺寸稳定性较好。从表8-7可以看出，在胶合板、纤维板、刨花板中，含水率变化1%时，胶合板纵、横向及厚度方向的膨胀率最小。

刨花板的尺寸稳定性与原料的树种、几何形态、使用的胶种及施胶量、防水剂种类及施加量、热压条

表7-1　含水率每变化1%时人造板的膨胀率

人造板种类	长度方向膨胀率/%		厚度膨胀率/%
胶合板	平行于表板纤维方向	0.012～0.020	0.260～0.367
	垂直于表板纤维方向	0.011～0.020	
纤维板	0.03		0.8
刨花板	0.02～0.04		0.55～0.9

件、产品密度等因素有关。密度大，厚度方向的膨胀率也大，但对长度方向膨胀率影响不大。由于刨花板结构特性所致，从表7-1中不难看出，当含水率变化时，刨花板在长度方向和厚度方向的膨胀率最大，即尺寸稳定性最差。纤维板由于纤维分离过程中受到高温处理，其尺寸稳定性较一般木纤维好，因此在相同温度下其平衡含水率较木材低，故干法纤维板及中密度纤维板是比较理想的基材。

人造板基材的尺寸稳定性，直接影响到表面装饰质量。就是经过表面装饰加工后，随着基材含水率的变化，也会引起湿胀干缩，使装饰材料反复受到拉应力和压应力作用，装饰层材料很容易剥离或产生裂纹。因此，一般要求人造板贴面材料有一定的弹性和韧性，以补偿基材的湿胀干缩。

7.2.1.3　基材含水率

基材含水率对于表面装饰质量影响很大，基材的含水率要比使用条件下的平衡含水率低1%～2%，所以，装饰前要求基材含水率一般为8%～10%。严格控制基材含水率对装饰板表面质量是非常重要的。

7.2.1.4　基材厚度公差与表面粗糙度

刨花板或纤维板在铺装时，易出现铺装不均，从而造成板坯厚薄不一。组成胶合板的单板有厚度偏差，组成板坯后，板坯各部分的厚薄也有差异。这些板坯在一定的温度和压力下制成产品时，往往存在着厚度压缩不匀。虽然卸压后能恢复一部分，但仍然存在部分压缩变形的情况。另外，热压板的变形亦加剧这种厚度不均匀状态。

刨花板压制时虽然使用了限厚规来控制厚度，但热压过程中板坯中央水分不易排出，其含水率始终高于周边部分，中间在高温高湿条件下，木材软化程度更大，会形成过度压缩状态，其厚度小于限厚规，而周边厚度与限厚规相同，同样会造成板材厚度不均。用于装饰加工的人造板基材，厚度不均匀会不利于装饰加工。所以，为了保证表面装饰质量，对基材厚度公差必须严格控制，一般要求不能大于±0.2mm。

图7-4　宽带式砂光机

在实际生产中，为了满足厚度公差的要求，人造板在贴面前须进行表面砂光处理。人造板砂光属于大面积砂光，一般采用宽带式砂光机进行，如图7-4所示。宽带式砂光机具有砂光质量好、生产效率高等特点，是现代板式家具生产的理想设备。宽带式砂光机可分为宽带式单面砂光机、宽带式双面定厚砂光机和宽带式刨砂机等类型，并可根据砂架的数量分为单砂架、双砂架、三砂架等宽带式砂光机。

为了防止人造板翘曲变形，必须进行两面砂光，且砂光和定厚同时进行，既要使厚度公差控制在允许的范围内，又要将板面加工到要求的表面粗糙度。基材表面光洁平整、无凹陷及机械损伤等缺陷，是确保装饰质量的重要因素。基材表面允许的最大粗糙度不得超过贴面材料厚度的1/3，砂光后应尽快贴面，以免表面再次污染，影响胶合质量。

7.2.1.5　基材隐蔽剂涂布

当人造板基材颜色深浅变化很大或颜色较深，而贴面薄木的厚度薄且颜色浅时，贴面后基材的颜色会透出表面，难以掩盖基材表面存在的缺陷（如色差、活节等），为了不影响装饰薄木的饰面效果，人造板基材可在贴面前涂布隐蔽剂，用来掩盖基材表面的一些缺陷，使基材表面色泽均匀一致，以防止基材缺陷透出表面。隐蔽剂由体质颜料（石膏粉、滑石粉等）、水和着色颜料组成，可采用专用的三辊涂胶机在涂胶前单独涂布，也可加入胶黏剂中一起涂布。要求涂布后涂层厚度均匀，一般隐蔽剂涂布量为60～70g/m^2。

7.2.2　薄木准备

无论那类薄木，在贴面装饰前都需要进行很好的准备与处理，以提高薄木的利用率和装饰质量。薄木准备与处理包括薄木保存、裁剪加工、胶拼、修补和接长等工序。

7.2.2.1 薄木保存

薄木装饰性强、厚度小、易破损，因此必须在专门的薄木储存室妥善保存。薄木储存室要求阴凉干燥，室内温度和相对湿度可控，一般相对湿度为65%左右，保持薄木含水率不低于12%，以使其保持一定弹性。同时，薄木储存室内应避免阳光直射，防止引起薄木变色。厚度为0.2～0.3mm以下的薄木，一般不需要干燥，但含水率要保持在20%左右，否则薄木易破碎和翘曲，另外要求在5℃以下的室内保存，冬季要用聚氯乙烯薄膜包封，夏季放入冷库保管，以免发霉和腐朽。不过，薄木不宜长期存放，在生产中应尽量随刨随贴。

为了能将薄木拼出对称均匀的装饰图案，薄木必须按刨切顺序分摞堆放和干燥，并标明树种、尺寸和厚度。在薄木胶拼时，薄木的厚度、花纹、色调等须按用途选用。

7.2.2.2 薄木裁剪加工

根据被装饰的家具部件幅面尺寸、材质要求和纹理要求，对薄木进行划线、锯切或剪切。加工时，除去薄木上的端裂、崩裂和变色等缺陷，并预留合理加工余量，将薄木加工成要求的规格尺寸。一般在长度方向上的加工余量为10～15mm，宽度方向上为5～8mm。

由于常用薄木厚度为0.3～0.6mm，刚度很小，一般不能单张进行锯切或剪切加工，只能将数十张重叠起来，放在机器工作台上定位后，用压紧机构压紧，然后进行锯切或剪切加工，如图7-5所示。

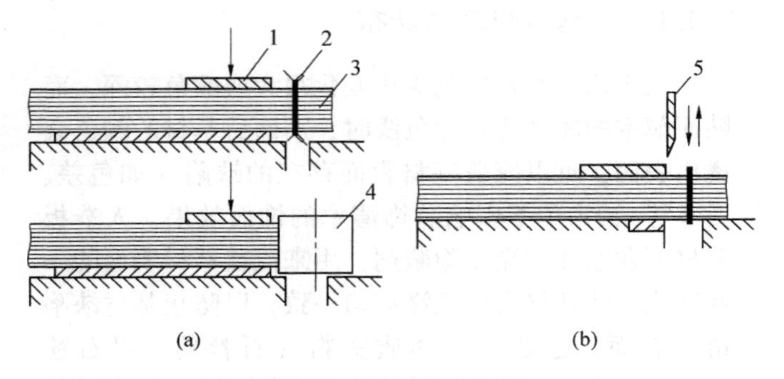

图7-5 薄木加工方法

(a) 用圆锯机或铣床加工 (b) 用剪切机加工

1. 压尺 2. 锯片 3. 薄木 4. 铣刀 5. 铡刀

现代贴面生产一般采用剪切机进行薄木裁剪加工，这是一种无切屑的理想加工方法，薄木裁剪后侧边平齐，不需再刨光，生产效率高，质量好。考虑到薄木剪切加工时的安全，通常采用带光电保护装置的气动薄木剪切机，见图7-6。

薄木剪切时需根据板式零部件尺寸和纹理要求，

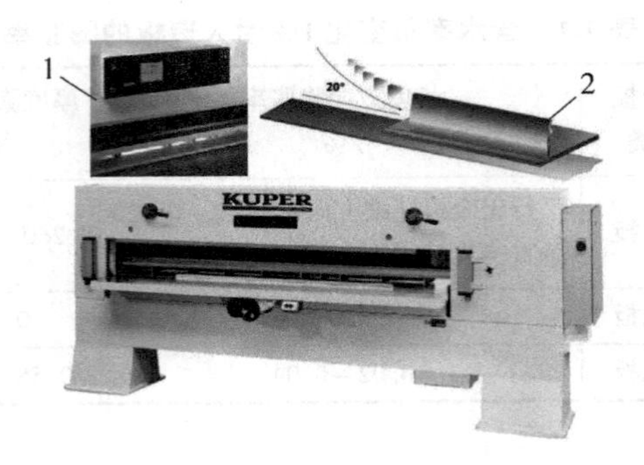

图7-6 气动薄木剪切机

1. 控制系统 2. 铡刀剪切加工

按最佳剪切方案进行，正确确定锯口位置。剪切时，应先横纹剪切，然后顺纹剪切，特殊情况下可以进行套裁。加工后的薄木边缘应平直，不许有裂缝、毛刺等缺陷。剪切要求具有较高的加工精度，以确保薄木在后期拼贴加工时的拼缝严密，一般边缘直线度偏差不应大于0.33mm/1000mm，侧面与端面的垂直度偏差不大于0.2mm/1000mm。

特别要注意的是，薄木剪截时或加工后，应始终保持薄木原来叠放的次序，以免给拼花或胶拼造成困难。

7.2.2.3 薄木胶拼

由于刨切薄木幅面一般都比较狭窄，使用时需要胶拼，因此合理的薄木拼接工艺是保证薄木利用率和装饰质量的关键工序。

薄木胶拼可以在胶贴前进行，也可以在胶贴的同时进行。厚度小于0.4mm的薄木，横纹强度较低，含水率又高，不宜先拼后贴，一般采用边拼边贴的方法；而厚度大于0.4mm的薄木，一般采用先拼后贴的工艺。

胶拼分为普通胶拼和复杂胶拼两种。普通胶拼又称对称胶拼，是将同一切面的相邻两张薄木中的一张翻转180°，跟另一张按年轮线对齐拼好，使之形成严格对称的花纹，色彩也会相同。这种胶拼方法工艺简单，装饰效果也很好，使用最为普遍。复杂胶拼又称拼花，是使薄木的纤维方向形成各种不同的角度，组成各种不同的对称或不对称的图案。这需要设计者根据产品的要求与薄木的实际花纹进行设计，拼花操作较为复杂，但图案变化多，有时能获得意想不到的艺术效果。

为提高胶拼效率和保证胶拼质量，大规模生产时通常会在拼缝机上进行胶拼。常用的薄木胶拼形式有四种：无纸带胶拼（胶缝胶拼）、有纸带胶拼、“之”字形热熔胶线胶拼和点状胶滴胶拼，如图7-7所示。

采用拼缝机拼接，到目前为止，还没有完全适合

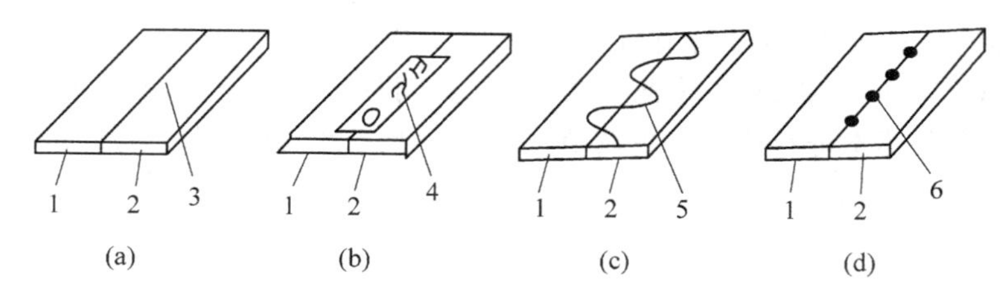

图 7-7　薄木胶拼形式

（a）无纸带胶拼　（b）有纸带胶拼　（c）“之”字形热熔胶线胶拼　（d）点状胶滴胶拼

1、2. 薄木　3. 连续胶缝　4. 纸带　5. “之”字形胶线　6. 点状胶滴

各种薄木胶拼的拼缝机，还都是借助于胶合板生产用的单板拼缝机进行。拼缝机的类型与适用范围见表 7-2。

表 7-2　拼缝机的类型与适用范围

拼缝机类型	适用薄木厚度
无纸带拼缝机	厚薄木
有纸带拼缝机	各种厚度薄木
热熔胶线拼缝机	薄型薄木、微薄木
热熔胶滴拼缝机	薄型薄木、微薄木

（1）无纸带拼缝机拼缝：是在薄木侧边涂上胶黏剂，常用脲醛树脂胶或皮胶，在拼缝机中的加热辊和加热垫板作用下，完成胶黏剂的固化，以达到胶接的作用，完成薄木的拼接。用该方法拼接的薄木也称为胶拼薄木。

采用无纸带拼接方法，薄木的拼缝强度较高，但该方式对于较薄的薄木或不太平整的薄木拼接质量不佳，主要适用于厚度在 0.6mm 以上的厚薄木拼接，且对工艺技术条件要求较高，需配备精密的薄木剪切和涂胶设备。

（2）有纸带拼缝机拼缝：采用在薄木表面胶贴纸带的方法进行薄木胶拼，属于比较传统的拼缝设备。所用胶纸带为 $45g/m^2$ 以下的牛皮纸，湿润胶纸带的水槽温度为 30℃，加热辊温度为 70～80℃，拼接时纸带可以贴在薄木的表面，待薄木贴面后用砂光机砂掉胶纸带。也可以采用如图 7-8 所示的穿孔胶纸带贴在薄木的背面，纸带厚度不超过 0.08mm，此时，纸带处于薄木与基材之间，在薄木比较薄时，纸带很容易在表面反映出来，同时，纸带的耐水性比较差，容易造成薄木与基材之间的剥离或分层。因此，考虑与基材的胶贴强度，一般采用在薄木表面胶贴纸带的方法，但由于薄木贴面后需将薄木表面的胶纸带砂除，不仅费工费料，而且还会使表层薄木变薄，此外，残留在薄木孔眼中的胶迹会污染薄木而使薄木变色，影响涂饰表面装饰效果，甚至会影响到后续涂饰时的涂料固化，所以，要求操作时必须特别细心。在实际生产中，该种拼缝机正逐渐被胶线或胶滴拼缝机所取代。

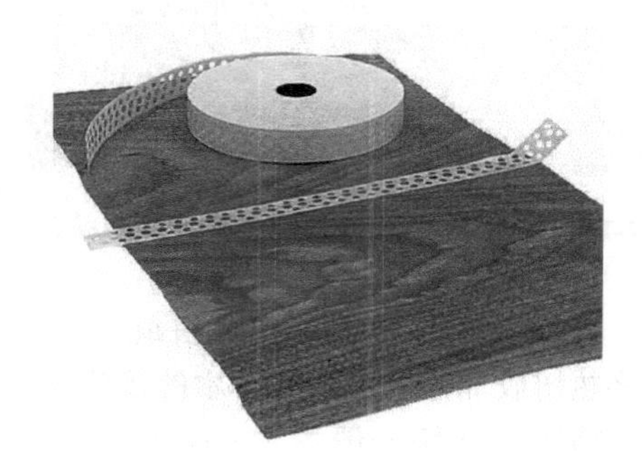

图 7-8　穿孔胶纸带

（3）“之”字形热熔胶线拼缝机拼缝：该种拼接方法是用代替胶纸带的专用热熔胶线，通过胶线拼缝机的加热管加热后，呈“之”字形压贴在待拼接薄木背面接缝两侧，再经室温固化后将两块薄木拼接在一起的方法。胶线用粘有热熔胶的玻璃纤维线做成，薄木贴面后胶线不影响表面装饰质量，操作简单，生产效率高，所以成为目前厚度在 0.4～0.8mm 薄木胶拼应用比较广泛的一种方法。对于厚度小于 0.4mm 的薄木，不易采用机械拼接，多数采用人工拼接法。

热熔胶线拼接工作原理，如图 7-9 所示。胶拼时，把薄木 3 背面向上送到胶线拼缝机的工作台 1 上，侧边紧靠导尺 2，送进压辊 6 中，胶线从绕线筒 4 上引出，通过加热管 5，使胶线上的热熔胶熔化，并在热空气的气流作用下吹至压辊 6，由压辊 6 把胶线压贴在两薄木的拼接缝上进行胶拼。当两薄木的拼接缝离开压辊 6 后，压贴在拼接缝上的热熔胶线在室温下立即固化，使薄木牢固地拼接在一起。由于加热

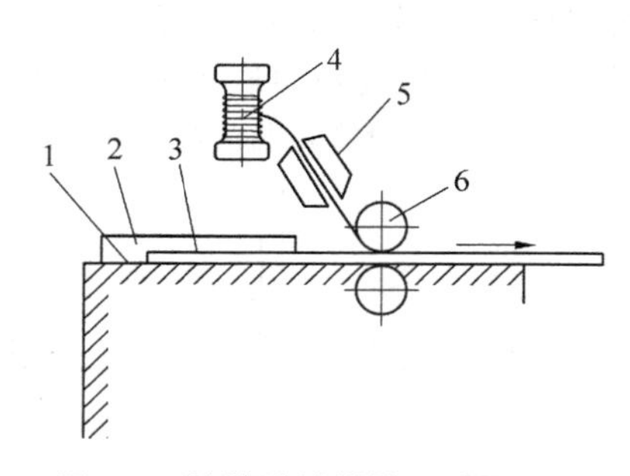

图 7-9　热熔胶线拼接工作原理图

1. 工作台　2. 导尺　3. 薄木　4. 绕线筒　5. 加热管　6. 压辊

管5在加热的同时作左右摆动运动，而薄木作连续直线进料运动，所以胶线便在薄木接缝处形成“之”字形轨迹。胶线摆动幅度及薄木进料速度均可调节。“之”字形热熔胶线拼缝机机头工作，见图7-10。

图7-10 “之”字形热熔胶线拼缝机机头工作图

（4）热熔胶滴拼缝机拼缝：拼缝时，先由点状涂胶器将热熔胶加热，在两张薄木的接缝处涂上熔融的胶滴，施胶点间距一般为7～10mm，然后在压辊的作用下，压扁接缝处的胶滴并使其固化，从而将两张薄木拼接在一起。点状胶滴拼接工作原理，见图7-11。薄木3由进料辊5送进，点状涂胶器4向薄木接缝上滴上胶滴，经压平辊6压成胶片7，并立即固化，将两薄木牢固地胶拼好。这种方法适用于厚度在0.4～1.8mm的薄木。

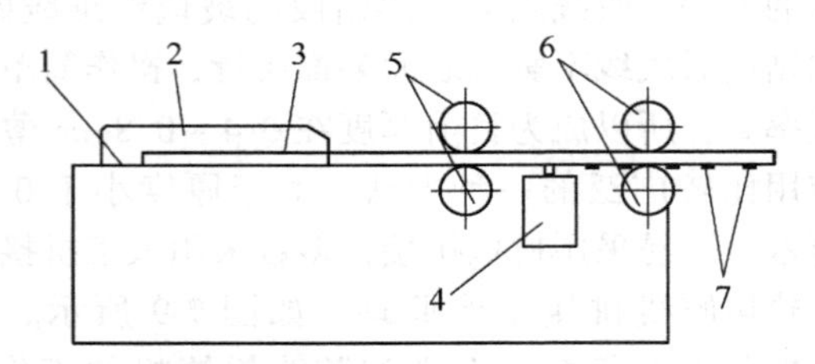

图7-11 点状胶滴拼接工作原理图

1. 工作台 2. 导尺 3. 薄木 4. 涂胶器
5. 进料辊 6. 压平辊 7. 压平的胶片

当薄木很薄时，薄木胶贴可采用手工拼接，即在薄木胶贴的同时进行手工拼缝。见图7-12，将薄木1粘贴在基材2上，拼缝处两张薄木搭接重叠在一起，用压尺3压住接缝位置，再用锋利的刀片4沿直尺边缘将两层薄木裁割开，然后将接缝两侧裁下的多余边条5抽出，即可使两张薄木能直接胶拼并贴覆在基材表面上。

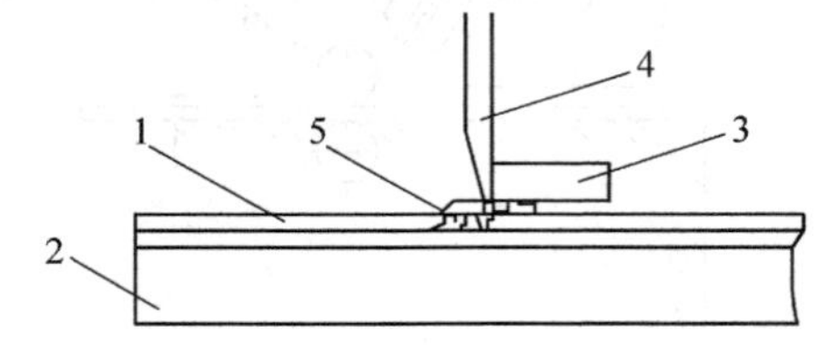

图7-12 薄木手工选拼

1. 薄木 2. 基材 3. 压尺4. 刀片 5. 多余边条

当小批量生产或复杂拼花时，一般在胶贴前采用手工拼接，先用胶纸带将薄木连接起来。见图7-13，拼缝时，可用胶纸带局部胶拼，也可沿拼缝连续胶拼，薄木端头必须用胶纸带拼好，以免在搬运中破损。

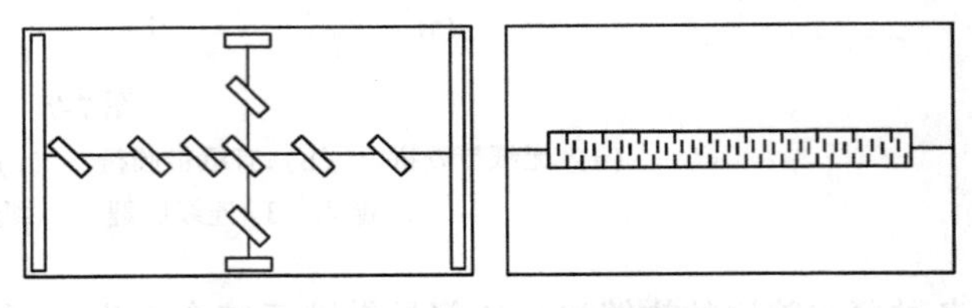

图7-13 手工胶纸带拼缝

7.2.2.4 薄木拼花图案

为提高薄木贴面的装饰效果，常根据家具造型设计的需要，挑选一定纹理色泽的薄木，经过机械或手工拼制成各种花纹图案，然后再与家具板式零部件热压胶合。这种经过人工制作出的具有各种特殊花纹图案的薄木，生产中也称为艺术薄木。

薄木常用的拼接方式有顺纹拼、对纹拼、双“V”形拼、钻石花（菱形拼、方形拼）、反钻花、棋盘花、菜蓝花等，薄木拼花常见图案及名称如图7-14所示。为了使家具的外观协调，同一家具的各部件最好使用同样纹理的薄木，即同一摞薄木，由同一木方加工而成的薄木。如家具上对称的门板或连续排列的抽屉面板，其所用的薄木应是同一木方上按顺序切下

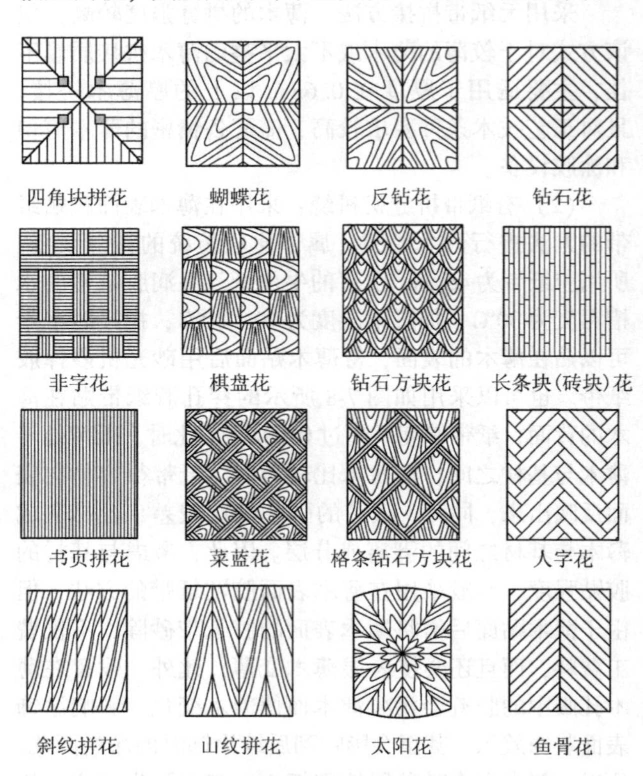

图7-14 薄木拼花常见图案及名称

的各层薄木。

复杂的拼花图案或有特殊要求的图案常需手工操作。拼花工作要在光线明亮的工作台上进行，拼合复杂图案时，为保证胶拼质量，最好在带有抽真空的专用拼花工作台上进行。台面上有均匀分布的孔眼，台面下有真空箱，选拼时，抽真空使薄木平展地吸附在台面上，直至用胶纸带胶拼以后才停止抽真空，取下拼好图案的薄木堆放或送到下道工序胶贴。

7.2.3　涂胶与配（组）坯

由于基材和薄木选用不同、胶贴方法不同，则胶黏剂选择、涂胶方式、涂胶量以及组坯形式等均有差别，对贴面装饰质量也有影响。

7.2.3.1　胶黏剂的选择

将薄木胶贴于基材表面时，由于所采用的胶贴方法不同，因此可选择不同的胶黏剂。目前常用胶黏剂有：低毒快速固化脲醛树脂胶（UF）、聚醋酸乙烯酯乳液胶（简称乳白胶，PVAc）、改性混合胶（脲醛树脂与聚醋酸乙烯酯按比例混合）、醋酸乙烯-N-羟甲基丙烯酰胺二元共聚乳液胶（VAC/NMA）、丙烯酸树脂乳液胶等。同时，用添加填充剂（填料）的方法来增加胶液的初黏性，提高胶液浓度，减少透胶。常用填充剂有大麦粉、大豆粉、淀粉、小麦粉、木薯粉等。

脲醛树脂胶是目前薄木贴面中应用广泛的一种胶黏剂，它的主要优点是价格低廉、使用方便、胶合强度高、耐水性能和渗透能力优良等，此类胶品种较多，必须按不同用途和工艺要求去制造和选用。

脲醛树脂胶的初黏度较低，在组坯贴面过程中容易使薄木错位，加之其渗透性强，易产生透胶现象，为此，在使用时可加入填料，如面粉、工业高岭土等，既增加了胶的初粘性又增加了其固体含量，并可降低胶黏剂的成本。调胶时可在胶液中添加颜料或钛白粉，将胶黏剂色泽调至与薄木色泽相近。此外，为加速脲醛树脂胶的固化，还需根据季节、气候加入适当的固化剂（如氯化铵等）。目前生产中常用的几种调胶配方见表 7-3。

表 7-3　脲醛树脂胶常用配方（重量比）

原料名称	配方 1	配方 2	配方 3
脲醛树脂胶	100	100	85 ~ 88
填料	8 ~ 25	5 ~ 20	8 ~ 12
氯化铵	0.41	0.41	1
颜料	适量	适量	适量
适用薄木厚度/mm	0.3 ~ 0.4	0.27 ~ 0.3	0.3

注：固化剂用量必须根据季节、温度等因素灵活掌握，冬季气温偏低时，可适当增加固化剂用量。

聚醋酸乙烯酯乳液胶（乳白胶）是热塑性树脂胶，预压性和初粘性好、不会透胶、使用方便、可冷压也可热压、环保性能较好，但耐水性低，为了提高其耐水性，可与脲醛树脂胶混合使用，提高耐水性。

脲醛树脂胶与聚醋酸乙烯酯乳液胶的混合胶，是目前薄木贴面装饰常用的一种胶。脲醛胶使用方便、本低、耐水性好，但渗透性强，易造成透胶；初粘性较小，薄木粘贴在基材上后，易错动，增添填充剂的方法虽能增加初粘性，但薄木粘贴时操作困难。聚醋酸乙烯酯乳液胶是热塑性胶黏剂，渗透性差，不会造成透胶，胶膜柔软，对防止薄木开裂有一定的帮助，但耐水性差，因此采用脲醛树脂胶与聚醋酸乙烯酯乳液胶按一定比例混合起来使用，取长补短，而且在混合胶中加入适量的填充剂，可以增加胶黏剂的初粘性。

聚醋酸乙烯酯乳液胶中所加脲醛树脂胶的量越多，胶黏剂的耐水性越好，胶合强度也越大。反之，随聚醋酸乙烯酯乳液胶的比例的增大，胶黏剂的透胶、老化等将有所改善。聚醋酸乙烯乳液胶：脲醛树脂胶 =（5 ~ 7）：（3 ~ 5），并加入 10% ~ 30% 的填充剂和适量的固化剂，最后用水调节黏度。具体混合比例根据实际情况而定，湿贴时乳白胶应多加，干贴时则少加。混合胶常用配方见表 7-4。

表 7-4　脲醛树脂胶与聚醋酸乙烯酯乳液胶的混合胶常用配方（重量比）

原料名称	配方 1	配方 2	配方 3
聚醋酸乙烯酯乳液胶	100	100	100
脲醛树脂胶	20 ~ 30	50 ~ 60	60 ~ 70
填料	10 ~ 30	8 ~ 25	8 ~ 20
氯化铵	适量	适量	适量
适用薄木厚度/mm	0.2 ~ 0.3	0.27 ~ 0.4	0.3 ~ 0.4

在胶黏剂生产中，提高乳白胶的耐水性可加入交联剂共聚，交联剂在乳液胶粘或成膜过程中与醋酸乙烯分子进行交联，能使其成为热固性树脂，从而提高耐水性、耐热性和耐蠕变性。常用 N-羟甲基丙烯酰胺作为交联剂，与醋酸乙烯交联共聚制成醋酸乙烯-N-羟甲基丙烯酰胺二元共聚乳液胶黏剂（VAC/NMA），可用于薄木冷压或热压（热压温度仅 60℃）胶贴，其调胶配方（重量比）为，VAC/NMA 乳液：四氯化锡（50%）：石膏 = 100：6：3。

丙烯酸树脂乳液胶性能良好，环保性能好，应优先选用，但价格较贵。

7.2.3.2 涂胶

涂胶有两种方法，即手工涂胶和机械涂胶。批量生产主要采用机械涂胶，以提高涂胶效率和避免因手工涂胶而产生的涂胶量不均匀；但对于异型家具零部件涂胶，由于基材表面形状复杂，需采用手工涂胶。

机械涂胶所用涂胶机有两辊涂胶机和四辊涂胶机，贴面生产多采用四辊涂胶机，如图7-15所示，它能同时进行双面涂胶，并可以通过调节挤胶辊和涂胶辊的间距来调节涂胶量，可以更好地保证胶黏剂均匀地涂布在基材表面上。

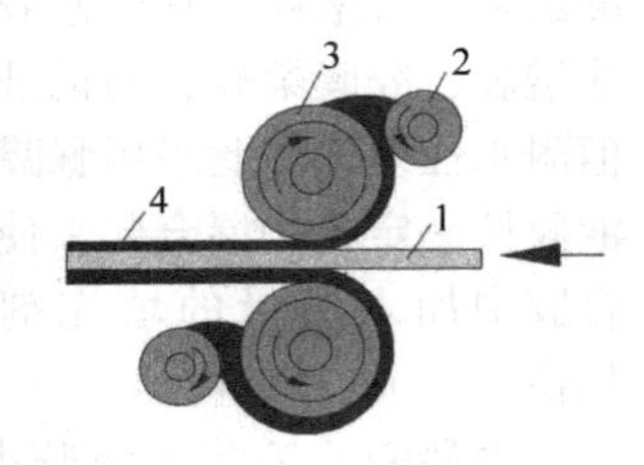

图7-15 四辊涂胶机及其工作原理

1. 基材 2. 挤胶辊 3. 涂胶辊 4. 胶层

胶液可涂在薄木上，也可涂在基材上，薄木贴面一般涂在基材上。涂胶量是涂胶工序重要的工艺参数，涂胶量过小，容易脱胶、起泡和分层；涂胶量过大，又容易透胶。涂胶量要根据基材种类、薄木厚度和胶种等因素来确定。

对于胶合板表面，当薄木厚度小于0.4mm时，基材涂胶量为110～120g/m²，薄木厚度大于0.4mm时，涂胶量为120～150g/m²；细木工板表面的涂胶量为120～150 g/m²；而刨花板作基材时，涂胶量为150～200g/m²；中密度纤维板的涂胶量比刨花板表面略小，为150～160g/m²。涂胶时，涂胶量不宜太大，以防产生透胶现象。

为防止透胶，涂胶后的薄木或基材表面需敞开陈放一段时间。陈放也可使涂层胶液充分湿润表面，使其在自由状态下收缩，减小内应力。陈放时间与环境温度、胶液黏度及活性期有关。陈放时间过短，涂层胶液未渗入木材，在压力作用下会向外溢出，产生缺胶现象；陈放时间过长，会超过涂层胶液的活性期，从而导致胶合强度下降。在常温条件下，陈放时间一般为10～20min。

为了解决透胶问题，也可以采用胶膜贴面，但成本高。因胶膜没有填充性能，所以对基材表面的平整度与光滑度要求很高。

涂胶量也跟胶的种类、浓度、黏度、胶合表面的粗糙度及胶合方法等有关。一般合成树脂胶涂胶量比蛋白质胶少，如脲醛树脂胶涂胶量一般在120～180g/m²，蛋白质胶涂胶量一般为160～200g/m²；材料表面粗糙度大的涂胶量应比表面平滑的大些；冷压胶合涂胶量应小于热压时的涂胶量，这是因为冷压胶层固化时间长，若涂胶量大，胶液在长时间的压力作用下易被挤出外溢。涂胶要均匀，无气泡和缺胶现象。

7.2.3.3 配（组）坯

将涂好胶的基材与贴面材料，按生产图纸要求，组合在一起称为配坯，也称组坯。配坯一般是由人工在配坯台（工作台）上完成，基材的两面都应配坯、贴面，以保证零部件不发生翘曲变形。

为了保证薄木胶贴后的板式部件的尺寸和形状稳定性，胶贴时应遵循对称性和平衡性原则进行配坯，即基材表、背面所胶贴的薄木，其树种、厚度、含水率、纤维方向、花纹图案和涂胶量均应保持一致。为了节省珍贵树种木材和优质薄木、降低成本，背面不外露的零部件也可以改用材性类似的廉价树种薄木或其他材料代替，但应根据使用要求来调整背面贴面层材料的厚度，使其两面应力平衡，防止翘曲变形。

配坯时，应根据基材表面粗糙度和平整情况选择相适应的薄木厚度，如果基材表面平整，薄木厚度可小些。如果基材（刨花板）表面比较粗糙且平整度较差，薄木厚度应不小于0.6mm，如需选用厚度在0.6mm以下的薄型薄木或微薄木贴面，则需在薄木与基材之间增加一层厚度为0.6～1.5mm的旋制单板作中板，以保证板面平整和增加板件强度，在这种情况下，该中板通常需双面涂胶。

7.2.4 胶贴

胶贴是指将组坯好的板坯，整齐地放入压机中进行加压胶合，直至胶层固化。胶贴的工艺过程为：将板坯送入压机→加压→保压→卸压→部件堆放。

用于薄木贴面的设备是各种冷压机和热压机。贴面工艺方法主要有干法、湿法、冷压法和热压法。

7.2.4.1 贴面设备

（1）冷压机：如图7-16所示，冷压时，把配置好的板坯在冷压机中面对面、背对背堆放成1～1.5m的高度，各层板坯上下对齐，最好每隔一定高度（约260mm），放置一块较厚的垫板，垫板面积略大于板坯尺寸。冷压机价格便宜，动力消耗小，操作简单。

（2）单层横向贴面热压机：如图7-17所示，薄木贴面生产中应用较多。热压时，将组坯好的板坯放入压机中摆放整齐，开动压机进行加压。压力上升的速度不宜过快，以使表层薄木有舒展的机会；但也不

图 7-16　冷压机

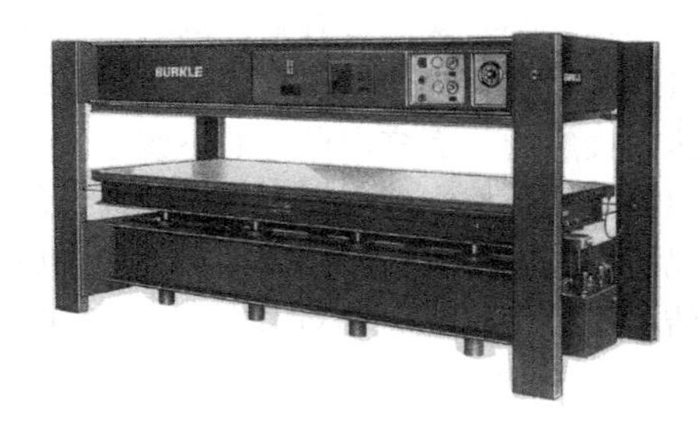

图 7-17　单层横向贴面热压机

能过慢，以防止板坯中的胶层在热压板温度作用下提前固化，降低或丧失胶合强度。薄木贴面用热压机采用横向进料，也是为了缩短板坯在压机中压机闭合前所用时间。

（3）多层横向贴面热压机：如图 7-18 所示，为提高生产效率，薄木贴面生产中广泛使用多层横向贴面热压机。为保证贴面质量，从板坯放入压机到升压，直至压机闭合，所用时间一般不得超过 2min。

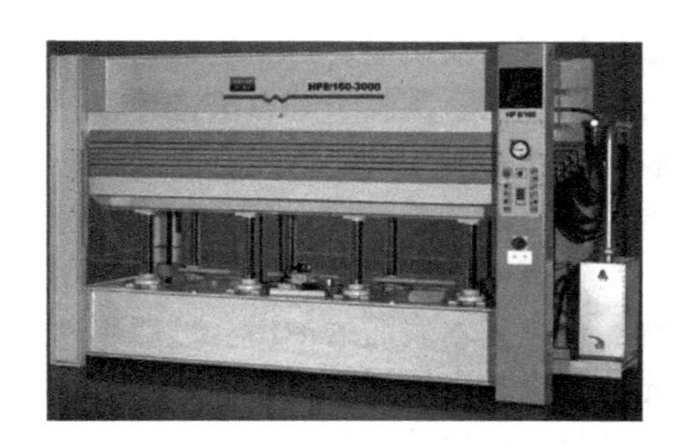

图 7-18　多层横向贴面热压机

（4）单层快速连续贴面生产线：如图 7-19 所示，为一种单层快速连续贴面板生产线的工作原理图。该生产线由推板器 1、涂胶机 2、输送带 3、装料传送带 4、单层压机 5、卸料传送带 6 和堆板器 7 组成。采用蒸气加热，液压传动。使用这种专用设备胶贴薄木时，可用脲醛树脂胶。如薄木的厚度为 0.5～0.7mm，胶贴工艺参数为：单位压力 0.8～1.0MPa；压板温度 90～110℃；加压时间 2～3min；进料速度 8～12m/min。

7.2.4.2　干法贴面工艺

是指薄木经过干燥后再进行胶贴的工艺，所用薄木厚度均在 0.4mm 以上。先将薄木进行干燥，含水率达到 8%～12%，然后用涂胶机将基材胶涂，把拼好花纹的薄木铺到基材的胶层上，再送入热压机中热压。

干法贴面工艺胶合质量好，生产效率高，是实际生产中普遍采用的一种方法，如刨花板、中密度纤维板、细木工板、多层胶合板和集成材等都可采用干法贴面工艺。此外，手工干贴拼花是最常用的一种干贴工艺，即在基材上涂上热熔胶或其他适当的胶黏剂，然后按照设计图案将薄木用电熨斗一张一张拼贴上去。薄木干法贴面工艺流程如下：

刨切薄木 → 薄木干燥 → 薄木拼缝 ┐
　　　　　　　　　　　　　　　　├→配坯 →
人造板基材 → 砂光 → 涂胶 ┘
铺装→热压→裁边→后期处理→检验入库

7.2.4.3　湿法贴面工艺

是指薄木不经过干燥处理（所用薄木含水率为 30% 以上）而与涂胶基材直接热压胶贴的一种工艺。厚度在 0.4mm 及以下的薄木，进行胶贴时容易破碎，损耗较大，所以对于厚度为 0.2～0.3mm 的薄木常采用湿贴工艺。为了操作方便，减少损失，其操作程序是将成叠潮湿薄木剪切后，用手工方法把薄木一条一条地拼贴在涂过胶的基材上，经陈化后再进行热压。与干贴工艺相比，湿贴工艺对操作技术要求不高、生产工序简便、薄木损耗较小，在薄木装饰人造板生产中多采用湿贴工艺。薄木湿法贴面工艺流程如下：

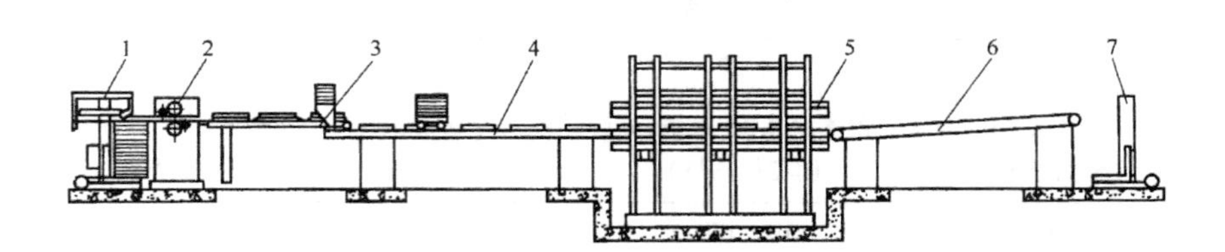

图 7-19　单层快速连续贴面板生产线工作原理示意图

1. 推板器　2. 涂胶机　3. 输送带　4. 装料传送带　5. 单层压机　6. 卸料传送带　7. 堆板器

刨切薄木 → 含水率控制 → 剪切—┐
　　　　　　　　　　　　　　　├→配坯、拼贴
人造板基材 → 砂光 → 涂胶—┘
→热压→裁边→后期处理→检验入库

采用湿法贴面时，必须注意以下几点：

①为了防止胶黏剂向表面渗透，应采用高黏度的胶黏剂，并且要严格控制涂胶量。

②胶黏剂应有足够的初粘性，以保证薄木不产生错位、重叠和离缝现象。

③含水率过高的薄木采用热压胶贴时，会产生较大的干缩，所以薄木不可绷紧，应留有收缩的余量。树种不同，干缩余量也不同。

④薄木含水率虽然高，但含水率也要保证一致，否则会发生收缩不均现象。太干的薄木要随时喷水，确保湿润。

⑤配坯、拼贴后会使胶液含水率增加，因而应留有一定陈化时间，使其水分得以挥发和渗透，防止透胶。

⑥使用未经干燥的0.2～0.3mm湿薄木，在热压前周边要喷水或喷浓度为5%～10%的甲醛溶液，谨防热压后周边产生裂纹。

⑦最好采用先冷压预压后热压的工艺方法。

7.2.4.4 冷压贴面工艺

冷压贴面工艺是将基材涂胶后，经配坯，在室温（18～22℃）条件下加压胶合的一种薄木贴面方法。所用薄木的含水率为8%～12%，胶黏剂为冷压脲醛树脂胶或乳白胶，且最好用厚薄木，以防透胶和粘连。为了保证加压均匀，在板摞中间每隔一定距离，应放置一块厚的垫板。

冷压贴面所用设备为冷压机，贴面时的压力应根据板坯的厚度、胶种等确定，一般冷压的贴面压力为0.5～1.0MPa，在室温（18～22℃）条件下加压时间一般为4～6h，冬季须更长一些。冷压贴面法加压周期长、占地面积大、耗胶量大，只适合小规模生产，因而很少采用，常作为预压使用。

冷压贴面法作为预压时，应注意板坯堆垛整齐，板边头不能有错位，以保证板面均匀受压而不留痕迹。预压完毕后，必须进行修边、离缝修补和拼缝重叠处理，处理后的板坯要进行短期陈放，以防热压时出现透胶现象。

7.2.4.5 热压贴面工艺

基材涂胶后，经薄木与基材组坯，送入热压机中，在一定温度、压力和时间的作用下胶合的一种薄木贴面的方法。热压贴面的胶合速度快、效率高、产品质量好，是目前广泛使用的薄木胶贴方法。

热压胶贴0.2～0.3mm厚的薄木时，热压机的压板必须有足够的精度。为了弥补由于基材厚度不匀产生的压力不均，必须采用富有弹性的耐热橡胶板、毛毡等材料作缓冲层。铺装时，为了避免产品表面被污染，与薄木接触的一面多用抛光的不锈钢、铝板或硬质合金铝板等做垫板。现在也有采用耐高温的聚酯薄膜来替代抛光金属垫板，同样既可保证热压后装饰表面的光洁平滑，又可起到缓冲作用，可省去缓冲层。通常加压时压力上升不宜太快，以使薄木有舒展的机会。

热压工艺参数随基材种类、厚度、薄木厚度、胶黏剂种类等的不同而有所不同，需通过生产实验来确定。薄木贴面热压工艺参数见表7-5，供参考。

7.2.5 后期处理

薄木贴面卸压后，从压机中卸下来先用平直的窄刀修整板边缘，裁去多余的薄木边条，然后整齐堆放在平整的堆板台上，堆放时间在24h以上，以便胶层充分固化，内应力均衡和消除内应力，防止变形。堆板台面距地面高度大于200mm，堆板高度1～1.5m为宜。

陈放后检查贴面质量，对于裂缝、虫眼、节孔等缺陷，可用填木丝、刮腻子等方法进行修补，腻子可用乳白胶加木粉和颜料调制而成，其颜色应与材色相近。必要时，可用2%～3%的草酸溶液擦除薄木表面因单宁与铁离子作用而产生的变色，或用酒精、乙醚等冲洗，除去薄木表面的油污。然后用砂光机进行板面砂光，砂带粒度一般为180#～240#。

最后进行成品检验、分等、入库。

表7-5 薄木贴面热压工艺参数

热压条件	UF与PVAc混合胶	UF胶	醋酸乙烯－N－羟甲基丙烯酰胺乳液		
	薄木厚0.2～0.3mm（胶合板基材）	薄木厚0.3～0.5mm（刨花板基材）	薄木厚0.4mm（胶合板基材）	薄木厚0.5mm（胶合板基材）	薄木厚0.6～1mm（胶合板基材）
温度/℃	115	110～120	60	80～100	95～100
时间/min	1	1.5～2	2	5～7	6～8
压力/MPa	0.7	0.8～1.0	0.8	0.5～0.7	0.8～1.0

7.3　薄木贴面缺陷及质量控制

人造板基材或板式家具部件使用各种胶黏剂经手工或机械胶贴薄木，常会产生各种缺陷。这些缺陷的存在，对贴面人造板装饰效果影响很大，较严重的缺陷会直接影响使用价值，甚至会影响到制作产品的质量，所以，了解掌握产生缺陷的原因并采取措施加以克服是十分必要的。

7.3.1　薄木贴面常见缺陷及其预防措施

薄木贴面常见缺陷有：鼓泡、透胶、表面裂纹、板面翘曲、薄木错动、黑胶缝或搭接、胶贴表面出现凹凸不平、板面透底色、胶贴不牢或大面积脱胶、表面出现压痕、色调不均匀、胶层龟裂与耐溶剂性能差等。这些缺陷的产生原因、影响因素和预防措施分述如下。

7.3.1.1　鼓泡

（1）产生原因：其原因可以归结为基材表面不平整，热压时表面受力不均导致局部胶合强度低，脱胶，热压时间过长胶层焦化薄木，基材含水率不均等。

①基材：薄木贴面要求基材表面平整、光洁，含水率控制在 8% ~10% 且均匀一致。选用优质中密度纤维板作贴面基材时，成品效果较好；若企业为节约成本采用劣质中密度纤维板、刨花板、胶合板等，由于这类板材厚度不均，各部分吸湿膨胀量不同，尤其在涂胶后板面吸收胶中水分而膨胀造成表面不平整，从而导致热压时，基材表面受力不均，不能将薄木很好地胶贴在基材上，就会产生鼓泡缺陷。

②薄木：生产中薄木应平整，含水率均匀，否则会造成干燥后的薄木局部或端部呈现波浪形和凹凸不平，给涂胶和组坯带来困难。即使湿贴或薄木含水率很高的情况下，也要求含水率一致，过干的部位要喷水调湿，避免由于各部分收缩差异而导致鼓泡。

③胶黏剂：薄木贴面主要采用合成树脂胶黏剂，涂胶常用辊筒涂胶机或手工涂胶。涂胶前应做好胶水的理化性能测试，涂胶时要保证表面涂胶均匀。

④工艺因素：在家具生产过程中，薄木贴面多用于制作各种家具部件，其中有些厚型板件工艺处理不当则会导致板件表面不平整。例如 30 ~50mm 厚的面板和侧板通常采用空心板，四周用实木条封边的板件。采用这种工艺结构时，常会出现以下问题：中空加厚条和衬木设置不合理，在贴面板较薄时会产生凹陷；板件四周的实木封边没有刨平，高于或低于面板，导致在基材砂光时不能将整个板面砂平，从而造成板件表面不平整；薄木拼缝时如采用有孔胶纸带贴在薄木背面，胶贴后纸带处于薄木和基材之间，由于纸带部分的胶层耐水性差，会造成鼓泡；将薄木拼花时，拼缝处重叠而引起的木皮表面不平整，都会影响胶合质量；在热压贴面工艺中常用单层压机或多层压机，压板必须均匀加压，否则也容易产生鼓泡。板坯送入热压机后，板坯上下两个表面必须采用平整的铝合金垫板，且上垫板与热压板之间应放入 3 ~4mm 耐热橡胶垫，或 5 ~6 层牛皮纸作为缓冲衬垫，以保证板坯受力均匀。

（2）预防措施：

①基材处理：空心板衬木设计要合理，不能漏放或少放；人造板应选用平整的中密度纤维板；实木封边一定要刨平并双面砂平，保证平整。这一阶段的检验是避免薄木鼓泡的最关键阶段。

②涂胶、组坯：涂胶、组坯前要对所用胶黏剂进行理化性能测试，变换胶黏剂要进行试样，以确定合适的工艺参数，同时对翘曲变形的薄木要烫平或更换，对拼花接缝有叠加的部分要及时处理。

③热压胶合与砂光：热压结束后应缓慢卸压或分段卸压，否则会因基材中的水分急剧外排而发生开胶、鼓泡等缺陷。热压后的砂光，是对板面的轻微不平以及拼花的缝隙作一些后期处理的轻微砂磨，以达到表面平整和拼花无缝隙的效果。轻微的薄木鼓泡现象常会在此时发现，这是因为表面不平整凹陷部分的薄木、胶水、底板之间没有很好地黏合，所以在胶水固化以后才表现出三者分离。

在砂光时，若基材表面轻微不平，凸出部分被砂平后，这部分的薄木由于原来就未与基材胶合在一起，这时目测就可见凸起处，手摸能感觉到鼓泡部分可以活动。质检员若不及时将这些不良品挑出就会造成严重后果。对于这些小鼓泡薄木处理方法很简单，用注射器配稍粗的针头在鼓泡处注入乳白胶或拼板胶等，然后用电熨斗烫平即可。注意不可用 502 胶水，会产生黑缝或透黑底等不良现象。

④喷底漆后鼓泡处理：家具零部件手工贴面常在喷过底漆后出现薄木鼓泡现象。胶贴不牢的薄木在喷第一道底漆后，漆膜达到 50% ~60% 固化时，薄木表面会逐渐出现直径 5 ~30mm 的球面凸起，直至底漆固化后，鼓泡现象才会隐去。这是处理鼓泡的关键时期，要尽量把薄木鼓泡处理好，以免造成更大的经济损失。具体处理方法是：

第一道底漆喷过后 1.5h，质检员就要开始检查，薄木一般会在这个时候开始鼓泡。发现鼓泡现象要立即处理，用手触摸漆膜感觉似干未干的时候可用针管或刀片注进胶水，此时可用 502 胶，然后用硬物压平，再经打磨处理即可。当喷第二道底漆时，修补痕迹就看不见了。

第二道底漆喷过约 1.5h，如发现还有鼓泡，则用同样的方法及时处理。要注意的是，一定要在漆膜似干未干的时候进行修补，处理实践证明这个时期进行处理的效果最好。

如果在处理过程中，薄木有损坏需要修补的，一定要选择纹理、色调基本一致的薄木，不能有明显色差。

⑤喷面漆后鼓泡处理：喷了面漆以后，鼓泡现象应该是很少发生的。一旦发生鼓泡，由于产品表面涂饰已基本完成，这时就要根据实际情况进行处理。小面积的鼓泡可以用针管注进胶水的办法处理，但要注意不能损坏漆膜表面颜色；如果鼓泡面积过大，那就要把整个面漆层洗掉，再行处理，这样以来费工费料，所以做好前期预防工作是非常重要的。

7.3.1.2 表面透胶

薄木湿贴时含水率在 60% 以上，如果单独使用渗透性好的水溶性脲醛树脂胶，胶黏剂极易渗出薄木和渗入基材，造成透胶和缺胶现象，薄木的导管越粗大，透胶就越严重。透胶会影响表面美观和涂料涂饰，有损于装饰效果和使用价值。

（1）产生原因：

①胶液过稀，涂胶量过大。

②薄木厚度太薄。

③薄木材性构造造成（导管太大）。

④薄木含水率过高。

⑤胶贴单位压力过高。

（2）预防措施：

①为防止透胶，可调整胶黏剂黏度和涂胶量，必要时在脲醛树脂胶中混入一些聚醋酸乙烯酯乳液，再添加一些面粉作填充剂。一般当聚醋酸乙烯酯乳液胶和面粉的比例大于脲醛树脂胶时，胶黏剂黏度变大，树脂含量变高，涂胶量可少，这样就可防止透胶的发生。加入聚醋酸乙烯酯乳液胶和面粉的比例的大小，可根据薄木导管的大小作适当的调整，胶黏剂重量比以“聚醋酸乙烯酯乳液胶 + 面粉 > 脲醛树脂胶”为原则。

②适当延长陈放时间，胶贴单位压力应控制在 0.5 ~ 1.0MPa。

③薄木含水率不宜太高，湿布擦过后要自然干燥后再贴，热压前可喷少许水。

④用有机溶剂将透出的胶擦去，轻微的可用刀刮或砂磨掉。

⑤用厚度为 0.5mm 以上的薄木可避免透胶。

7.3.1.3 表面裂纹

（1）产生原因：主要原因与薄木木材构造、薄木制造方法、薄木含水率、胶黏剂配比、配坯方法、热压温度和基材质量等因素有关。如比重大的木材，弦切面的薄木较容易产生裂纹；薄木含水率太高，热压干缩时，会产生裂纹；涂胶量太少而热压温度过高也易产生裂纹。

薄木湿贴后表面产生裂纹是湿贴工艺最容易产生的质量缺陷之一，尤其是采用湿贴工艺生产的薄木贴面胶合板，在热压后或使用中，表面常会产生与纤维方向平行的细小的裂纹。这是因为湿薄木处于润湿状态，而经热压后薄木收缩，又受到基材的牵制而使薄木横纹受到很大的拉应力，对于材质越硬的树种如水曲柳、柞木等，这种应力就越大，薄木极易开裂，但如果胶黏剂有很好的耐水性，就可以克服上述应力，薄木就不易产生裂纹。因此，对于易开裂的薄木，混合胶里应增加脲醛树脂的配比，以提高其耐水性。

（2）预防措施：为防止或减少表面裂纹，应严格控制工艺参数。

①增加热固性树脂配合比例，适当降低热压温度。

②胶贴的薄木纤维方向与基材人造板干缩、湿胀最大的方向一致，如预防胶合板表面裂纹，就应将薄木纤维方向与胶合板面板纤维方向垂直胶贴。

③在薄木与基材间夹入缓冲层。

④降低薄木含水率。

⑤热压后贴面板面对面、背对背堆放，减少水分蒸发，卸压后喷水。

⑥选择符合要求的基材。

7.3.1.4 板面翘曲

薄木贴面人造板及其板式家具部件，在制造过程中工艺控制不好，可能会产生翘曲变形，这会影响到贴面家具的使用性能。薄木的厚度虽小，但贴面后容易因两面吸湿情况不同、贴面薄木反复细微的干缩湿胀而造成饰面家具的漆膜开裂，严重影响薄木装饰质量，降低其使用价值。但是，如果介于薄木与基材之间的胶层有一定的弹性和塑性，就能部分或全部补偿二者性质差异所造成的应力，从而减少板的变形。

（1）产生原因：

①胶黏剂配合比不当。

②热压条件不当。

③配坯时表面和背面所胶贴的薄木不对称，或涂胶时厚度不均匀。

④薄木含水率大、干燥收缩。

（2）预防措施：

①减少脲醛树脂胶用量，使胶层柔软，改进热压条件。一般使用的脲醛树脂胶与聚醋酸乙烯酯乳液的混合胶的配比为，聚醋酸乙烯酯乳液:脲醛树脂胶 = 10:(2～3)，并加入 10%～30% 的填充剂。

②热压后水平堆放并压重物，薄木纤维方向平行于基材干缩、湿胀量小的方向。

③胶贴时，薄木尽量挤紧，中央部分稍松。

④降低薄木含水率，并使其均匀。

⑤按对称原则配坯，涂胶量和贴面材料应相同，如用途不同时，其背面材料应近似表面材料，至少要在厚度上相等，并注意胶贴的纹理方向。

7.3.1.5　黑胶缝或搭接

（1）产生原因：

①剪切时切刀不快而造成拼缝不直、不严。

②薄木含水率大、干燥收缩。

③初粘性不够，铺贴的薄木不能牢牢粘贴在基材上，运输时产生位移。

④湿薄木铺贴时薄木预留热压干缩余量不当，余量过少产生离缝，余量过多则产生搭接。

（2）预防措施：

①剪切机切刀必须锋利；胶贴时薄木尽量挤紧，但中央部分稍松、不可绷紧或搭接。

②严格控制薄木含水率，不能过高，拼缝处可喷水。

③增加脲醛树脂胶的比例和涂胶量，或在胶黏剂中增加面粉加入量，提高胶的初粘性，使铺贴薄木牢固粘贴，也可增加预压工艺防止位移，并注意掌握预留的薄木干缩余量。

④降低热压温度。

7.3.1.6　薄木错动

（1）产生原因：薄木贴面时往往需要拼出某种图案和花纹，将薄木置于基材表面上拼好图案以后，进入热压机之前的搬运过程中会造成薄木错动；另外，脲醛树脂与聚醋酸乙烯酯乳液胶初粘性能比较差，以及薄木材质较硬或不平时，都容易产生薄木错动和拼缝不齐。

（2）预防措施：

①胶贴时，薄木尽量挤紧，中央部分稍松。

②降低薄木含水率，并使其均匀。

③加大聚醋酸乙烯酯乳液胶及面粉的比例，以提高胶黏剂的初粘性。

7.3.1.7　表面污染

（1）产生原因：主要是由于木材中单宁、色素等内含物析出或受菌类、酸、碱污染，如木材中的单宁、水与铁接触会造成污染；椴木、桐木等薄木在光照下易产生酸污染，酸污染常呈现粉红颜色；薄木与碱接触发生黄至暗褐色的污染。

（2）预防措施：

①调整胶黏剂的酸碱度，尽量减少固化剂的用量，避免与铁质等接触。

②树脂、油污可以用酒精、乙醚和丙酮等溶剂擦除，也可以用 1% 苛性钠或碳酸钠再用清水擦除。

③单宁、色素与铁离子形成的污染，可以使用双氧水或 5% 的草酸溶液擦除。

7.3.1.8　胶贴不牢、大面积脱胶

（1）产生原因：

①胶质量不好，调胶比例不对，超过活性期等。

②薄木或基材的含水率过高。

③基材不平整，在涂胶时出现漏涂现象。

④热压时间短，达不到工艺要求。

（2）预防措施：

①更换胶黏剂，重新调胶，检查胶黏剂的活性期。

②严格控制薄木和基材的含水率，手工胶贴时薄木含水率应控制在 15% 左右。

③控制基材的平整度，基材涂胶后进行检查，看是否有漏涂现象，如果有则需要补胶后再进行配坯。

④适当延长热压时间。

⑤如出现大面积开胶，不容易进行修复，需要把薄木撕掉，刮净残胶，重新胶贴。

7.3.1.9　板面透底色、色调不均匀

（1）产生原因：

①薄木厚度太薄。

②基材色调不均匀。

（2）预防措施：

①改用稍厚的薄木。

②可在涂胶前对基材着色。

③在胶黏剂中加入少量着色剂。

7.3.1.10　胶贴表面出现凹凸不平

（1）产生原因：

①基材本身表面不平整。

②胶层厚薄不均，手工贴面烫压时没有把多余的胶液挤出来。

（2）预防措施：

①难以修复，严重时可将薄木刨掉，修整部件表面重新贴面。

②手工烫压时必须将多余胶液挤出，形成厚薄均

匀的胶层。

7.3.1.11 表面出现压痕

薄木表面有杂物或基材表面有胶痕等容易出现表面压痕。生产时应把薄木表面上杂物及时清除掉，并保持板面清洁，从而避免表面出现压痕缺陷。

7.3.1.12 胶层龟裂、耐溶剂性能差

以脲醛胶为主时，加聚醋酸乙烯酯乳液可改善胶的耐老化性能，防止胶层龟裂，增强填缝能力，防止透胶，减少刀具磨损。以聚醋酸乙烯酯乳液胶为主时，加入脲醛胶可提高胶的强度，减少其蠕变，减少薄木表面裂纹和拼缝间隙，改善胶层耐溶剂的性能。

7.3.2 薄木贴面人造板质量要求

薄木贴面人造板的质量，应根据国家标准所规定的项目进行检查，除了检查尺寸公差、外观质量及物理力学性能外，还要检查基材是否符合规定要求。

(1) 基材要求：国家标准规定，薄木贴面人造板使用的基材为胶合板、刨花板、中密度纤维板等，必须要进行严格挑选和必要的加工，不能留有影响饰面质量的缺陷，因此，贴面的基材胶合板应不低于二等品，刨花板不低于一等品，中密度纤维板不低于一等品要求。

(2) 幅面尺寸公差：不同基材的单板贴面人造板长度与宽度偏差，其基材为胶合板或刨花板时，只允许5mm的正公差，不允许负公差。基材为中密度纤维板时，可允许±3mm公差。厚度偏差，允许在±0.3～±0.5mm之间，对角线之差，应符合基材产品标准规定要求，板边不直度1m长不超过1mm。翘曲度要求，板厚6mm以上的薄木贴面基材人造板翘曲度不得超过1.0%。

(3) 外观质量：主要检查内容包括薄木纹理、表面裂纹、表面平整度、透胶与污染等。薄木贴面分优等、一等和合格品三个等级，如是双面贴面的人造板应保证一面外观质量符合所标等级要求，另一面的外观质量不低于合格品的要求。一些缺陷只能通过目测来判别，优等品除活节允许轻微外，其他缺陷均不允许出现。如出现缺陷，则视其缺陷的严重情况而降等。

(4) 物理力学性能：国标规定了含水率、浸渍剥离和表面胶合强度三个指标，如基材为胶合板，其含水率允许为6%～14%，基材为刨花板或中密度纤维板，含水率为4%～13%。浸渍剥离试验，经过一定的温度处理以后，基材与胶层上每一边剥离长度均不允许超过25mm。表面胶合强度试验，国标规定，基材为胶合板时大于或等于0.50MPa，基材为刨花板或中密度纤维板时大于或等于0.40MPa。

本章小结

薄木作为天然木质贴面材料，与其他贴面材料相比，其贴面工艺环节较多，且具有一定的特殊性。为了获得理想的贴面装饰效果，薄木贴面加工中的基材准备与处理、薄木准备、涂胶与组坯、胶贴、后期处理等工艺过程均需受到重视；针对不同的基材、薄木、胶种和贴面质量要求应采用不同的贴面工艺，并加以严格控制。本章最后对薄木贴面装饰常见质量缺陷进行了分析，并提出了预防措施和质量要求，应注意学习掌握。

思考题

1. 薄木是如何分类的？常用薄木有哪些？
2. 薄木贴面工艺过程主要包括哪些工序？
3. 薄木贴面对基材要求如何？
4. 如何保存薄木？
5. 薄木胶拼有哪些方法？常用哪种方法？复杂薄木拼花如何进行？
6. 薄木贴面常用胶黏剂有哪些？各有什么特点？
7. 简述干法与湿法薄木贴面工艺流程与区别。
8. 简述薄木贴面热压工艺。
9. 简述薄木贴面常见缺陷与预防措施。

第8章 装饰纸及合成树脂材料贴面装饰

【本章提要】

由于天然木材资源的日趋紧缺，装饰纸及合成树脂材料在家具生产中越来越受到重视，除了进行贴面装饰外，还在人造板二次加工和板式家具生产中发挥着重要作用。本章结合家具生产的实际应用，对装饰纸、预油漆纸、合成树脂浸渍纸、热固性树脂装饰层压板和热塑性塑料薄膜等贴面材料及贴面生产工艺进行了介绍，学习掌握这些内容将会促进人造板的利用与开发，更好地进行家具表面装饰设计与生产。

印刷装饰纸又称装饰纸、木纹纸，是一种经由人工制造出来的纸张。它主要通过图像复制或人工方法模拟出各种木材纹理、大理石以及各种几何图案等花纹，并采用印刷滚筒和配色技术将这些图案纹理印刷出来。印刷出来的装饰纸就可以对家具及人造板基材进行贴面装饰了。

图 8-1 印刷装饰纸

8.1 印刷装饰纸贴面装饰

印刷装饰纸贴面是在基材表面贴上一层印刷有木纹或图案的装饰纸，然后用涂料涂饰，或用透明塑料薄膜再贴面，或先在装饰纸上预涂油漆，贴面后不再涂饰。这种装饰方法的优点是尺寸稳定性好，不产生收缩现象，可提高人造板基材的表面质量；制造工艺简单，易于胶贴，能实现自动化和连续化生产；比薄木贴面与塑料贴面板贴面的产品成本低；表面涂饰的涂料能使板面具有一定光泽、耐水性和耐老化性，还具有一定的耐热性、耐化学药剂性；饰面层有一定的柔韧性，可装饰曲面基材；能弥补木材的天然表面缺陷，不产生裂纹，有柔软感、温暖感；可提高木材的利用率，能代替优质木材使用；表面有木纹，真实感强；可用于制造中、低档家具，用作室内墙面与天花板等立面部件的装饰。这种装饰方法的不足是表面光洁度较差，饰面层较薄；耐磨性差，不适用于耐磨要求较大的部件；耐热、耐水及耐老化性能不如塑料贴面板。印刷装饰纸见图 8-1。

装饰纸贴面有连续式和周期式两种方式，周期式的劳动强度大，生产率较低，适于产量较小的中小企业；而连续式装饰纸贴面是自动化程度较高的一种生产方法，因而被广泛使用。装饰纸贴面通常采用辊压胶贴工艺，该工艺过程主要包括：基材和装饰纸的准备、涂胶、胶贴及贴面板处理。

8.1.1 装饰纸分类

根据不同的使用要求，印刷装饰纸有不同的分类方法，分述如下：

8.1.1.1 按纸面有无涂层分类

印刷装饰纸按纸面有无涂层，可分为两种：一种是表面未油漆装饰纸，另一种是预油漆装饰纸。这两种装饰纸适用于家具外表面、内表面、部件的贴面及各种封边装饰，可采用脲醛胶、聚醋酸乙烯酯乳液胶和热熔胶，通过单层热压机、多层热压机、冷辊压机、热辊压机、软成型机等设备对刨花板、中密度纤维板等基材进行覆贴胶压。

预油漆装饰纸一般重量为60～160g/m²，当表面涂油漆而内部未浸树脂时，原纸采用薄页纸，当内部也浸有少量树脂时，原纸采用钛白纸。其通常可分为一般光泽、柔光和高光泽，有鬃眼和无鬃眼，单色和套色等多种。所用的涂料主要有硝基漆、酸固化漆及聚酯漆等。采用硝基漆的纸贴于家具表面后，可在需要时再涂饰涂料；采用酸固化漆的纸具有良好的抗家用清洁剂及大多数溶剂的性能，且耐磨性好。这两种涂料可用于家具正面和侧面部件的表面装饰。采用聚酯漆的纸具有较高的光泽度及防水性能，适用于高档产品及软成型部件的装饰。

8.1.1.2 按原纸定量分类

按原纸定量分，常用的印刷装饰纸有以下三种：

（1）定量为23～30g/m²的薄页纸：主要适用于中密度纤维板及胶合板基材贴面。

（2）定量为60～80g/m²的钛白纸：主要适用于刨花板及其他人造板贴面。

（3）定量为150～200g/m²的钛白纸：主要适用于板件的封边。

在上述几种装饰纸中，薄页纸贴合牢度大，覆盖力差，易起皱和断裂，损耗大；钛白纸要经过轧光，损耗少，容易分层。

8.1.1.3 按原纸使用功能分类

按原纸使用功能分类，可分为以下几种：

（1）表层纸：在塑料贴面板中形成透明的纸基树脂塑料，具有高耐磨、耐污染、耐香烟灼烧、耐老化特性的保护层。

（2）装饰纸：具有良好适印性，可形成印刷有各种装饰图案的装饰层。

（3）底层纸：一般由4～8张底层纸组成，经浸渍酚醛树脂热压成型后，可形成抗冲击、抗拉伸、耐弯曲、具有良好机械强度的骨架基础层。

（4）平衡纸：用于基材背面，与正面的装饰纸相平衡，可防止因正反面内应力不一致而引起的板件翘曲变形。

除此之外，有的还使用含有脱膜剂的隔离层纸作脱膜层用。

8.1.1.4 按背面有无胶层分类

按装饰纸背面有无胶层，可分为两种：一种是背面不带胶的装饰纸，适用于湿法贴面，贴面时必须涂上热固性树脂胶；另一种是背面带有热熔胶胶层的装饰纸，适用于干法贴面，贴面时不用涂胶。

8.1.1.5 按印刷图案纹样分类

按装饰纸表面的印刷图案纹样，可分为：木纹纸、大理石纹样纸、布纹纸、几何图案纸等。

8.1.1.6 按贴面方法分类

按装饰纸贴面方法分类，可分为以下几种：

（1）高压法饰面纸与低压短周期法饰面纸：这种纸是指装饰纸、表层纸或平衡纸经三聚氰胺等树脂浸渍后，按不同热压工艺加工、覆贴于人造板基材表面的各种原纸。

（2）预浸渍纸：在造纸时添加三聚氰胺树脂或丙烯酸树脂的装饰纸。使用时，首先把它印刷上图案，背面涂上合成树脂，再压贴于人造板等基材表面。

（3）宝丽纸：宝丽纸原纸指施胶的非吸收性薄页纸。使用时，首先将宝丽纸原纸印刷上图案，再覆贴于表面涂有合成树脂的人造板基材上，最后在宝丽纸表面涂饰不饱和聚酯树脂，隔氧固化，此种覆面人造板称为宝丽板。如果原纸涂饰的是聚氨酯树脂，则叫华丽纸，覆贴于人造板表面后的板材称为华丽板。

宝丽板是一种常见的饰面人造板，它具有较好的装饰性能，可直接使用。宝丽板有亮光和柔光两种装饰效果，亮光的板面有光泽，表面硬度中等，有一定的耐酸碱性，耐热、耐烫性能优于一般涂料的涂饰面，表面易于清洗。柔光的板面在耐烫和耐擦洗性能上则相对比较差。

以上为印刷装饰纸的主要分类形式，关于它的分等、规格尺寸、公差、外观质量等技术指标与要求可参阅有关标准或产品说明书中的相关规定。

8.1.2 原料准备

（1）基材准备：贴面前基材表面需进行处理，先用宽带砂光机采用180号或240号砂带进行精细砂光。经刷光机除尘后，如果板面仍凹凸不平，则需要涂布腻子，待腻子干燥后再行砂光，使板面平整、光滑，保证贴面质量。

（2）装饰纸准备：装饰纸必须表面光滑，印刷性能好。常用装饰纸有两种，一种是定量为21～28g/m²的薄页纸，另一种是定量为50～60g/m²的装饰纸，后者需经压光处理。厚纸印刷方便，损耗较少，但容易分层；薄纸不易分层，胶贴强度大，但遮盖能力差，损耗较大。选用时，应兼顾二者的特性。

8.1.3 涂胶

涂胶工艺对胶黏剂的要求是，既要有胶合作用，又要起到板面填孔作用。生产中通常采用由热固性树脂和热塑性树脂组成的混合胶黏剂，如聚醋酸乙烯酯和三聚氰胺树脂的混合胶、聚醋酸乙烯乳液与脲醛胶的混合胶，或改性聚醋酸乙烯酯胶黏剂等。因为热固性树脂胶渗透性良好，如单独使用，装饰纸易被胶液浸透而树脂化，从而失去缓冲性能，而热塑性树脂胶的渗透能力差，但其流动性好，因此使用两者的混合胶黏剂效果较好。生产上采用的胶黏剂除上述几种外，还有丙烯酸树脂、环氧树脂、聚酯树脂、醇酸树脂、改性氨基树脂、聚氯乙烯树脂等。

生产中涂胶方式有三种，即基材涂胶、装饰纸涂胶及干状胶膜胶合，具体方式如下：

（1）基材涂胶：基材板面涂胶多采用辊涂法，生产工艺的连续化和自动化程度较高。首先借助辊子运送基材，将底板灰尘等污物清净，再经过顺向涂胶辊筒涂施胶黏剂，接着通过逆向涂胶辊筒，促使涂层光滑，最后将涂胶基材送入干燥室干燥，将胶层干燥至半干状态。干燥室采用热风干燥或热风与红外线灯作热源，温度为 80 ~ 130℃。胶层的干燥程度是生产的关键，干燥不足或过度，均会严重影响成品质量。涂胶过多、厚度太大，易出现干燥不足的现象；胶层太薄，则会导致干燥过度，胶合质量下降。此外，装饰纸若过干，贴面后很容易产生胶层剥离。

（2）装饰纸涂胶：装饰纸涂胶时主要是涂在装饰纸的背面，其方法有两种：一种是刮刀涂布法，另一种是淋涂法。

使用刮刀涂布法时，主要使用液态胶（如丙烯酸树脂）、乳液树脂（如聚醋酸乙烯酯乳液）和糊状树脂（如聚氯乙烯），经刮刀直接涂布于纸面上，然后经干燥即可。

淋涂法是采用淋涂机在装饰纸上涂布树脂，再经干燥即可。

（3）干状胶膜胶合：在干状胶膜胶合中，装饰纸的胶贴可使用热塑性的干状胶膜，而不是普通的胶黏剂，薄膜厚度一般为 30μm。生产时，将胶膜置于装饰纸和基材之间，这样可减少涂胶工序及基材表面不平对装饰质量的影响。

为适应连续化生产的要求，实际生产中常用聚醋酸乙烯乳液与脲醛胶的混合液，并加入 3% ~10% 的二氧化钛，这样既起到胶结的作用，又起到板面填孔的遮盖作用。此外，为提高耐水性，可适量加入一些三聚氰胺。胶贴薄页纸，涂胶量为 40 ~ 50 g/m^2；胶贴钛白纸，涂胶量为 60 ~ 80g/m^2。涂胶后，基材要经过一个 40 ~ 50℃ 低温干燥区，使胶黏剂达到半干燥状态，排除不必要的水分。

采用热空气干燥时，胶黏剂被加热的同时，表面已接触到了热空气，因此水分蒸发速度快，在加热后很短时间内就可蒸发掉相当数量的水分。但是，在水分被全部蒸发掉之前，胶黏剂的表面已形成了干燥表皮膜，阻止了水分的进一步蒸发，导致干燥速度急剧下降。采用红外线辐射加热时，胶黏剂要在吸收红外线后温度才升高，因此干燥初时水分的蒸发速度低于热空气加热时的速度，但是一旦胶黏剂温度升高后，就会从内部和表面同时蒸发水分，直到表面结了干燥表皮膜后，干燥速度才慢下来。两种干燥方法的干燥时间与水分蒸发速度的关系情况如图 8-2 所示。胶黏剂的干燥，要求表面、内部达到均匀的干燥状态，因此在胶黏剂涂布均匀的情况下，红外线辐射干燥比热空气干燥更为合适。

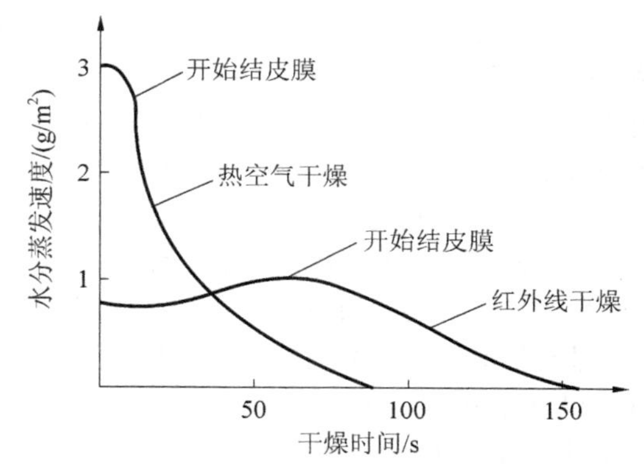

图 8-2　干燥时间与水分蒸发速度的关系

8.1.4　装饰纸胶贴工艺

印刷装饰纸贴面采用连续辊压法生产时，可分为干法生产和湿法生产两种贴面工艺。干法生产是将正面涂有涂料，背面涂有热熔性胶黏剂的印刷装饰纸贴在经预热的基材上，经辊压贴合。湿法生产是将印刷装饰纸贴在涂有热固性树脂胶黏剂的基材上，经辊压贴合。两种方法比较而言，干法生产贴面速度快，而且涂胶量少；湿法生产贴面速度慢，涂胶量多，基材表面易吸收水分，不易蒸发，影响胶合强度。干法生产在德国等国比较发达，而在我国和日本等国则湿法生产比较普遍。

市场上可供应正面涂有涂料、背面涂有胶黏剂的成卷印刷装饰纸，生产装饰贴面人造板的工厂只要购买人造板及这种成卷装饰纸，利用辊压机就可以直接把二者贴合在一起生产贴面人造板了。国内有一些生产华丽板的厂家就是采用这种方式生产华丽板的。干法胶贴工艺比较简单，产品质量较好，由于基材板面不施胶，因此既可省掉涂胶和干燥工序，又不至于出现因板面局部吸湿而产生的饰面层鼓泡、剥离等缺陷。干法贴面由于装饰纸预先进行了涂漆，故可在较高温度下干燥，从而使油漆充分固化，产品质量有保证。

湿法生产时，基材涂胶后经红外线干燥至半干状态，或是将涂胶后的基材陈放，使胶黏剂中的水分大部分被蒸发，而且在纸张与基材贴合过程中再经过加热和加压处理，基本上可以避免产生装饰纸起皱的缺陷。虽然干法生产在将来会有更大的发展，但目前我国还是以湿法生产为主。

在湿法胶贴工艺中，粘贴装饰纸用改性聚醋酸乙烯酯或脲醛树脂胶，前者的涂胶量为 $80g/m^2$，后者为 $60 \sim 100g/m^2$。由于装饰纸很薄，为了避免基材颜色透过纸面而影响装饰效果，胶黏剂内可添加2%～5%起覆盖作用的二氧化钛（俗称钛白粉）。粘贴装饰纸时，可采用间歇式的平压，也可以采用连续式的辊压。采用平压的热压条件是：单位压力0.3～0.5MPa，热压温度110～130℃，热压时间30～60s。若采用辊压胶贴，当胶黏剂涂布在人造板表面以后，先用热空气吹至表干，再用加热到90℃左右的辊筒将装饰纸压贴到人造板的表面。从涂胶到贴面是由辊压贴面联合装置完成的，典型辊压贴面联合设备的示意图如图8-3所示。将成卷装饰纸安装在支架上，由传动装置和橡胶舒展辊协作，防止纸拉伸不均和产生皱纹；基材经刷光辊刷光后涂腻子，再经干燥后涂胶（刨花板基材涂胶量为 $80 \sim 100g/m^2$），干燥之后即可与装饰纸经辊压贴合，辊压压力一般为 $100 \sim 300N/cm^2$，加压方式可以是弹簧加压、气压或液压加压。如果采用几对辊子进行辊压，第一对辊子压力最小，以后逐渐增大。加热方式可采用远红外加热或蒸汽加热，加热温度为80～120℃。纸带由辊刀截断后，多余的纸边用砂光机砂去。

进行装饰纸贴面时，除了采用辊压贴面联合设备，还可使用各种类型的贴合机。常用的有装饰纸贴合机、塑料薄膜-装饰纸复贴机。

装饰纸贴合机工作示意图，如图8-4所示，工作时，纸卷放在开卷支架上。为了防止纸张拉伸不均匀和产生皱纹等现象，在纸卷松卷装置的后面设有进料辊传动张紧装置和橡胶舒展辊。贴面时，贴面材料和基材由加压辊加压贴合，使装饰纸胶贴在基材上，纸带由辊刀式截断设备截断。贴薄纸时，上压辊也可作为压花辊用，在纸面上辊压出凹凸的花纹，增加产品的立体感。

塑料薄膜-装饰纸复贴机工作示意图，如图8-5所示，该工艺为了提高贴纸装饰板的质量，采用塑料薄膜和装饰纸复合贴面法来生产高级装饰材料，所用的塑料薄膜大多为透明薄膜。

平压法贴面分热压法、冷压法两种类型，这两种方法都是将装饰纸裁成一定的幅面尺寸，然后用冷压机或热压机压合，使之胶合在一起，使用的胶种都是聚醋酸乙烯酯与脲醛树脂的混合胶。不论是辊压法还是平压法，都是在人造板基材制成之后再一次对基材的表面进行装饰加工，因此对于人造板基材来说，往往把这种再装饰加工称为人造板二次加工。

8.1.5 装饰纸表面涂饰

没有经过表面油漆的装饰纸，贴面之后需进行表面涂饰处理，所用涂料一般为氨基醇酸树脂、聚酯树脂或水性涂料（如乙醇醚化尿素-三聚氰胺-甲醛共缩

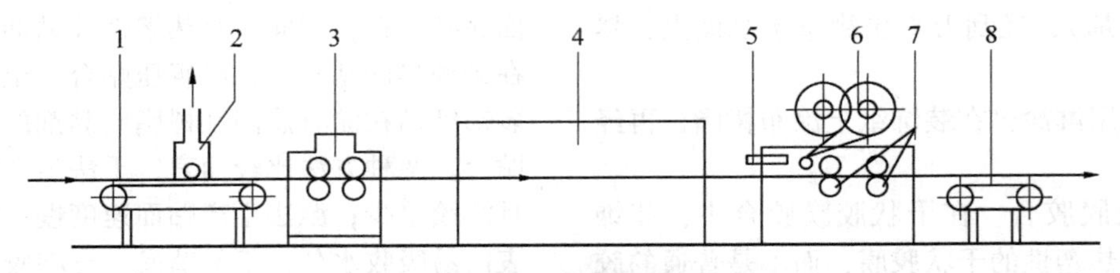

图8-3 辊压贴面联合设备示意图

1. 运输带 2. 刷光装置 3. 逆转式涂布机 4. 干燥机 5. 预热器 6. 松卷装置 7. 压力辊筒 8. 运输带

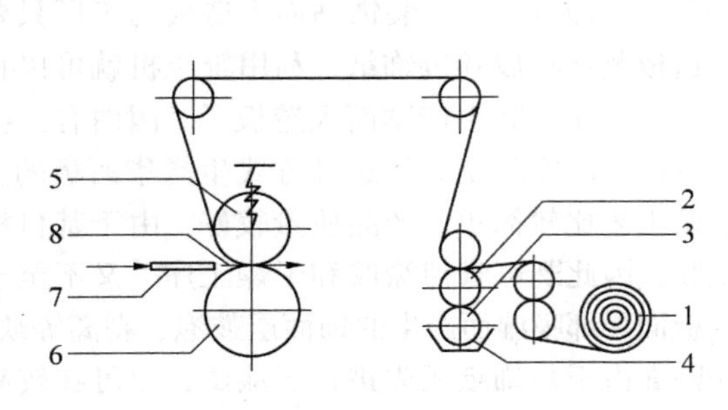

图8-4 装饰纸贴合机工作示意图

1. 装饰纸 2. 涂胶辊 3. 拾胶辊 4. 胶槽 5. 加压辊 6. 加热辊 7. 人造板 8. 贴面装饰人造板

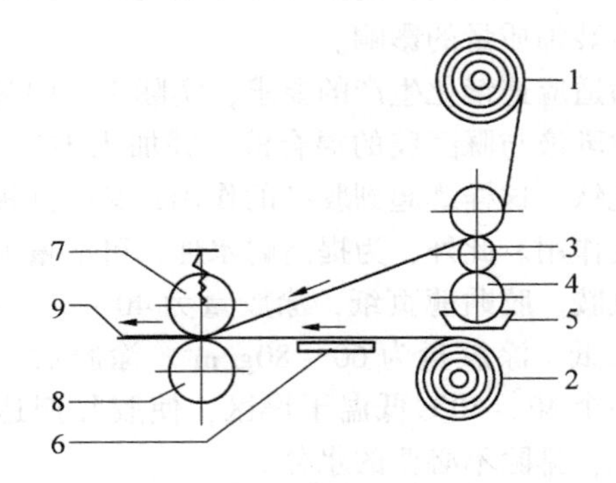

图8-5 塑料薄膜—装饰纸复贴机工作示意图

1. 塑料薄膜卷 2. 装饰纸 3. 涂胶辊 4. 上胶辊 5. 胶槽 6. 人造板 7. 加压辊 8. 加热辊 9. 贴面板

聚树脂)。氨基醇酸树脂具有耐磨性、耐酸性、耐碱性，附着力好，但干燥时间较长，价格高。水性涂料具有一定的耐磨、耐热等性能，以水作分散剂，是一种无公害的涂料。聚酯树脂涂料各方面的理化性能均好，但固化时必须与空气隔绝，并且装饰纸要求采用定量为 $80g/m^2$ 的钛白纸作原纸。

采用乙醇醚化尿素-三聚氰胺-甲醛共缩聚树脂时，涂布量为 $25 \sim 30g/m^2$，涂膜干燥采用热空气循环式干燥法。干燥机的进给速度一般为 0.4m/min，干燥机内温度的分布情况从入口端至出口端依次为：30℃、60℃、90℃、110℃、60℃。

8.2 预油漆纸贴面装饰

预油漆纸又称预涂饰装饰纸、预油漆装饰纸或油漆纸，是将表面印有珍贵木纹或其他装饰图案的装饰纸，经树脂浸渍、表层油漆等工艺后制成的一种表面装饰材料。如上节所述，预油漆纸也是印刷装饰纸的一种，它外表美观、质感逼真，光泽柔和、触觉温暖，耐磨、耐污染，易弯曲而富有弹性，适合各种造型，为家具设计、人造板利用开辟了更广阔的空间。虽然在使用性能方面没有塑料贴面板耐磨、耐污染、耐老化，但由于它具有最终涂饰的表面，从而简化了家具生产工艺，提高了生产效率，成本低，减少了生产和使用中的有害物挥发，因而大量应用于木质人造板的表面装饰，是家具业和建筑装修业大量使用的装饰材料，是天然薄木的较好替代品，成为一种改进装饰纸贴面产品性能，在干法贴面基础上发展起来的饰面材料，所以这一节单独介绍预油漆纸贴面装饰。

8.2.1 预油漆纸的种类与应用

8.2.1.1 预油漆纸的种类

预油漆纸产品种类很多，可按原纸种类、表面涂饰处理、表面涂料种类和贴面工艺方法等进行分类。

（1）按原纸种类分类：预油漆纸可分为非浸型、预浸型和后浸型。

（2）按表面涂饰处理分类：预油漆纸可分为最终处理型和可再涂饰型。

（3）按表面涂料种类分类：预油漆纸可分为水溶性漆型、油溶型漆型、紫外光固化漆型和电子束固化漆型。

（4）按贴面工艺方法分类：预油漆纸可分为平压型、辊压型、包覆型、在线贴面型。

（5）按背面涂胶情况分类：预油漆纸可分为预涂胶型和不涂胶型。

（6）按柔软程度分类：预油漆纸可分为标准型、柔软型、超柔软型。

8.2.1.2 预油漆纸应用

20 世纪 70 年代开始，预油漆纸在欧洲生产，最初是代替薄木，用胶黏剂压贴在人造板表面来制造家具。产品有片状和卷状，由于当时化工原料和涂料生产技术的限制，表面涂料以聚酯漆、硝基漆、醇酸漆为主，生产工艺复杂，产品性能无法满足要求，因此这种纸在早期发展缓慢。20 世纪 90 年代以后，随着化学工业的发展，涌现出各种高性能、干燥快、污染少的涂料品种，涂料性能已经大大超越了以往油漆产品所涵盖的范围，所以近些年来预油漆装饰纸的生产技术在全世界范围都有了很大发展，同时，全球性的森林资源匮乏也促进了木质人造板和替代品的大量生产，在我国也出现了发展的迹象和趋势。据美国贴面装饰材料协会（LMA）统计，1999 年仅美国和加拿大的预油漆纸生产量就增长了 18%，同时欧洲有关的统计表明，预油漆纸的世界总产量已达到 1.6×10^9 m^2/a，占纸质贴面材料的 1/3，是一个很有发展前途的人造板表面装饰材料。

预油漆纸在家具制造业主要应用于普通家具以及室内门的表面装饰。对于可再涂饰型的预油漆纸，当其表面涂饰底漆后，可应用于实木柜类家具装饰，组装后统一涂布面漆，使整个家具外观从材质上、色调上浑然一体，达到逼真的效果。

对于家具内部表面及搁板等，可采用低定量、低涂饰量的预油漆纸来装饰，既可平衡应力，又能起到美观、清洁的作用。

预油漆纸还被大量用于建筑装修业中，常见于护墙板、天花板、装饰线和踢脚线等的表面装饰。使用时，通常将中密度纤维板或刨花板加工成一定规格的板条，开榫开槽后包覆预油漆纸。如果在连接板缝间镶入彩色玻璃、金属条等装饰材料，会更具有装饰效果。

预油漆纸也是包覆各种断面形状装饰线条的理想材料。超柔软型预油漆纸可以满足 1mm 曲率半径圆角的包覆，能够充分体现出线条表面曲线的圆滑连接，适合于各种用途的装饰线框、线条装饰。

8.2.2 预油漆纸贴面工艺

预油漆纸不但应用广泛，而且使用方便，它的原纸重量比三聚氰胺浸渍纸低 20% ~30%，可以降低原料的消耗；在贴面工艺上不需要高温、高压的专用贴面设备；比低压短周期三聚氰胺贴面对设备的要求低，贴面成本可降低 50% 左右。可采用热压、冷压、平压、辊压和包覆等各种工艺，在型条包覆机上，可以对各种木质线条进行包覆，手工操作也可以完成贴面，所以很受家具行业和装饰装修行业的欢迎。贴面所用胶黏剂可根据具体工艺选择脲醛胶、聚醋酸乙烯酯乳液胶、热熔胶等。

（1）辊压贴面：辊压贴面是预油漆纸贴面最常用的贴面方法，分为常温辊压和加热辊压两种，热辊压贴面又分为湿法贴面和干法贴面。湿法贴面是将胶黏剂涂在基材上再贴面；干法贴面是对预涂在卷材上的胶层加热活化后贴面，两种胶贴工艺基本相同。

常温辊压贴面工艺过程主要包括：基材清理、涂胶、陈放、铺放油漆纸、油漆纸截断和辊压。在辊压贴面生产过程中，基材清理必须干净，因为涂胶胶层很薄，即使是微小的杂物混入胶层都会影响贴面质量。采用常温固化的聚醋酸乙烯酯乳液胶，固化速度较慢，辊压后需要水平堆放 8～24h 后才能进入后续工序加工。因为胶层里面的水分渗入基材，使得刨花板膨胀，胶贴后容易变形。贴面后胶膜不具有足够的初粘强度，所以不能及时进行后续加工。

加热辊压贴面工艺与常温辊压贴面工艺基本相同，区别主要是在基材板涂胶前或涂胶后要进行预热处理，使胶层中的水分迅速蒸发和快速被基材吸收，胶黏剂的初黏度明显提高。这种加热贴面工艺减少了基材表面吸收的水分，减轻了表面刨花膨胀，提高了贴面质量，缩短了贴面板工艺堆放时间。基材表面预热温度为 40～50℃。

（2）平压贴面：由于冷压时间长，贴面板表面质量差，所以平压贴面主要是采用热压。热压生产工艺与薄木贴面工艺基本相同，只是后涂型预油漆纸的贴面胶合强度稍差一些，所以生产中应适当加大热压机的工作压力。另外，贴面时要注意及时排除装饰纸与基材之间的空气，使二者充分吻合，才能保证贴面后板面平整光滑。排除装饰纸与基材之间的空气的最好方法是先用辊压机辊压，然后再热压胶合。

贴面时，所用的胶黏剂中应适当加入一定量的填料，如大白粉、高岭土等，以使涂胶时基材表面的低凹处被填补平整，提高贴面质量。由于预油漆纸表面已有固化的漆膜，再与基材胶合时，胶黏剂中的溶剂不易透过表面散发，表面常会出现鼓泡现象，因此，必须严格控制生产工艺条件。

（3）型条包覆：型条是指用木质人造板等制成的各种装饰线条，对这些型条表面装饰处理可以采用包覆的工艺方法。型条包覆是指用质地柔软的表面装饰材料对各种型条的各使用面进行同时贴面的装饰加工。

8.3 合成树脂浸渍纸贴面装饰

合成树脂浸渍纸是将原纸用热固性合成树脂浸渍后，经干燥使溶剂挥发而制成的浸渍纸，又称树脂胶膜纸。合成树脂浸渍纸的特点主要有：能制成各种树脂浸渍纸的卷材，或裁成一定规格尺寸的浸渍纸；耐光性能较好，能使其色泽较长时间得到保持；采用不同的树脂和纸张时，可得到多种多样的产品。常用的浸渍合成树脂主要有改性三聚氰胺树脂、脲醛树脂、酚醛树脂等，所用浸渍材料为特殊加工的原纸。

合成树脂浸渍纸贴面装饰可以美化人造板外观，覆盖人造板表面某些缺陷，得到具有装饰效果的表面；扩大了人造板使用范围，保护基材表面，赋予其耐水性、耐热性、耐候性、耐磨性、耐化学药品性等性能；提高了基材物理力学性能，增加了机械强度及刚性；增加了各类基材的尺寸稳定性，减少了其因湿度变化而产生的膨胀、收缩；提高了基材的附加值，增加了经济效益。在家具制造，车厢、船舶、飞机及建筑物的内部装饰装修，设备的台面及其他电器设备的外壳制造等方面，用途十分广泛。

8.3.1 浸渍纸分类

8.3.1.1 根据所用合成树脂分类

根据使用的合成树脂不同，浸渍纸可分为三聚氰胺树脂浸渍纸、酚醛树脂浸渍纸、邻苯二甲酸二丙烯酯树脂浸渍纸、鸟粪胺树脂浸渍纸等几类。

（1）三聚氰胺树脂浸渍纸：主要包括三种类型。

①高压三聚氰胺树脂浸渍纸：是最早的一种浸渍纸，性能良好，光泽度高，但贴面要求压力高，热压工艺复杂，需在热压和冷却后降压，即采用“冷—热—冷”法胶压贴面。

②低压（改性）三聚氰胺树脂浸渍纸：是用聚酯树脂等对三聚氰胺树脂进行改性、增加其流动性的一种浸渍纸，它在低压下也能有足够的流动性，不需冷却，即采用低压“热—热”法胶压贴面，但光泽次于前者。低压三聚氰胺树脂浸渍纸贴面刨花板、中密度纤维板主要用于厨房家具、办公家具及台板面的加工。如果表层采用耐磨的表层纸，即低压三聚氰胺树脂（含有三氧化二铝，用量根据耐磨要求一般在 32～62g/m^2）的透明浸渍纸，基材用 8～12mm 厚的高密度纤维板等，则可加工制成高耐磨的层压地板材料，即强化复合地板。

③低压短周期三聚氰胺树脂浸渍纸：这种浸渍纸是在低压三聚氰胺树脂中加入热反应催化剂，使反应速度加快，热压周期可缩短到 1～2min。可采用低压“热—热”法胶压贴面。

（2）酚醛树脂浸渍纸：成本低、强度高、色泽深、性能脆，适用于表面物理性能好而不要求美观的场合，一般专用作底层纸和部件背面的平衡纸。原纸也可用三聚氰胺树脂改性的酚醛树脂进行浸渍，具有一定的装饰性，可用作深色表面装饰贴面。

（3）邻苯二甲酸二丙烯酯树脂（DAP）浸渍纸：柔性好，可成卷，取用方便，装饰质量好，真实感强，可直接贴在部件平面和侧边，但成本较高。可采用低压“热—热”法胶压贴面。

（4）鸟粪胺树脂浸渍纸：化学稳定性好，存放期长，不开裂，可成卷。可采用低压“热—热”法胶压贴面。

8.3.1.2 根据所用原纸分类

根据使用的原纸不同，浸渍纸分为表层纸、装饰纸、隔离纸（覆盖纸）和平衡纸等几种。每一种原纸，由于其在饰面板产品中的作用不同，其技术指标也有所不同。

（1）表层纸：由纤维素含量很高的漂白硫酸盐和亚硫酸盐纸浆制成，它的作用是保护装饰纸的印刷装饰图案不受外界损伤，使产品表面覆盖层的物理性能得以提高。因此，表层纸要有充分的透明性、良好的吸收性。由于使用目的不同，表层纸的定量有23～45g/m^{2}几种，常用的为23～30g/m^2。近年来，也有将装饰纸采用两次浸渍干燥的工艺，其中在第二次浸渍时，树脂中加入碳化硅等耐磨材料，而不采用表层纸进行贴面。这样，在保证产品表面耐磨性能的前提下，较大程度地降低了成本，简化了生产工序。

（2）装饰纸：是用精制化学木浆或棉木混合浆制成的一种纸张，其在饰面层中的主要作用是提供装饰图案，防止基材透现，保证产品表面的美观和图案清晰。要达到好的表面装饰效果，装饰纸必须具有优良的覆盖性、吸收性、湿强度、印刷性、平整均匀性、耐光性和耐药品性等。

装饰纸的定量为80～130g/m^2（厚度0.1～0.2mm），为了降低成本，在保证质量的前提下，有采用低定量装饰纸的趋势。

由于人造板由木质碎料制成，吸收性强，故装饰纸应浸渍足够的树脂以保证胶贴强度，应具有良好的耐光性和纯度。同时，在制造装饰纸时应在纸浆内加入15%～35%的钛白粉，以增强装饰纸的覆盖能力，否则在热压时会产生透胶或基材显现。此外，在生产中应按照人造板的表面结构状况来确定装饰纸的定量和厚度，板面细腻光滑时，宜采用80g/m^{2}左右的定量；板面结构粗糙时，宜选用100～120g/m^{2}的定量。

（3）隔离纸和平衡纸：隔离纸和平衡纸基本上属于同一种纸，但由于使用场所的不同而具有不同的名称。隔离纸置于基材和装饰纸之间，起缓冲作用，对产品表面有一定影响。如果隔离纸张数增多，饰面板表面的外观质量及物理性能会比较好，但其成本会不可避免地增高。

平衡纸由非净化的硫酸盐纸浆制成，定量在80～150g/m^2。其主要作用是使饰面板结构对称，防止其翘曲。为了保持产品的平整，饰面板必须在背面胶贴平衡层。如果只在正面胶贴浸渍纸，板材平衡受到破坏，单面收缩产生应力，会发生翘曲。为了防止这一缺陷的出现，在人造板的背面必须附贴平衡纸层。平衡纸主要是由酚醛树脂浸渍而成。

8.3.2 辅助材料

在合成树脂浸渍纸贴面过程中，除树脂浸渍纸和基材人造板面外，各种金属垫板、衬垫材料、脱膜材料等各种辅助材料对产品质量、装饰效果和生产效率也有很大的影响。

8.3.2.1 金属垫板

树脂浸渍纸贴面板的板坯插入压机间隙的时候，胶膜纸直接和金属垫板接触，金属垫板的表面状态会直接影响到产品的表面状态，因此生产中多采用不锈钢金属垫板，如铬镍钢板、铬钢镀铬钢板、铜镍钢浮雕或雕刻钢板等。由于不锈钢板重量大、价格高，所以也有用镀铬铁板、硬合金铝板及耐酸铝板等作垫板的。在生产中金属垫板表面出现划伤，会使产品表面产生光泽不均的现象，直接影响外观质量。在这种情况下，金属垫板应进行再研磨和抛光。

金属垫板表面状态决定着贴面板产品的表面情况，如金属垫板表面为平滑的镜面，则产品的表面就呈现有光泽的表面；如不锈钢板表面用喷砂处理成微细的凹凸表面，则得到的是亚光的产品表面；如对金属垫板表面进行喷砂精加工，则得到的产品表面就呈现缎面视觉感。基材人造板的缺陷反映到板面上，几乎不影响制品保护膜的物理性质，但会出现光泽不均的状况，甚至用肉眼也很容易看出。如果采用消光（或柔光）金属垫板表面，光线实现漫反射，外观上的伤痕就不容易看出来。

8.3.2.2 衬垫材料

为了使浸渍纸中的树脂固化，加热温度及加热时间对贴面板的质量影响很大。同时，在整个板面上压力应该均匀，如果局部压力不均，则树脂固化程度不一致，难以熔融流动形成均匀的胶膜，会造成产品表面光泽不匀。由于热压机的压板与金属垫板难以绝对平整，人造板基材也有厚度公差，为了使浸渍纸能均匀加压，有必要使用衬垫材料。

常用的衬垫材料有衬垫纸、耐热橡胶板、丁腈橡胶与石棉的复合板和胶膜纸板坯等。国内企业多采用衬垫纸，一般为20～30层牛皮纸，使用一段时间后会失去弹性，此时必须更换。而耐热橡胶板及橡胶石棉复合板较为优良，可以多次使用，经济性好，热压时缓冲效果好，应用较普通。

8.3.2.3 脱膜材料

热压时，树脂浸渍纸和金属垫板紧贴在一起加热，树脂固化后可能附着在金属板上，使金属垫板和树脂膜难以脱离，因此，要用脱膜剂使制品与垫板不会黏附。脱膜剂分为内脱膜剂和外脱膜剂两种。

（1）内脱膜剂：为了使树脂具有良好的脱膜性能，可对初期缩合物进行改性。内脱膜剂是指在树脂初期缩合物中加入具有脱膜性能的物质。由于树脂种类不同，脱膜剂的脱膜效果也有差异。

（2）外脱膜剂：外脱膜剂是将脱膜剂涂于金属垫板的表面，再进行组坯，使用较为方便，有一定的效果。常用的外脱膜剂有硅酮、卵磷脂、硬脂酸等。也有在金属垫板上烧结脱膜材料（如聚四氯乙烯等）的方法，同样具有一定的效果。

8.3.3 三聚氰胺树脂浸渍纸贴面工艺

三聚氰胺树脂浸渍纸是目前应用较为普遍的一种贴面材料。三聚氰胺树脂是三聚氰胺与甲醛的缩聚产物，无色透明，能形成耐水、耐热、耐磨、耐腐蚀、富有光泽的树脂保护膜，广泛应用于热固性装饰层压板、涂料、纸张和织物处理等方面。用作浸渍树脂的是缩聚度低的三聚氰胺甲醛低聚物的水溶液，在浸渍时，这种水溶液很容易浸入纤维毛细孔内部，经干燥后，使树脂进一步缩聚，再经热压后使树脂最终完成固化，并与纸张和黏结物形成整体。

8.3.3.1 贴面准备

三聚氰胺树脂是一种高压树脂，随着应用技术的发展，研制成功了各种改性三聚氰胺树脂，它能在低压下直接把浸渍纸贴压在人造板上。特别是用低压短周期法，可将浸渍纸直接胶贴在人造板材表面，具有热压周期短、生产率高的显著特点。

家具生产用三聚氰胺树脂浸渍纸进行人造板表面贴面时，为了保证产品质量的稳定性和不变形，在基材两面各贴一层装饰浸渍纸，但有时为了降低成本，正面贴装饰浸渍纸，背面贴一层用脲醛树脂或酚醛树脂浸渍的平衡纸。甚至有时仅在人造板表面贴一层装饰浸渍纸，而背面不贴纸，但这种贴面形式应力不平衡，贴面板很容易变形。

三聚氰胺树脂改性后提高了流动性，可以采用低压法生产工艺，但要求基材表面平整、光滑、结构均衡。对贴面板进行加压时，可在单层压机上，采用“热—热”法进行，其工艺条件视所用改性胶的具体技术要求而定。对基材含水率的要求是6%～8%。

采用低压法或低压短周期法进行三聚氰胺浸渍纸贴面时，其配坯基本方式如图 8-6 所示。其中，（c）是较常用的形式，两面都有要求时，背面改用装饰浸渍纸；（d）、（e）的形式表面物理性能好，但成本较高；（a）的形式适于表面木材纹理美丽的胶合板作基材时使用。配坯时，原纸应比基材略大，纸各边的余量为 15mm，贴面后裁去余量。

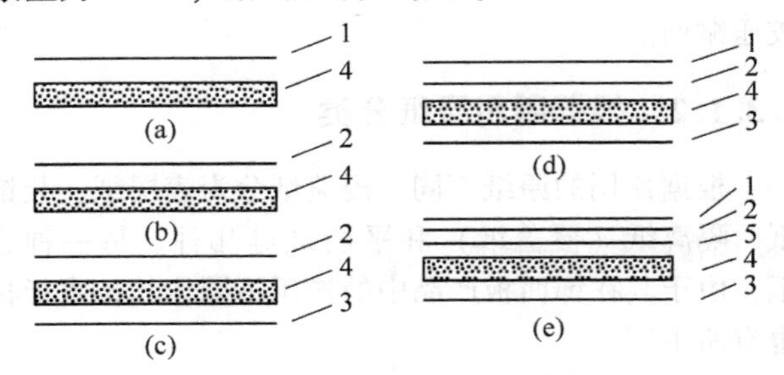

图 8-6 浸渍纸配坯基本方式

1. 表层纸 2. 装饰纸 3. 平衡纸 4. 基材 5. 隔离纸

根据使用场合的要求以及基材表面情况，可采取层数较多的配坯方式，以刨花板为例，其配坯方式如图 8-7 所示。第一种方式是采用表层纸、装饰纸、覆盖纸各一张，同三张隔离纸一起铺放在基材上。第二种配坯方式比第一种方式少一层表层纸，其板面的光泽和耐久性差，耐磨性低。为了降低成本，背面可不贴木纹装饰纸。

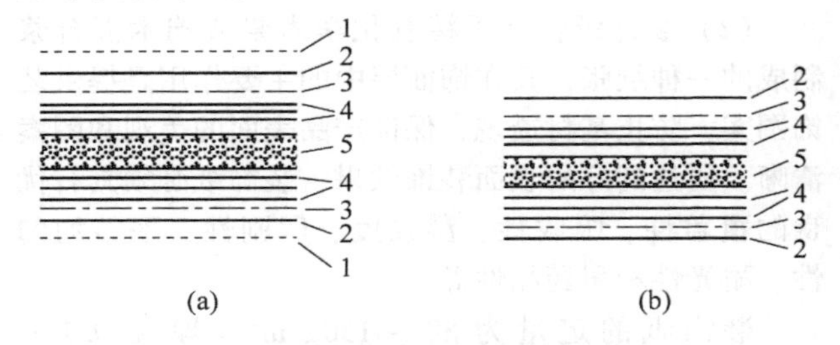

图 8-7 浸渍纸贴面刨花板的配坯方式

（a）有表层纸的配坯方式 （b）无表层纸的配坯方式

1. 表层纸 2. 装饰纸 3. 覆盖纸 4. 隔离纸 5. 刨花板

8.3.3.2 低压短周期贴面工艺

低压短周期贴面生产线是现代人造板贴面生产中最常用、最高效的贴面生产流水线。采用的是热上、热下的工艺，设备采用单层上压式热压机，其加热介质可以是蒸汽、热水，也可用导热油。常用的低压短周期法热压工艺条件为：热压温度 190～220℃，单位压力 2～3MPa，固化时间 25～70s。

低压短周期法的主要优点是：采用改性三聚氰胺树脂胶，可以热压出板，无须冷却，具有节省能源、缩短周期、占地面积小、操作方便、经济性较高的特点。

短时间的加压不但提高了生产效率，同时也可减少板坯的受压时间，减少基材的压缩率。由于热压时间短，基材不至于全部受热产生水蒸气而导致卸压时板坯放泡。要在短周期内使胶层完全固化，热压温度尤为重要，较适宜的固化温度为190~200℃。由于热压板温度高，为防止先接触热压板的浸渍纸面提前固化，压机闭合时间一定要短，避免胶层在无压状态下固化。

生产不同类型的贴面板面，单位压力的选择也不同。柔光板面的饰面板，压力不用过高，而生产光亮面的饰面板，则应适当增加压力。

此外，固化时间的长短与作用在板面的温度有关。热压机经过一段时间的使用后，表面质量还会出现不均匀等现象，需要更新衬垫。更换的新衬垫开始使用时，加压时间要延长至正常时间的1倍左右，过2~3d测试正常后，可恢复正常工艺。

低压短周期法的主要缺点是：不能加工高亮度表面的装饰板，此外，进行双面贴面时，基材人造板不宜太薄。进行刨花板贴面时，水分不易排出，易产生表层缺陷，或致使板材脆性加大。

由于在三聚氰胺树脂中加有热反应性能催化剂，因此在板坯装入压机及卸出压机时要非常迅速，压机闭合速度要快，否则易造成树脂的预固化和过固化，导致装饰板表面开裂、光泽不均或失去光泽。所以，多层压机就不适应这种速度的要求，而只能采用大幅面的单层压机，并且把上垫板固定在热压板上，每次装板仅将装饰浸渍纸与基材送入压机。

使用卧式单层压机时，板坯表背两面的加热情况是不一致的，由于板坯背面的纸和压板先接触，因此背面固化快，这就要求上下压板有个温度差。一般上下热板温差为8℃，以补偿板坯表背两面加热差异带来的影响。

8.3.4 酚醛树脂浸渍纸贴面工艺

酚醛树脂是由苯酚、甲酚、间苯二酚等酚类物质与甲醛、乙醛、丁醛、糠醛等醛类物质在催化剂作用下缩聚而生成的一种树脂状物质。由于酚醛树脂能够形成具有一定耐水性、耐热性、耐磨性、耐候性且机械强度优良的树脂保护膜，成本也较低，所以是最早被采用的浸渍树脂。但它略带红褐色，不能用于装饰层，多用于室外装修中人造板、水泥模板等板材的贴面材料。

国内生产酚醛树脂浸渍纸贴面板的企业，生产规模都比较小，生产工艺及设备也都比较落后。目前，贴面用酚醛树脂浸渍纸主要有两种，一种是国外进口或国内外企生产的高浸胶量纸，浸胶量一般达到200%；一种是酚醛树脂浸渍牛皮纸制造的普通底层纸，浸胶量为100%~120%。两种纸的贴面生产工艺基本一样，只是成品表面质量和生产效率有较大差别。

酚醛树脂可用三聚氰胺进行改性，改性后浸渍纸贴面成本较低，可克服酚醛树脂脆性大、易龟裂和固化时间长等缺陷。改性酚醛树脂浸渍纸的指标见表8-1。

表8-1 改性酚醛树脂浸渍纸指标

纸张类型	纸的定量/(g/m^2)	树脂含量/%	挥发物含量/%
装饰纸	80	110~150	8~10
覆盖纸	120	70~100	8~10
基层纸	120	240	

贴面组坯时，常根据贴面产品性能和用途要求不同，采用不同的组坯形式。基材两面各放一层酚醛树脂浸渍纸，可组成标准的三层结构。在这种情况下，如果浸渍纸的浸胶量超过150%，压贴时板坯两面应配合镀铬钢板，压制出的是具有光泽的酚醛树脂贴面板，产品主要用于水泥模板。如果浸渍纸的浸胶量偏低时，压贴时板坯两面可采用普通钢板或铝垫板，压制出的产品表面封闭性不好，平整度和光亮度都较差，主要用于普通建筑模板或其他工业用板。如果原纸采用150g/m^2以上高定量纸，并且浸胶量超过150%，组坯时可采用凹凸不锈钢模板，压制出的贴面板表面就凹凸不平，产品主要用于集装箱和汽车车厢防滑型底板。

用酚醛树脂浸渍牛皮纸制造的普通底层纸贴面，由于表层树脂含量少，表面性能差，国内目前多采用三聚氰胺树脂浸渍的表层纸进行表面覆膜，以提高贴面板表面性能质量。组坯时基材两面各放一层酚醛树脂浸渍的牛皮纸，再在表面各放一层三聚氰胺树脂浸渍的表层纸，组成五层结构，压贴时板坯两面配合镀铬不锈钢板。压制出的产品称为覆膜酚醛树脂贴面板。

酚醛树脂浸渍纸贴面一般采用多层热压机，热进热出工艺，其热压工艺条件为：热压温度130~140℃，单位压力1.5~3.0MPa，热压时间5~10min。

热进热出工艺不需要冷却，在金属垫板上铺放胶膜纸时，热压垫板的温度不要超过60℃。垫板面上必须涂脱模剂，酚醛树脂与金属垫板之间的胶合力很强，最好采用内、外脱膜剂并用的措施，以防止贴面粘板现象的发生。为保证模板的贴面质量，应选用高质量的不锈钢垫板，并加设缓冲垫。

8.3.5 邻苯二甲酸二丙烯酯树脂浸渍纸贴面工艺

邻苯二甲酸二丙烯酯树脂是20世纪60年代随着石油化学工业的发展而出现的一种热固性树脂，是由丙烯衍生物生成的氯化丙烯与苯二甲酸聚合形成的树脂，简称 DAP 树脂。DAP 树脂不同于其他热固性树脂，它具有热塑性树脂的易加工性，属于乙烯型加成聚合树脂，在贴面板制造工艺上有自身的特点，此种树脂流动性好，适合低压（“热—热”法）贴面工艺，形成的树脂膜具有耐热性、耐水性、耐药品性和电绝缘性，贮存性也较好，不需设恒温恒湿室来保存。DAP 树脂还具有热固性树脂的耐磨性，其产品特点是力学强度高，耐冲击性好，耐龟裂，耐气候性好，热稳定性好，吸湿性小，尺寸稳定，翘曲小，固化后加工方便。

DAP 树脂由于性能好，真实感强，工艺简单，原料来源丰富，因此是很有发展前途的优良的装饰贴面材料，但其成本较高。最先由美国 FMC 公司作为产品开发面市，由于该树脂在恶劣的环境下有优良的电气绝缘性和机械特性，很快得到广泛应用。这种浸渍树脂制成的胶膜纸具有良好的柔韧性，可以卷曲，而且浸渍纸稳定，易保存，最低保存期限在半年以上，浸渍纸之间互不黏附，生产效率较高。可以说 DAP 树脂是一种非常适合人造板表面装饰的合成树脂。

邻苯二甲酸二丙烯酯树脂浸渍纸进行贴面时，要求基材表面平滑，对基材含水率的要求见表 8-2。

表 8-2 对基材含水率的要求

基材	厚度/mm	最大含水率/%
胶合板	3.0	8
中密度纤维板	12.0	9
刨花板	19.0	8

邻苯二甲酸二丙烯酯树脂浸渍纸贴面一般采用“热—热”工艺，但在表面光泽要求特别高时，也可采用“冷—热—冷”工艺。由于树脂的柔软性好，板坯背面不用贴平衡浸渍纸，单面贴面也不会引起较大板材变形。热压时要使用缓冲材料、抛光不锈钢垫板及外部脱模剂，其中，外部脱模剂可采用硅酮树脂，可将硅酮树脂涂于垫板上，经 180～200℃ 烘干后投入使用。邻苯二甲酸二丙烯酯树脂浸渍纸对各种基材贴面的热压工艺条件见表 8-3。

8.3.6 鸟粪胺树脂浸渍纸贴面工艺

鸟粪胺树脂是甲基鸟粪胺或苯基鸟粪胺与甲醛反应而制成的一种树脂，也是一种常用人造板表面装饰浸渍树脂。鸟粪胺树脂的结构与三聚氰胺树脂相似，但比三聚氰胺树脂的性能更为优异，不但流动性好，而且耐热性和耐油性都好，不同于三聚氰胺树脂之处是内部出现可塑性，所以它是制造优质装饰板的较好树脂。生产中多采用苯基鸟粪胺树脂，这种树脂具有憎水性，不溶于水而溶于甲醇等有机溶剂。

鸟粪胺树脂与三聚氰胺树脂相比较，具有以下一些特点：

（1）浸渍用树脂及浸渍纸的化学稳定性比较好，常温下经密封包装保存，能储存 6 个月。

（2）浸渍纸柔韧性好，可卷成筒贮存，适于连续性生产。

（3）树脂固化后具有耐热、耐水、耐候、耐化学药品污染的性能。

（4）热压贴面装饰范围广泛，可采用“热—热”循环工艺，无须脱膜剂，表面比较柔软，有光泽。

（5）因流动性好，树脂含量可适当降低（45%），同样可获得良好的胶合强度。

（6）尺寸稳定性好，成型收缩率极低，不翘不裂；用于人造板贴面装饰时，背面可不加平衡纸；由于机械加工性能好，可打磨或曲面加工。

（7）耐龟裂、耐水、耐磨、耐热、耐药性好，且外观美丽。

鸟粪胺树脂属于低压型树脂，采用“热—热”法加压工艺即可得到良好的表面光泽，并且树脂具有柔性，不易产生裂纹。对原纸的要求与邻苯二甲酸二丙烯酯树脂及低压三聚氰胺树脂相同。

采用“热—热”工艺贴面时的热压条件为：压力 1～1.5MPa，温度 135℃，时间 10min。在表面光泽要求特别高时可采用“冷—热—冷”工艺。

8.3.7 合成树浸渍纸贴面质量的评定

合成树脂浸渍纸贴面的产品品种较多，由于所用树脂和人造板基材种类的不同，可组合成许多产品，

表 8-3 对各种基材贴面的热压工艺条件

热压条件	胶合板（3～4mm 厚）	中密度纤维板（9～18mm 厚）	刨花板（10～19mm 厚）
压力/×10^5Pa	8～12	8～12	8～12
热板温度为 120℃时所需时间/min	6～8	10～12	11～15
热板温度为 130℃时所需时间/min	5～6	7～10	8～11
热板闭合时间/s	15 以下	15 以下	15 以下

一般根据其质量和规格等因素确定它的使用范围。对于这类产品的质量，可通过外观质量和物理化学性能两个方面来加以评定。

8.3.7.1　外观质量

外观质量评定的重点是浸渍纸用的装饰原纸及树脂覆盖层。

浸渍纸用的装饰原纸主要是印刷纸，多以印刷质量作为评定的基准。在印刷板面内，不允许有印刷不均、色泽不匀、印刷图案不鲜明等缺点，所用油墨在热压时也不应有浸润、渗透和流动等现象。在印刷纸的开始部分和最后部分，印刷油墨的色调不允许有差异，每一批之间也不允许有差异。

板面树脂覆盖层有时会出现树脂不均匀、固化不均、光泽不一致和白花等现象，这些缺陷的产生与浸渍纸的干燥条件、树脂的流动性、胶膜纸的挥发物含量和热压工艺条件有关，同时也与浸渍纸浸渍、胶膜纸吸潮、基材厚度不均、基材含水率不一致、加压压力不均、金属垫板冷却程度不适当等因素相关。

当人造板基材厚薄不均、表面凹凸不平时，在树脂流动性较好，加压压力大及浸渍纸很薄的情况下，树脂会流动集聚在凹陷的部分，表面易出现龟裂的缺陷。若以胶合板为基材，对于导管较大的材种（如柳桉），由于树脂流动性好，压力大，胶膜薄，同样会出现管道部分凹陷和发生轻微毛细状裂纹的现象。这些缺陷多起因于树脂的性质、基材质量和热压工艺条件不当。

在浸渍纸与人造板基材的组坯胶贴过程中，人为的操作失误也会产生各种缺陷，常见的有胶膜纸的折叠、皱纹、破裂以及其他杂物夹入，这些都损害了表面的外观质量。所以，组坯的场地应与其他操作场地相隔离，胶膜纸和基材的堆放要有规律，场地应清洁整齐，板坯铺装时要小心细致，防止各层偏斜，减少板面翘曲。

8.3.7.2　物理化学性能

浸渍纸贴面板产品要求具有与它的使用目的相适应的理化性能，而物理化学质量的好坏应以物理化学检测的结果来评价。

浸渍纸贴面板的理化性能检测内容分为两个方面，一是人造板基材的性能检测，二是表面树脂层的理化性能检测。

人造板基材的性能检测，根据人造板种类的不同而需要执行不同的检测项目。其中，刨花板的性能检测包括静曲强度、密度、平面抗拉强度和吸水率等项目；纤维板的性能检测包括密度、静曲强度和吸水率等项目；胶合板的性能检测包括含水率、抗拉强度、剪切强度等项目。人造板质量检测的具体方法可参阅人造板的相关检验标准。

表面树脂层的理化性能检测包括物理性质检测和化学性能检测。由于浸渍纸贴面板是一大类产品，根据所用合成树脂种类、人造板基材种类及加工工艺的不同，又可分为许多小的种类，此外，根据使用目的的不同，理化试验的项目可以相应地进行增减。具体检测项目与方法可参阅相关检验标准。

8.4　热固性树脂装饰层压板贴面装饰

装饰层压板，即三聚氰胺树脂装饰板，又称热固性树脂浸渍纸高压装饰层积板或装饰板、塑料贴面板，俗称防火板，是由多层经过三聚氰胺树脂浸渍纸和酚醛树脂浸渍的表层纸、装饰纸、覆盖纸和底层纸，按顺序叠放在一起，经热压塑化而制成的一种薄板。见图 8-8。

图 8-8　三聚氰胺树脂装饰板

该板的结构中，第一层为表层纸，在板坯中起的作用是保护装饰纸上的印刷图案，并使板面具有优良的物理化学性能，表层纸由表层原纸浸渍高压三聚氰胺树脂制成，热压后呈透明状。第二层为装饰纸，在板坯内起装饰作用，防火板的颜色、花纹由装饰纸提供，装饰纸由装饰原纸（钛白纸）浸渍高压三聚氰胺树脂制成。第三层为覆盖纸，由钛白纸浸渍高压三聚氰胺树脂制成，所以又称钛白纸，组坯时被放在装饰纸和底层纸之间，其主要作用是遮住深色的底层，防止树脂渗透到装饰板表面，因此，对其基本要求是覆盖能力强。使用白色装饰纸时，必须铺放覆盖纸。如果装饰纸有足够的遮盖性或想节约原材料，可不用覆盖纸。第四、五、六……层为底层纸，在板坯内起的作用主要是提供板坯的厚度和强度，其层数可根据板厚而定，底层纸由不加防火剂的牛皮纸浸渍酚醛树脂制成。有时在底层纸的下方还要配一张平衡纸，主要作用是防止制品因各层纸浸渍的树脂收缩率不同而引起的翘曲变形。对平衡纸的要求基本与底层纸相同。最下面的一层为脱膜纸，在板坯中起的作用是防止酚醛树脂在热压过程中粘在铝垫板上，脱膜纸原纸与底层纸的原纸相同，浸渍加有油酸的酚醛树脂制

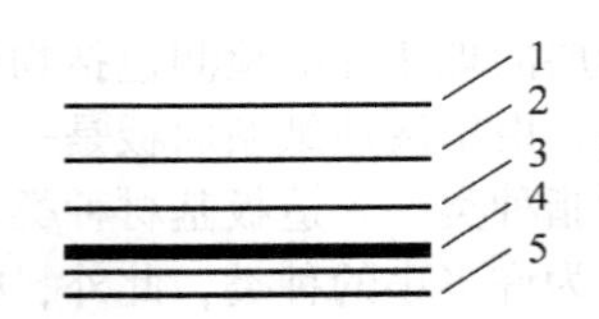

图 8-9 装饰板的板坯配置

1. 表层纸 2. 装饰纸 3. 覆盖纸
4. 底层纸 5. 脱膜纸

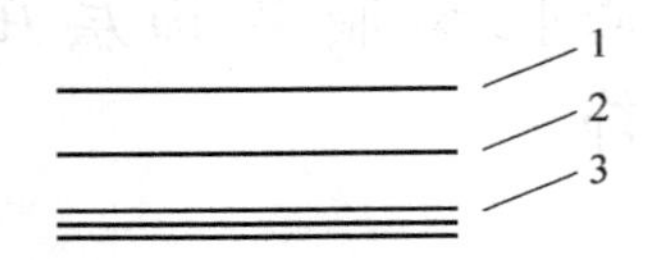

图 8-10 无表层纸和脱膜纸的板坯配置

1. 装饰纸 2. 覆盖纸 3. 底层纸

成。如果采用 0.04 ~ 0.05mm 厚的聚丙烯薄膜包覆在铝板上，或用聚丙烯涂布在铝板上，可省去脱膜纸。装饰板板坯配置，如图 8-9 和图 8-10 所示。

装饰板生产可以模拟木材纹理、大理石花纹、纺织布纹等图案及各种色调，是一种广泛使用的饰面材料。一般由多层热压机压制成片材，也可采用连续辊压法制造成带状卷材。同时通过温度、压力调整，还可以生产出低压、软质装饰板和后成型装饰板。

装饰板不但具有良好的物理力学性能，而且表面坚硬，平滑美观，光泽度高，同时还具有耐火、耐水、耐热、耐磨、耐烫、耐污染，易清洁，不变色，表面光滑，花纹美观大方，化学稳定性好等优点，常用于厨房、办公室、机房、实验室、学校等家具及台板面的制造和室内装饰装修。此外，它的吸水率很低，抗弯和抗拉强度高，完全能满足工艺要求。因此，它可加强被贴面部件表面的强度，不需再进行涂饰处理。装饰板用作表面装饰材料，既可节约木材，又可美化各种木制品。一般装饰板的厚度为 0.5 ~ 0.8mm，常用幅面尺寸见表 8-4。

表 8-4 装饰板的常用幅面尺寸 mm

宽度	长度				
915	915	1220	1830	2135	—
1220	—	1220	1830	2135	2440

8.4.1 装饰层压板分类

热固性树脂装饰层压板品种很多，分类方法也不同，一般根据产品性能、表面特征和用途进行分类。

8.4.1.1 根据浸渍树脂性能分类

根据生产所选用的树脂不同，装饰板分为：

(1) 三聚氰胺树脂装饰板。

(2) 酚醛树脂装饰板。

(3) 邻苯二甲酸丙烯酯装饰板。

(4) 鸟粪胺树脂装饰板。

目前我国主要生产三聚氰胺树脂装饰板。

8.4.1.2 根据装饰板性能分类

根据层压装饰板的性能，装饰板可分为：

(1) 滞燃装饰板：具有一定的防火性能，氧指数在 37 以上（普通装饰板约为 32）。

(2) 抗静电装饰板：具有一定的抗静电能力，主要用于计算机机房、手术室等场所。

(3) 后成型装饰板：装饰板受热后可软化、弯曲，家具生产中进行异型包边。

(4) 薄型卷材装饰板：装饰板为卷状形式，厚度较薄，具有后成型性能。

(5) 金属箔饰面装饰板：扩大了装饰板使用范围，具有别样的装饰效果。

(6) 普通装饰板：无以上特殊性能要求的普通防火板。

8.4.1.3 根据耐磨程度分类

根据表面的耐磨程度，装饰板可分为：

(1) 高耐磨型装饰板：具有高耐磨性，用于台面、地板等场合，耐磨转数在 900 ~ 6500r。

(2) 平面型装饰板：具有较高的耐磨性，用于家具的表面等，耐磨转数在 400r 以上。

(3) 立面型装饰板：具有一般的耐磨性，用于室内装修等，耐磨转数在 100r 以上。

(4) 平衡型装饰板：具有一定的物理力学性能，仅作平衡材料使用。

8.4.1.4 根据表面特征分类

根据表面特征，装饰板可分为：

(1) 有光型装饰板：表面光亮，经久耐用，其光泽度大于 85%。

(2) 柔光型装饰板：表面光泽柔和，不产生反射眩光，减少视觉疲劳，立体感强，具有较好的装饰效果，其光泽度一般为 5% ~ 30%。

(3) 浮雕型装饰板：表面有橘皮、皮革、缎面、木鬃眼等浮雕花纹。

8.4.1.5 根据制造方法分类

根据制造方法的不同，装饰板可分为：

(1) 高压层压板：采用多层热压机周期式热压方法（HPL）制造出的装饰板。

(2) 连续层压板：采用等压双钢带热压机连续热压方法（CPL）制造出的装饰板。

装饰板的分类、分等、规格尺寸及尺寸公差、形位公差、物理力学性能、外观质量等技术指标和技术要求可参见有关国家标准。

8.4.2 装饰层压板贴面工艺

热固性树脂装饰层压板是一种性能优良的装饰贴面材料，一般不能单独使用，需要压贴在人造板上使用。经装饰板贴面处理后的人造板表面，不但具有美丽的外观，而且各种理化性能得到明显提高，是生产板式家具的理想材料。

8.4.2.1 材料准备与合理配坯

（1）调质处理：装饰板的一个重要特性是其构造和性质具有方向性和干缩湿胀性能，因而在胶贴前一般要对装饰板进行调质处理，避免其制品翘曲变形。一般来说，将装饰板放在与制品使用条件相对应的温湿度条件下进行调温、调湿处理，可减少制品因周围环境温湿度条件变化而引起的翘曲变形。

由于装饰板的具体使用条件是变化的，而且往往不能预见，所以，生产中一般是将装饰板置于温度为20～25℃、空气相对湿度为45%～50%的条件下进行调质处理。装饰板的含水率与环境温湿度达到完全平衡状态通常需要14～21d，因此，其调质处理时间不能少于7d。

如果装饰板的含水率较高，最好将其放在专用干燥室里烘干，干燥室温度为40℃、50℃、60℃时，干燥时间应分别为12h、7h、4h，干燥室温度不宜过高。如果没有专用干燥室，可将装饰板送进车间里垛放14～21d后再用。装饰层干燥必须在使用前24h结束，放置场所的温度和湿度都不应变化，而且为了避免重新吸湿，应停止空气流通。人造板基材也要进行调质处理，使其含水率达到8%～10%为宜。

（2）材料准备：贴面处理前，为了改善装饰板与基材的胶合条件，装饰板的背面先要进行砂毛，常用宽带砂光机，采用60#～80#砂带，清除隔离层（隔离纸、隔离薄膜或隔离剂），将背面砂磨或加工成粗糙的表面，增加胶合面的接触面积，提高其胶合强度。砂磨时，应同时将两张装饰层压板面对面地送进砂磨机，注意轻拿轻放，以免碰破边角或划伤板面。所使用的装饰贴面材料的幅面应稍大于人造板的规格，一般留有3～5mm的加工余量，以便贴面后进行规格化加工。装饰板厚度要根据基材性能和使用场合等要求合理确定，如果基材表面质量较差，则需选用较厚一些的装饰板做贴面材料。

在贴面作业过程中，胶液常常会落到装饰板表面。如果采用机械方法清除胶液，特别是固化的胶块，往往会损伤贴面板的表面；如果使用的是橡胶类胶黏剂，则必须用溶剂清除，同样会损害板面。为了保护装饰板表面，可以在板面上铺一层薄膜，一般采用三醋酸酯薄膜，也可以在装饰板表面涂饰保护涂料，可达到同样的目的。胶贴后制品表面上的保护涂层用清水即可冲洗干净。

选用的基材板表面要平整，厚度要均匀，具有较好的胶合强度和内结合强度等，以防止在胶贴装饰板时基材板本身适应不了胶合条件被压溃。基材贴面前要进行砂光处理，以提高其表面光洁度和减少基材板的厚度误差。如果板面有油污等污斑，应增加贴面前清洗干净工序，以保证胶合质量。

（3）合理配坯：三聚氰胺装饰板具有内应力方向性，因此在使用时要注意其应力方向特点，做到合理配置，以减少贴面板的翘曲变形。单面贴面的饰面人造板，容易发生翘曲变形；双面贴面的饰面人造板，基本上可以达到应力平衡，但成本会增加。因此，生产单面贴面装饰板，必须合理配坯，掌握装饰板和人造板的收缩膨胀规律，尽量减少其收缩膨胀，并减少涂胶后基材人造板或装饰板含水率的变化。

为了平衡装饰板贴面制品的内应力和减轻制品翘曲变形，应采用双面贴面法配坯，贴面制品的背面可以选择价格较低的贴面材料做平衡处理。采用的平衡板的底层为浸有酚醛树脂的牛皮纸，面层为浸有氨基甲醛树脂的牛皮纸或浸有氨基甲醛树脂的次等装饰纸。用与装饰板等厚的浸胶单板胶贴在人造板的背面，也可达到平衡贴面制品内应力的目的。平衡材料如同装饰板、基材人造板一样，胶贴前也应进行等温等湿处理。

装饰板不宜直接和普通实木板胶贴，因为木材干燥和吸湿后，其顺纹和横纹方向的收缩膨胀率相差很大。用于贴面的人造板基材，其厚度也有一定要求，胶合板的厚度应大于7mm；细木工板、刨花板、中密度纤维板等的厚度应大于15mm。如果使用薄的人造板作基材，必须采用双面贴面处理。

8.4.2.2 贴面工艺

用装饰板进行人造板贴面时常用的胶种有脲醛树脂胶、聚醋酸乙烯酯乳液胶、脲醛树脂胶与聚醋酸乙烯酯乳液胶的混合胶以及橡胶类胶黏剂，其中应用最广泛的是脲醛树脂胶，不但可以热压贴面，也可以冷压贴面。聚醋酸乙烯酯乳液胶和橡胶类胶黏剂主要用于冷压贴面工艺。涂胶量一般为120～200g/m²。涂胶时应使胶层薄而均匀，胶层过厚可能导致内应力增加和贴面板变形。在涂满胶液的人造板上铺放装饰板时，应从一端放到另一端，以赶出其中的气泡。

选择装饰板贴面用的胶黏剂和确定胶贴工艺时，应注意以下事项：

（1）根据基材性质和制品的使用条件选择胶贴工艺，当人造板与贴面板的伸长率比较接近时较为合适。

（2）在减小制品在使用过程中变形的性能方面，橡胶类胶黏剂优于热固性胶黏剂。为了减小胶贴后制品中的剩余应力，冷压胶贴工艺优于热压胶贴工艺。

（3）采用加压胶贴工艺，能使装饰板与人造板充分接触，有利于排除气泡和提高胶贴强度，压力值以基材不发生永久变形为限。卸压后制品最好能堆垛放置一段时间。

（4）胶层应薄而均匀，胶层过厚可能导致制品的内应力增大和变形。在任何情况下都不允许有点胶合，胶液应均匀涂布于整个胶贴表面。

（5）由于装饰板与刨花板、中密度纤维板的热膨胀系数有较大差异，若采用热压胶合，易使家具部件产生内应力而易引起变形，因此常采用冷压进行胶合。

冷压胶合贴面：用冷压机进行胶合，使用常温固化型脲醛树脂胶或聚醋酸乙烯酯乳液胶。由于聚醋酸乙烯酯乳液胶使用方便，储存期长，所以目前应用最广泛，但这种胶价格较高，耐水性不如脲醛树脂胶。胶合工艺参数为：涂胶量150～180g/m²，压力0.2～1.0MPa，时间6～8h（室温18～20℃）。

热压胶合贴面：需用热压机进行胶合，多用热固型脲醛树脂胶，并可适当添加聚醋酸乙烯酯乳液胶。胶合工艺参数为：压力0.3～1.0MPa，温度为90～120℃，时间5～10min。

贴面时，对胶合的装饰板与基材板组成的板坯施加一定压力，其目的是希望使两种胶合材料充分接触，有利于胶合的进行。理论研究表明，在一定范围内，随着施加压力的增加，胶合强度也逐步增加；但当压力超过一定值后，压力增加对胶合强度的影响变得不明显，因此，在胶合时应根据实际情况选用合适的压力。选择的工艺压力过大会提高对设备的要求，有时也会使基材板被压薄，甚至压溃，基材板的表面部分缺陷也会由于压力过大而形成压痕反映在制成品的表面上，但压力不足也达不到良好胶合效果。具体的压力值应根据基材板的表面状况、胶黏剂品种质量、环境条件等因素综合考虑确定。

实际生产中也可以采用脲醛树脂胶和聚醋酸乙烯酯乳液胶组成的“两液胶”进行胶合。使用前，脲醛树脂胶不用加固化剂，而在聚醋酸乙烯酯胶中加入1.5%的固化剂（盐酸、草酸等）。贴面时，在人造板上涂聚醋酸乙烯酯胶（已含有盐酸），涂胶量为200～250g/m²，而装饰板上涂脲醛树脂胶，涂胶量为120～150g/m²，然后把贴面板直接贴压在人造板上，经冷压后，即可制得装饰贴面板，但由这种胶合方法形成的贴面板，其胶层可能会随着盐酸量的增加而变脆。

此外，也有采用聚乙烯醇与脲醛树脂胶组成混合胶进行贴面的，该法在聚乙烯醇中加入适量草酸，使pH值达到要求值。混合胶的涂胶量为200～250g/m²，在室温下加压3～5min后即可制成装饰贴面板。

8.5 热塑性塑料薄膜贴面装饰

塑料薄膜贴面是近些年来发展起来的一种贴面技术，它的主要工艺是将印有花纹图案的塑料薄膜用胶黏剂粘贴在木质零部件表面上，具有操作简单、设备投资少、成本低的特点，可用于人造板表面装饰。塑料薄膜贴面板是家具制造、室内门、墙板及音箱制作的理想材料。

塑料薄膜经印刷花纹、图案，并经模压处理后，有很好的装饰效果，并且制造方便，适于连续化、自动化生产。目前，板式家具部件贴面装饰和封边用的塑料薄膜主要有聚氯乙烯（PVC）薄膜、聚乙烯（PVE）薄膜、聚碳酸酯薄膜、聚烯烃（Alkorcell，奥克赛）薄膜、聚酯（PET）薄膜以及聚丙烯（PP）封边带、聚酰胺（PA，尼龙）封边带、丙烯腈-丁二烯-苯乙烯三元共聚物（ABS）封边带等。

8.5.1 常用塑料薄膜

（1）聚氯乙烯薄膜：简称PVC薄膜，是一种由聚氯乙烯树脂、颜料、增塑剂、稳定剂、润滑剂和填充剂等在混炼机中炼压而成的塑料薄膜，是一种常用的热塑性树脂薄膜。随着科学技术的发展，PVC薄膜的生产技术和贴面工艺都有较大进步，特别是无增塑剂PVC薄膜的生产以及凹版印刷、表面压纹技术的应用，使得PVC薄膜的装饰性有了很大提高。PVC薄膜具有色泽鲜艳、花纹美观、价格低廉等特点，是目前最常见的贴面用塑料薄膜。

PVC薄膜表面可制成模拟木材的色泽和纹理以及其他各种花纹图案，可制成透明的或不透明的纹理，色调柔和或色泽鲜艳的图案，也可以模拟木材构造压印出导管的沟槽和鬃眼，具有逼真的木质感和立体感，能与天然木材媲美，而且表面无色差，不存在木材节疤等缺陷。PVC薄膜具有较好的物理、化学性能，伸缩性小，透气性小，贴面装饰后可减少空气湿度变化对家具基材的影响，同时具有一定的防水、耐磨、耐污染性能，但表面硬度低、不耐阳光照晒、耐热性差、受热后变软，一般只适用于室内普通家具中不受热和不受力部件的饰面和封边，尤其是适用于对板式家具部件进行浮雕的模压贴面，即采用真空模压加工技术对经过雕刻、铣型的异型表面进行贴面。

PVC薄膜一般成卷供应，家具生产常用厚度为0.2～0.6mm，厨房家具一般采用0.6～1.0mm厚的薄膜。在PVC薄膜背面涂刷压敏性胶黏剂可制成各种自粘胶黏膜，用于家具和室内的装饰贴面。

（2）聚乙烯薄膜：简称PVE薄膜，是由聚乙烯和赛璐璐（明胶）加入纤维素构成的一种合成树脂薄膜。表面涂有防老化液，薄膜表面压印有木纹图案、管孔沟槽及各种花纹图案。

PVE薄膜有较好的加工性能，其贴面后的制品色泽柔和，木纹真实感强，具有耐高温、耐老化、耐腐、耐磨、防水、耐化学药品和永不变色等特性，许多性能均优于PVC薄膜，适用于室内中高档家具的饰面和封边。

（3）聚烯烃薄膜：常称为奥克赛，是由聚烯烃和纤维素制成的一种用于表面装饰的薄片型薄膜材料。由于高级印刷技术的应用，聚烯烃薄膜可印压清晰可见的浮雕纹理，具有天然木材纹理的感觉，不会因加压而变形或消失。聚烯烃薄膜能长期贮存，具有较好的耐水、耐光、耐热、耐液、耐擦、耐磨、耐酸碱、耐溶剂等性能，而且体积稳定性和抗湿温性很好，加工时不影响刀具的使用寿命。是用作室内家具生产及装修等的良好饰面材料。

在聚烯烃薄膜表面有一层热固性漆膜，在一般情况下，贴面后不需再涂饰涂料，特殊情况下，也可以使用质量好的聚氨酯漆作进一步装饰。

聚烯烃薄膜表面可印有各种色调，并显示出木材管孔、沟槽，能保持天然木材纹理的真实感和立体感，其背面具有不同化学药剂的涂层，适用于脲醛胶、聚醋酸乙烯酯乳液胶和热熔胶等不同胶黏剂的胶贴，可以采用冷辊压、热辊压、冷平压、热平压以及包贴等加工方式胶贴于零部件表面。

8.5.2　覆膜用原辅材料

现代家具型面部件的贴面主要采用真空模压技术来实现，真空模压贴面工艺使用的原辅材料有基材、饰面材料和胶黏剂。

（1）基材：真空模压使用的基材主要是中密度纤维板和刨花板，其中中密度纤维板具有良好的机械加工性能，结构均匀，模压贴面后制品表面质量好，所以实际生产中使用较为普遍。采用中密度纤维板做基材时，一般要求其密度为 $0.7 \sim 0.9 g/cm^3$，含水率为 6% ~8%，表层和芯层的纤维密度均匀，没有树皮或其他杂质，否则中密度纤维板在模压前必须进行砂光，严重时还必须用腻子腻平，然后再进行砂光处理。

（2）饰面材料：真空模压常用的饰面材料是 0.3 ~0.8mm 的 PVC 薄膜，0.35 ~0.5mm 的 PP 薄膜，0.35 ~0.6mm 的 PET 和 ABS 薄膜，0.25 ~0.6mm 的薄木（不能模压太深的型面，必须采用有膜的真空模压机贴面）。薄膜厚度过小会透出基材的凹凸缺陷，过大会增大产品成本。

（3）胶黏剂：真空模压贴面常用胶黏剂有改性聚醋酸乙烯酯乳液胶、聚氨酯乳液胶以及热熔胶，薄木模压贴面常用乳白胶。

8.5.3　真空模压贴面原理

真空模压贴面是一种新型覆膜技术，是通过热压机内的薄膜气垫或热缩性薄膜本身的接触加热以及热压机的真空作用，把塑料薄膜贴覆在异型零部件的上面和周边，脱模、卸压后完成型面表面装饰的方法。其显著特点是不需用模具，并且将覆面、封边一次性完成。真空模压使板式家具表面饰面由平面装饰发展为具有三维空间的立体浮雕装饰。

近些年来，真空模压技术发展迅猛，由于其加工工艺简单，生产效率更高，因而在现代板式家具生产，特别是厨房家具和卫浴家具生产中得到广泛应用。另外，三维覆膜技术在汽车、室内装饰行业中也得到了广泛应用。

真空覆膜机主要有两种类型，即有膜真空模压机和无膜真空模压机。无论那种模压机都能够很方便地取下气垫膜、框架及其附属装置，成为平板压机，可用于生产短周期三聚氰胺浸渍纸贴面。在生产过程中如果胶贴薄木，则采用有膜真空模压机。真空模压机的主机结构由上工作腔、上加热板、换气装置、下工作腔、下加热板、垫板、薄膜气压垫等部分组成。

（1）有膜真空模压机工作原理：有薄膜气压垫真空模压机是在覆面材料的上工作腔安装有一个硅胶气垫 5，压贴时气垫包裹工件表面，施压并传递热量，使贴面材料完好地贴覆在基材的型面与周边。压机开启时，如图 8-11（a）所示，上工作腔 1 处于真空状态，气垫 5 被吸附到上加热板 2 上，当到达一定的温度后，压机闭合，如图 8-11（b）所示；上工作

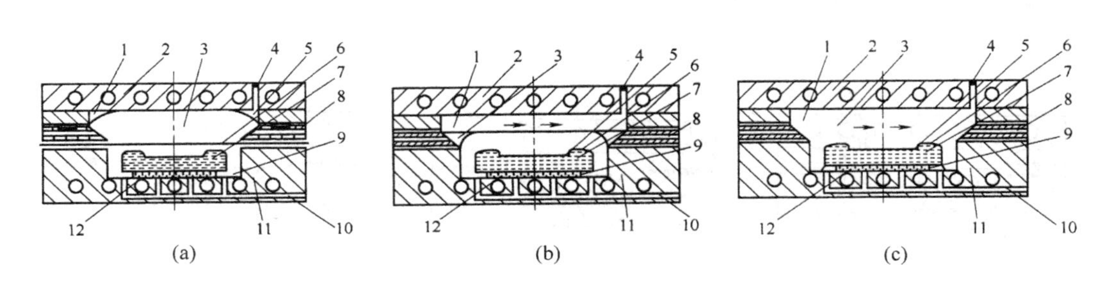

图 8-11　有膜真空模压机贴面工作过程

（a）开启状况　（b）上加热板　（c）加压状态

1. 上工作腔　2. 上加热板　3. 中间工作腔　4. 换气装置　5. 硅胶气垫　6. 贴面薄膜　7. 工件　8. 换气装置　9. 下工作腔　10. 换气装置　11. 下加热板　12. 垫板

腔1通入常压热循环空气，中间工作腔3处于真空状态，贴面薄膜6被吸附到硅胶气垫5上进行加热塑化；进入加压状态时，如图8-11（c）所示，上工作腔1通入热循环压缩空气，中间工作腔3以及下工作腔9处于真空状态，由于压力与热的作用，在贴面薄膜6与工件7之间产生很强的附着力，由于预先在工件7表面上涂有胶黏剂形成具有牢固粘接力的立体网状结构，从而使贴面薄膜6与工件7牢固地黏合在一起。当卸掉压力和打开压机后，模压部件已制成。

双面有膜真空模压机的工作原理与单面有膜真空模压机类似，不同的是在上、下压腔之间加了一个吸排气道，以使上、下两面可同时实现模压。

（2）无膜真空模压机工作原理：无薄膜气压垫真空模压机是指贴面材料的上工作腔没有硅胶气垫，当压贴塑料薄膜材料时，塑料薄膜既是贴面材料，又是气垫。压机开启时，将贴面薄膜覆盖在工件上送入压机内，如图8-12（a）所示，贴面薄膜4呈自然状态被放置在工件5上，上工作腔1在压力的作用下自动闭合，上压板、贴面薄膜与框架形成密封的压力区，压框压紧薄膜，上压板顶框开始抽真空，下工作腔6通入常压热循环空气，贴面薄膜被均匀地吸附在上压板上进行加热塑化。当上工作腔1处于真空状态后，由加热板对贴面薄膜直接进行接触加热，在很短时间完成贴面薄膜的加热工作，如图8-12（b）所示；当预热时间完成后，进入加压状态，如图8-12（c）所示，这时上工作腔1通入热循环压缩空气，下工作腔6处于真空状态，被加热的贴面薄膜因储藏热量而使自身具有足够的延伸性，故在压缩空气的作用下，压缩气体充满压力区，从而使压力从各个方向压到工件上，使整个贴面薄膜能够完整的黏合包覆在凹凸不平的表面及周边，这样在一定的压力、温度、时间和真空度等因素的作用下，贴面材料4与工件5被牢固地黏合在一起。当卸掉压力和打开压机后，模压部件已制成。

8.5.4 真空模压贴面工艺

真空模压贴面一般选用中密度纤维板为基材，要求密度为0.7～0.9g/cm^3，含水率6%～8%，表层和芯层纤维密度均匀，没有树皮或其他杂质。其生产工艺流程如下：

中密度纤维板→砂光→雕刻图案→精细砂光→清灰→涂胶→晾干→组坯→真空模压→修整→检验→成品入库

（1）零部件板坯准备：采用宽带砂光机，用150～180号砂带对基材进行砂光，根据零部件尺寸要求将其裁成规格尺寸。然后根据不同的图案要求编制不同的程序输入电脑，由电脑数控雕刻机对坯料进行图案雕刻加工。

（2）雕刻图案砂光：对已雕刻出的图案进行精细砂光，检查图案线形是否有缺陷，必要时可用腻子腻平凹坑，然后再砂磨光滑，清除灰尘。

（3）施胶：真空模压一般采用喷胶的方式进行涂胶。使用乳液胶时，常在喷胶后直接进行模压；使用溶剂型胶黏剂时，往往在喷胶后先放置一段时间，让胶黏剂中的溶剂挥发，基本上达到指触干燥状态，但还具有粘性，一般放置10min左右再进行模压。平面涂胶量为60～100g/m^2，有线型部位和边角部应喷涂两次，涂胶量为120～170g/m^2。

（4）组坯模压：将施好胶的坯料放入模压机垫板上摆正，再在其上覆盖PVC膜或薄木等覆面材料，送入模压机进行真空模压。垫板厚度一般不小于8mm，垫板面积应小于工件面积，每边长应小于工件长（宽）6mm。工件之间应留有足够距离，以保证薄膜能够完整地包覆工件周边。

真空模压时间、温度和压力对真空模压部件的质量影响很大，对于不同的基材、覆面材料以及胶黏剂，工艺技术参数也有所不同。现代先进的真空膜压机已与计算机技术联合起来，已经将各种生产条件所需的工艺参数编制出程序，用户可根据具体条件选择使用不同控制程序。实际生产中真空模压的主要技术参数如表8-5所示。如果薄膜的质地较硬，应使用较短的模压时间，较高的模压温度；如果薄膜较软，则应延长模压时间，降低模压温度。

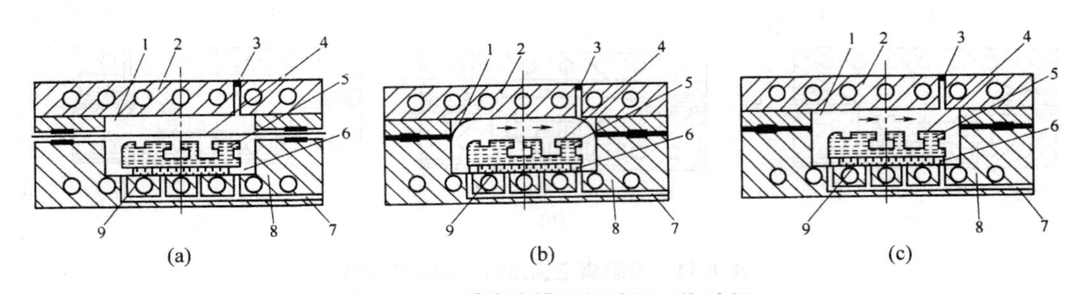

图8-12 无膜真空模压机贴面工作过程

（a）开启状态 （b）闭合状态 （c）（加压状态

1. 上工作腔 2. 上加热板 3. 换气装置 4. 贴面薄膜 5. 工件 6. 下工作腔 7. 换气装置 8. 下加热板 9. 垫板

表 8-5　真空模压主要技术参数

真空模压机类型		工件厚度 /mm	覆面材料	覆面材料厚度 /mm	上压腔温度 /℃	下压腔温度 /℃	模压压力 /MPa	模压时间 /s
有膜压机	单面	18	PVC	0.32～0.4	130～140	50	0.6	180～260
		15	薄木	0.6	110～120	常温	0.6	130～180
	双面	18	PVC	0.32～0.4	130～140	130～140	0.6	180～260
无膜压机		18	PVC	0.6	130～140	50	0.5	80～120

（5）修整检验：模压完成后，将已模压好的覆面板取出，进行四周修整，最后检验、入库。

本章小结

本章较详细地介绍了装饰纸及合成树脂材料贴面装饰材料种类、特点、应用范围与贴面生产工艺。其中，装饰纸和合成树脂浸渍纸贴面装饰主要用于人造板二次加工，制成贴面板后再用于家具生产、室内装饰或其他行业，适合于大批量、专业化生产；预油漆纸贴面装饰可用于大批量人造板二次加工，也可在家具生产时对部件进行机械或手工贴面处理，是很有发展前途的表面装饰材料；装饰层压板的各种理化性能都非常优异，其贴面产品是厨房家具、办公家具生产和装饰装修的理性材料；塑料薄膜主要用于真空模压贴面，一次模压可以实现对异型表面及四周同时包覆，产品不需要再次涂饰，工艺简单，很适合板式家具生产。根据生产的实际需要，结合各种贴面装饰特点，可以选择不同的贴面材料进行家具表面装饰。

思考题

1. 常用印刷装饰纸有哪些？是如何进行分类的？
2. 装饰纸贴面涂胶方式有哪三种？请阐述基材涂胶工艺与要求。
3. 预油漆纸的种类有哪些？请阐述辊压法贴面工艺。
4. 根据浸渍树脂合成树脂浸渍纸有哪几类？
5. 请阐述三聚氰胺树脂浸渍纸贴面工艺。
6. 请阐述装饰层压板的分类。
7. 装饰层压板贴面时，材料准备与配坯都有什么要求？
8. 选择装饰层压板贴面用胶黏剂与胶贴工艺应注意哪些事项？
9. 请阐述装饰层压板冷压贴面工艺。
10. 家具生产常用塑料薄膜有哪几种？各种性能如何？
11. 请阐述真空模压贴面工作原理。
12. 真空模压贴面一般采用什么胶种？贴面工艺如何？

第9章 板式家具部件封边及型条包覆装饰

【本章提要】

边部处理是板式家具部件加工的重要环节之一，边部处理的质量不仅关乎板式家具部件的边部美观，更直接影响其尺寸稳定性和使用性能。本章将就板式家具部件常用的边部处理方法、工艺特点、典型设备和质量因素以及型条包覆技术等进行介绍。

板式家具部件在完成表面贴面加工后，其外露的边角部由于极易吸湿而产生膨胀变形，而且在运输及使用过程中也易受冲击或碰撞而引起破损，此外，为防止板边缘粗糙、保护贴面材料不被掀起或剥落，板式家具部件必须进行边部处理，以延长使用寿命及增加装饰作用。

板式家具部件的边部处理的主要方法有：封边法、后成型包边法（包边法）、镶边法和涂饰法等。如表9-1所示，可根据板式家具部件侧边的形状以及设计要求来选择不同边部处理方法。有关涂饰法请参见第1篇有关章节。

9.1 封边

封边法是现代板式家具部件边部处理的常用方法，就是用木质、纸基、塑料以及金属等条（带）状封边材料，在板式家具部件边部经涂胶、压贴等工序封闭板件周边的一种加工方法，整个操作过程基本上实现连续化、自动化生产。封边是一项对质量要求较高的工序，为获得较高的封边质量，需综合考虑基材的边部质量、基材的厚度公差、胶黏剂的种类与质量、涂胶量、封边材料的种类与质量、室内温度、封边温度等因素。

9.1.1 封边材料

选择的封边材料应与板件贴面材料在颜色、纹理、光泽等方面相适应，并满足产品设计要求，其物理力学性能和耐化学污染性能不应低于贴面材料。

9.1.1.1 封边材料的种类

板式家具部件的封边材料种类较为丰富，根据材质的不同主要可分为木质封边材料、纸基封边材料、塑料封边材料以及金属封边材料四大类。

（1）木质封边材料：一般为薄木或单板经剪切制成的条状封边条，现代家具生产常选用单板经指接

表9-1 板式家具部件边部处理方法

板件侧边形状		封边法			后成型包边法	镶边法	涂饰法
		直线封边	曲线封边	软成型封边			
直线形零部件	平面边	√	√			√	√
	型面边			√	√	√	√
曲线形零部件	平面边		√			√	√
	型面边					√	√

制成的成卷封边带，厚度一般为0.4～0.6mm；当有特殊设计要求时，可选用薄板木条，厚度为10～20mm，此类封边材料封边后还需进行涂饰处理，以提高装饰保护性能。

（2）纸基封边材料：常见的有预油漆纸封边带和三聚氰氨树脂浸渍纸封边带，制成卷状，厚度一般为0.3～0.5mm。

（3）塑料封边材料：主要材料有聚氯乙烯（PVC），丙烯腈、丁二烯、苯乙烯三种单体的共聚物（ABS），聚丙烯（PP），聚甲基丙烯酸甲酯（PMMA）等，制成卷状，厚度一般为0.4～5mm，表面可印刷各种木纹或其他图案。如图9-1所示。现在家具生产使用的封边条多为PVC材料。

图9-1 板式家具部件常用封边材料

（4）金属封边材料：常见的有铝合金封边条、不锈钢封边条等，其断面形状与规格常需根据板式家具部件的要求定做。

9.1.1.2 对封边材料的技术要求

（1）封边材料的材质、外观图案、色调、光泽等必须与板式家具部件的表层贴面材料相近似，其中封边材料的色泽应满足整体产品设计的要求。

（2）封边材料要有一定的耐热、耐化学药品、耐腐蚀性，并具有一定的硬度等物理力学性能，还应具有优异的加工性、胶合性、理化稳定性等。

（3）在封边后经过砂光、切割、修整后，应牢固美观、装饰性强。

（4）具有足够的强度和防缩性。

（5）封边材料的宽度与板式家具部件的厚度系列相对应，一般应大于封边部件厚度3～4mm，并应上下各留有1.5～2mm的修磨量，特殊需要可根据工件的厚度定制。

（6）常用封边材料的厚度为0.5～3.0mm。封边材料的厚度要根据产品设计要求和封边设备的性能作出选择。

9.1.2 封边用胶黏剂

封边质量与采用的胶黏剂密切相关，如果胶黏剂选用不当，则会导致封边缺陷。封边用胶黏剂的选用取决于用途、基材要求及封边设备特点等因素。

封边所用胶黏剂一般为聚醋酸乙烯酯乳液胶（PVAc）和乙烯－醋酸乙烯酯共聚树脂胶（EVA，俗称热熔胶）以及各种接触性胶黏剂等。聚醋酸乙烯酯乳液胶和接触性胶黏剂主要用于手工封边，现代家具生产主要使用热熔胶。热熔胶具有无污染、固化快的特点，采用热熔胶的封边机占地面积小、封边速度快，便于实现连续化生产，而且适用于各种封边材料的封边。但采用热熔胶封边时，需要注意车间内温度和待封边工件的温度，一般都应高于15℃，如果环境温度过低，则需要对待封边板件进行预热，以免涂在板件侧边的热熔胶在加压前就被冷却。

最常用的热熔胶是乙烯－醋酸乙烯酯共聚树脂胶（EVA），封边温度一般为150～200℃，是一种无溶剂的高固体分胶黏剂，能够黏结木材、金属材料、塑料薄膜等。其黏结是在熔融状态下进行的，黏结时在接触压力作用下自然冷却后硬化，从热熔黏合到冷却硬化仅为几十秒至几分钟就可达到很高结合强度。热熔胶的缺点是耐热性差，一般当胶层温度达到80～90℃时就会出现软化脱胶现象。因此，提高热熔胶的耐热性具有非常重要的实用价值。

高性能的热熔胶是聚烯烃热熔胶，其主要组分是乙烯、丙烯和丁烯的共聚物，以及树脂、填料和抗氧化剂，封边温度为200～220℃。胶合后耐热性能明显高于EVA热熔胶，一般耐热温度可达120～140℃，适用于3mm厚的热塑性封边条封边。

目前，聚氨酯类（PUR）热固性热熔胶已经开始用于人造板基材封边，几乎所有封边材料也都可以使用PUR热熔胶封边。所谓热固性热熔胶是指黏结后，再遇到高温也不能软化，应保持原有的胶合强度。PUR热熔胶封边温度为120～160℃，低于其他封边热熔胶温度。使用时也是先熔融，然后逐渐冷却下来，固化并黏结，很快达到足够高的胶合强度，以满足工件的进一步继续加工。交联固化则需要更长的时间，根据不同的温湿度，达到最终胶合强度需要3～8d。

德国胶王（Jowat）胶黏剂公司生产的封边用热熔胶，生产中常用的一些产品型号与性能见表9-2。

9.1.3 封边工艺与设备

实际生产中经常采用的封边方法主要有手工封边和机械封边两种，大批量生产时宜采用专用的封边设备进行，以提高生产效率。

9.1.3.1 手工封边

手工封边是利用人工在板式家具部件边部涂胶，然后将准备好的封边条覆贴在板件边部，再用电熨斗

表 9-2 封边用热熔胶常用型号与性能

型号	应用范围	加热温度/℃	黏度/mPa·s	软化点/℃
乙烯－醋酸乙烯酯共聚树脂胶（EVA）				
282.20	低温热熔胶，用于手动封边机	110～150	70000（120℃）	75～85
282.30	低温热熔胶，用于手动和自动封边机	150～180	50000（150℃）	70～80
288.60	高温热熔胶，用于自动封边机和软成型，应用广泛	190～210	100000（200℃）	90～100
聚氨酯类热熔胶（PUR）				
206.20	适用于各种类型材料封边，高抗热性、抗潮湿性	160	60000（160℃）	—
206.50	适用于各种类型材料封边，高抗热性、抗潮湿性	140	50000（140℃）	—

等工具加热、加压以使胶液固化。封边后，对封边工件进行齐端、修整等加工，裁掉多余边条，清除留在工件上的多余胶黏剂及其他污物。

手工封边操作简单、适应性强，除常被小型家具生产企业或现场装饰装修施工采用外，主要适用于形状较复杂、变化较大的家具部件的封边，但由于劳动强度大、生产效率低，且封边时加压不易均匀，所以封边质量不够稳定。

9.1.3.2 机械封边

所谓机械封边就是采用各种连续通过式封边机，将家具部件侧边用封边条快速封贴起来。随着板式家具生产工业化程度的提高，封边工艺已发展到机械化、自动化和连续化生产，封边设备也已经实现专业化生产。所以，我国板式家具企业大多已普遍采用专用封边设备，以保证封边质量和提高生产效率。

封边机是一个将几个不同加工部分，按照工艺顺序要求组合在一起的多工位自动化机器，主要由涂胶、压贴和修整加工三部分组成。

涂胶部分由贮胶槽、涂胶辊和封边条贮存装置组成。贮胶槽中的加热器将热熔胶加热使其熔融，并能保证在 180～220℃ 温度下进行涂胶。封边条贮存装置可将封边材料连续送入机器，迅速与涂胶后的板件在具有一定压力压辊作用下压贴在一起，完成胶合。板件封边后，在通过后续修整加工各工位时，完成前后齐头、上下修边、磨光、抛光以及跟踪修圆角等，整个封边过程全自动完成。

热熔胶的工作温度是由热熔胶本身性质决定的，如果长时间超过工作温度，则会影响封边质量；若低于工作温度，胶层的黏结强度会明显下降，同时胶的黏度升高，流动性变差，导致涂胶不均，封边质量也会下降。

封边涂胶量一般为 200～250g/m²，涂胶速度 12～60m/min，封边机的工作速度是可调的，热熔胶在高速生产时几乎没有限制，但如果涂胶速度过低，胶会冷却，影响附着力。压贴压力一般为 0.5～1.0MPa，过高或过低都会影响胶贴质量，压辊在封边板的头尾要准确调整好伸出位置，并适当加大压力，保证封边质量。

现代封边设备根据可封边形式分为直线封边机、直曲线两用封边机和软成型封边机等，封边设备还可根据工作位置分为单边封边机和双边封边机。由于封边机是板式家具生产系统的关键设备之一，而且价格也较昂贵，需要根据板式家具部件形式、封边条种类等来进行封边设备的选型。

（1）直线封边机。直线封边机是国内外应用较为普遍的一种封边设备，主要用于具有直线形平面边的板式家具部件的封边处理。直线封边机的种类较多，功能差异较大，现代生产中基本以全自动直线封边机为主，如图 9-2 所示，直线封边机主要功能区依次为封边条仓储区、涂胶区、压紧部分、修边部分和精加工区等，可集中完成涂胶、封边、齐头、修边、倒棱、磨光、抛光、修端角等工序。

直线封边机适用于 PVC、ABS、薄木封边条等多种材料的封边，封边条的厚度一般为 0.4～5mm，特殊用途的直线封边机封边条厚度可达 20mm。

直线封边机对工件的封边长度一般没有限制，但是对最小封边长度有要求，一般设备技术参数中都会列出。当工件封边长度小于机械最小封边长度时，容易导致工件跑偏而影响封边质量，甚至导致封边失败。对于一些尺寸较小的工件，在封边时可以采用两个工件并排同时送入机器进行封边的方法，封完后再将两个工件分开；也可以采用先封边再开料工艺，或者采用手工封边。

根据封边能力的大小和自动化程度，直线封边机还可分为轻型直线封边机和自动直线封边机等。轻型直线封边机一般只有前后齐头和上下修边等功能，一般只适合小型家具生产企业采用。自动直线封边机除基本封边功能外，还可以完成粗修边、精修边、砂光、抛光及跟踪修圆角等功能。

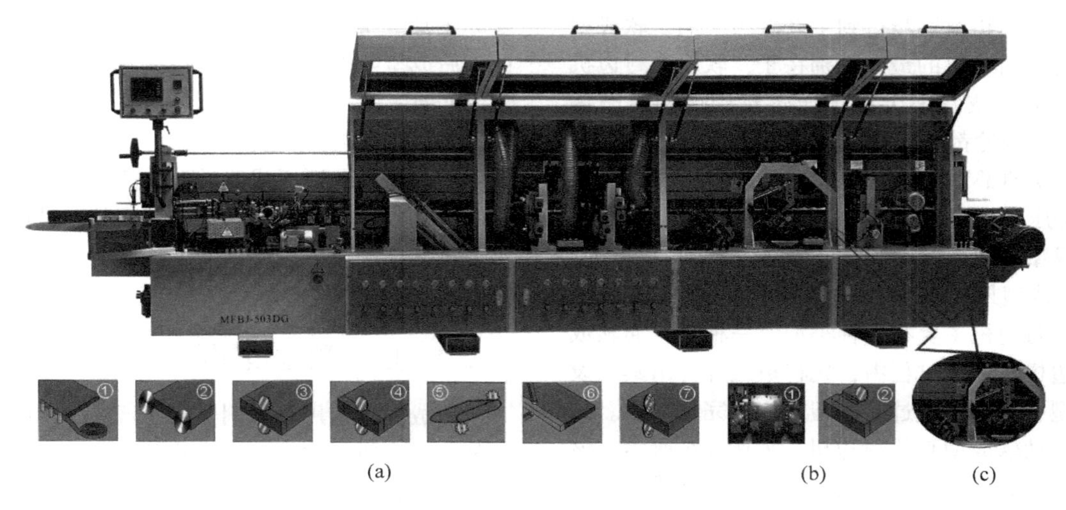

(a)　(b)　(c)

图 9-2　全自动直线封边机

(a) 配置功能：①涂胶　②齐头　③粗修边　④精修边　⑤跟踪修边　⑥刮边　⑦抛光

(b) 可加装功能：①铣型　②铣槽

(c) 跟踪装置

图 9-3　直曲线两用封边机

图 9-4　软成型封边板件常见的型边形式

(2) 直曲线两用封边机。如图 9-3 所示，该设备除可对直线形板件的平面边进行封边外，还适用于具有曲线形板件的平面边的封边，其结构较为简单，价格低廉，对板件的适应性较强，工作原理与直线封边机类似，但其封边与修边的质量受人为因素的影响较大，也仅适合厚度为 1.5mm 以下的封边条，对于较厚的封边条，封边较为困难。在封曲线形工件时，还受封边机上封边头直径的限制，板件内弯曲半径不能太小，一般应大于 25mm。

目前生产的直曲线两用封边机主要采用手工进料，生产效率较低，不能进行齐头和修边，只能另配设备或采用手工进行齐头和修边。

(3) 软成型封边机。在板式家具设计中，为加强造型效果，常将板式部件侧边设计成具有一定的型面，如图 9-4 所示，为满足这种直线形型面边部件的封边需求，随着工艺技术的不断提

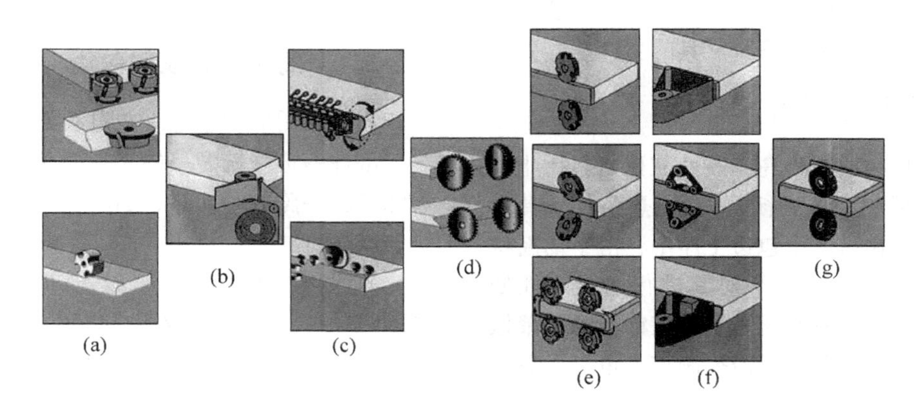

(a)　(b)　(c)　(d)　(e)　(f)　(g)

图 9-5　软成型封边机主要功能区

(a) 铣型　(b) 封边条涂胶　(c) 软成型胶压　(d) 齐头

(e) 粗修或跟踪修圆角　(f) 砂边或砂倒角　(g) 抛光

高，软成型封边机就逐步得到了开发与应用。软成型封边机与直线封边机的最大区别在于，软成型封边机具有一组安装在支承架上的加压辊轮构成的压贴装置，每个加压辊轮都是一个加压区，可根据板式部件型边形状，从顶部、中间和底部沿着成型面对封边条进行连续加压，如图9-5所示，其主要功能包括铣型、涂胶、软成型胶压、前后齐头、修边（圆角）、砂光、抛光等。软成型封边条厚度一般为0.4～0.8mm。

软成型封边机主要有两种类型：一种是普通软成型直线封边机。生产过程中，先将板式部件由其他设备完成铣型，然后再经过软成型封边机完成封边。另外一种是自动软成型直线封边机，如图9-6所示。该设备可同时完成板式部件的铣型、砂光和软成型封边等工序。

图9-6 自动软成型直线封边机

9.2 后成型包边

后成型包边是用规格尺寸大于板式家具部件板面尺寸的饰面材料对板件进行贴面后，根据板件边缘形状，将多出的饰面材料通过涂胶、加热、加压等方法包覆在已成型的板件边缘的边部处理方法。该工艺制得的板件，其表面和边缘为同一饰面材料，不仅装饰效果好，而且由于板面没有饰面材料与封边材料的接缝，也不留任何胶痕，具有优良的耐潮湿、易清洁、美观耐用、不易渗水脱胶等特点，广泛用于办公、厨房、餐饮、卫浴、实验室等场所家具的生产。

9.2.1 后成型包边材料

后成型包边材料通常为高压改性三聚氰胺树脂层压装饰板（俗称后成型防火板），在加热条件下具有较好的弯曲性能。在后成型包边工序中，由于饰面材料需受高热和弯曲，所以必须对其进行增塑改性处理，目前主要是对三聚氰胺树脂层压装饰板的三聚氰胺树脂中加入增塑改性剂，但需控制加入量，以免影响到装饰板的耐磨性和强度。

在后成型包边时，为了确保边部不发生破坏，必须考虑包边时包边材料的最小弯曲半径，一般要求包边材料可弯曲的曲率半径大于板厚的10倍。目前在实际生产中常用的饰面材料厚度为0.6～1mm，因此，后成型防火板等包边材料弯曲的最小半径应大于6～10mm。

值得注意的是，后成型包边法在面层材料被胶压饰面后，为了保证板式家具部件的受力平衡及不发生翘曲，必须在板式家具部件的背面胶贴平衡层。企业为了控制生产成本，所用的平衡层材料通常为普通三聚氰胺树脂层压装饰板。

9.2.2 后成型包边用胶黏剂

后成型包边用胶黏剂不同于普通平压贴面所用胶黏剂。在包边工艺过程中，胶黏剂被分别涂在工件型面和包边材料上，在进行弯曲压贴成型前要对胶层陈放，并达到干涸，压贴时，干涸的胶层被加热活化，进而胶层可以交联。所以，后成型包边用胶黏剂应具有热活化的性能，在压贴阶段胶层里不允许有剩余的水分，以免影响胶合质量。

目前，后成型包边常用胶黏剂一般为改性聚醋酸乙烯酯乳液胶，即交联型PVAc胶，适用于周期式和连续式后成型包边机包边，具有较高的耐热性、耐湿性和胶合强度。胶黏剂的固体分含量在50%左右。

9.2.3 后成型包边工艺

后成型包边加工过程分为周期式加工和连续式加工。周期式包边加工是先将工件需要包边处理的边缘铣出设计的形状，在工件平面完成装饰贴面，然后在周期式后成型包边机上将预留的表面材料弯曲包覆在弧形边缘上。连续式包边加工工件需要包边处理的边缘不用预先铣出形状，在工件平面完成装饰贴面后，就将贴面板送入连续式后成型包边机，在连续式后成型包边机上贴面板的边缘会被铣出要求的形状，并会完整地保留表面材料，使其不受损伤，然后将预留的表面材料弯曲包覆在边缘上。

9.2.3.1 周期式后成型包边

周期式后成型包边工艺过程如下：

部件→边缘铣型→砂光→平面涂胶→平面贴面→边缘涂胶→陈放→加热、加压、弯曲包覆→定型→修整→成品

后成型包边涂胶通常需对基材侧边和饰面材料内侧同时涂胶，基材涂胶量为150～200g/m^2，饰面材料的涂胶量可小些，一般为100～150g/m^2，涂胶时需要涂两遍，以达到足够的涂胶量。对饰面材料加热一般采用远红外线加热或电加热，加热温度可根据饰面材料进行调节，一般加热温度为160～220℃，压力为0.4～0.6MPa。

9.2.3.2　周期式后成型包边机

周期式后成型包边机，俗称“弯板机”，国内外有多种型号产品，国内使用也比较广泛，周期式后成型包边机及工作原理见图9-7。

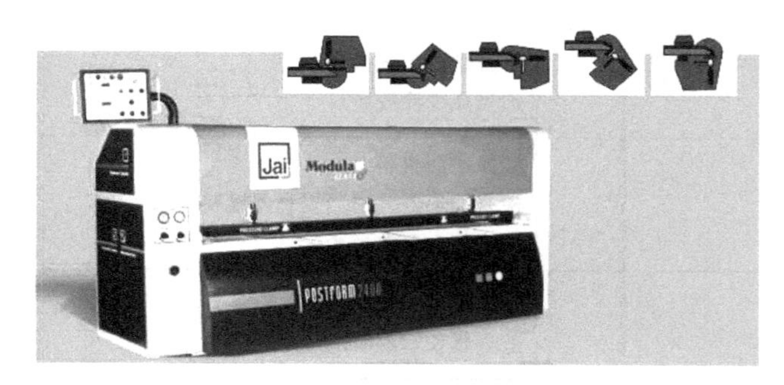

图9-7　周期式后成型包边机及工作原理

该种设备价格较低，适用于多种饰面材料，并可适合各种类型型面的包边，如家具面板、门板、抽屉面板等。周期式后成型工艺过程，见图9-8，设备上装有一个电加热并可移动的平头压杆，这个压杆由若干个气缸施加压力，工作时压杆压在饰面材料上传递热量，在一定温度下加压弯曲，并沿着板件边缘的弧形平稳移动，直至饰面材料完全胶贴在边缘上为止。包边过程中边缘各点加压时间应根据饰面材料的厚度和材质来决定，边缘各点加压时间可参考图9-9。

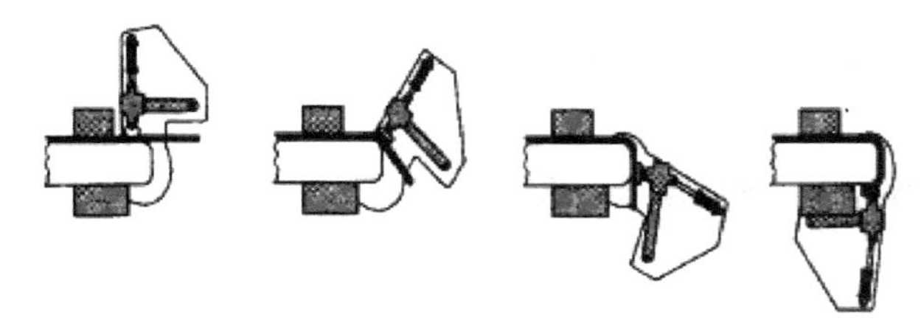

图9-8　周期式后成型工艺过程示意

9.2.3.3　连续式后成型包边机

连续式后成型包边机上依加工顺序安装有工件铣削、倒棱、涂胶、加热、弯曲成型、修边等加工装置，工作时只需将贴好面的工件送入机器，就可自动完成整个后成型工艺过程，见图9-10。

9.2.4　后成型包边常见质量问题与解决措施

家具板式部件在进行后成型包边工艺过程中，常因为操作不当出现各种质量问题，解决措施请参考表9-3。

9.3　镶边

镶边是用木材、塑料或铝合金等材料镶贴在板式家具部件侧边的边部处理方法，属于一种传统方法。十多年来，由于塑料工业的发展，塑料镶边条品种、款式繁多，在板式办公家具生产中得到了广泛使用，并一度成为家具边部装饰时尚，近几年应用有所减少。由于人造板基材边部成型加工性能较差，故镶边不失为一种较好的板式家具部件边部造型解决方案。

镶边方式很多，通常是镶边条上做成榫簧或倒刺，在板件侧边加工出相应尺寸的槽沟，用聚醋酸乙烯酯乳液胶涂入槽中，然后把镶边条镶在板件边缘

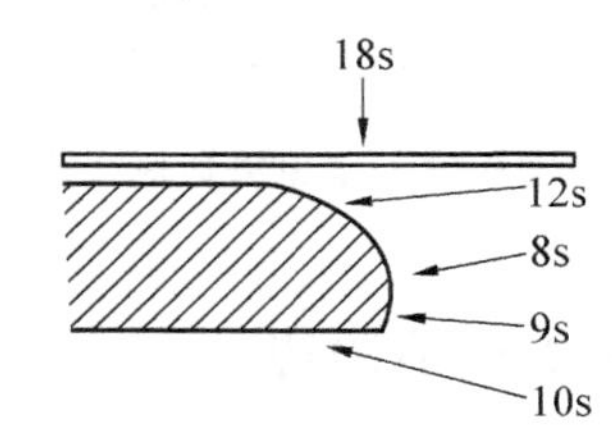

图9-9　后成型边缘各点加压时间

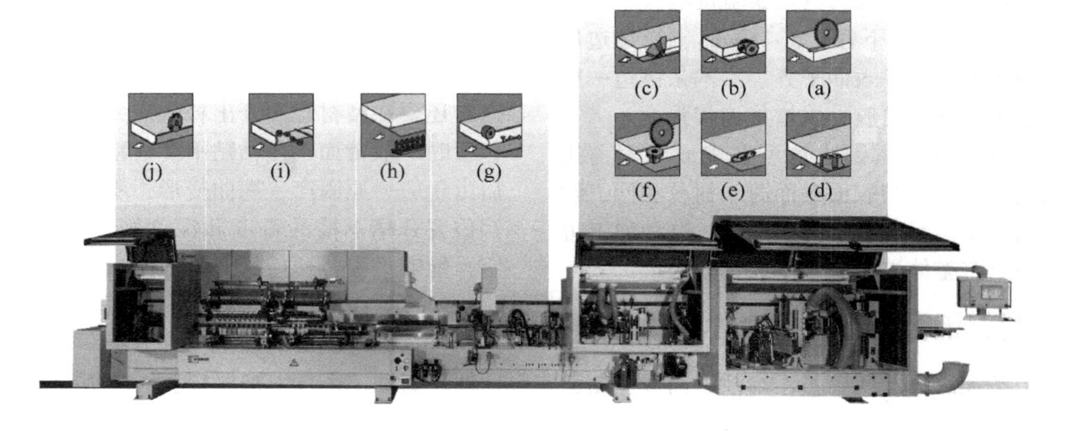

图9-10　连续式后成型包边机

(a) 开槽　(b) 铣边　(c) 铣面层胶　(d) 铣边形　(e) 边形精加工
(f) 铣平衡层　(g) 精铣　(h) 喷胶　(i) 包边　(j) 修边

表 9-3 后成型包边常见质量问题与解决措施

质量问题	产生原因	解决措施
局部开胶，敲击表面有空洞声	胶层活化不够 涂胶量不够 弯曲时压力不合适	检查加热器 适当增加涂胶量 调整加压装置
轮廓线不直	铣型边缘不直 涂胶量过大	检查铣边工艺操作 适当减少涂胶量
表面材料在后成型处破裂	表面材料不合适 加热温度不够 弯曲半径过小	更换表面材料 检查加热器，适当提高温度 适当加大弯曲半径
修边后边缘开胶	热活化不够 热弯曲后定型时间短	适当提高加热温度 适当延长定型时间

上，盖住侧边，最后将胶缝中挤出的胶液擦拭干净。常见镶边形式如图 9-11 所示。

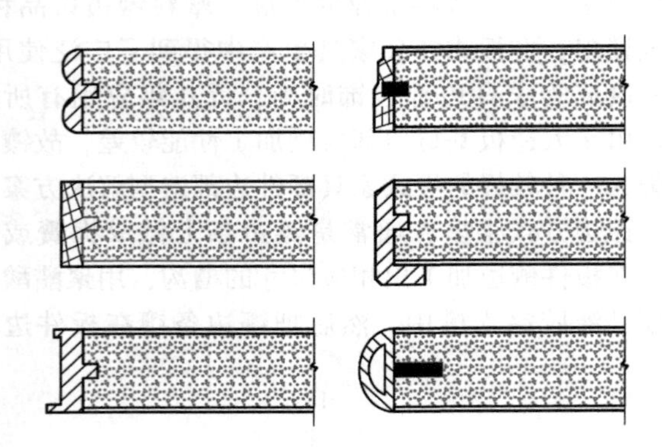

图 9-11 常见镶边形式

9.3.1 实木镶边条镶边

实木条镶边时，木条可以先加工出型面再镶边，也可以镶边后再加工出型面，其木条宽度应大于板式部件厚度 1～2mm（上、下各 0.5～1mm），待镶边后修整，以使镶边条和板件表面平齐。实木条镶边一般在板件沟槽和榫簧处都涂胶，以增加连接强度。

板式家具部件的实木镶边也可在表面贴面前进行，采用的实木镶边条与表面贴面薄木树种相同，纹理、色泽一致，贴面后对边部铣型加工，这种加工方法得到的产品具有整体连续的实木装饰效果。

9.3.2 塑料、铝合金镶边条镶边

塑料镶边条大部分是用聚氯乙烯注塑而成，断面呈“T”字形，带有倒刺，可以是单色，也可制成双色或多色。镶边时，塑料镶边条长度应截得比板件边部尺寸稍短些，约短 4%～7%，泡入 60～80℃ 热水中或用热空气加热，使之膨胀伸直、伸长，在沟槽中涂胶，用硬橡胶槌把镶边条打入沟槽内，端头用小钉固定，冷却后就能紧贴在板件周边上。

如果在矩形或圆形板件的四周全部镶边时，要使镶边条首尾相接，可用胶接法或熔接法使其接成封闭状。一般先把镶边条端头切齐，固定在一个带沟槽的夹具中，把两个端头加热到 180～200℃，然后压紧使其熔接在一起，再放入冷水中冷去固化。也可不加热，先把端头清理干净后，涂上接触性胶黏剂，在热空气下加热胶合。板件转角处半径不宜小于 3mm，转角处的镶边条应预先作出切口。

铝合金镶边条镶边，在板件侧边沟槽中涂胶后，镶入镶边条，待胶液固化即可。

9.4 型条包覆

型条是指具有一定型面的的窄板或线条，家具生产和室内装饰装修中常用的木质型条基材主要采用指接材、中密度纤维板、刨花板等材料加工而成，如图 9-12 所示。加工时，除了要铣出需要的断面形状外，通常还要在型材背面开出释放应力的沟槽，因为型材包覆时一般背面不便粘贴平衡材料，为防止型材包覆后由于应力原因产生翘曲变形，所以应在型材背面适当位置开槽，槽的宽度和深度视型材的断面形状而定，能够平衡包覆后所产生的应力即可。

包覆是指采用质地柔软的表面材料对型材的各使用面进行同时贴面的加工处理方法。包覆技术常用于门框、窗框、镜框、抽屉板、天花板、护墙板以及各种装饰线条等零部件的贴面装饰。随着橱柜、办公家具等家具产品型条装饰件使用的增多以及装饰装修业的发展，型条包覆技术越来越得到重视，自动化的专用型条包覆设备也越来越多地被家具企业采用。

图9-12 木质型条

木质型条包覆生产工艺流程如下：

型材加工 → 砂光 ┐
　　　　　　　　├→复合 → 辊压 → 成品
包覆材料 → 涂胶 ┘

9.4.1 包覆材料

木质型条基材主要有指接材、中密度纤维板、刨花板等材料，实际生产中使用较多的是中密度纤维板和刨花板。包覆处理使用的表面材料主要有薄木、预油漆纸以及聚氯乙烯（PVC）薄膜等。不同的表面材料所用胶黏剂不同，对基材的要求也不同。

9.4.1.1 薄木

薄木适用于简单形状的型条包覆，一般用来包覆刨花板基材型材，0.6mm 厚的刨切薄木可以直接用于包覆。当薄木的一面被涂上热熔胶后，在很短的几秒钟内就会产生很大变形，在与纤维垂直的方向产生很大的应力，从而导致薄木开裂。为了使薄木具有良好的弹性并避免开裂，其含水率应保持在 15% ~ 20%。但是，薄木含水率高，会降低胶合强度，同时在使用过程中还会出现干燥裂隙，所以在实际生产中薄木的含水率一般控制在 6% ~ 10%。在涂热熔胶前先用泡沫橡胶辊将薄木的正面湿润，增加其弹性，然后在薄木背面涂热熔胶，这样就可以使其既不开裂，又能保证胶合强度。

与无纺布复合的薄木具有较好的弹性，并且其表面可以进行砂光和涂饰，是比较理想的木质包覆材料。此外，该薄木在包覆后可以省去较复杂的砂光工序。

9.4.1.2 预油漆纸

由于预油漆纸较薄，常用来包覆型材表面光滑的基材，所以一般不用于刨花板基材。因为中密度纤维板质地细致、均匀，能够加工出光滑表面，所以可采用预油漆纸包覆。预油漆纸品种较多，有专门用于型条包覆的预浸型油漆纸，这种预油漆纸具有良好的柔韧性，可以满足形状复杂、圆弧半径很小的型条包覆，预油漆纸的定量一般为 60 ~ 80g/m^2。

9.4.1.3 聚氯乙烯薄膜

聚氯乙烯薄膜可以用来包覆各种人造板基材型条，用于制造门框、窗框、镜框、抽屉板、电器外壳以及各种装饰线条。用聚氯乙烯薄膜作表面包覆材料时，所用胶黏剂主要是聚醋酸乙烯酯乳液胶（PVAc）和万能胶。

9.4.1.4 热熔胶

型条包覆用热熔胶与封边用热熔胶不同，它不需要加入大量填料，并且具有较高的耐热性。生产中应根据不同的型条基材、表面包覆材料和设备，选择不同的热熔胶。如表面包覆薄木，一般选用黏度偏高的热熔胶；而采用预油漆纸、薄膜时，可使用黏度偏低的热熔胶。德国胶王胶黏剂公司生产的部分包覆用热熔胶型号与性能见表9-4。

9.4.2 包覆工艺

型条包覆工艺过程通常在专门的型条包覆机上完成，见图9-13，它是一个连续加工的过程。涂胶与包覆过程见图9-14。在包覆过程中，首先在表面材料如薄木、预油漆纸等的背面涂胶，型材通过输送辊进入包覆区，涂胶后的表面材料先由复合辊将型材与包覆材料复合在一起，后面由一系列压辊连续施压，从型材中间开始，而后向两个侧面扩展，逐步将表面材料压贴牢固，这样，型材向前运动，表面材料就不断包

表9-4 包覆用热熔胶型号与性能

型号	应用范围	加热温度/℃	黏度（200℃）/mPa·s	软化点/℃
280.30	EVA 类热熔胶，无填料胶，薄木包覆	190 ~ 210	50000	85 ~ 95
291.60	EVA 类热熔胶，无填料胶，纸和热塑性薄膜包覆	180 ~ 200	7500	80 ~ 90
221.00	聚烯烃类热熔胶，无填料胶，纸和热塑性薄膜包覆	180 ~ 200	23000	110 ~ 120
221.40	聚烯烃类热熔胶，无填料胶，薄木、纸和热塑性薄膜包覆	190 ~ 210	28000	110 ~ 120
202.50	聚氨酯类热熔胶，薄木包覆、贴面	120 ~ 140	35000	—

图 9-13 型条包覆机

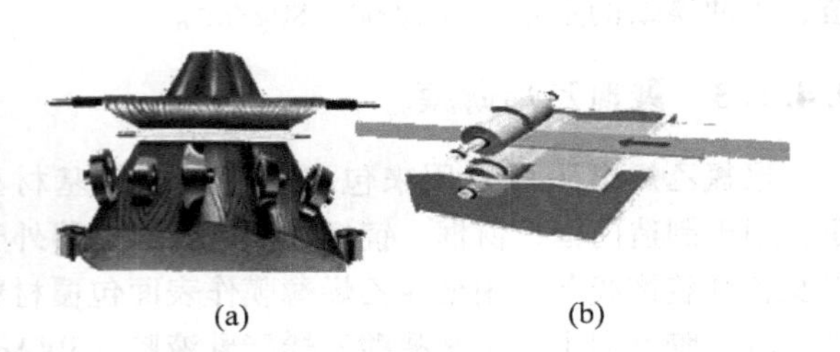

(a) (b)

图 9-14 涂胶与包覆示意图

（a）包覆过程 （b）涂胶过程

覆上去。当型材需要进行三面或四面包覆时，在压辊间装有热风装置，以延长热熔胶的黏性期。对于简单形状的型材或高速进料的设备，可以不使用热风装置，但周围环境温度不应低于 18℃。

型条包覆机在国内外都有生产，规格型号较多。包覆操作主要由复合辊、输送辊和各种压辊共同完成。输送辊的作用是支撑型材并进给输送，可以是一列、两列甚至三列，视型材宽度而定，不妨碍型材三面或四面的包覆。复合辊可以调节其高度，以适应工件的厚度。压辊的大小、形状种类很多，与型材上的各部分相配合，使表面材料与型材很好的压合。压辊安装在机身垂直设置的支撑杆上，可以对它们在自己的位置上调整方向和角度，以保证型条各部位的压紧。

热熔胶的涂布量一般为：薄木 120 ~ 180g/m²，预油漆纸、薄膜 70 ~ 90g/m²。进料速度为 15 ~ 25m/min，当生产复杂轮廓形状线条时，应适当降低型材的进给速度。

图 9-15 为西班牙巴柏恩公司生产的连续高速抽屉板包覆机工作示意图，该机使用热熔胶、PVC 薄膜或预油漆纸包覆抽屉板，进料速度达到 40 ~ 100m/min。

用于可调式门框型条的包覆工艺过程如图 9-16 所示，这种门框可适应不同厚度的建筑墙体，基材可选用刨花板或中密度纤维板，用热熔胶粘贴各种表面材料均可。

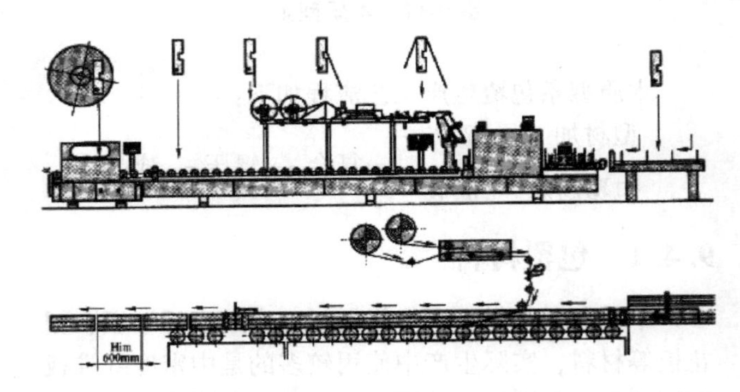

图 9-15 抽屉板包覆机工作示意图

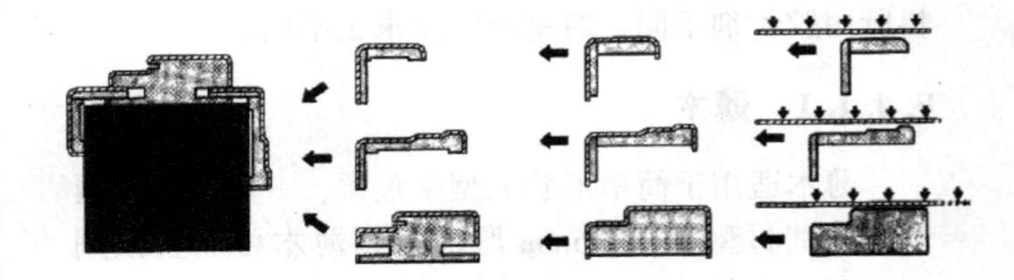

图 9-16 门框型条包覆工艺过程示意图

9.4.3 影响型条包覆质量的因素

由于型条基材轮廓形状各异，表面包覆材料有多种，设备调整比较复杂，所以影响包覆质量的因素有很多，概括起来主要有以下几点：

（1）热熔胶加热温度、涂布量及有效胶合时间。型条包覆过程中，如发现胶合不良，首先应检查热熔胶加热温度及涂布量，正常的加热温度是 180 ~ 210℃，涂布量为 70 ~ 150g/m²。如果加热温度偏高，胶的黏度就会下降，使得涂胶量降低，同时使胶的固化时间延长，产生包覆质量问题。加热温度过高还会使热熔胶产生炭化，降低胶合质量。如果加热温度偏低，涂胶量就会增加，可能造成设备污染而影响生产。

在对基材轮廓形状线条进行包覆时，需要的有效胶合时间较长，则应设置加热装置，以延长胶层的活性期。

（2）工作环境温度。工作环境温度对包覆质量影响很大，尤其在冬季生产，容易出现质量问题。这是因为室内环境温度低于 20℃时，热熔胶的涂布量和有效胶合时间会改变。为了提高型条包覆成品率，实际生产中常将包覆机单独安装在一个特定空间，并加强保温。基材温度也应加强控制。

（3）进料速度和压辊压力。生产中，型材的进料速度决定了设备的有效胶合时间，热熔胶的涂布量和温度决定了胶黏剂的有效胶合时间，一般来讲，后者应长于前者。因此，较快的进料速度有利于提高包覆成品率。

压辊的压力将提高热熔胶对型材的润湿性和渗透性，有利于提高胶合强度，所以适当调整好压辊压力是必要的。

（4）生产管理

型条包覆生产涉及多种原材料，影响包覆质量的因素很多，生产者应记录、保存好所有批次的生产工艺条件，正确设定标准操作规程，正确调整和维护设备，不断提高产品质量。

本章小结

边部处理是板式家具部件加工的重要环节之一，边部处理方法包括封边法、后成型包边法、镶边法和型条包覆，本章介绍了各种边部处理方法所用材料、工艺操作、设备选用、适用场合和影响产品质量的因素。为保证边部处理的效果和质量，需综合考虑封边（包边）材料、封边（包边）设备、胶黏剂和工艺条件等因素的影响。

思考题

1. 板式家具部件边部处理的目的？
2. 常用封边材料有哪些？对封边材料的技术要求有哪些？
3. 简述机械封边设备的种类和加工特点。
4. 简述软成型封边和后成型包边工艺特点和用途。
5. 简述后成型包边工艺过程和工艺条件。
6. 后成型包边常见质量问题及解决措施如何？
7. 常用镶边材料有哪些？
8. 简述型条包覆生产工艺流程和工艺条件。
9. 简述影响型条包覆质量的因素。

第3篇
特种装饰

第10章 转印装饰技术

【本章提要】

在中间薄膜载体上预先固化好图文，然后采用相应的压力作用将其转移到承印物上，这样的印刷方法称为转印。常用转印装饰技术包括热转印和水转印。转印技术是特种印刷的一种，是继直接印刷之后开发出来的一种新的表面装饰加工方法，本章将对转印材料、转印方法、转印工艺以及转印技术的实际应用进行介绍。

在中间薄膜载体上预先固化好图文，然后采用相应的压力作用将其转移到承印物上，这样的印刷方法称为转印。转印技术是继直接印刷之后开发出来的一种新的表面装饰加工方法。与直接印刷相比，转印技术在二次加工过程中无须使用油墨、涂料、胶黏剂等材料，仅需一张转移薄膜，在热和压力的作用下，就可转移薄膜上的木纹或图案到需要装饰的工件表面。转印技术由于操作简单、设备投资少、无污染、装饰效果好，可用于各种基材表面，从而得到了迅速的发展，特别在欧洲、北美、澳大利亚、新西兰以及亚太各国的家具业中应用广泛。

转印技术的特点是利用转印材料的柔性，将印版上的图文通过压力转印到承印物表面，属于间接印刷。由于图文的转印不是通过直接在承印物表面印刷得到的，所以可进行转印的承印物形状和材料种类非常多。转印技术对基材表面平整度与光洁度的要求很高，基材表面应经过精砂，保持平整光滑。一般在家具板件上转印，可先转印平面再转印边部，大平面转印可采用辊压法转印。

常用转印装饰技术包括热转印和水转印。

10.1 热转印技术

热转印技术是通过热转印膜一次性加热、加压，将热转印膜上的装饰图案转印到被装饰基材表面上，形成优质饰面膜的过程。在热转印过程中，利用热和压力的共同作用使保护层及图案层从聚酯基片上分离，热熔胶使整个装饰层与基材永久胶合。该技术可以装饰平面工件，也可以装饰曲面工件。

10.1.1 概述

热转印是众多塑料表面装饰方法中的一种，具有生产效率高、装饰效果好等优点。热转印技术可以分为热升华转印和热压转印，这里介绍的热转印技术为热压转印。

热转印技术广泛应用于电器、日用品、商标、商业包装、建材装饰及家具等方面。热转印膜的品种花色很多，有木纹、纺织纹、大理石纹、单色、多色等多种类型，还有款式繁多、色彩耀眼的镭射系列。热转印产品举例如图10-1所示。由于具有抗腐蚀、抗冲击、耐老化、耐磨、防火、在户外使用保持15年不变色等性能，几乎所有商品都用这种方式制作产品标签。标签要求能经得起时间考验，长期使用不变形、不退色，不能因接触溶剂而损坏，不能因温度较高就变形、变色，故必须采用一种特殊打印材料与打印介质来达到这些要求，而一般喷墨、激光打印技术是无法达到的。

实现热转印，必须具备热转印机械和转印用的专用胶膜。热转印机械国外研究开发较早，近几年国内也开发出不少专用热转印机，工作原理基本相同，仅是构造略有差别，见图10-2。

转印膜是按照一定的印刷方式将彩色图文印刷在基底层表面上的薄膜，见图10-3，它是采用自动化印刷技术制成。转印膜按结构分类，一般分为三层转印膜、四层转印膜和五层转印膜。三层转印膜由基底

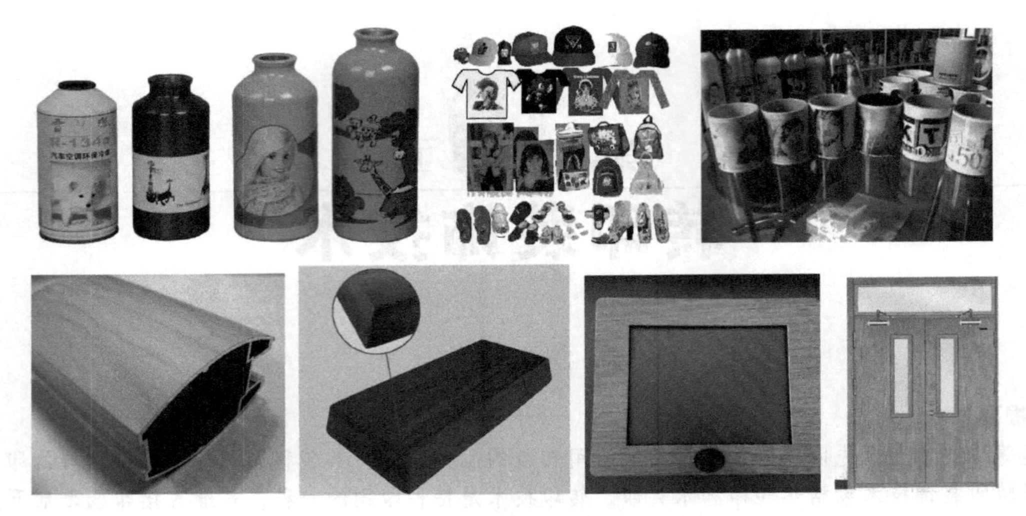

图 10-1 热转印产品举例

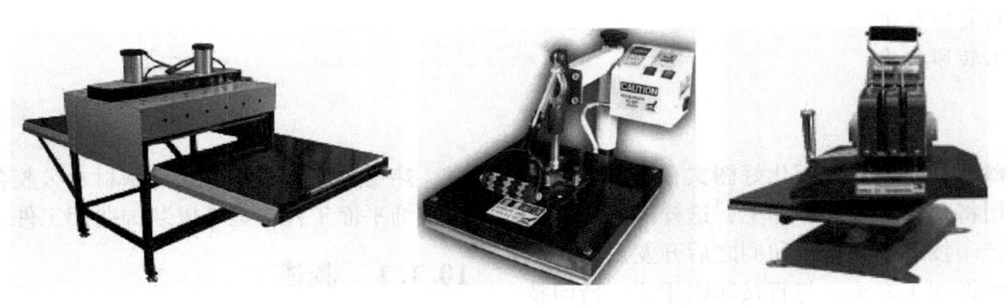

图 10-2 热转印机

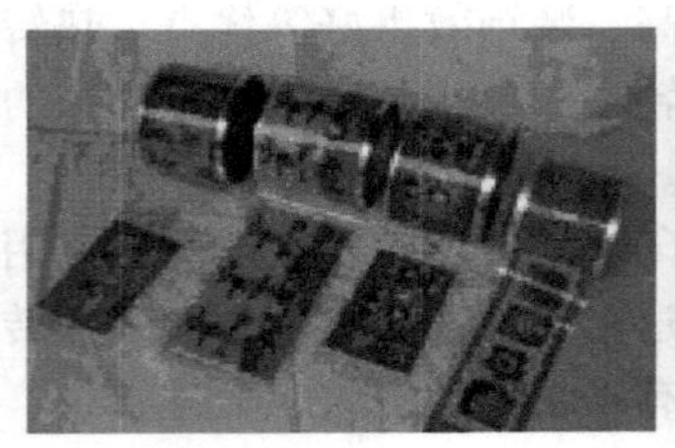

图 10-3 热转印膜

层、油墨层和胶黏剂层构成；四层转印膜由基底层、透明脱胶层、油墨层和胶黏剂层构成；五层转印膜由基底层、透明脱胶层、油墨层、胶黏剂层和热熔胶层构成。

五层转印膜的第一层是胶膜的基体，即印刷色料、胶料涂布的基体，该基体要耐温、耐压、拉伸变形小，通常采用聚乙烯薄膜。第二层是附着在上述基体上的透明脱胶层，该胶层具有两个主要基本性能，一是在150℃左右可以熔化，黏结力变小，能很快从聚乙烯上脱离，并且与载体无粘连剩余物；二是具有漆料的耐磨性，起到保护彩色油墨，降低紫外线的辐射强度，降低空气中不利因素对油墨的侵袭，增强油墨的耐久性。第三层是彩色图案的油墨层，该层可以用高分辨率的计算机对实物图案扫描，如大理石花纹、木纹等图案，而后制版进行印刷，是使转印基材达到质地美观的根本。第四层是胶黏剂层，它的基本性能是与转印基材表面有较高的黏结力，保证油墨层与建材基体表面结合牢固。第五层是热熔胶层。撒有热熔胶粉层的热转印膜转印出的产品具有较强的耐摩擦性、牢固度和附着力。热转印膜的生产厂家中以德国 KURZ 公司和美国 CFC 公司比较著名。它们生产的热转印膜具有好的耐老化性能、耐摩擦性和附着性能，且品种多样。热转印膜的总厚度为 35 ~ 50μm，装饰层的厚度为 10 ~ 15μm。

10.1.2 热转印技术的应用

热转印技术在国外应用比较广泛，美国约有10%的家具采用热转印装饰方法。由于其具有不使用液态涂料和胶黏剂，工艺简单、成本低、节约能源、无污染、装饰效果好，加上可以转印许多花色品种等优点，深受广大用户及生产企业的欢迎。目前，热转印技术在我国装饰市场及家具行业悄然兴起，可以专业生产各种亮光、亚光和无光木纹热转印膜，附着力强，经久耐用，深受市场青睐。在木制品表面装饰技术中，印有木纹及各种图案的热转印膜质地优异，图像丰富，广泛用于家具制造及室内装饰装修，如图 10-4 所示。同时，木纹转印膜属于高分子装饰材料，具有阻燃、防潮、耐酸碱、无毒、无气味等优点。

家具热转印是一项新兴的印刷工艺，由国外传入，主要用于板式家具贴面与封边。家具表面热转印产品见图 10-5。家具热转印装饰技术是借助热转印薄膜，通过加热加压，将其上面的装饰层转移到家具表面上的一种装饰技术。可见，该工艺印刷方式分为转印膜印刷和转印加工两大部分。转印膜印刷采用网点印刷，将图案预先印在薄膜表面，印刷的图案层次丰富、色彩鲜艳，千变万化，色差小，再现性强，能达到设计图案者的要求效果，并且适合大批量生产；转印加工通过热转印机一次加工（加热加压）将转印膜上精美的图案转印在产品表面，成型后油墨层与产品表面融为一体，逼真漂亮，大大提高了产品表面装饰效果。

不同的基材有对应的专用热转印膜，目前应用较为广泛的是塑料类的如 PVC、ABS、PS、PP、PE、压克力等基材的专用热转印膜，价格较低廉；而用于以木材为基材的专用热转印膜国内生产的厂家极少，主要依赖进口，且价格很高。木纹热转印膜是热转印膜的一种，很适用于以中密度纤维板为基材的烫印。平整光滑的人造板基材通过木纹热转印膜的转印，提高了附加值，从而大大地提高了产品的使用价值。木纹热转印膜的纹理真实，花纹款式齐全，色彩丰富，是家具制造和室内装修的良好装饰材料。

木塑复合材是国内新型材料，进行热转印装饰加工后，产品具有逼真的实木感、耐水耐腐蚀、防蛀防霉、隔音隔热、保温阻燃、不含甲醛等特点。地板转印膜可以代替实木皮和贴纸，直接转印在地板上，工艺简单、效率高。

10. 1. 3　热转印工艺

家具和室内装饰用的热转印设备有平面热转印机和热转印封边机两大类，也有称为烫面机和烫边机的，统称为烫印机。平面热转印机按工作方法又分为平压热转印机和辊压热印机两种。目前国内主要采用辊压热转印机，因为它适合家具板件和人造板贴面装饰。封边用的热转印设备主要采用德国豪迈（HOMAG）集团公司生产的 KHPl3 型热转印机。一般在家具板件上转印，可先转印平面再转印边部。热转印工艺流程为：

中密度纤维板→砂光→锯剖→平面热转印→边缘成型铣削→砂光→边缘热转印→成品

10. 1. 3. 1　平面热转印

热转印膜的涂层很薄，所以热转印工艺对基材平整度要求较高，基材应选用板面平整光滑的中密度纤维板，并采用 180 ~ 240 号砂带进行基材全面砂光。

平面热转印的工艺采用辊压法生产。平面热转印机是用热力和压力将热转印膜的涂层转印到加工件表面的一种设备。该设备主要由热转印膜卷材放送辊、热转印膜加热辊、加压辊、衬纸回转辊、机身等部分组成，如图 10-6 所示。结构简单，操作方便。在具体的工艺操作过程中，由放送辊将成卷的热转印膜送

图 10-4　木纹转印膜

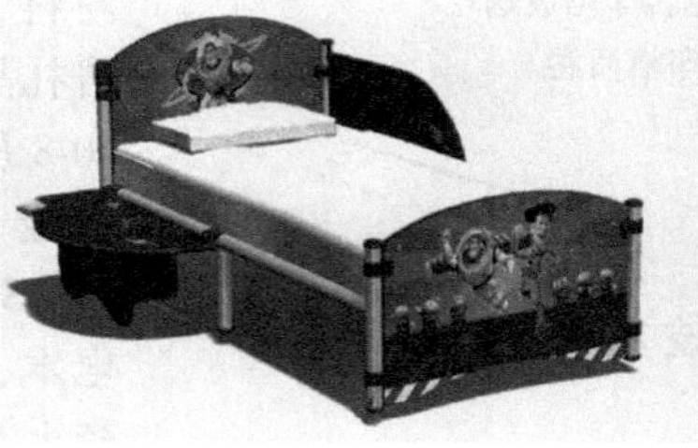

图 10-5　家具表面热转印产品

入热转印机，通过加热橡胶辊后，使表面温度达到140～200℃，并用钢辊加压，使胶层活化，将装饰层、耐磨保护层及受热的胶层全部胶接在基材表面，从而完成转移。此时蜡层熔化，与薄膜衬垫层分离，并由回转辊卷起衬垫层。从热转印机出来的板件就已经被装饰成为具有最终表面的家具部件了。

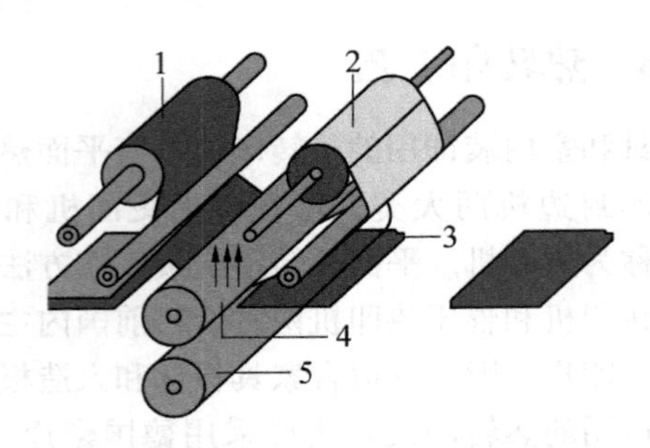

图 10-6 平面热转印示意

1. 热转印膜卷材放送辊 2. 衬纸回转辊 3. 工件 4. 热转印膜加热辊 5. 加压辊

10.1.3.2 边缘热转印

进行边缘热转印时，被加工件由输送带送入边缘热转印机，在通过热转印机的同时，用于热转印的薄膜被机器上与被加工件边缘形状相吻合的压辊紧紧压贴在工件上。这里所用的压辊是由硅橡胶材料制成的，能自动控制加热，并将温度和压力作用在转印膜上，依次封好工件边角的每个部分。

边缘热转印机可一次完成工件加工成型、砂光和边缘热转印，如图 10-7 所示。热转印机的刀具、砂带和热转印轮的形状最好成套使用，以保证边缘热转印的牢固性和质量。

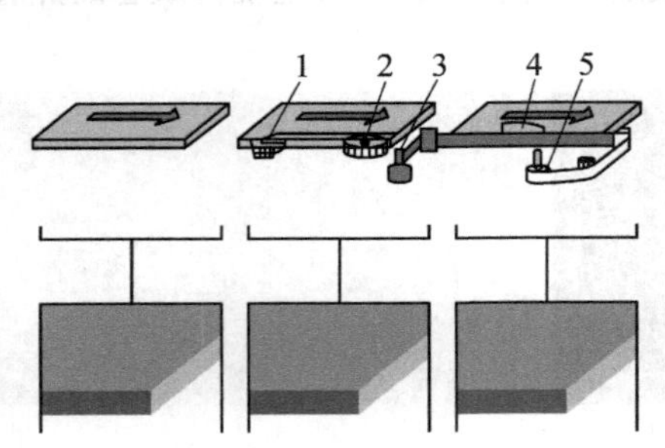

图 10-7 边缘热转印示意

1. 成型 2. 砂光 3. 热转印箔放送 4. 加热辊 5. 热转印箔回卷

10.1.4 热转印技术优点

热转印技术与传统涂饰技术相比，具有以下优点：

(1) 具有良好的木质感、立体感和实木效果。

(2) 以热转印替代喷漆作业，转印后无须任何工序，一次性完成全部装饰。省时、省力，不需多次涂饰，不需干燥、打磨。

(3) 变化灵活，只需更换热转印膜的款式，就能改变装饰效果，满足各类产品要求。

(4) 操作简单，多个工序一次完成，装饰后的工件可立即组装成产品，生产效率高。

(5) 无次品，无积压，如果饰面不慎损坏或者要改变款式，可进行第二次热转印，从而提高了材料的利用率。

(6) 优异的环保性能，无环境污染，无药物或涂料挥发性成分，对工人身体无害。

(7) 占地面积小，投资少，见效快。

热转印可以装饰零部件的表面与侧面，形成装饰层，并且可使零部件表面与侧边之间、装饰层与基材之间实行无接缝粘接，无须再进行修边、整形或切削加工。

热转印技术的不足之处在于装饰层很薄，不耐磨，不耐划，其产品一般只用在不易磨损到的表面。

10.2 水转印技术

水转印技术是近年来在家具表面装饰上兴起的一种表面装饰方法。水转印由于脱离了印刷过程中的油墨，被认为是一种环保技术。水转印技术利用水的压力和活化剂使水转印载体薄膜上的剥离层溶解转移，体现在装饰部位上。它是采用一种新颖转移装饰材料——水移画，对家具表面进行装饰的，最后再进行油漆涂饰。

10.2.1 水转印概述

水转印工艺和技术最早出现于日本，是将水溶性薄膜上面的图文通过一定的化学处理转移到产品表面的工艺过程。水转印技术是 20 世纪末开始风靡世界的一种环保技术，也是一种新兴的高效印刷技术。由于使用洁净的水作为转印动力来源，而且容易在复杂产品表面形成稳定的油墨层，水转印技术得到迅速发展。目前，水转印技术应用范围广泛，包括室内建筑材料、家居装饰、汽车用品、日用品、电子产品、广告礼品、商务印刷、时尚消费等众多商业领域，如图 10-8 所示。经过水转印以后的产品，仿真度高，可在五金（铜、铁、铝及非金属类等）、木材、塑胶（ABS、PP、PU、PE、TPR、4FS、PVC 等）、石材、电木、陶瓷等多种材质的表面印刷，尤其在玻璃和陶瓷上被广泛应用，而且效果非常显著。水转印产品因其具有低投入、高产出、使用范围广、实用性强、操

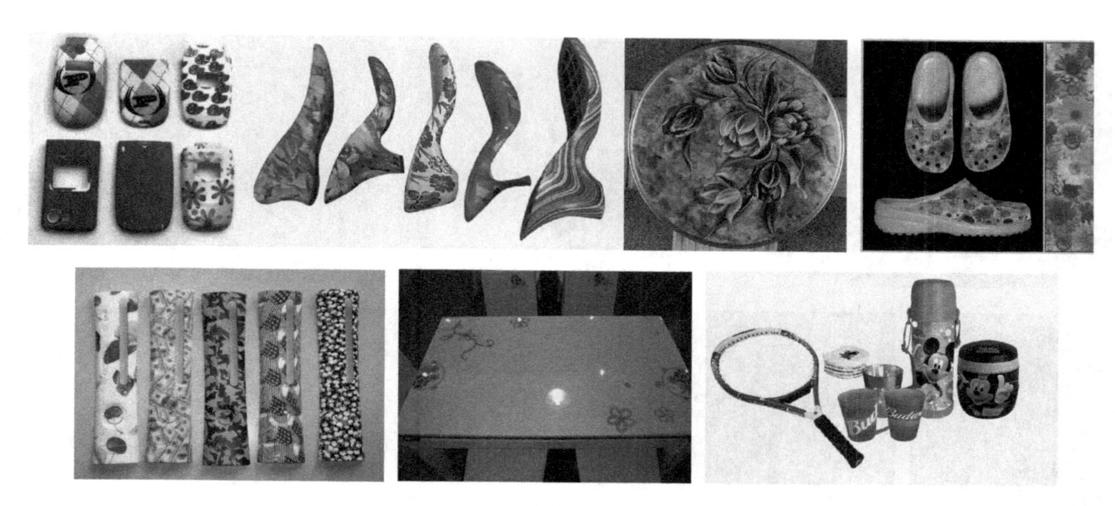

图10-8　水转印产品举例

作简单等特点而备受青睐，吸引了众多投资商的关注。

10.2.2　水转印技术分类

根据水转印技术的实现特征，可将其分为两类，一类是水披覆转印技术，另一类是水标转印技术，前者倾向于在整个产品表面进行完整转印，后者则主要完成文字与要求逼真图案的转印。

10.2.2.1　水披覆转印技术

水披覆转印技术使用一种容易溶解于水的水性薄膜来承载图文。由于水披覆薄膜张力极佳，很容易缠绕于产品表面形成图文层，产品表面就像喷漆一样得到截然不同的外观。水披覆转印技术可利用纯天然图案披覆，如桃木、云石、翡翠、豹皮等，完全可以达到以假乱真的效果，可做到彻底改变披覆工件表面质感。转印后，产品大幅升值，产品档次大大提高。适应底材广泛，供选择的水转印花膜图样有几百款，涵盖天然桃木纹、大理石、迷彩及特殊效果纹路。

水披覆转印技术的优点是可将彩色图纹披覆在任何形状的工件上，实现对物体的全部表面进行装饰，克服了平面印刷印不到凹凸面的难题，解决了立体产品的印刷问题；曲面披覆可以在产品表面加上不同纹路，如皮纹、木纹、翡翠纹及云石纹等，同时亦可避免一般板面印花中常现的虚位；在印刷流程中，由于产品表面不须与印刷膜接触，可避免损害产品表面及其完整性。水披覆转印技术的缺点也很明显，即柔性的图文载体完全与承印物接触时难免发生拉伸变形，所以，实际上转印到物体表面的图文难以达到逼真程度。

10.2.2.2　水标转印技术

水标转印技术是将转印纸上的图文完整地转移到承印物表面，它很像热转印工艺，只是转移压力不需要热压，是近年来流行的一种水转印技术。它可在承印物表面进行小面积的图文信息转印，投资成本较低，操作过程也比较简单，很受用户欢迎。水标转印工艺无须活化剂活化，免除了有机溶剂的污染，在制作工艺品和装饰品方面具有明显的优势。

10.2.3　水转印材料

水转印材料是指在基材表面加工的能够整体转移图文的印刷膜，基材可以是塑料薄膜，也可以是水转印纸。这种印刷膜作为图文载体，是印刷技术的一大进步，因为有很多产品是难以直接印刷的，而有了这一载体，人们就可以运用成熟的印刷技术将图文先印在容易印刷的载体上，再通过载体把图文转移到承印物上。对于具有一定高度、比较笨重、奇形怪状的物品或是面积很小的物品，都可以采用转印工艺。单就水转印工艺来说，它的适应性很广，几乎没有不可以转印的产品。用于水转印的转印材料主要有水披覆转印膜和水标转印纸。

10.2.3.1　水披覆转印膜

与热转印膜的生产过程相似，水披覆转印膜是采用传统印刷工艺，用凹版印刷机在水溶性聚乙烯醇薄膜表面印刷而成的一种材料。由于水披覆转印膜的基材伸缩率非常高，很容易紧密地贴附在物体表面，所以它适合在整个物体表面进行转印。但这个优点带来的缺陷却是伸缩性大，即在印刷和转印的过程中，薄膜表面的图文容易变形，此外，转印过程中若处理不当，有可能造成薄膜破裂。为了避免这个缺点，生产中经常把水披覆转印膜上的图文设计成不带有具体造型、变形后也不影响观赏的重复性图案，见图10-9。曲面披覆适用材质包括铜、铁、铝、锌、陶瓷、玻璃、尼龙、纤维、木质、FRP、压克力等。

图 10-9 水披覆转印膜产品举例

10.2.3.2 水标转印纸

水标转印纸的基材是特种纸，易溶于水，从结构上来看，与水披覆转印膜并无太大的差别，但生产工艺有很大不同，水标转印纸是在基材表面用丝网印刷或者胶印的方式制作出转移图文的。水标转印纸有深色水转印纸和浅色水转印纸之分，深色水转印纸是印深颜色物品的，浅色水转印纸是印浅颜色物品的。深色的底是白色的，浅色的底是透明的。水转印纸的图文不限，用喷墨打印机印制水标转印纸，是现在最流行的制作方法，可以按照自己的喜好制作个性化的图文，因此广受欢迎。

水标转印适用于塑料、五金、玻璃、陶瓷、木质、铜、铝、铁、锌、尼龙、纤维、压克力、FPR 等材质上，广泛应用于头盔、机车贴花、各种球拍、球杆、各式玩具、乐器、工艺品、家具、电器塑胶外壳、手机外壳、鼠标、表面装饰等。

10.2.4 水转印工艺过程

根据所用转印材料不同，水转印工艺分为水披覆转印工艺和水标转印工艺。

10.2.4.1 水披覆转印工艺过程

(1) 薄膜活化：进行薄膜活化时，将水披覆转印薄膜平铺于转印水槽水面上，图文层朝上，保持水槽中的水清洁，且基本处于中性状态，用活化剂在图文表面均匀地喷涂，使图文层活化，易于与载体薄膜分离。这里用的活化剂是一种以芳香烃为主的有机混合溶剂，能够迅速溶解并破坏聚乙烯醇，使图文处于游离状态，但不会损坏图文层。薄膜活化原理如图 10-10 所示。

(2) 水披覆转印过程：将需要水转印的物品沿其轮廓逐渐贴近水转印薄膜，图文层会在水压的作用下慢慢转移到产品表面，由油墨层与承印材料之间的作用力或是特殊涂层固有的黏附作用而产生附着力。转印过程中，承印物与水披覆膜的贴合速度要保持均匀，避免薄膜皱褶而使图文不美观。原则上讲，应保证图文适当的拉伸，尽量避免重叠，特别是结合处，重叠过多会给人杂乱的感觉。越是复杂的产品对操作的技术性要求越高。

水温是影响转印质量的重要参数，水温过低，可能会使基材薄膜的溶解性下降；水温过高，又容易对图文造成损害，引起图文变形。转印水槽可以采用自动温度控制装置，将水温控制在 40 ~ 50℃ 稳定的范围内。对于形状比较简单、样式比较统一的大批量工件，也可用专用的水转印设备代替手工操作，如在对圆柱体工件进行水转印操作时，可以将其固定在转动轴上，通过轴的转动使其在薄膜表面转动，从而使图文层发生转印。水披覆转印过程如图 10-11 所示。

(3) 后期处理：完成转印披覆图文后，还要进行几种处理。

①整理：将工件从水槽中取出，除去残留的薄膜，再用清水洗去没有牢固结合在产品表面的浮层。注意水压不能太大，否则容易对转印的图文造成

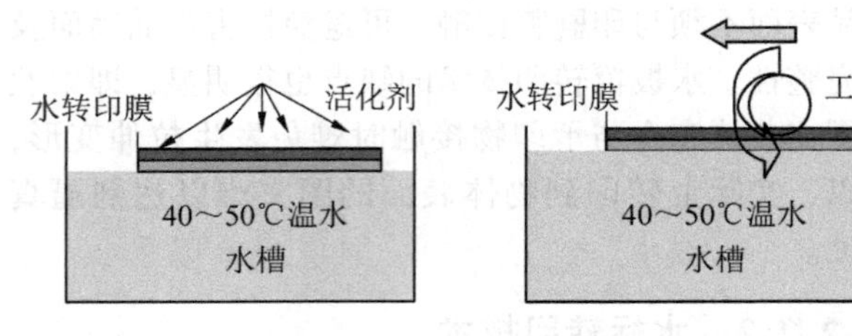

图 10-10 薄膜活化　　图 10-11 水披覆转印

破坏。

②干燥：除去产品表面的水分，以利于转印墨层的彻底干燥。为增加附着的牢度，可用吹风机干燥，也可将产品放在烘干箱内干燥。操作时，塑料产品的干燥温度不能太高，大致在50～60℃，若温度太高，容易使承印物发生变形，但金属、玻璃、陶瓷等材料的干燥温度可以适当提高。

③喷涂保护漆：为增强图文层对环境的抵抗性，要在表面进行喷漆处理。针对不同的承印材料，选用的清漆分三种类型，即适合塑料材料的清漆、适合柔性材料的清漆及适合金属、玻璃等非吸收性材料的清漆。可以选用溶剂型清漆，喷完后进行自然干燥或加热干燥；也可用UV清漆，采用紫外线固化干燥。相比之下，UV固化更适应环保要求。

10.2.4.2 水标转印工艺过程

（1）环境因素：清洁的承印物表面是实现高质量转印的必要条件，这一点对于任何印刷工艺都是相同的。转印前要保证承印物处于完全裸露状态。此外，干净整洁的工作环境有利于转印油墨层紧密地附着在承印物表面，空气中漂浮的尘埃最容易影响转印效果。

（2）水标转印纸活化：水标转印纸分为可剥离水标转印纸和溶解型水标转印纸，可剥离水标转印纸的图文在活化后能够和基材分离，实现转印；溶解型水标转印纸活化后基材溶解于水，图文处于游离状态，从而实现转印。

水标转印纸的活化和水披覆转印膜的活化不同，它只是将转印纸浸入水中，图文与基材就可分离，无须专用溶剂，工艺简单。具体操作如图10-12所示，先将需要转印的图文水转印纸裁成需要的规格，再放入清洁的水槽，浸泡20秒左右，使面膜与基材分离，即为转印做好了准备。

水标转印的加工过程如图10-13所示，取出水标转印纸后，将其轻轻贴近承印物表面，用刮板刮压图文面，使水分挤出，然后保持图文平铺在规定位置，进行自然干燥。对于可剥离水标转印纸，自然干燥后需再放入烘箱内干燥，以提高图文的附着牢度，干燥温度在100℃左右。

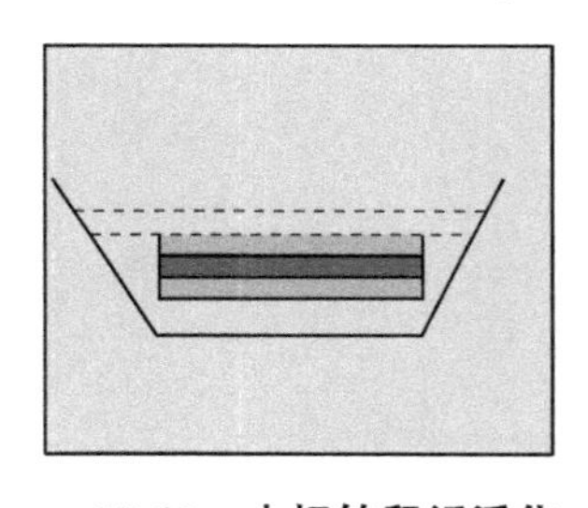

10-12 水标转印纸活化

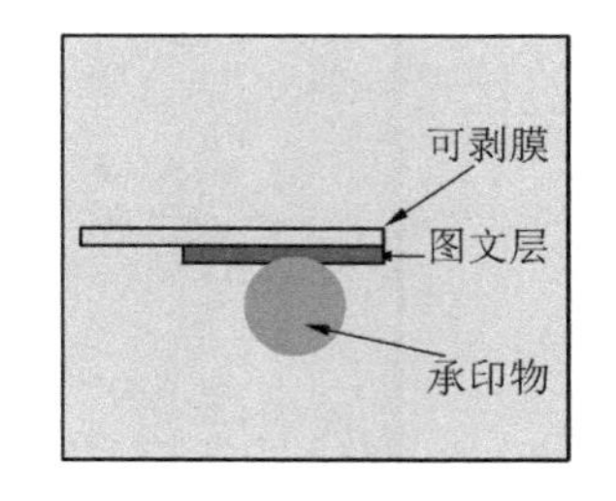

图10-13 水标转印加工过程

由于可剥离水标转印纸的图文表面有一层保护光油，无须再进行喷涂保护；而可溶性水标转印纸的图文表面并没有保护层，自然干燥后则需要进行喷涂清漆处理，在喷涂UV清漆时还要用紫外线固化装置固化。此外，喷涂清漆时一定要注意防止灰尘落在产品表面，否则会对产品外观造成很大的影响。

涂层厚度的控制是通过调整清漆的黏度和喷涂量实现的，喷得过多容易造成均匀度下降。对于转印面积较大的承印物，如果采用丝网印刷进行上光，可获得较厚的涂层，同时也是一种有效的保护措施。

10.2.5 水转印技术的应用

在家具及木制品表面装饰中，水转印技术也得到了大量应用，水移画就是一种新颖的转移装饰材料，其主要由花纹图案层、背纸和花纹图案保护层三层材料组成。其中，花纹图案层是通过采用现代照相制版技术和特殊印刷工艺在背纸上印制而成的颜料转移层，在水的作用下能很快地与底纸分离，并轻而易举地转移到其他物体表面。转移后的图案不仅清晰、色彩绚丽、立体感强，而且十分牢固，不受平时擦洗清洁的影响。由于其图案逼真、成本低廉、操作简单，因此颇受家具制造商的喜爱，特别适用于中密度纤维板和刨花板制作的家具表面装饰，是薄木装饰线条、薄木拼花的理想替代品。

在家具及木制品表面进行水转印操作的步骤与方法如下：

①在产品表面喷涂底漆后，砂磨平整光滑，用抹布擦洗干净。

②去除水移画表面的保护膜，用水浸湿其两端。

③将水移画浸湿的两端固定在所需装饰的工件上，再用水润湿水移画的背面。

④用橡皮、直尺等表面光滑的工具把水刮去。

⑤刮水后放置1～2min，再用水润湿水移画的背面。

⑥再次放置1～2min后，将背纸从一端慢慢揭去，水移画便转移到工件表面上。

⑦最后，再在表面喷涂面漆保护。

本章小结

转印技术是一种特殊印刷技术，与直接印刷相比，转印技术在二次加工过程中无须使用油墨、涂料、胶黏剂等材料，操作简单、设备投资少、无污染、装饰效果好，可用于各种基材表面装饰，适用范围广泛，具有良好的发展前景。转印工艺技术简单、成本低、装饰纹样品种繁多、产品附加值高，是理想的家具表面装饰材料，给家具设计和室内装饰设计提供了良好的素材与方法。

思考题

1. 何谓转印技术？常用转印技术包括哪两种？
2. 实现热转印，必须具备哪些设备与材料？
3. 热转印技术应用领域包括哪些？
4. 热转印技术特点是什么？
5. 根据水转印技术的实现特征，可将其分为哪两类？
6. 水披覆转印技术特点是什么？
7. 水转印材料包括哪两类？有何区别？
8. 试述水披覆转印工艺过程。
9. 试述水标转印工艺过程。

第11章 雕刻与其他装饰

【本章提要】

在设计生产传统家具当中，为提高木质家具表面装饰效果，常采用雕刻、压花、镶嵌、烙花、贴金等技术方法，对家具表面进行功能性加工和艺术性处理。本章从历史的角度出发，对这些装饰技术方法、文化脉络、艺术题材、工艺技术等进行了较全面的阐述，重在挖掘传统家具装饰文化精髓，使我们在继承传统装饰设计经验和成果的基础上，更好地融合现代工艺技术和审美观，古为今用，达到更好的家具表面装饰效果。

采用雕刻、压花、镶嵌、烙花、贴金等技术方法，对家具基材或零部件表面进行功能性或装饰性加工，是提高木质家具表面装饰性的有效方法，各种装饰方法既可单独采用，也可多种装饰方法配合使用。经过装饰可使家具造型更为美观，更加具有家具文化特征，产生美感。

当今中国已成为世界上最大的家具制造大国和出口大国，而家具设计也将面临更大的机遇和挑战。不可否认的是，家具的设计风格与时代的发展息息相关，它折射出的是不同时代人的心理需求和对未来生活方式的渴望。家具设计师们需要在继承前人的设计经验和成果的基础上，把握市场消费和审美需求，吸收民族传统文化精髓，融合现代材料、工艺、技术，创新设计出具有新时代文化内涵的家具。

11.1 雕刻装饰

家具雕刻工艺主要是指木雕工艺。木雕是一种表现形式多样、应用范围广泛、操作技艺复杂的传统工艺技术，也是我国一种具有民族特色的传统艺术，其历史源远流长，文化底蕴深厚。木雕以其古朴典雅的图案、精美绚丽的表现形式，获得广大用户的喜爱，得到广泛的应用。在国际艺坛上，木雕以其独特的艺术风采，展示着东方民族古老的文化艺术。

11.1.1 雕刻装饰概述

广义的木工雕刻技术包括建筑木工雕刻技术、家具木工雕刻技术、木雕工艺品或传统供奉神像、神器的雕刻技术等。在家具设计与制作或现实生活当中，配一点带有雕刻工艺或雕刻产品，总会带来意想不到的效果。例如在家居室内一角陈设摆放几件典雅别致、精雕细刻的家具及其木制品，就会给生活带来永久的美的享受，使生活别有一番情趣和韵味。

雕刻装饰技术在我国古代就有广泛应用，例如大到房屋建筑的雕梁画栋、飞罩、门窗格扇，小到联匾、陈设工艺品，托物配件的台、几、案、架、座以及床、橱、箱、桌、椅等家具都有应用。佛教的佛像、佛座、供桌等都与木雕相关，现在木材雕刻仍是家具、工艺品和建筑构件等的重要装饰方法之一。全国已发展有黄杨木雕、红木雕、龙眼木雕、金木雕、金达莱根雕和东阳木雕六大类木雕产品。木材雕刻一般分为线雕、浮雕、透雕、圆雕等。

可用于雕刻的木材很多，一般只要质地细腻、硬度适中、纹理致密、色泽文雅的木材均可用作雕刻。目前使用的主要有椴木、樟木、楸木、白杨以及花梨木、紫檀、酸枝和鸡翅木等。

材质识别是雕刻技术的重要内容，只有认识木材，运用好木材，懂得材质的变化规律，才能有效保证与提高雕刻产品质量。分析木材的优劣取决于匠心的挖掘。要从心材、边材区分，从梢材、中材、根材分析，大到每种树木的材质、材性，小到每块木料的好与劣，应懂得最好的木质在什么地方。木工雕刻的选材、配料取决于雕刻作品的用途，决定做家具用什么材、怎么用，保证在锯割凿刻加工过程中，最大限度地降低和缩小变形。

传统雕刻技艺常见于手工方法，手工雕刻主要用各种凿子、雕刻刀和扁器等，需要有高度熟练的手艺，劳动强度比较繁重。现代雕刻常采用各种机械进行加工，机械雕刻适宜于成批和大量生产，雕刻机械有线锯、镂铣机、多轴雕花机、数控机床和加工中心等。在线锯上能进行各种透雕的粗加工；镂铣机可以进行线雕和浮雕；在多轴雕花机上可以完成相当复杂的艺术性仿型雕刻；数控机床和加工中心则可以按事先编好的程序自动进行不同图案与形状的雕刻加工。在实际生产过程中，为能更好地表现雕刻题材与意境，适应各种生产方式，提高劳动生产率，手工雕刻和机械雕刻往往并用，互相补充，达到更好的雕刻装饰效果。

在木材上雕琢美丽的装饰纹样，能为家具及其他制品增添立体感及文化寓意。在家具制作的早期，工匠们通过添加雕刻艺术细节，使生硬的木材转变为拥有可爱造型的家具。最初在家具上的雕刻是切入木材里的简单几何图案，随着技术的提高，雕刻出的产品变得更具立体感和美感，经常捕捉一些自然界的元素，如花、叶及藤蔓等。

好的雕刻生动而精准，为家具增添魅力，而非冗余的装点。雕刻品需比例适当，与家具融为一体。雕饰框的图案应连贯通体，转角处天衣无缝。如图 11-1 所示。

图 11-1 雕刻装饰

11.1.2 雕刻分类

现代生产中常按雕刻产品所采用的不同生产工艺方法进行分类，以表明不同的加工手段；而传统雕刻常按雕刻技术方法进行分类，更能说明雕刻装饰效果。

11.1.2.1 按雕刻方法分类

（1）手工雕刻：是家具制作中最常见的雕刻类型。如图 11-2 所示。手工雕刻工艺能完美表现木材的纹理，边角处能最大限度保持图案的连贯协调，但手工雕刻必须由熟练的雕刻工精心劳作，慢工细活，生产效率很低。

（2）机械雕刻：指使用各种机械进行雕刻。由于数控机床和加工中心等高科技设备的应用，现代生产可以按事先编好的程序自动进行不同图案与形状的雕刻加工。但是，机械雕刻很难根据具体材料实际情况加工，工业化痕迹较重，所以雕刻效果不如手工雕刻。图 11-3 为常用手工雕刻工具。

（3）模塑成型：雕饰部件为模制树脂，树脂可以表现非常清晰的线条，因为它们不是由雕刻而制成，而是由液体树脂浇灌到模型里或树脂在模具里发泡定形得到。成品看上去就像木材雕刻件，但是事实上它们只是一种塑料模型构件。如图 11-4 所示。

11.1.2.2 按雕刻技法分类

雕刻技法是雕刻者用来表现装饰纹样效果的方法和手段。明清家具中雕刻装饰纹样题材丰富、用材考究，展现了高超的雕刻技艺水平，因此雕刻技法非常复杂，雕刻工匠常运用刻刀的转折、顿挫、凹凸、起伏等手法，展现创作思路，体现雕刻作品的艺术价值。技法高超的工匠能娴熟地运用工具，快速流畅地展示技法的魅力，使雕刻品栩栩如生、灵活生动。按照不同的雕刻技法，雕刻分为线雕、浮雕、透雕和圆雕。

（1）线雕：又叫线刻，是在光滑平整的雕刻木料上用刻刀直接刻画出像线一样的曲、直槽沟，来构

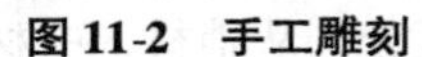

图 11-2 手工雕刻

图 11-3 雕刻工具

图 11-4 模塑成型装饰件

成简洁明快的纹饰图案或文字的一种雕刻技法。图案槽沟断面通常为“U”形和“V”形，深度一般为3～6mm，最深可达到10mm，所以线雕也有浅雕之称。它是以线为主要造型手段，线条明朗、图案清晰、效果明显、装饰性强，具有流畅自如、清晰明快的特点。多用于家具的门面、屉面、椅靠背及屏风等部位的表面装饰。

根据雕刻的纹样相对于地子（即雕刻的平面）凹或凸，又可将线雕分为阴刻和阳刻。阴刻是将线条刻入地子内部，线条下凹使图案具有立体感，阳刻则是将线条凸出于地子之上。在家具雕刻中，纯做线雕的应用并不多，但作为辅助方式，常在浮雕、透雕、圆雕中雕刻花卉的叶脉、龙的鬏须、人物的须发等。线雕主要用于髹漆家具，在经过上色髹漆后的器物上施工，这样所刻出来的器物能产生一种漆色与木色反差较大近似中国画的艺术效果，富有意味。其雕刻内容大多为梅、兰、竹、菊之类的花卉，也有诗词、吉祥语之类的文字。

另外，线雕还可分为单线雕与块面线雕。单线雕是用三角凿根据图样的花纹，刻出粗细匀称的线条，以显示图案，如图 11-5 所示。

块面线雕不是用单线条来表现图案内容，而是利用块面来表达，如图 11-6 所示。块面线雕是将纹饰轮廓线的边沿挖低铲平，使纹样薄薄地高出一层，再施以雕刻的手法。

线雕的工艺要求跟其他雕刻一样，其操作程序也是先进行图样设计后操作。线雕图案设计不受任何制约，可以在大面积的板料上任意发挥，但是，因为线雕是很浅的平面线条雕刻，所以不宜表达穿插与重叠的画面。此外，要使线雕起到装饰的预期艺术效果，画面具有典雅、古朴、醒目的艺术特色，在画面布局上切忌大面积的“满花”。最理想的方法是吸取中国画的表现技巧，强调空灵，中国画画面的空白部分最能为线雕艺术在大面积的板料上表现所借用。

线雕用的主要工具是三角凿，在运用三角凿对单线雕图案进行雕刻时，要注意对三角凿运力得当。如果用力时大时小，刻出来的槽线会时深时浅，并出现粗细不匀的现象，影响画面的线条流畅。用力过猛还会损伤刃口，用力太小，刻出来的花纹线条太浅、不醒目。

块面线雕的操作原理基本上与单线雕相同，它是在单线雕的基础上发展起来的。它不是用单线条来表现图案内容，而是利用块面来表达。根据画面的内容也可利用单线条与块面相结合的方法。块面线雕的表现形式如同中国画中的写意技法，寥寥几笔意境含蓄，不强调线条粗细匀称、流畅。它的特点是重意不重形。花卉、鸟虫、龙凤等图案最适宜用块面线雕表现。设计块面线雕图案要在掌握物象自然形态的基础上，加以概括、凝练，既要简化，又要特别强调其神态、意境。块面线雕的主要工具是圆翘凿和三角凿。块面线雕的优点是操作简便，画面古朴、简洁、典雅，具有独特的艺术魅力。

（2）浮雕：又称凸雕，是指所雕花纹凸出于地子，且与底面保持一定的高度，表现纹样高低、深浅变化的一种雕刻技法。在工件表面上雕刻出凸起的花纹图案，好似将花纹图案粘贴在被装饰物表面上，是一种介于圆雕和绘画之间的艺术表现形式。如图 11-7 所示，为铲地浮雕变体龙纹。浮雕能更充分地展示雕刻题材的立体感，反映纹样的内涵。浮雕大体上有两种表现方法，一种接近于绘画，另一种接近于雕塑。我国传统浮雕一般接近于绘画，是一种重要的装饰手段，欣赏时主要是从正面去欣赏。如图 11-8 所示，为儿童放鞭炮时的浮雕图案。

根据被雕刻工件上浮雕花纹图案深浅程度的不同，浮雕分为浅浮雕、中浮雕与高浮雕三种。高浮雕又称镂空雕，是一种多层次、浮凸高度大的雕刻形

图 11-7　铲地浮雕变体龙纹

图 11-5　柜门单线雕装饰

图 11-6　椅靠背块面线雕装饰

图 11-8　儿童放鞭炮时的浮雕图案

式，物象近于实物，它不像浅浮雕那样，而更像一种雕塑，追求的是形象的逼真性与完整性。由于起位较深，图案的深度需大于15mm，使图案形体压缩程度较小，其空间构造和塑造特征更接近于圆雕，甚至一些局部处理完全采用圆雕的处理方式。高浮雕往往利用三维形体的空间起伏或夸张处理，有浓缩的空间深度感和强烈的视觉冲击力，使浮雕艺术对于形象的塑造具有一种特别的表现力和魅力，充分地表现出了物体相互叠错、起伏变化的复杂层次关系，给人以强烈的、扑面而来的视觉感受，主要用于壁挂、案几、条屏等高档产品。如图11-9所示，为人物的高浮雕图案。

图11-9 人物高浮雕图案

浅浮雕又称薄浮雕，是将雕刻的纹饰仅仅凸起一定高度，浮出一层极薄的物象，物体的形象还要借助于抽象的线条等来表现，使其轮廓明显，线条流畅，具有清逸雅静的装饰感。花纹图案的深度一般为2～5mm，其层次感与立体感不如高浮雕，装饰效果也次于高浮雕，常用于装饰门窗、屏风、挂屏等。如图11-10所示。

图11-10 浅浮雕图案

中浮雕的花纹图案的深度介于高浮雕与浅浮雕之间，即雕刻图案高度大于6mm，而小于15mm。装饰效果与雕刻难度也介于二者之间。

按照纹样的疏密，浮雕又分为露地、稍露地、不露地。在露地中，又分为光地和锦地。露地一般指花纹之间漏光地，不施加雕刻的形式，因其地须经铲剔而成，故名曰“铲地”，又因花纹与地子约各占一半，又称为“半槽地”。这种露地浮雕在家具雕刻中经常采用。锦地浮雕在明式家具中并不常见，在清中期以后应用渐增，相对光地工艺更为复杂。稍露地是指纹理图案多于底面。不露地是指纹理纵横交错、重叠交掩，掩盖住底面，只留下纹样。

无论深浮雕还是浅浮雕，其浮雕的工艺要求操作顺序均为：凿粗坯→修光→细饰。

①凿粗坯：凿粗坯的技术要求是使作品的题材内容在木料上初具形态，整个画面初具轮廓。在凿粗坯之前，必须熟悉图案的设计要求，先看浮雕作品的内容，而后通过图案的题材内容定层次、分深浅。为使凿出来的画面经久牢固，又具有立体感，在操作时要注意“露脚”与“藏脚”的适当配置。所谓藏脚与露脚是指所雕刻的花纹图案边缘跟底面垂直线的关系，斜于垂直线以内的称为藏脚，斜于垂直线以外的称为露脚。露脚所表现的物象呆滞、稳重，藏脚则显得清秀、灵活。

②修光：将底面图案的空白部分铲平滑，不能留有刀痕；并要将画面的造型及所要表现题材中物体的大小、粗细及物体与物体间的深浅、比例等最后正式定型。修光应采取分层次、分主次，要用集中精力各个击破的方法，修一处清一处，修一层清一层，直至结束。

③细饰：要求用锋利的雕刀、精细的砂纸将花纹图案进一步修磨光滑，使之没有任何缺陷，要起到画龙点睛的作用，使花纹图案栩栩如生，达到最佳艺术效果。

（3）透雕：又称透空雕，需将工件雕透，如图11-11、图11-12所示，是在木板上先用弓锯或镂锯机的锯条锯割出花纹图案的粗坯，然后用切刀或木锉去掉锯痕，再选用雕刻刀具，施以平面雕刻技术。将浮雕花纹以外的地子镂空，以虚间实，比地子能更好地衬托出主题花纹，在光束之中展现变化，具有灵秀之气。在明清家具中，透雕也是一种较为常见的装饰手法，在家具中往往用粗犷的纹饰处理，例如大案的牙头、板足开出的透光等。它具有比较匀称的空洞，能使人很容易看出雕刻的图案花纹。其图案花纹玲珑剔透而且具有强烈的雕刻艺术风格，极富于装饰性，最适用于家具的床、桌、椅、屏风、镜框等的雕花。

透雕可分为阴透雕和阳透雕。在板上雕去图案花纹，使图案花纹部分透空的称为阴透雕；把材面上图案花纹以外的部分雕去，使图案花纹保留的称为阳透雕。阳透雕根据透雕图案的正面与背面是否都要雕刻修饰，可分为透空双面雕与透空单面雕，透空单面雕又称锯空雕。

透空单面雕，即为正面雕，先用钢丝锯或线锯将

图 11-11　夔凤纹坐墩开光透雕

图 11-12　龙纹大案挡板透雕

图案以外的部分锯掉，再用浅浮雕技法只对透雕花纹图案的正面进行雕刻修饰，而将其背面加工成平面即可。这种形式常用于制作门窗、挂屏、落地灯、家具贴花、桌牙条、椅子靠背等背面不可见的部位，这样既保证了效果又省时省力。利用透雕技艺将花鸟、人物、文字等图案锯割出来，除去锯纹，在正面施以雕刻修饰，将背面修整平滑。如图 11-13 所示，使用时，用胶黏剂将单面透雕装饰件胶贴在被装饰物的表面上，其操作原理与民间剪纸贴花基本相同。与剪纸贴花相比，透空雕贴花尽管也是一种平面性的花板，然而它可以根据材料的厚薄（一般为 3～6mm）进行一些简单的雕饰，使图案具有较强的立体层次感和浮雕的艺术风格，却不需要花浮雕那么多的制作时间及材料。

透空双面雕，即对透雕花纹图案的正、背两面都进行雕刻修饰，双面都具有一定的装饰效果，制品可以两面欣赏，常用于台屏、插屏等，如图 11-14 所示，为花梨床板双面透雕。透空双面雕，一般花板较厚，图案层次丰富多姿，疏密大小有致，富有立体感；并要求图案整体结构严密，透空透风，坚固耐用，常用于架子床的床屏、屏风等的装饰。

是否采用透空双面雕，主要是由雕花部分是否要两面都能看到来决定的。条案挡板、床围子、衣架、屏风及座屏的绦环板等，两面都外露，故正、背两面一般都雕花，这样可供人们两面独自观赏，类似苏州的“双面绣”。这种工艺需要艺匠们具有高超的智慧与巧妙的构思。透空双面雕一般有两类，一类是正反图案相同，但为一正一反；另一类是正反图案不同，这种透空双面雕具有很高的艺术欣赏价值，即便整件家具散架了，其雕刻板也能作为单独的艺术品珍藏、陈列。整挖是更为复杂的雕刻技法，是指在双面雕的基础上，在透空纵深的部分也要着刀。清代《则例》称之为“玲珑过桥”或“过桥玲珑”。

透雕工艺过程一般要经过绘图、锯空、凿粗坯、修光、细饰等一系列工序。

图 11-13　单面透雕装饰件

图 11-14　花梨床板双面透雕

①锯空：用钢丝锯或镂锯机将木材锯切成花纹图案的粗坯。要求所锯的空洞壁上下垂直、表面整齐，并能很好掌握图案设计要求，使粗细均匀、方圆规整。锯空时，有正弓与反弓的区别，多用正弓锯切，以提高锯切质量。

②凿粗坯：使用雕刻刀对锯空图案花纹进行雕刻，使之初具雏形。在凿粗坯之前，应先充分了解图案的设计要求，分清主次，分出主要表现的部位与次要的起烘托、陪衬作用的部位。操作时，最要注意的是深浅问题，太浅则图案花纹呆板生硬、缺乏立体感，太深会影响工件的牢固性。具体深浅由工件情况来定，凿粗坯应该层次分明，切忌模糊不清，线条应该流畅，当圆则圆，当方则方。凿粗坯的主要工具是敲锤与凿子，凿子主要是平凿和圆凿。

③修光：修光的主要任务是修粗坯为光坯，将图案设计比较细致地表达出来。修光的标准是光滑、干净，并且有棱有角、有骨有肉，丰满而有立体感。修光的第一步是平整，所谓平整就是将凿粗坯时留下的大块面积的凿子痕迹以及高与低、深与浅之间，利用平凿将其修整得光滑与协调。经平整后花纹线条更加流畅，最主要的是要根脚干净。根脚就是花纹的横竖交叉、上下交叉的部位。这些部位一定要切得齐、修的光、铲的干净，不留一点木屑。修光的最后一步是光洁处理，包括切空、磨光、背面去毛。切空就是将镂空的空壁上的锯痕利用凿子切干净。磨光就是利用砂纸和棒玉砂布将雕花的表面与空洞壁磨光。对于透空单面雕的工件，需利用平凿或斜凿将背面修整平整、光滑，并将工件背面花纹边缘的毛刺修掉，以达

到背面整洁平滑的要求。

④细饰：俗称了工，主要任务是利用各种木雕工艺的表现技法来装饰图案，使图案更加精美华丽，形象生动，具有更好的艺术装饰效果，让人赏心悦目。细饰需采用仿真的表现技法，跟中国画的工笔技巧一样，要求细饰过的对象生动逼真、栩栩如生，使图案具有浓厚的雕刻艺术风格。细饰应起到画龙点睛的作用，达到锦上添花的艺术效果。

(4) 圆雕：又称立体雕，是对一独立材料（木材、石材、金属等）的两面、三面、四面或全方位所进行的雕刻，是一种完全立体的雕刻，从前、后、左、右四面都要雕刻出具体的形象来，也可以看做是一种具有三维空间艺术感的雕塑艺术。传统的圆雕多见于神像、佛像、木俑等，现代圆雕则多见于人像雕刻、动物雕刻和艺术欣赏雕刻等，常用于建筑圆柱、家具局部，如宝座、家具柱、家具脚、衣架、高面盆架搭脑的两端刻成龙头或凤头、蹲兽以及各式各样的卡子花等。如图 11-15 所示，为清晚期龙椅扶手圆雕装饰局部。

由于圆雕的形式特殊，需要设置在家具的端头部位，造型上需要精心设计，做工也较为复杂，搞不好极易弄巧成拙，古代工匠深谙此点，尽量少用或不用。

圆雕有圆木雕和半圆雕之分，圆木雕是以圆木为中心的浮雕，一般用于建筑圆柱（如云龙柱）、家具柱、家具脚、落地灯柱等，四面均可观赏；半圆雕是圆雕和浮雕的结合技法，一般为三面雕刻，主体部分是圆雕，配景是浮雕。根据圆雕的艺术表现形式，圆雕可分为规格型圆雕和自然型圆雕。

规格型圆雕属装饰性圆雕，又可分为双面雕刻、三面雕刻、四面雕刻。由于其雕刻图案的大小与造型受零部件规格限制，设计者不能自由确定，故称。多为工业产品中的装饰性零部件，如家具桌腿、椅腿、立柱等雕刻装饰。如图 11-16 所示，为红木圆桌脚头的装饰性圆雕。

自然型圆雕又称为独立性圆雕，是一种专供欣赏的陈设工艺品，属雕塑艺术范畴，是一种造型艺术。如图 11-17 所示，分别为人物、母子牛的自然型圆雕。

半圆雕是介于圆雕与高浮雕之间的一种雕刻技法，如图 11-18 所示。主要是一种以群像配小景的布局方法，人、物、景相互衬托，是半圆雕特有的构图方式。周边轮廓线不虚构，一般以压低图案的地面来突出物像的立体感。半圆雕兼有圆雕明显的立体感与高浮雕丰富的层次感，是圆雕与高浮雕技法的典型结合。多用于地屏、台屏、工艺品、建筑物等的装饰雕刻。

圆雕工艺过程根据圆雕的艺术表现形式不同而有

图 11-15　龙椅扶手圆雕装饰局部

图 11-17　人物、母子牛的自然型圆雕

图 11-16　红木圆桌脚头圆雕装饰

图 11-18　半圆雕装饰物件

一定的差异，但总体来看，基本上包括外形构思、凿粗坯、修光、细饰等工序。

规格型圆雕，其操作顺序为切割外形、凿粗坯、修光、细饰。外形切割的要求是掌握上下垂直、该方即方、当圆则圆，否则便会失去立体雕刻的装饰效果，影响整体的美观。凿粗坯一般力求两面对称，可采用以中心线分等份及凿同样的部位用同样的固定凿子等方法。其修光、细饰与其他木雕工艺相同。

自然型圆雕是一种造型逼真专供欣赏的陈设工艺品，是一种纯造型艺术。一般要先塑泥模以代替画稿，按照泥塑模选择材料，需优先选用材质坚韧、结构细腻的酸枝木、花梨木、黄杨木、白桃木、椴木等优质材。取材要注意心、边材的材质与颜色的差异，尽量避开疤痕，以免影响美观。以泥塑模作为对照，根据物象各部位的比例，在木材上定出位置、确定尺寸深度及最高点，再用手工锯锯出轮廓。锯割时，需留足雕刻余量，宁可少锯点，以防难以补救。自然型圆雕的操作难度大，工艺复杂，其雕刻工序也可以概括为凿粗坯、修光与细饰。凿粗坯，需分清物象的块面与动态，雕刻时，要用立体的眼光时刻注意物象前后左右位置关系，从大块面到小块面逐一进行雕刻。

半圆雕工艺过程是，首先将画稿覆在木板上，按画稿锯出雕刻图案的外轮廓线，再分好画面层次，然后开始雕刻。主题即物像部分要突出，施以圆雕技法，层次的高低应根据图案的需要而定。雕刻时既要注意物像的立体感，又要注意物像的牢固性，要将物像的玲珑剔透之美与牢固性紧密结合起来。半圆雕的工艺程序跟高浮雕的基本相同，不同之处是需进行三面雕刻或四面雕刻。

11.1.3　雕刻工具、设备与操作技术

我国木雕仍普遍应用手工技术，手工雕刻需要有高度娴熟的手工技艺，劳动强度较繁重，生产效率低。为提高生产效率，减轻劳动强度，正在逐步实现机械化雕刻。有的先进家具企业已利用数控机床进行雕刻，基本上实现了雕刻自动化与信息化，有力地促进了家具雕刻装饰的迅速发展。

11.1.3.1　手工雕刻工具与操作技术

传统的手工雕刻工具有各种凿子、雕刀以及弓锯、牵钻、锤子等。雕刀的品种较多，按刀体形状不同，可分为凿箍型与钻条型两大类，如图 11-19 所示。凿箍型又称翁凿，即将木柄削尖插进凿箍中而成。钻条型凿刀的端部为尖条状，需将凿刀端部尖条插入木柄中，才好使用。凿箍型凿刀牢固性好，在雕刻中能承受较大的敲打作用力，可用于凿粗坯、脱地等工序；钻条型凿刀承受作用力虽较小，但使用方便、动作灵巧，可用于雕细坯、修光等。按凿刀刃口的形状，可分为平凿、圆凿、斜角凿、犁头凿、叉凿、线凿等多种，每一种又有刃口宽度规格的不同。

凿子的木柄，要选用质地比较坚硬又具有韧性的木材来制作，方能经久耐用，其长度一般不超过（连凿刀一起计算）150 ~ 300mm。用于凿粗坯的凿子，其木柄要比用于修光的凿子柄短一些，这样锤子打下来不会晃动，也比较准确而且省力；其刀刃部位的厚度应比修光用的凿子厚一些，刀刃楔角为 20° ~ 25°，这样遇有质地坚硬的工件方能适应。雕刻用的主要手工工具有以下几种：

（1）锤子：有铁锤（小斧头）与木槌两种，如图 11-20 所示。在凿粗坯时，一般要用锤子敲击凿刀的木柄，进行雕刻，此时最好使用铁锤，因其硬度与密度较大，故在敲击时不需要用大力挥动，所以比木槌省力。而小斧头不仅有铁锤的作用，而且有劈砍木材的功能，为此常代替铁锤使用。

（2）平口凿：简称平凿，如图 11-21 所示。其刃口宽一般为 5 ~ 40mm，刃口平齐，切削角约 30°；刀体长为 100 ~ 150mm，凿柄长 100 ~ 250mm。平口凿主要用于打边线、固定横直线、脱地以及较大工件的凿削和直线凿削。

（3）圆凿：如图 11-22 所示，其刃口部分为圆弧形，其圆弧为 120° ~ 180°，一般为 135°；刃口的弧长一般为 6 ~ 35mm，木柄长一般为 100 ~ 250mm。规格比平凿多 1 ~ 2 倍。用于凿削图案中各种大小的圆弧面。每种规格的圆凿应配有相应弧度的青磨石进行

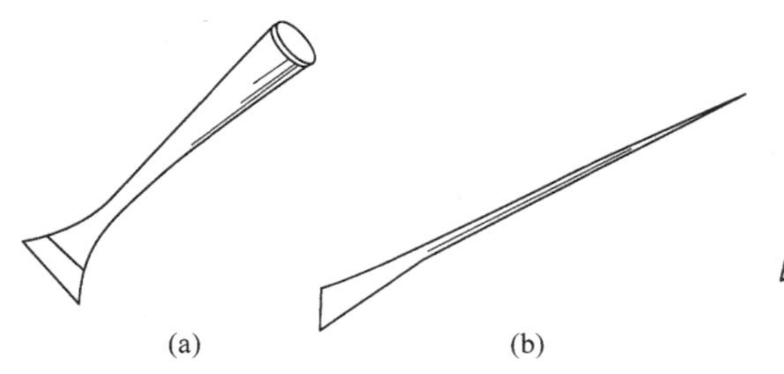

图 11-19　刀体形状的类型
（a）凿箍型　（b）钻条型

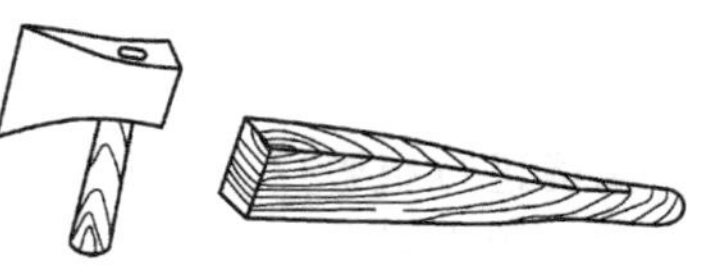

图 11-20　小斧头与木槌

图 11-21　平口凿

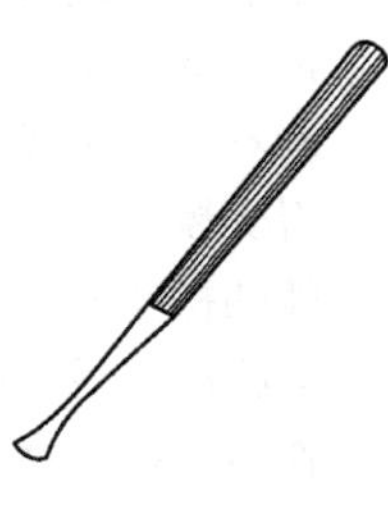

图 11-22　圆凿

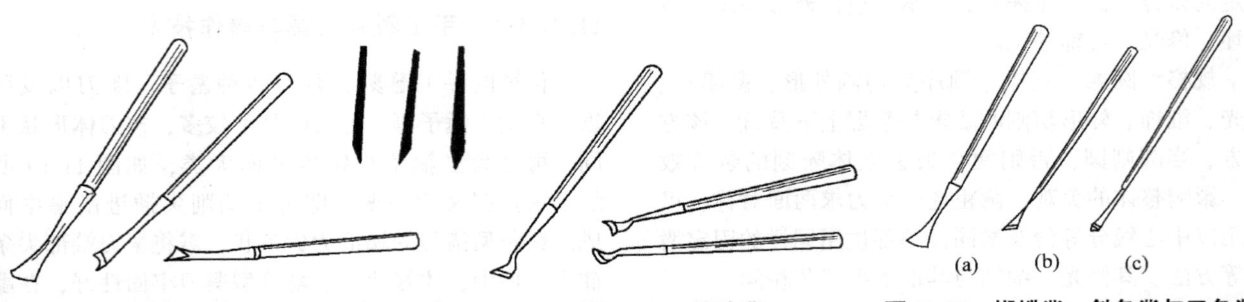

图 11-23 圆凿刀刃截面的正口、背口及中口

图 11-24 翘头凿

图 11-25 蝴蝶凿、斜角凿与三角凿
(a) 蝴蝶凿 (b) 斜角凿 (c) 三角凿

刃磨，以确保其弧度的精确度。如图 11-23 所示，为圆凿刀刃截面的正口、背口及中口。

(4) 翘头凿：分平翘头凿与圆翘头凿两种，如图 11-24 所示。圆翘头凿又有圆弧向上与圆弧向下之别。平翘头凿多用于深雕挖空地，圆翘头凿则用于深空底部有凹凸层次图案的雕刻。实际生产中，这两种翘头凿因雕刻吃力不大，损耗少，故平的有五六把，圆的有三四把就够用了。

(5) 蝴蝶凿：是在平凿的基础上磨削而成，即刀刃的一段平磨，一段圆磨，如图 11-25 (a) 所示的蝴蝶凿。其功能介于平凿与圆凿之间，具有平凿、圆凿两用的灵活性。主要用来雕刻稍圆的线条及修理图案中不须太平整之处。蝴蝶凿的刀刃宽度为 10 ~ 35mm，一般备用三四种规格。

(6) 斜角凿：俗称雕刀，其刃口为斜形，约成 45°角，如图 11-25 (b) 所示的斜角凿。其刃口宽度有 4mm、6mm、8mm、10mm、12mm、16mm 等多种。刃口木柄长 120 ~ 250mm。斜角凿用于剔削各种槽沟、斜面及边沿直线刻削等，主要用于人物的头发、眼睛、嘴唇、衣服等花纹图案的雕刻，也可代替三角刀承担植物茎叶、花卉等的细雕。

(7) 三角凿：其刃口为双尖齿形，用 V 形钢条磨削而成，并将上端插入长度为 150 ~ 300mm 的木柄中，如图 11-25 (c) 所示的三角凿。三角凿专用于毛发、松针、茎叶、花纹、波纹等阴线条的雕刻。操作时，用三角凿的刀尖在木板上推进，木屑从三角槽内排出，三角凿刀尖推过的部位便刻划出线条。要使三角凿刻出的线条既深又光洁，需在每次修磨时都要核对三角形的磨石是否与三角凿的角度相吻合。只有经常保持磨石与三角凿的角度相吻合，才能将三角凿的刀口磨得尖锐锋利。三角凿是单线浅雕的主要工具，单线浅雕的操作方法是用三角凿根据图样的花纹，刻出粗细匀称的线条，以显示图案。在运用三角凿进行组雕操作时，要注意对三角凿的运力得当。如果用力时大时小，刻出来的槽线会时深时浅，并出现粗细不匀的现象，影响画面的线条流畅。用力过猛还有损伤刃口，用力太小，刻出来的花纹线条太浅、不醒目。只有对三角凿的运力得当，方能使线条流畅、婉转自如。

以上所列的是木雕常用的几种不同形状的凿子，同一形状的凿子需有不同宽度的规格才能适用各种不同平面、曲面、曲线、直线等的造型需要。各种凿子都要配用相应的专用磨石，以保持刃口磨得锋利且不变形。使用时，一字形排放于工作台上，凿柄都朝向操作者，不得碰坏刃口，用完后要涂上防锈油。修光雕刻图案，一般不用锤子敲击凿柄，而是靠手力、臂力和前胸的推力。手持刀具，刀柄抵在前胸上部，手的主要作用是掌握刀口运行的方向，以便于准确进行雕刻，而发力是靠臂力和前胸的推力。图 11-26 所示为各种雕刻技术的操作方法。

(8) 弓锯：其锯弓用毛竹片制成，在其下端钉一个钢钉，上端钻一个小孔。锯割时，将一根开有锯齿的钢丝，上端制成环形状，并在环形中固定一个竹梢或木梢等；将下端穿过锯弓上端的小孔及工件上的小孔，绕紧在锯弓下端的钢钉上，利用竹片锯弓的弹性把钢丝绷紧，便能锯割工件上的花纹。因其形状似弓，故称弓锯，如图 11-27 所示。

选择制弓的毛竹片要质地坚硬，富有弹性，竹片的皮呈嫩黄色，竹节要匀称，选老毛竹根部以上的中下段较为适宜。竹片的宽度为 45mm 左右，厚度为 12mm 左右。

弓的大小即长短，要根据所要进行锯空的工件大小来决定。厚度在 15mm 以内、长度不超过 1000mm 的工件（即花板料），需用小型的弓锯，弓的长度约 1500mm。这样的弓锯在锯割上述规格的花板时，小巧灵活较为适宜。如工件厚为 20 ~ 40mm，甚至更厚一点，锯弓的长度需为 1000 ~ 1800mm，制成较大弓方能适应。弓的弧度要略呈半圆形，一般弧度为 160° ~ 180°，小于这个标准，弓的弹性不足；大于这个标准，毛竹片会因超过韧性限度而爆皮甚至开裂，影响弓的使用寿命。

弓锯的锯条用弹簧钢丝制作。选用钢丝的粗细要根据工件的厚薄、大小而决定。其规格仍按上述大

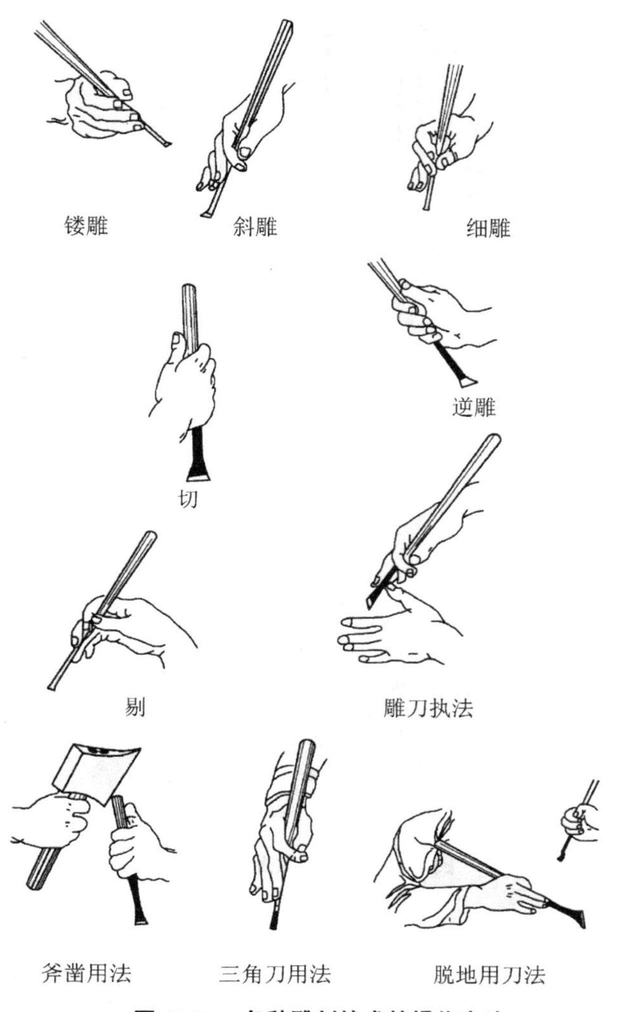

图 11-26 各种雕刻技术的操作方法

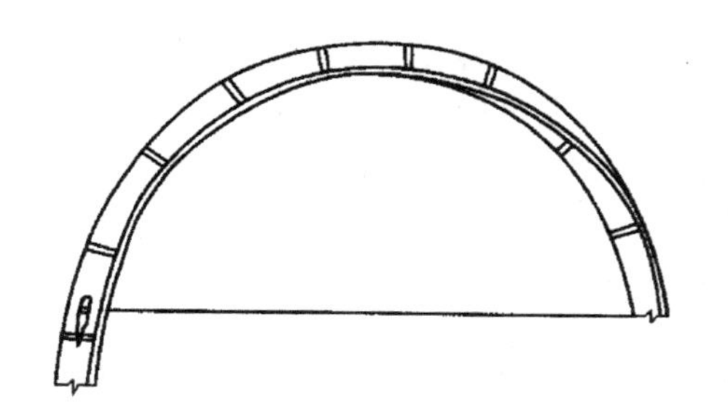

图 11-27 弓锯

弓、小弓的要求，小弓一般选用直径为0.6～0.7mm，大弓用0.7～0.9mm 的钢丝较为适宜，用于制作锯条的工具有钢凿和垫丝板。

应用弓锯锯空操作，首先要讲究姿势。操作时脚要分开，左脚稍前，右脚稍后。人从腰部以上要向前倾斜，特别是腰部不能直挺挺的；拉弓时，人的身体也要随拉弓的右手上下起伏，这样才能借助全身的力量来拉弓。为防止钢丝断损而被竹弓或钢丝弹伤，人头切不可位于竹弓的上端，脚不要伸在弓的下端。

锯空运弓有正弓与反弓的区别。正弓就是拉弓时，顺着图案线条由里向外，即由左向右转。因为正弓操作正齿的锯路留在工件上，边齿的锯路留在锯掉的木块上，从空洞的洞壁及锯掉的木块断面可以看出，留在花纹边上即洞壁上正齿的锯痕光滑、平整，留在木块断面上边齿的锯痕毛糙不平。主要原因是正齿的齿距密而集中，边齿的齿距稀而且分布在几个不同角度的直线上。所以，利用正弓操作，可以达到工件图案花纹断面即空洞洞壁与花纹边上光洁、平整的要求。正弓操作最适宜锯薄板小件。如果是一件超过弓锯正常运弓范围内的长度时，锯割曲线弓锯转不过弯，就不能机械地坚持正弓操作，可以退到下锯部位，再往相反方向即运用反弓操作。一般来讲，不到不得已的情况下，不用反弓操作。

（9）牵钻：又称扯钻、拉钻。牵钻的结构比较简单，如图 11-28 所示，是由钻轴（俗称钻梗）、拉杆、绳及钻头组成。它的旋转主要靠缠绕在钻轴上的拉杆与绳子，利用拉杆与绳子牵拉带动钻轴上的钻头做往复旋转钻削运动，以在工件上进行钻孔，而钻轴旋转的灵活性又在于钻轴顶部手柄中安装的旋转轴承性能。选用制作牵钻的木材要求质地坚硬，常用的木材如檀木、樟木等均可制作牵钻。

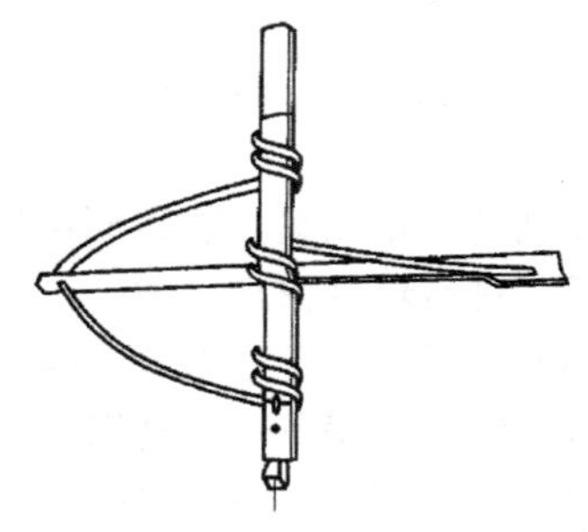

图 11-28 牵钻

它是工件锯空雕刻操作时必不可少的工具之一，一块画好了锯空雕刻图样的板料，如果没有牵钻来钻孔，弓锯的钢丝锯条就无法穿过，就不能进行锯切。牵钻往下进行钻孔，往上提出钻头，操作方便、省力，最适宜雕刻工使用。当然，现在可利用手电钻来代替牵钻进行钻孔。钻孔必须在充分熟悉图样的基础上方能操作。钻孔的位置得当，有助于锯空操作。一般要求钻孔距锯空图样花纹近一点（以不破坏花纹为准），并且最好钻在线条的交叉处，切不可位于空洞的中心。

11.1.3.2 雕刻机械设备与加工原理

在成批和大量生产时，可以采用机械进行雕刻。雕刻用机械设备主要有镂锯机、镂铣机、多轴雕花机、数控雕刻机等。从目前家具雕刻的实际情况来看，这些机床设备主要用于较简单的花纹图案的雕

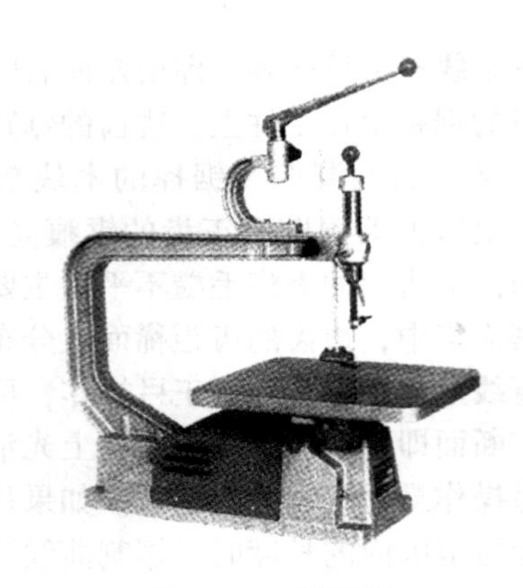

图 11-29 镂锯机

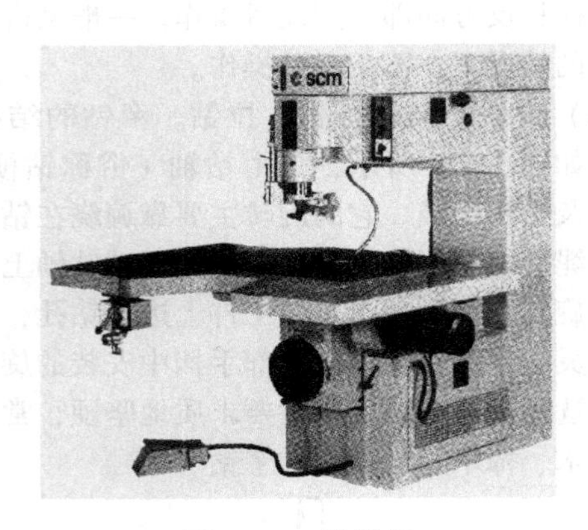

图 11-30 镂铣机

图 11-31 镂铣机利用模板进行线雕

图 11-32 木工数控雕刻机

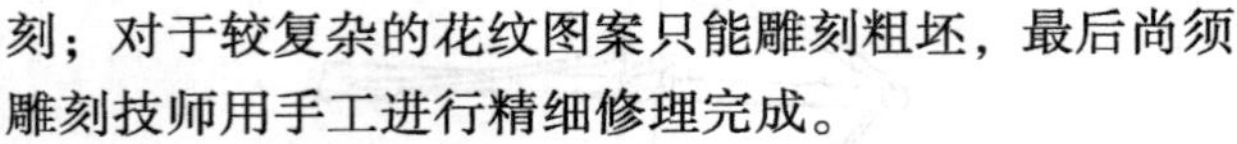

刻；对于较复杂的花纹图案只能雕刻粗坯，最后尚须雕刻技师用手工进行精细修理完成。

（1）镂锯机：俗称线锯，如图 11-29 所示，是由机座、工作台、锯弓、锯条及带动锯条作上下往复运动机构等组成。其作用与工作原理跟弓锯基本相同，用于镂空工件的雕刻图案。雕刻时，先在画有雕刻图案的工件上钻出一个或几个工艺小孔，接着将锯条穿过工件上的工艺孔固定在锯弓上，开启机器，使锯条做上下往复锯切运动，用手推动工件按雕刻图案的线条做进给运动，直至雕刻图案锯空部分完成。

（2）镂铣机：也称上轴铣床，如图 11-30 所示。由高速旋转的主轴、上下移动的工作台、变速动力系统等主要机构组成。常用于工件表面上的线雕、浮雕，可以完成形状较为复杂的浮雕，适用于大批量家具零部件的雕刻。图 11-31 为镂铣机利用模板进行线雕。

（3）木工数控雕刻机：属自动雕刻技术装备（Computer Numerical Control，CNC）。木工数控雕刻机有多种类型与规格，有 2 轴、3 轴、4 轴或 5 轴的，如图 11-32 所示的木工数控雕刻机，是由 5 根能上下左右移动的旋转刀轴、能前后左右移动的工作台、数控软件、控制箱等主要部分组成，采用气压传动。

具体操作方法是：利用 CNC 软件，先把实物制成 CAD 图形，在图形设计过程中，可自动生成加工程序，并将图形解析为直线与圆弧的组合，确定直线部分的移动距离与圆弧的始点、终点及圆中心位置的坐标计算数值；选择正确的刀具与下刀方式，设定刀具切削的顺序及切削速度；利用键盘将程序直接输入到 CNC 装置后，机床空运转确认动作是否正确；然后将工件固定在机床工作台面上，将刀具固定刀轴上；最后，操作控制箱，启动机床，使机床按照在电脑中绘好的雕刻图案及编写的程序自动进行雕刻，直至雕刻完毕将工件卸下。

11.1.4 明清家具传统浮雕雕刻工艺

为进一步全面系统阐述雕刻工艺技术，我们以明清家具传统浮雕为例来说明。

雕雕工艺技术是指雕刻的工艺步骤及其相应的操作方法。明清家具传统浮雕雕刻工艺主要由原坯拓样、纹样粗凿、轮廓修饰、精工铲雕、修磨处理五部分构成。常用于浮雕的传统工具可以分为四大类：凿活类、铲活类、修活类和辅助工具类。工艺步骤和工具使用技法紧密结合，构成了雕刻技术的主体。手工的操作技术，通常被认为是一种“旨在意会，不可言传”的手艺，现以浮雕的主要工艺过程为依循，通过相应的分析，以期达到知其表象而解其根本的目的。

11.1.4.1　原坯拓样

原坯拓样也称拓样，由"描样"和"拓贴"两部分组成，即将纹样描绘好再拓贴到雕刻工件的雕刻板面上，形成雕刻图样的依据，实施雕刻。纹样绘制的好坏、拓贴的质量对后续加工有直接影响。传统浮雕的纹样一般由经验丰富、雕功精道的匠师设计和绘制。现代生产企业在作拓样处理时，多用计算机辅助设计绘制，以提高效率和精度，再经过描样、拓贴后将纹样复制到工件上，如图 11-33、图 11-34 所示。浮雕拓样相对来说技术简单，其要求总结有三点：首先，用材得当，现代生产条件下，多用拷贝纸等轻薄且有一定韧性的纸张，目的是贴在木材表面可反衬出雕刻面的纹理走向；其次，描样精准利于雕刻，纹样描绘做到线条清晰、层次分明并适于雕刻表达；最后，粘贴平整结合紧密，纹样 1∶1 大小的纸样与雕刻面粘贴平展需要一定的技术，尤其当雕刻面为曲面时，如坐墩的"鼓肚"圆曲面上有浮雕，要求在拓样时绘制在平面上的纹样形式有一定延展性和余量，以适于圆曲雕刻面的造型。

拓样提供的是图纸式的平面类型的纹样参照，而不能完全标志雕刻花纹的深浅程度、纹样层次关系以及花纹细部特征等因素。要获得雕刻细腻而精湛的艺术效果，还有赖于匠人们自身技术的发挥和审美水准的把握，技术纯熟的匠师会依据家具的材质特点、整体的纹样特征的要求，在拓样的基础上主动驾驭雕刻的节奏及表现程度。浮雕技术的复杂性也体现在需要设立相应的参照关系，不论拓样还是雕凿过程，都要在总体效果的比较中调整局部效果。技术娴熟的匠师会有从局部做起的雕刻习惯，只因其参照和比较的效果已胸有成竹。

11.1.4.2　纹样粗凿

纹样粗凿也称凿粗坯，是浮雕雕刻步骤的难点之一，指经拓样之后用凿刀等工具凿刻出纹样轮廓总体特征的雕刻步骤。纹样粗凿要根据纹样的设计整体意图，综合考虑纹样的线面走向、雕凿的深浅程度以及层次结构等因素，预设好雕刻的进程，用刀的类型、范围和型号，以及下刀的次序步骤等，如图 11-35 所示。纹样粗凿用刀的初始步骤，起到承接纹样表现与实际雕刻的作用，根据进度可以划分为凿刀开线和粗凿轮廓两个阶段。

（1）凿刀开线：又称立刀开线，是用刀痕凿刻单线来重新描绘拓样上的花纹线条。凿线一般先处理整体层次中居上层的纹样，也有匠师依据个人习惯从工件的一端下刀自由地推开，手工艺的特点在于操作的细节大多因人而异，运作自如为佳。凿线的具体技术要求是：

①分清纹样层次即重叠关系，在重叠而复杂的纹样中，可把处于最上层的花纹轮廓线先凿刻出来，按着从上到下、由表及里的顺序进行。

②凿刻轮廓线多为"连凿"，即用木槌连续打刻刀，做到打击节奏平缓、力度适宜，以避免雕刻刀痕不均，且调转刀头时每次滑动的刀痕都要有一定的重叠部分，以避免刀痕的断裂。

③刀身常保持立直，侧向的倾斜角度较小，依据纹样走势多向轮廓线外部倾斜。

（2）粗凿轮廓：俗称凿轮廓，凿刻纹样的大体轮廓，确立花纹的层次及整体的轮廓特征，使雕刻工件初具效果。凿轮廓多在凿刀开线之后进行，也有从工件的一端开始边开线边凿轮廓的做法，这依据纹样的要求及工匠的技术和喜好而定。值得注意的是纹样形体的大小、曲直决定选用凿刀平、曲类型和尺寸型号。粗凿轮廓具体技术要求是：

①控制持刀的倾斜角度范围在 30°～150°，调控花纹线面的弯曲度与刃面挤压力和剪切力的关系。

②槌凿力度适当，过大则会破坏底层的纹样平整，过小则影响雕刻的进程，达不到初具轮廓的效果。

③雕刻曲线形界面时，注意刀口弧度大小的选择，一般刀口的弧度要平滑于曲线形面的弧度。

图 11-33　浮雕毛坯拓样前后

图 11-34　浮雕拓样拓贴过程

图 11-35　纹样粗凿

④凿形体轮廓时关键是在形体与形体交接部位的处理，在此要减少雕凿的力度，做到“让”，即留有一定余地的避让，以便将细部的处理问题尽量留在铲雕过程中解决。

不同的浮雕类型对纹样粗凿也有不同要求。首先，浮雕有露地与不露地的区别。“露地”指浮雕纹样之间呈现出基层平整的地子，为此要有“铲地”的过程。传统铲地是用铲凿的方式在粗凿轮廓过程中进行的，铲到一定的深度和平整度即可，以烘托出浮雕主体纹样的层次效果。现代生产中，在拓样之后便可用镂铣机“铣地”，如图11-36所示，可在凿粗坯之前完成铣地处理，露地中“光地”与“锦地”在铲地后再作不同的处理。其次，凿制高浮雕时，底层纹样较深，使“拓样”的参照范围受到限制，必要时可进行“补画”，即直接将深层纹样绘制在要雕凿的部位，为深层次雕刻提供参考。

11.1.4.3　轮廓修饰

轮廓修饰俗称锯轮廓，指浮雕与透雕结合或者浮雕为异型轮廓时，使用钻、线锯等工具设备，进行镂空、锯边廓等加工，如图11-37所示。镂空也叫“锼空”，主要用于透雕部分，其轮廓修饰具有一定的技术要求，需先在镂空的部位进行钻孔，通常孔眼位于纹样边部以便于锯截，传统钻孔做法是用牵钻在需要镂空的部位打孔，然后顺孔下钢丝锯，锯截掉镂空的部位，现代加工用电钻代替牵钻，然后使用线锯机来替代传统的工具，如图11-38所示。经镂空和锯边廓后的工件要进行“锉毛边”处理。“锉毛边”指依据雕刻纹样的要求，使用木锉修整工件的锯痕，即锯截产生的硬边硬角，以达到工件的各界面交接和转角等部位初具圆润的感觉。锉磨毛边时，锉磨的程度依据纹样的特征及圆润程度而定，锉削得太薄或太厚都不适宜以后的深入雕刻。

轮廓修饰的技术要求：首先，对复杂的透雕纹样做到排孔清晰，即钻孔时镂空和保留的部位错综复杂，在纹样上要编排明确才可钻孔；其次，钻孔操作要求保持正直；再次，使用线锯时要保证锯截面平整及其与雕刻面保持垂直，尤其是婉转的曲线锯截轨迹，应避免出现斜茬，而截掉的轮廓尽量避让出纹样的边界线，使雕坯上留有一定的余量以利于细部雕刻时修正；最后，要注意锉削方向，与木材纹理方向一致时锉削量要小，与木材纹理方向垂直时锉削量要大，避免出现戗茬。

11.1.4.4　精工铲雕

精工铲雕即铲削雕刻，俗称铲削、铲活，指用铲类刀具将粗坯的雕刻细化，完成纹样的主要表现形式和表现效果，即做到形式完整、主题明确的雕刻步骤。可以认为这个阶段是雕刻过程中耗时较长的精雕细刻的过程，是雕刻步骤的重点和难点所在。精细雕刻过程中的技术要求主要体现在雕刻工具使用的方式上，即具体的用刀技术，其中包括握刀的姿势和运刀的方法以及力度的配合等因素。工匠在铲削时要根据纹样的要求、雕刻的精细程度等调整持刀的方法和技

图11-36　“铣地”后效果

图11-37　工件经轮廓修饰的形式比较

图11-38　现代生产中用线锯镂空

图11-39　铲刀持刀方式——攥握

巧，而精工铲雕用力主要源于工匠的肢体，为使雕刻方便，一般铲刀刀柄尺度较长，在必要时可以用工匠的躯干抵住刀柄运力。常见的持刀的方式有攥握、平握和笔握等几种。

攥握是指用拇指按住刀柄尾端，其余四指捻握住刀柄向掌心扣拢，刀体近似直立于切削面上进行挖削、铲刻的持刀方式，如图 11-39 所示。运刀时靠手腕和手指的捻动而调转刀头，刀头的活动范围也较大。攥握雕刻力度较大，可以依靠肩发力按压刀头，也可以躯干抵住刀柄发力。攥握适于铲削雕刻大切削量的铲挖纹样，也方便适用于纹样的垂直切削及倒角的处理。

平握是靠手的拇指及食指和虎口部位将刀柄挟持，食指和中指用力按压刀头进行铲削的雕刻方式，如图 11-40 所示。刀体与雕刻面呈一定的倾斜角度，刀头的运转主要靠手掌以及腕部的活动来完成，而切削时推动刀头运动的操作细节很灵活，多依个人的习惯而定，在需要大力铲削时，可借助肩部顶压刀柄的尾端来完成，也可以双手辅助用力雕刻，但在雕刻精细部位时，需一手持刀而另一只手用拇指或食指托按刀头，起到辅助稳定刀头运行的作用。平握可以做相对更加精细的雕刻，也是铲削中最常见的持刀方式。

笔握是指持刀与握笔的方式相近，雕刻如同书写，是在进行细部雕刻时所用的一种方式，如图 11-41 所示。笔握的运刀和用力方式大体与书写相同，而刀体与雕刻面的角度可根据纹样的需求而定。笔握也多用于镏钩的使用，精细的雕刻纹样上的机理和线型。笔握与平握的主要区别在于，平握要求是以中指按压刀头用力，所以常见的是中指、无名指等平展开，而笔握是中指起到垫固、稳定刀头的作用，所以中指多为弯曲形式。笔握持刀更稳，适用于做更加精细的雕刻。

对各种用刀方式的介绍不过是对雕刻刀法的一种简单概括，娴熟的工匠从多年的经验中总结出已成习惯的持刀方式，并巧妙地用于不同雕刻阶段，往往会得到理想的雕刻效果。持刀的方法多为一种感性操控方式，用刀方式贵在灵活、适用和随意，而将用刀的手法固定成具体的板样来操作，那就成了一种僵化的模式，必将误导人们对雕刻技艺内涵的理解。

11.1.4.5　修磨处理

修磨处理俗称扫活，是指用木锉、刮刀片及型号较小的铲刀对基本完成的雕刻纹样进行细致的修补、打磨光滑的雕刻步骤。修磨的作用很显然，不仅使雕刻出来的装饰纹样的形体及线脚更加圆润光滑，并且还可以剔除雕刻过程中遗留的加工痕迹，如图 11-42、图 11-43 所示。修磨工具有铲刀、木锉、刮刀、棉布等，现代生产中主要以刮刀和砂纸为主。刮刀修磨的技术要求是：

①刮刀多为废弃的钢锯条制成，刃有直线形、弧线形多种，根据加工部位选择不同种类的刮刀。

②使用刮刀刮磨时与雕刻面的倾斜角度相对较大，且应保持刮刀运行的方向顺应木材的纹理方向，以减少刮削量。

③每次刮磨时可先用温水擦湿工件表面，使木纤

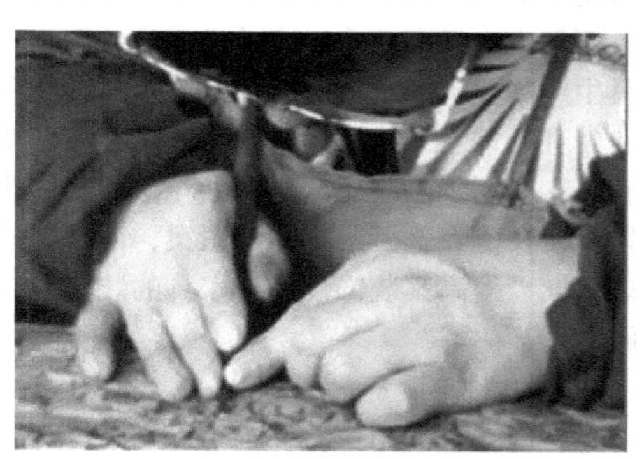

图 11-40　铲刀持刀方式——平握

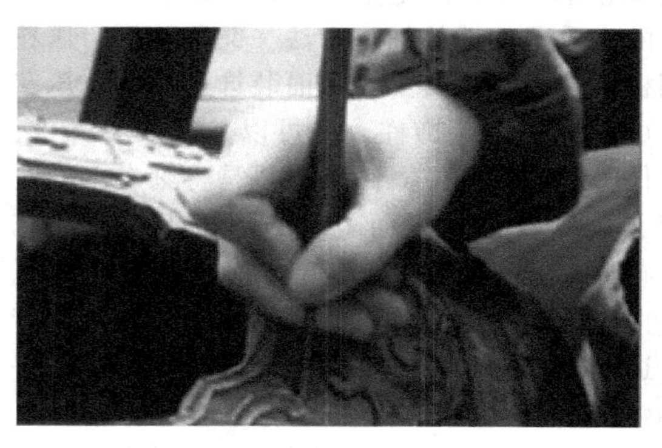

图 11-41　铲刀持刀方式——笔握

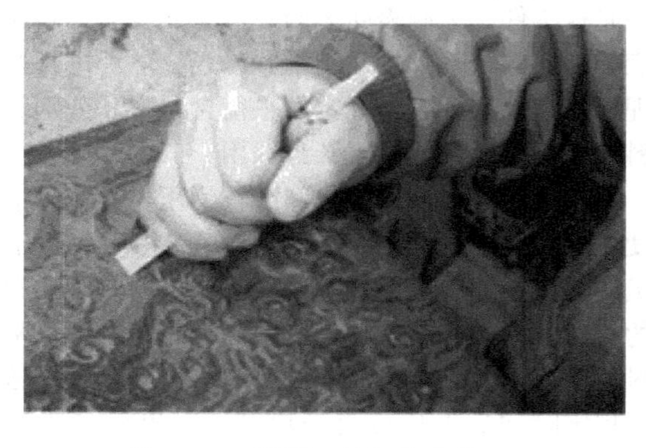

图 11-42　用刮刀精细修磨处理

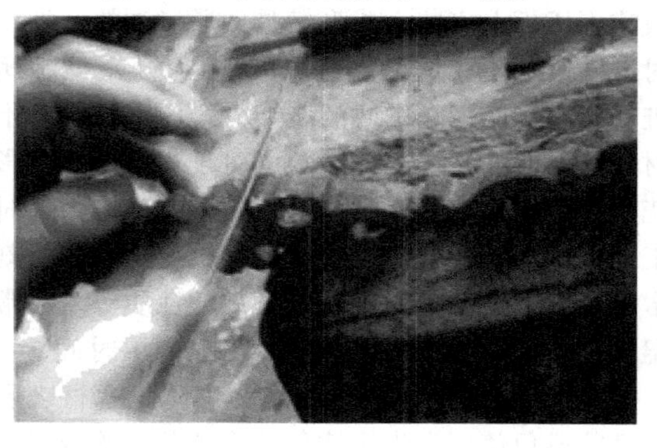

图 11-43　用木锉精细修磨处理

维毛刺竖起再刮磨，这样可以使刮磨的效果更加细腻。

修磨不仅是对家具表面及雕饰进行修形、抛光，也是艺术上的再创造和升华的过程，在传统硬木家具制作工艺过程中具有十分重要的地位，修磨的精细程度是检验硬木家具质量高低的重要标准。俗话说“一凿、二刻、七打磨”，足见其在中国传统硬木家具制作工艺中的重要性。传统硬木家具是用锉草打磨，锉草也称“节节草”，出产于我国东北地区，用这种草泡水之后，可以磨出硬木的光彩，并使木材达到光润如玉的艺术效果。现在基本改用砂纸打磨，方便快捷，不同材质需要选择不同的打磨工艺和砂纸类型及型号。高档的硬木家具一般按照“先干磨，再水磨，最后再干磨”的工艺过程处理，打磨方向应该顺应或横截木材纹理方向进行，并形成序列，否则会破坏木材表面的纹理效果。修刮磨光处理过程中，要紧紧地依托浮雕表达的主题和装饰意图，检验和调整整体效果，不但在此步骤中如此，在以上介绍的每一步骤中也都要进行精心的检验与调整。

11.2 压花装饰

压花是在一定温度、压力、木材含水率等条件下，用金属成型模具对木材、胶合板、皮革或其他材料进行热压，使其产生塑性变形，制造出具有浮雕效果的木质零部件的加工方法，又称模压。压花是使用机器来进行家具工件表面装饰美化的，压花的工件可以是小块装饰件，也可以是家具零部件、建筑构件等，它的主要操作步骤就是将刻有不同花纹的模具放到装饰物表面上，从而压出相应的花纹。压花形成的表面一般比较光滑，不需要再进行修饰，但轮廓的深浅变化不宜太大。压花加工生产率高，适用于批量生产，成本较低。压花方法有平压法和辊压法两种。

平压法是直接在热压机中进行压花，在热压机的上压板或下压板上安装上成型模具，通过加热、加压即可对工件进行压花加工。它的原理是使上下两板闭合，进行熨压，使夹在中间的装饰材料压出花纹。不同的材料有不同的平压工艺参数，对于木材来说，影响压花质量的因素主要有材种、压模温度、压力、时间、工件含水率、模具刻纹深度、刻纹变化缓急、刻纹与木材纹理方向的关系以及处理剂的性质等。通常热压温度为120～200℃、压力1～15MPa、时间2～10min、木材含水率12%。压花时为了防止木材表层破裂，必须避免使用有尖锐棱角的花纹及过渡压缩部分的模具，木材纤维方向与模具纹样的夹角应合理配置。为了改善木材的可塑性，使压花后的浮雕图案不受空气湿度变化的影响，压花前可在木材表面预涂特种处理剂后再压花。人造板压花可在板坯热压的同时或人造板制成后进行，表面可以覆贴薄木、装饰纸、树脂浸渍纸和塑料薄膜等。

辊压法是使工件通过周边刻有图案纹样的辊筒压模时，即被连续模压出图案纹样的方法。该法生产效率高，广泛用于装饰木线条的压花。为了提高辊压装饰图案的质量，木材表面应受振动作用，以降低木材的内应力，促使木材的弹性变形迅速转变为残余变形，以保证装饰图案应有的深度。一般热模辊的滚动速度为3～5m/min，加压时工件压缩率为15%，振动频率为15～50Hz。

11.2.1 平压法压花工艺

不同的材料，压花工艺也不相同，下面以实木、皮革和强化地板压花为例说明不同的压花工艺。

11.2.1.1 实木平压法压花工艺

传统硬木家具的雕花图案是在各部件上直接雕刻的。但是，现代生产的板式家具大多数是用刨花板、中密度纤维板等，或是在框架内填充各种空心填料的空心板作为基材。虽然这些材料表面胶贴着饰面材料，但其表面无法进行雕刻加工。采用压刻的花型贴在家具零部件表面上，则可起到仿雕刻装饰的效应。装饰花型如采用手工雕刻，不仅费时费力，生产效率低，而且成本又高，难以满足机械化生产方式对板式家具生产的要求。木材是一种热塑性材料，在不同的水热处理条件下，或运用软化剂处理，可以使木材得到软化，以利于热模压刻出各种花型。利用热模压花可以直接在薄板上压刻出花型图案，而后胶贴于家具的表面，以提高其装饰性，为家具的装饰开辟了一条新路。

（1）材料与设备：

①材料：可选用家具生产常见的阔叶材毛白杨、白桦、榆木。从以上树种的边材中，制取一定规格的径向板工件，工件表面无肉眼可见的纹裂、翘曲、节疤和腐朽等缺陷。板面刨平并砂光，然后进行调湿处理，使工件达到各自规定的平衡含水率。分别装入塑料袋中密封，待模压时开封取用。

②设备：脉冲压花机和凸花型压模，花型最大深度为5mm，压模材料选用45号钢。将压模置于压花机的下压板上，接通电源使上下压板同时预热到规定的热压温度，调节好模压压力和加压时间。从密封塑料袋中取出工件放在压模上，闭合压板进行加压，达到规定时间后上压板自动启开，取出压有花型的工件，完成压花加工过程。

（2）工艺步骤：

①制造模板：把需要压制的龙、凤、花、草、树、鸟、鱼等图案采用手工方法或线切割的方法雕刻在铜、钢或铝金属模板上。雕刻在金属模板上的图案规格尺寸必须按设计的规格尺寸进行，深度一般为 1～3mm。

②准备基材：选择优等树种，经过切割加工，干燥至 6%～12% 含水率，再根据不同规格进行精细加工、砂光，等待压花。

③压花：将雕有花的模板固定在热压机上，通过加热使模板温度达到 190～210℃，然后把备好的素地板件放在模板下面加压，保持一定时间，卸压，即压制完成。

④后续处理：将压好花的工件进行精细砂光，经过检验，转入下道工序。

（3）工艺参数

不同的压花工艺条件及不同树种、含水率、温度、压力等对压花件质量有不同的影响。另外，木材经热压后，高温使半纤维素分解，木材中含有的自由羟基减少，使吸湿性降低，制品的厚度稳定。压模温度越高，压缩制品回弹值越小。木材原有的含水率高，压缩制品回弹值小；压缩时间长，回弹值也小。所以，对于影响花型清晰度的回弹，加压温度是主要影响因素，而木材的原有含水率和加压时间则是次要因素。据相关研究表明，树种因素对压花件质量影响最为显著。榆木、毛白杨和白桦的压花最佳工艺条件见表 11-1。

表 11-1 榆木、毛白杨和白桦的压花最佳工艺条件

材种	温度/℃	压力/MPa	时间/s	含水率/%
榆木	230	11	130	10
毛白杨	190	7	80	8
白桦	180	11	80	8

有关研究还发现，各树种的热压温度、压力和开裂之间存在着显著的线性关系。随着温度的升高和压力的加大，压花件上花型的开裂明显减小，这是由于温度的升高使木材发生软化，木素产生流动，塑性增加所致。压力的升高促使木材的塑性变形增大，弹性变形减小，由于回弹而产生的花型开裂也相应缩减。但是，含水率与加压时间和花型开裂间变化并不构成规律。这种状况可能是由于所试验的含水率变动范围较小而形成的。

11.2.1.2 皮革平压法压花工艺

在软体家具生产中，常利用皮革进行软体家具蒙面，而通过压花技术对皮革的表面进行装饰，可以进一步提高家具产品的档次和质量。

现有的皮具压花工艺是以阴阳五金双板钢模为主模具，以牛皮、猪皮等皮革为制作材料，通过高温热压机在皮具原材料上压出凹凸的花纹效果，完成后将压花好的皮具裱于制品或工艺品盒上，再用化学原料（如黑油膏、po22 光亮剂）在压花皮具上涂抹以突出花纹图案，从而形成色彩对比的特殊效果。压花效果清晰明显，层次丰富。皮革压花工艺包括如下步骤：

①用单锌板制作压花模具，利用化学药剂腐蚀，从而在单锌板上形成所需的压花图案，该化学腐蚀操作可采用现有的锌板腐蚀工艺。

②在锌板底部加高温，再利用热压机在皮革原材料表面击压成型出相应的凹凸的压花图案，该皮革原材料可为动物皮或人造皮革，动物皮可选用牛皮和猪皮，人造皮革可选用 PU 皮、PVC 皮及人造 PUC 皮。为了达到批量生产的目的，一般在锌板底部加热温度为 40～60℃，根据原材料的不同，热压机的压力也不同，一般压力为 2.0～5.0t/m²。

③将压出花纹的皮革原材料裱在制品或工艺盒上。

④在成型制品表面用化学原料（如黑油膏、po22 光亮剂）涂抹，以达到色彩对比较鲜明的凹凸效果。

11.2.1.3 强化地板平压法压花工艺

在生产强化地板时采用了对版压花工艺，使得粘贴有装饰纸的强化地板表面产生凹凸不平的图形，并且该凹凸图形的分布部位完全与装饰纸的图案一致，以表现强烈的立体感觉；尤其是制成的木纹图案中，木纹效果非常逼真，手感也如同实木，仿真效果很好。

强化地板的对版压花工艺是在原有强化地板生产工艺的压板工序中，用雕刻钢板取代原有的平面钢板，雕刻钢板即在钢板上雕刻有凹凸不平图案钢板，该图案与强化地板表面的装饰纸图案一一对应，并在压板工序中将钢板表面的图案对准强化地板表面的装饰纸图案进行压制。钢板上图案的抽胀参数是 0～0.05。具体工艺为：

（1）制版：雕刻钢板上的图案可通过照相制版工艺获得。照相制版的过程一般是先制得所需图案的胶片，然后在钢板表面涂上感光材料，接着把胶片平铺在钢板表面曝光，再通过洗涤把未曝光部位的感光材料洗去（或者把曝光部位的感光材料洗去，根据需要选择），最后浸入酸液酸洗，留有感光材料的部位得到保护，而感光材料洗去后暴露的部位则被腐蚀形成凹坑。凹坑深度（凹凸高度差）根据需要确定，一般控制在 0.2～0.6mm，就能在地板上压出 0.1～0.4mm 的凸起，此时制品就可具有相当强烈的立体效果。

（2）压板工艺：采用对版压花工艺，即雕刻钢板图案与装饰纸图案完全一致，差别仅在于一个是阴面图案，另一个是阳面图案。也就是说，装饰纸图案中需要凹下去的部位，雕刻钢板上应制成凸出形状；而装饰纸图案中需要凸出的部位，雕刻钢板上应制成凹下去形状。如图 11-44、图 11-45 所示是一种木纹图案分别在雕刻钢板和装饰纸上的效果示意图。其中图 11-44 显示的是雕刻钢板上的木纹，图中的深色部位是木材的木刺 1，钢板上木刺 1 是凸出的，反映在相应图 11-45 的装饰纸图案中，木刺 1 就是凹下去的浅色部位，也就是地板表面的凹坑。

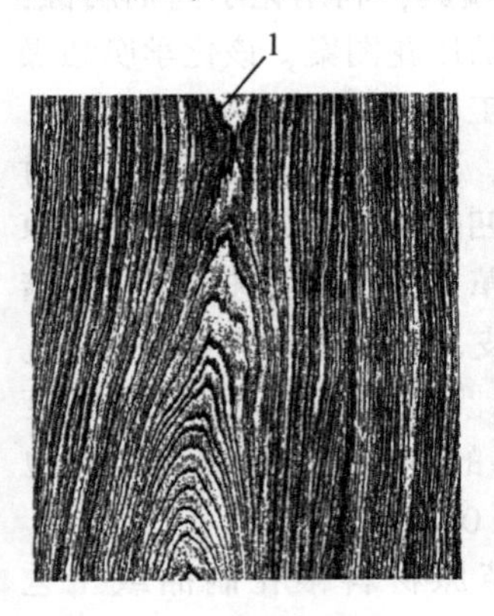

图 11-44 雕刻钢板图案

图 11-45 装饰纸图案

显然在压板时雕刻钢板与装饰纸图案应当尽量对准，误差过大就会造成效果不佳。一般的方式是分别在雕刻钢板边沿和装饰纸上标上记号，压板时只要对准记号就能保证图案对准。由于地板表面需要压成高低不平的效果，显然压力、温度、时间与原有压板工序比较应当有所变化。一般情况下选用的范围是：压力 5～30MPa，温度 80～500℃，时间 10～50s。

压力、温度和时间的数据密切相关，生产时可以相互调整，生产者可在实际生产过程中按需要选择确定。例如压力和温度高一些的话，时间就可少用一些；仅就压力和温度而言，温度高一些，压力就可小一些。推荐的常用范围是：压力 15～26MPa，温度 100～350℃，时间 16～30s。优选范围是：压力 22～25MPa，温度 200～210℃，时间 18～22s。

11.2.2 辊压法压花技术

下面结合连续式家具板材表面压花装饰工艺来阐述、分析辊压法压花技术。

辊压法通过压辊的组合，在同一台装置上、同一中心面上进行预压、精压、热压、二次精压、压花等多道工序，在满足家具表面装饰性能要求的基础上实现连续的压光、压花操作，提高生产效率，降低生产成本。而且，由于成对压辊间径向距的稳定，同轴上产生对板材的压力相对均匀，使生产出来的产品一致性好，均匀性好，质量好。

连续式家具板材压光压花装置，包括机架、油缸、电机及成对压辊，其中下部压辊底面设置有一对油缸，两部电机通过减速机与成对压辊相连，成对压辊依次横向组装形成预压区、精压区、保温区和二次精压区，精压区内成对压辊的径向间距小于预压区内成对压辊的径向间距；为了提高产品压光质量，精压区内的压辊半径大于预压区内的压辊半径；为了使产品更加美观，设有压花区，压花区设在精压区或二次精压区之后，由成对压花辊组成，对板材表面进行压花处理；保温区内压辊为成对热压辊。为了使产品压花质量均匀、充分受热，给下道工序提供良好的基础，保温区内的热压辊对数为两对，预压区内的压辊对数优选为三对。

11.2.2.1 工作原理

如图 11-46 至图 11-49 所示，为连续式家具板材表面压花装饰装置，包括机架 1、油缸 2、电机 3、八对成对压辊。八对成对压辊分别安装在机架 1 上，其中下部压辊底面两端设置有油缸 2，用于调节成对压辊间的径向间距，两部电机 3 通过减速机分别带动八对成对压辊，使其定向传动，八对成对压辊依次横向排开，设置有五个不同的区块，依次为预压区 8、精压区 9、保温区 10、二次精压区 11、压花区 12，其中预压区设置三对半径较小的压辊，精压区 9 和二次精压区 11 分别设置一对半径较大的压辊，精压区 9 的压辊半径大于预压区 8 的压辊半径，是为了使制造出来的产品更加美观，保温区 10 设置二对热压辊 6，压花区 12 由一对压花辊组成，且这些设置的成对压辊的径向间距较小。在工作状态时，为满足工艺上的不同需求，可以通过调节油缸径向尺寸，使其成对压辊的工作中心面在同一水平线上，启动电机 3，通过减速器的传动带动成对压辊 4 定向旋转，将所需加工的板材 5 从预压区 8 端进入，经过预压、精压、热压、二次精压、压花五道工序后，从压花区 12 出来。整个工艺过程比较科学合理，加工一块地板所需时间为5～10s，通过这八对不同功能的压辊对板材的作用，使板材不论在质量上还是美观程度上都有了很大的提高。

11.2.2.2 压花工艺过程

①首先需要将被辊压的家具板材预先做成相应的条块状结构。

②通过预压区利用辊轮对板材进行预压。

③通过精压区利用直径较大的辊轮对板材进行进一步压花。

④通过保温区设置的二对热压辊使精压的板材保持一定的温度。

⑤通过第二个精压区的辊轮对板材进行再一次压花。

⑥最后板材从压花区出来。

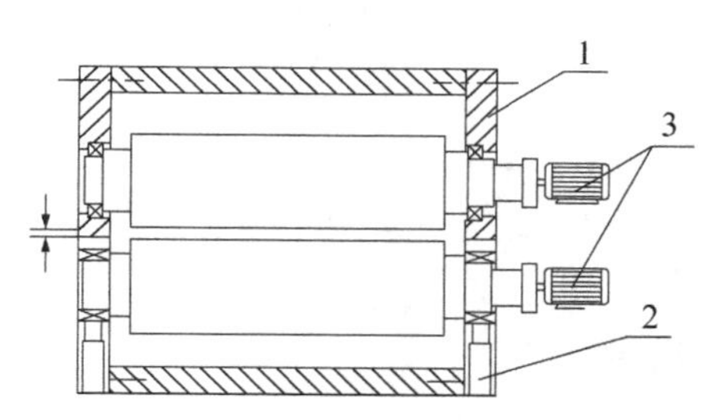

图 11-46　辊压法压花机结构示意
(图 11-47 的 A—A 剖面图)
1. 机架　2. 油缸　3. 电机

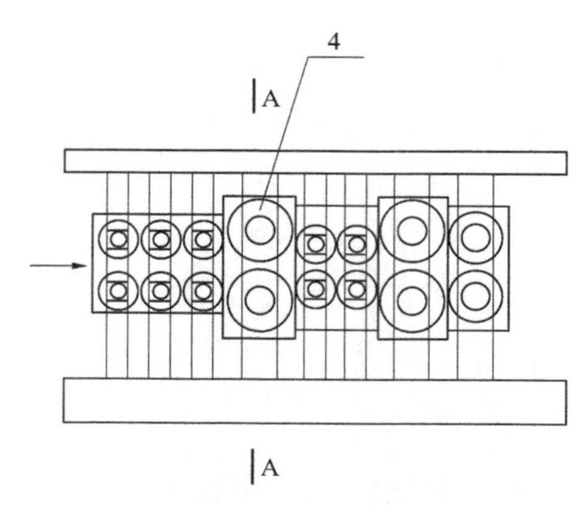

图 11-47　辊压法压花机压辊排布
4. 大直径压辊

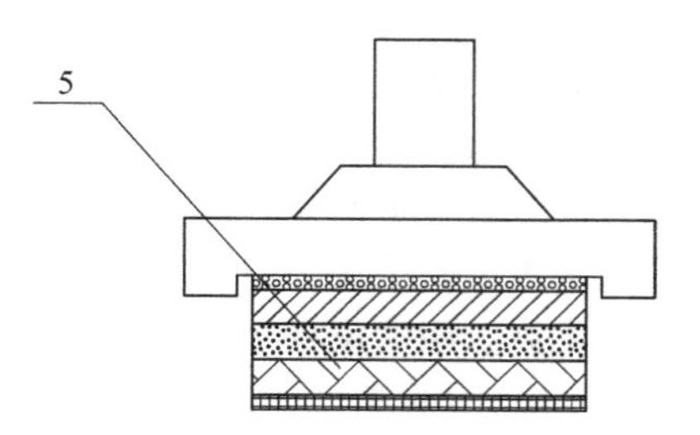

图 11-48　辊压法压花工作原理

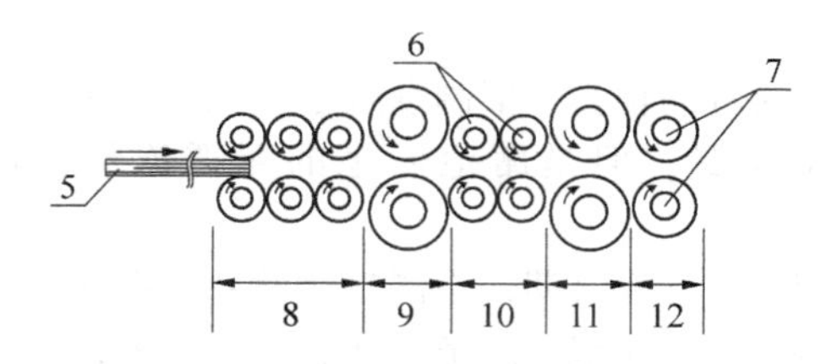

图 11-49　辊压法压花技术传动原理
5. 地板　6. 热压辊　7. 压花辊　8. 预压区　9. 精压区　10. 保温区　11. 二次精压区　12. 压花区

11.3　镶嵌装饰

镶嵌是家具装饰工艺方法之一。“镶”是以物相配合，“嵌”则是将物卡进缝隙之中。镶嵌是指把一种小的物体嵌在另一种大的物体上，并使两种物体构成浑然一体的一种工艺方法。家具的镶嵌是指将不同色彩、不同质地的木材、石材、兽骨、金属、贝壳、龟甲等为材料加工成艺术图案，嵌入到家具零部件的表面上，获得两种或多种不同物体的形状和色泽的配合，跟家具零部件基材表面形成显明的对比，从而获得特殊的装饰艺术效果。镶嵌是艺术与技术相结合的典范，在家具、工艺美术品及其他日用、装饰品中获得了广泛应用。

11.3.1　镶嵌装饰概述

木质家具上的镶嵌包含三种不同技术，即挖槽、拼装和填补。“挖槽”是以嵌入的材料做成图样，再将木质基材挖出相同图样的凹槽，嵌入图样，例如木材基材中镶入木材、贝壳、骨片、石材等。不同的材料所使用的技术也有所不同，有平嵌与浮嵌之分，而浮嵌大多加上雕刻技术。“拼装”是将嵌入材料镶于基材中，例如：宝石镶嵌、玻璃彩画镶嵌、彩画磁砖镶嵌等。“填补”是用漆将嵌入材料加固并填满的做法，例如嵌螺钿、嵌金银。如图 11-50 所示，为清代镶嵌大衣柜，直到现在仍是家具中的典范，备受人们喜爱。用螺钿片或象牙、鹿角、黄杨木、玉石、大理石、云母等制成装饰花纹嵌饰床、橱、桌、案、椅等家具，如今已发展到一个新的高度，镶嵌工艺更精湛，装饰效果更优美，嵌饰物的选材更广泛，嵌饰对象在日益增多。如图 11-51 所示，为现代仿清代镶嵌红木椅，同样是国内外家具市场上的精品，具有较强的市场竞争力。

我国的家具镶嵌艺术由来已久，特别是木制家具的镶嵌装饰艺术。古代用作镶嵌的材料多为动物的骨骼、金属和玉石，在色彩处理和艺术构图上擅长用对比、比喻等手法，以衬托出镶嵌件的艺术形象，十分讲究。

镶嵌艺术约产生于新石器时代晚期前段，把镶嵌工艺运用于装饰铜器则是夏代的创举。商代的镶嵌艺术，显现出其传承关系。周代的镶嵌艺术除首饰之外，主要表现在漆器方面，蚌壳片镶嵌漆器为中国传统螺钿工艺开了先河。汉代以前，中国古代人们都是席地而坐，所以当时的几、案、屏风和床等家具都是属于低矮型的。但到了东汉末年，垂足而坐开始受到崇拜，而且家具的装饰手法也开始多样化起来，除了髹漆、彩绘、雕刻之外，也有镶嵌、贴花等手法。到了魏晋南北朝时期，南北民族文化的交流、融合，对当时的思想、文化乃至生活内容都产生了重大影响，

图 11-50　清代镶嵌大衣柜

图 11-51　现代仿清代镶嵌红木椅

同时也使得家具的种类、形制发生了变化，这时开始出现了高形坐具，但是席地而坐的习惯依然广泛存在。

到了隋唐、五代时期，中国封建社会前期的发展达到了高峰，政治稳定、经济兴旺、文艺繁荣，建筑技术也日趋成熟，推动了家具形制的变革和种类的进一步发展。中国古典家具开始走向成熟，像镶嵌、雕刻这些传统装饰手法得到了很大的发展，已有用贝壳进行镶嵌装饰的家具。进入到宋代，农业、手工业、商业及科学技术都得到迅猛的恢复和发展。宋代的工商业十分发达，海外贸易较以前繁盛，这时硬木家具开始出现。到两宋时期，垂足而坐的起居方式已经完全普及民间，出现了大量的高型家具，而且家具更多注意实用功能。宋代是中国家具制作繁荣、品种丰富的时期，从众多宋墓出土的实用家具、家具模型以及壁画看，许多家具的样式、品种与明代已没有多大的区别了，宋代家具已为中国传统家具黄金时代的到来打下了坚实的基础。

但是，明代以前的传世家具实物极少，只有明清两代制作的家具有较多的实物流传下来。明代政治稳定，海外贸易空前发展，与各国经济、文化的频繁交流，加上东南亚一带珍贵木材的引进，促进和推动了明代家具的发展。明代家具，用料考究、造型简洁、做工精巧、装饰淳朴，线条流畅，比例匀称，以线为主是明代家具结构装饰的一大持点。明代家具主要以简朴素雅、秀丽端庄为主要风格特点，在家具装饰上，常常只是采用点睛之笔，不像清代家具那样采用浓墨重彩的装饰风格，因而采用镶嵌装饰手法的家具不是很多。但是所留之作多为传世之作，其结构、装饰的恰到好处，常常令世人耳目一新！从 17 世纪中叶开始，清朝在康乾盛世时，皇家园林、建筑大量兴起，物质生活享受和颓废的思想意识集中反映在荣耀富贵的室内陈设上，运用各种精湛的工艺技术，融合明代家具的结构持点，在装饰内容上大量采用比喻丰富的吉祥瑞庆题材，来体现人们的生活愿望和幸福追求。制作手段汇集雕、嵌、描、绘、堆漆、剔犀等高超技艺。清代家具繁纹重饰、藏华富丽，大量采用髹漆、雕刻、镶嵌等工艺手法。镶嵌手法在清代家具上得到了极大的发展。明清家具艺术在中国古典家具历史上达到了空前绝后的高度，同时留下了许多传世之作。

11.3.2　镶嵌的分类

常见的镶嵌分类方法有：

(1) 根据镶嵌的材料分类：镶嵌分为实木镶嵌、薄木镶嵌、兽骨镶嵌、云石镶嵌、玉石镶嵌、大理石镶嵌、铜合金镶嵌、铝合金镶嵌、贝壳镶嵌、龟甲镶嵌、仿宝石高分子材料镶嵌，等等。

(2) 根据镶嵌的方法分类：镶嵌分为平嵌法镶嵌和凸嵌法镶嵌两种。平嵌多体现在漆器家具上，有些木家具表面也用平嵌。漆器家具的平嵌法是先以杂木制成家具骨架，然后上生漆一道，趁漆未干，粘贴麻布，用压板压实；干后再涂生漆一道，阴干，上漆灰腻子两遍；再在漆灰上涂生漆，趁黏将事先准备好的嵌件依所需纹饰粘好。如此反复涂生漆两到三遍，使漆层高过嵌件。干后，经打磨，使嵌件表面完全露出来。再上一道光漆，即为成器。如图 11-52 所示，为螺钿平镶嵌。

凸嵌又称浮嵌，即在备色素漆家具或各种质料的硬木家具上，根据纹饰需要，雕刻出相应凹槽，将嵌件粘嵌在家具上。由于具有凸起的特点，使纹饰显出强烈的立体感。偶尔也有例外，由于所用镶嵌手法相同，而使嵌件表面与器身表面齐平，如桌面四边及面心就采用这种方法。如图 11-53 所示为凸镶嵌。

(3) 根据镶嵌的工艺分类：可分为镶拼、挖嵌、压嵌、镂花胶贴、框架构件镶嵌等几种。

①镶拼：又称拼贴或胶贴，一般是先用具有漂亮

图 11-52　螺钿平镶嵌

图 11-53　凸镶嵌

花纹的优质薄木或薄板拼成优美的图案元件，然后在元件的背面涂上胶黏剂，直接胶贴在被装饰件表面的装饰部位上。用薄木或薄板拼贴图案元件又有普通拼贴与透雕拼贴之分。如图 11-54（a）所示，为普通拼贴，即按设计图案要求，先将薄木剪切成各种所需的形状，再用胶纸或胶线胶拼为设计的图案，然后在胶拼图案的背面涂上胶黏剂，再胶贴在被装饰件表面的装饰部位上。如图 11-54（c）所示为透雕拼贴，需先将透雕拼贴元件中最大元件进行透雕，再将其他元件嵌入其中，其工艺技术较复杂，制作成本较高，应用不如普通拼贴广泛。

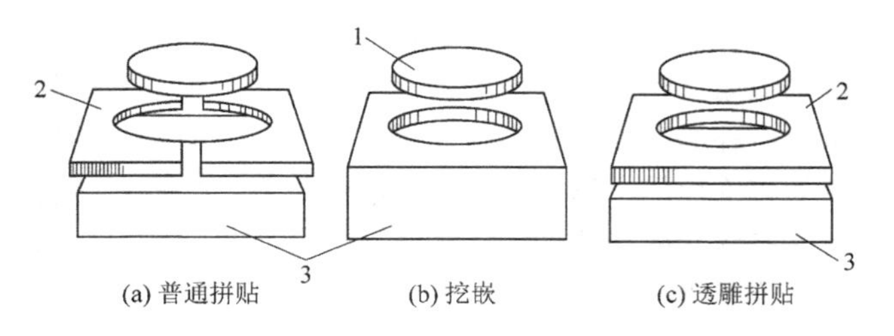

图 11-54　镶嵌类型

1. 镶嵌元件　2. 被镶嵌元件　3. 基材

②挖嵌：在被镶嵌基材或家具零部件的装饰部位，以镶嵌图案的外轮廓为界线，先用雕刻刀具雕出一定深度的凹坑，并将凹坑底部修整平滑；然后在凹坑的周边及底部涂上胶黏剂，接着将加工好的镶嵌元件嵌入凹坑中，须镶嵌平整、牢固，待胶层固化后，进行修整加工即可。如图 11-54（b）所示，为挖嵌示意图。根据镶嵌元件与被镶嵌基材的结构形式，挖嵌有三种：一是镶嵌元件的表面与被镶嵌基材的表面处于同一平面上，称为平嵌，其应用最为普遍；二是镶嵌元件的表面高于被镶嵌基材的表面，称为凸（高）嵌，好似浮雕，所以也称浮嵌，应用较多；三是镶嵌元件的表面低于被镶嵌基材的表面，称为凹（低）嵌，应用较少。

③压嵌：将制作好的镶嵌元件的背面涂上胶，覆贴在被镶嵌基材表面的装饰部位上，然后在镶嵌图案元件表面上施加一定的压力，将镶嵌元件压入被镶嵌基材表面一定的深度，使彼此牢固接合为一体，最后用砂光机将镶嵌元件高出装饰表面的部分砂磨掉。该方法不需挖凹坑，工艺简单，效率高，但需要用较高强度的材料制作镶嵌元件，否则有可能被压变形或破坏。压嵌方法会在元件与基材交界处出现基材局部下陷现象。

④镂花胶贴：是用较薄的优质木板加工成透雕图案，胶贴在被装饰件表面的装饰部位上。如图 11-55 所示，为一种镂花胶贴图案，能给人以浮雕之感。

⑤框架构件镶嵌：门窗中玻璃的镶嵌即为普遍的框架构件镶嵌，这种镶嵌在家具及其门窗制造中应用十分广泛。如将家具的零部件设计成圆形、椭圆形、扇形、方形或其他几何形框架，其中间镶嵌上玻璃、镜子、大理石、陶瓷、木雕等。如图 11-56 所示为框架构件镶嵌。

图 11-55　镂花胶贴图案

图 11-56　框架构件镶嵌装饰件

11.3.3　镶嵌原材料

材料是展现镶嵌艺术的物质基础，艺术是材料运用的目的。镶嵌工艺取材广泛，装饰效果多样化。在家具镶嵌装饰中，凡是色泽跟家具基材色彩形成鲜明对比的木材都可用于镶嵌材料，应用较普遍的有石材、金属、骨材、贝壳、翡翠、珊瑚、陶瓷等。

11.3.3.1 木材

木材是一种自然界分布较广的天然材料，具有很多优点。由于雕刻是家具镶嵌的基本工艺技术，因此家具基材和镶嵌图案的用材，除要求色泽与纹理美观且对比明显外，还要求材质致密细腻、变形小，有良好的坚韧性、适当的硬度，雕刻过程中不易崩裂、不易起毛、便于修整光滑，满足雕刻工艺的要求。图11-57所示，为明代楠木象纹图案镶嵌的黄花梨束腰霸王枨供桌。由于楠木和黄花梨的色泽、纹理不同，所以获得了很好的装饰效果。

用于家具镶嵌的木材主要有红木、花梨木、紫檀木、黄檀木、银杏木、黄杨木、香樟等，均以材质优良、纹理美观、雕刻图案细腻光滑而著称，备受人们青睐。

11.3.3.2 天然石材

天然石材是自然界地造天成的产物，除极少数由近代火山作用形成的岩石外，常见的岩石中几乎每一块都有百万年以上的历史，且品种繁多、千姿百态，正好迎合人们回归自然、崇尚自然的心态。同时，很多天然石材有着优异的理化性能，耐磨、耐酸碱、不易变色、不易被污染，且花纹美丽，装饰效果好。因此，用于家具镶嵌装饰历史悠久，备受人们喜爱。如图11-58所示，为清代大理石镶嵌三人座椅。

天然石材包括大理石、永石、南阳石、玛瑙、玉石等。天然石材品种繁多，但其俗称只分为两大类，即大理石和花岗岩。各种灰岩、白云岩和大理岩等统称为大理石；花岗岩、闪长岩、辉绿岩、片麻岩等统称为花岗岩。然后再根据颜色和花纹的差别进行命名。大理石镶嵌，选择上等大理石，多为云南大理县苍山的大理石，其石质之美，世界闻名。大理石中以白如玉、黑如墨者为贵，微白带青、微黑带灰者为下品。天然石材，品种不同，其特性也有差异。作为镶嵌用材，需要具有以下几个特性：

①装饰性能好。主要表现为矿物颗粒均匀，手感细腻，纹理优美，颜色及花纹符合镶嵌图案的艺术要求等。

②理化性能优异。具有良好的抛光性能、耐酸碱性能、耐光性能、耐磨性能、耐久性能、加工性能，且结构致密、强度高。

③符合环保要求。天然石材都有一定的放射性，因此在家具镶嵌装饰材料选择时，尽量选择放射性符合环保要求的石材。

11.3.3.3 人造石材

除了天然石材，人造石材也日益受到人们关注。

图11-57 明代楠木象纹图案镶嵌的黄花梨束腰霸王枨供桌

图11-58 清代大理石镶嵌三人座椅

与天然石材相比，人造石材具有结构致密、比重轻、不吸水、耐侵蚀、色泽鲜艳、色差小等优点，且能利用模具直接浇铸成镶嵌元件，工艺简单，制造成本低，所以近年来应用比较广泛。但是，人造石材不耐高温、硬度小不耐磨、易老化龟裂，有的存在气泡，整体装饰效果较差，是一种较低档的装饰材料，主要用作低档家具。

11.3.3.4 金属

镶嵌金银技术最早可以追溯到商周时期，是由商周时期在青铜器上镶嵌发展演变而来。当时的青铜鼎、壶等器物上都镶嵌有精致的金银图纹。这种镶嵌工艺技术被广泛地演变移植到工艺品制作、漆器、木器上。图11-59所示为锻铜浮雕镶嵌躺椅，此椅结构复杂，做工精细，铜花纹饰细腻，是金属镶嵌工艺与木器家具结合的代表性作品。

各种金属材质都有其独特的装饰性能，如黄金的耀眼绚丽、银的内敛优雅、钢材的冷峻刚毅、铜材的沧桑古朴等。因此，在家具镶嵌时需要考虑金属的独特的装饰性能，结合家具基材的特征进行选择。金属还具有优异的理化性能，如延展性能好、耐高温、力学强度高等，特别是黄金、白银、各种铜材、铜合金、不锈钢等金属材料，还有着良好的耐腐蚀性、耐酸碱性、不易被污染、易于加工等优点，且色泽华丽，从而成为家具镶嵌装饰的良好材料。

11.3.3.5 骨材

家具镶嵌花纹图案所用骨材有牛骨、大鱼骨、象

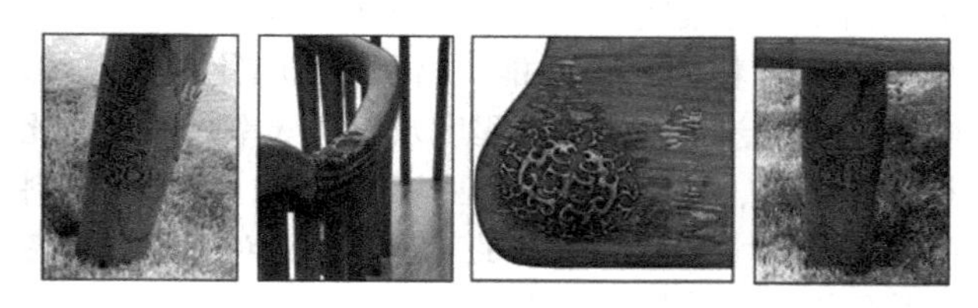

图 11-59 锻铜浮雕镶嵌躺椅

牙及其他各种动物的骨骼。若用牛骨镶嵌多为牛的肩胛骨、大腿骨，配以黄杨木、螺钿、大鱼骨等镶嵌材料。要求镶嵌图案制作精良，保持多孔、多枝、多节、块小而带棱角，既宜于胶合，又防止脱落。骨嵌可分为高嵌和平嵌两种，其中以平嵌应用较普遍。高级骨嵌家具的基材多用紫檀木、花梨木、红木等贵重木材，因其木质坚硬细密，再嵌上动物骨雕花纹图案，更显得古拙、淳朴、典雅。一部分仿古家具和现代家具常采用兽骨镶嵌工艺，获得了很好的装饰效果。如图 11-60 所示，为清代橱门门板骨嵌装饰，图案活泼生动、姿态各异，优美动人，获得了很好的装饰效果。

11.3.3.6 贝壳

贝壳是海贝与螺壳的统称。用贝壳作为镶嵌原材料，又被称为螺钿镶嵌。螺钿又有“螺甸”、“螺填”、“罗钿”等之称。历史上也有叫“钿螺”的。所谓螺钿镶嵌，是对用海贝、螺壳制成薄片，拼贴成镶嵌图案，镶嵌于器物表面的装饰工艺的总称。

螺钿的“钿”，有镶嵌装饰之意。如用金、银镶嵌就叫“金钿”，又如用金翠珠宝装饰的首饰称“花钿”。由于螺钿的天然美丽具有很强烈的视觉效果，所以将经过磨薄且光亮的蚌片依构图制成人物、屋宇、花草、树木、鱼虫、鸟兽等花纹图案，镶嵌于铜器、漆器、家具、乐器、屏风、盒匣、木雕、木器上，会获得很好的装饰效果，并成为一种最常见的传统装饰艺术。在工艺美术中，五光十色的螺钿镶嵌优美图案堪称为一朵经久不衰的奇葩。

贝壳来源丰富，色泽多样。有珠光色，有白色，也有灰、蓝、红等多种颜色，丰富的色泽使镶嵌图案绚丽多彩，进而推动了镶嵌艺术的发展。我国传统家具使用的螺钿材料，主要来源于淡水湖和咸水海域，常用的品种有螺壳、海贝、夜光螺、三角蚌、鲍鱼螺等。蚌贝年龄越长越好，结构精密，弹性高，色彩缤纷且多变，在众多的螺钿材料中，以夜光螺最为名贵，不仅质地厚实，颜色灿烂，而且在夜间也能闪烁出五彩光泽。一般讲，质地厚泽而色彩不浓艳的老蚌用于硬钿，而软钿多选用色彩浓艳的鲍鱼螺和夜光螺。如图 11-61 所示，为清代镶嵌螺钿红木圆桌。

11.3.3.7 其他材料

家具镶嵌原材料十分丰富，还有陶瓷、玻璃等非天然材料，其中，在传统家具中较为常见的有珐琅镶嵌工艺。珐琅也称搪瓷，珐琅装饰工艺出现于 15 世纪，是一项十分细腻的装饰艺术。珐琅为一种透明无色的物质，涂在金属表面上，经高温烧结后，能转变成坚硬而稳定的陶瓷质。这项工艺源起于古埃及，发达于欧洲和西亚。五代时，伊朗向我国进贡的器物中

图 11-60 清代橱门门板骨嵌装饰

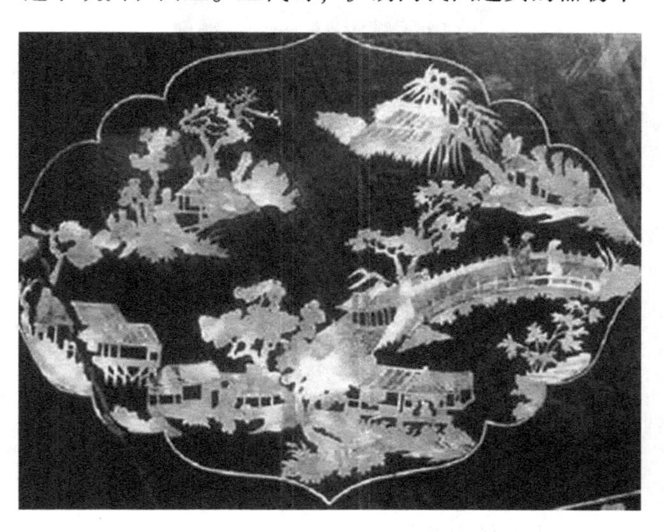

图 11-61 镶嵌螺钿红木圆桌

便有珐琅器。大概是因为进贡时路经西域的拂林城，以后便将其称为“拂称”，即古罗马帝国。后来音译为“佛郎”，再后译为“法郎”。由于珐琅外表看起起来像瓷质，具有珠宝的光泽与玉的温润，人们就加上了“王”字旁，便成了“珐琅”。珐琅是一种陶瓷质涂料，它是由石英、长石、硼砂和一些金属氧化物混合，研成粉末，用油料调和，像画油画一般描绘在金属或者瓷器质胎体外，再经过低温炉窑烧制而成，这种用珐琅装饰过的器物便是珐琅器。

其实在我国，景泰蓝制品即是珐琅技术应用实例之一。景泰蓝还与竹木、牙雕等工艺相结合，如在紫檀木、红木等家具中嵌入景泰蓝制品，在挂屏、屏风中装置一些景泰蓝山水、花鸟等，这些家具都被统称为镶嵌珐琅家具。由于珐琅是一种玻璃质涂料，它必须经过烧制，所以在镶嵌珐琅时要比其他镶嵌多一道工序，即烧制珐琅，然后将烧制成的珐琅制品按照镶嵌工艺的工序进行镶嵌即可。珐琅烧制后，经磨光、錾金，有圆润坚实、金光灿烂的感觉，能充分显示富贵气派和金碧辉煌的效果，因此得到皇室喜爱和大力推崇，促进了这类家具镶嵌工艺的发展。如图 11-62 所示，为红漆嵌珐琅双龙戏珠纹圆凳面。凳面镶嵌珐琅，画面为双龙戏珠纹样，双龙为一黄一红，盘旋在蓝色凳面上。此凳画面色彩鲜艳，纹样清晰而精致。

图 11-62 红漆嵌珐琅双龙戏珠纹圆凳面

镶嵌原材料中还有鸡蛋壳、鸭蛋壳、鸵鸟蛋壳、鹌鹑蛋壳等，色泽有红、白、绿、青等多种。蛋壳取材方便，加工容易，而且色泽多种多样，能满足镶嵌的多种要求。但是，由于蛋壳有一定曲率，如果镶嵌面积较大，一般先将蛋壳弄碎再拼接成图案，因此细看会有类似马赛克效果。

11.3.4 镶嵌工艺

由于镶嵌材料与镶嵌类型的不同，所以其镶嵌工艺技术也有较大差异。

11.3.4.1 确定镶嵌工艺需考虑的因素

（1）材料的质地：材料的质地会直接影响镶嵌的质量及外观效果。木材虽属于天然材料，具有美丽的自然纹理、富有弹性、易于加工、便于着色等优点，但木材种类繁多，其材质与外观千差万别，即使是同一种木材也有较大差异，所以需根据不同等级的家具去选用，对于高级家具，一般需选用名贵优质木材作为镶嵌元件的原材料。石材以结构致密细腻、质地坚硬、花纹图案美丽、色泽丰富、能打磨光滑如镜为精品。石材品种多，可选范围广，但也需根据家具的等级去合理选用。天然石材加工性能不如木材好，且不易着色，但人造石材能克服这些缺点，所以多作为低档家具的镶嵌材料，借以降低成本。

（2）材料的加工性能：材料的加工性能直接影响到镶嵌工艺技术的难易程度及生产效率。如木材比石材、贝壳、骨材、金属等要容易加工，但木质材料需考虑其含水率是否能满足工艺要求；对于塑料要考虑其延展性、热塑性等理化性能；对于玻璃材料要考虑到其热脆性、色彩等是否符合工艺要求。

（3）材料的雕刻性能：镶嵌与雕刻实为一体，镶嵌离不开雕刻，因此在选材方面要考虑材料的可雕性，使之在雕刻过程中不易被破坏，表面易修整光滑。

（4）材料胶合性能：传统家具特别是明式家具提倡少用胶，但现代的镶嵌工艺，很难离开胶黏剂。现代家具为了提高材料的胶接强度，通常要用热压或冷压进行胶合，因此，镶嵌工艺需优先选择便于胶合且胶合强度高的原材料。

（5）镶嵌的经济性：这是生产所有产品必须考虑的重要因素。镶嵌材料的经济性包括材料的价格、加工工艺性能、人力物力消耗、材料利用率以及材料资源是否丰富等因素。取材应广泛，优先选用价廉物美、加工便利、利用率高、来源广的材料。

11.3.4.2 挖嵌工艺

工艺流程一般为：制作镶嵌元件→雕刻凹坑→涂胶→镶嵌→修整。

（1）制作镶嵌元件：根据设计的镶嵌图案选择原材料，确定制作方法。对于木材可以加工成透雕图案或拼接图案。对于石材、玻璃、陶瓷等材料根据镶嵌图案直接加工成型，然后磨光滑即可；而对于贝壳、骨材，须先制成光滑的片材，再将片材加工成所要求的规格与形状，然后再拼成镶嵌图案，并完整牢固地粘贴在强度较高的薄纸上。

（2）雕刻凹坑：在被镶嵌家具零部件的镶嵌部位，绘出镶嵌图案外形轮廓界线，用雕刻刀具沿轮廓界线雕出凹坑。凹坑的深度需根据设计要求等于、大于或小于镶嵌图案的厚度，并将凹坑底面与周边修整平滑，清理干净。

（3）涂胶：在凹坑的周边及底面涂上一层均匀的胶黏剂。所用胶黏剂一般为乳白胶或脲醛胶等。

（4）镶嵌：将加工好的镶嵌元件嵌入凹坑中，镶嵌后须加一定的压力，务必要镶嵌平整、牢固。

（5）修整：待胶层固化后，根据镶嵌图案选择适合的刀具、砂纸进行修整加工，务必使镶嵌图案清晰，表面光滑洁净。图 11-63 为挖嵌镶骨工件图案。

11.3.4.3　实木雕刻图案镶嵌工艺

实木雕刻图案镶嵌工艺与挖嵌工艺基本相同，其工艺过程如下：

（1）设计图稿与描制图稿：一般多由师傅设计绘制图样，徒弟仿画或复制多份图样使用。多年以前，多将纹样刻成木模板配合复写纸大量复印，而后用薄纸描画师傅的图稿；现如今，图稿则用复印机复印或直接打印。

（2）雕刻图案：采用刨、锯、剖、雕、铲、镂等工艺手段，将木材雕刻成镶嵌图案或雕刻构件，实施镶嵌过程中，再将构件组拼镶嵌成完整图案。

（3）划线与雕刻被镶嵌工件：在被镶嵌工件表面的装饰部位划线，并利用工具雕出镶嵌图案的镶嵌凹槽。凹槽的轮廓线跟镶嵌图案的轮廓线完全相同，只是稍微大一点，以便于镶嵌图案顺利嵌入。

（4）涂胶：在被镶嵌工件表面凹槽的底部及周边涂上一层薄而均匀的胶层。

（5）镶嵌：将拼雕好的图案或构件嵌入被镶嵌工件表面的凹槽中，并保证嵌实、嵌平、嵌牢。

（6）修整处理：对镶嵌好的图案进行修边砂磨处理，使之平整光滑，木纹清晰，表面洁净。

（7）涂饰装饰：与木家具透明涂饰一起完成。

11.3.4.4　薄木拼贴镶嵌工艺

薄木拼贴镶嵌工艺又叫薄木拼花镶嵌工艺，也称作“贴皮拼花”，这是工匠们利用不同种类木材的纹理、颜色差异，经切割后嵌入家具上，组合成为精美的花纹图案或几何图案的一种工艺技术。工匠们先用铅笔勾勒出家具表面的纹样，随后分出一个个单独的封闭形状，做成纸样，如贝壳花样、棕榈叶以及小孩的头部花纹等；然后给每一个纸样选择一种不同的木材，再依照纸样的边缘将木材进行切割；同时，根据设计纹样，在家具的表面上镂刻出凹槽，一个封闭形状配上一个凹槽，最后将木片和凹槽进行完美镶嵌。图 11-64 所示为白蜡树瘤嵌花。

每一个构件制作和细节处理都必须保证具有专业的艺术与技术水平，才能达到预期的艺术效果。当然，由于木材的形状不同，再巧夺天工的手艺，也不能保证镶嵌的严丝合缝，所以在木片镶嵌之后，还需要进行修补与打磨，最后再进行透明涂饰，使木片的纹理及拼贴图案自然地显露出来，从而展现出整个“拼花镶嵌”工艺的完美效果。

薄木拼贴工艺流程为：制作拼贴元件→涂胶→胶贴→胶压→修整。

（1）制作镶嵌元件：薄木拼花分为普通拼花与挖嵌拼花两种。普通拼花，一般所拼贴的图案幅面跟被装饰部件的幅面相同，即先按设计图案需求，把薄木剪切成所需规格、形状薄木片，然后用胶纸带将薄木片胶拼成完整的拼贴图案。若采用挖嵌拼花，要求先将薄木剪切、胶拼成挖嵌图案，其工艺过程跟上述普通拼花基本相同，然后在另一张较大薄木的镶嵌部位上按挖嵌图案的轮廓线进行挖雕，接着将挖嵌图案镶嵌进去，要求两薄木之间的拼缝严密平整，用胶带固定。

（2）涂胶：在被装饰的家具部件表面涂胶，并让胶层充分湿润家具部件的表面。所用胶黏剂多为乳

图 11-63　挖嵌镶骨工件图案

图 11-64　白蜡树瘤嵌花

白胶或脲醛树脂胶。

(3) 胶贴：将薄木图案贴在涂了胶的家具部件表面上，需贴平整，不能偏斜。

(4) 胶压：一般采用冷压机或单层热压机。若用冷压机，需将胶贴好薄木图案的家具部件整齐地堆放在压机中，堆放高度为1～1.5m，然后开启压机进行加压，压力约1MPa，加压时间4～6h。若用单层热压机，其压力、时间和温度，跟所用胶种、薄木厚度等因素有关，可参照薄木热压贴面工艺。

(5) 修整：对薄木图案表面进行砂光处理，可用手工或砂光机砂磨。要求表面平整光滑，图案清晰。图11-65所示为薄木普通拼花与挖嵌拼花图案，即对和家具部件表面规格相等拼花胶贴采用普通拼花，在此基础上又对普通拼花薄木进行了挖嵌拼花。

11.3.4.5 镂花胶贴工艺

镂花胶贴较为简单，一般用较薄的优质木板加工成透雕图案，也可到市场上购买专业厂家生产的透雕图案，花色品种较多，可根据需要选购，图11-66所示为透雕胶贴图案。胶贴时，先将家具表面的装饰部位及透雕图案背面砂磨平整光滑，并清除灰尘；接着在透雕图案背面涂上胶，再胶贴到家具表面的装饰部位，加压时间与压力大小与所用胶种有关。若用快干胶，稍加压力，1～2min即可；若用乳白胶或脲醛胶，可参照薄木拼贴工艺中的有关工艺参数进行。

11.3.4.6 压嵌工艺

压嵌工艺过程及要求与镂花胶贴工艺基本相同，所不同的是它要求被镶嵌家具零部件基材密度要小，具有较大的压缩率及耐压性能，如松木、杨木、椴木、泡桐等软质材作基材，并要求压嵌的装饰图案用硬度较高、抗压性能较好的原材料来制作。压嵌时，同样要先将被镶嵌家具零部件的装饰处及镶嵌图案背面砂磨平整光滑，然后在镶嵌图案背面涂上胶黏剂，将其准确地贴附在被镶嵌家具零部件的装饰处，放进加压机构进行加压，使镶嵌图案压入家具零部件表面，并达到一定深度，彼此牢固接合为一体。

所用胶黏剂与镂花胶贴相同，但胶压时，需逐步加大压力，直至镶嵌图案被压至所要求的深度（一般为2～5mm），便进行稳压。稳压时间根据实验确定，以被镶嵌家具零部件形状稳定不反弹为准。

11.3.4.7 框架构件镶嵌装饰工艺

框架构件镶嵌装饰的基本工艺过程是：根据家具设计图纸，先制作框架构件，并将框架构件背面内框的周边裁口，即加工出嵌槽，其宽度一般为8～15mm，深度比镶嵌元件的厚度大6～8mm，嵌槽应平整光滑。框架构件的镶嵌元件多选用装饰效果好的大理石、人造石材、艺术玻璃等材料来制作，也可以为木雕花板或其他材料。要注意的是，镶嵌元件的幅面尺寸与形状必须与框架构件内框背面的嵌槽相吻合，使之嵌入后其周边应有缝隙，以免以后变形破坏框架构件的接合结构。镶嵌时，嵌槽和镶嵌元件均不涂胶，将镶嵌元件嵌入嵌槽后，在镶嵌元件背面覆盖一块幅面尺寸与形状相同的薄板，再在薄板的周边压上一根厚度为5～8mm、宽度为6～10mm的木条，并用木螺钉或圆钉固定在框架结构件上。此工艺与家具结构设计中的木框嵌板结构相同。

11.3.4.8 传统金漆镶嵌工艺

金漆镶嵌是我国家具史上应用最多的镶嵌手法之一，并涵盖彩绘、雕填、刻灰等工艺，统称为“金漆镶嵌”工艺。所谓“金漆”系指天然漆（大漆）涂饰工艺，“金漆镶嵌”即在天然漆的漆膜上进行镶嵌。

(1) 金漆镶嵌的主要特征：

①宫廷艺术：我国漆器不但历史悠久，艺术内涵博大精深，文化底蕴十分丰厚，而且产地众多，遍布于长城内外，大江南北。全国各地的漆器同根同源，在材料运用和工艺技法方面基本相通，或者说是大同

图11-65 薄木普通拼花与挖嵌拼花图案

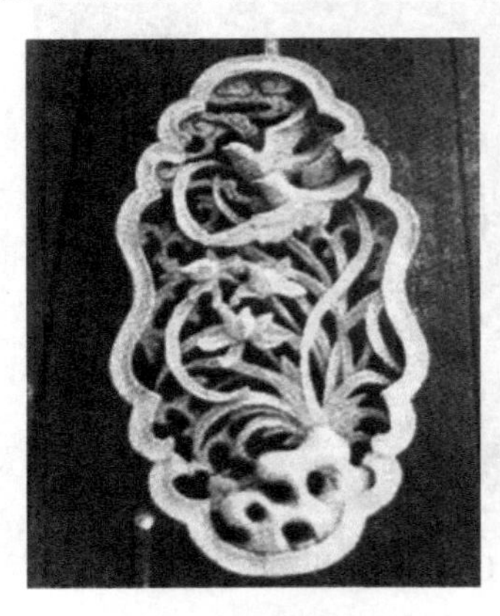

图11-66 透雕胶贴图案

小异，而在工艺品种和艺术风格方面各具特色，各有所长。金漆镶嵌从师传系统、工艺技法到艺术风格都直接继承和发展了明、清宫廷艺术，成为宫廷艺术的重要组成部分。

②品种繁多：金漆镶嵌的工艺技法，从大的门类划分，包括镶嵌、彩绘、雕填、刻灰、断纹、虎皮漆等，而每一门类又可细分为诸多工艺。如镶嵌类，从材质上划分有玉石镶嵌、彩石镶嵌、螺钿镶嵌、百宝镶嵌，从工艺上划分有平嵌、矫嵌和立体镶嵌；彩绘类包括描漆、描金、镀金、扫金、洒金、平金开彩、平金开黑、堆古等；雕填类又有填金、填银、填漆之别；刻灰类有彩地刻灰和金地刻灰两种；断纹类从工艺上划分有烤断、晒断、撅断、颤断，从艺术风格上划分有龟背断和流水断；虎皮漆类还包括漆宝砂。不同工艺所使用的材料、工具、采用的技法和最后形成的艺术风格都各有差异。

③门派多：在清宫内务府造办处解体前后，民间作坊由于受师传和规模的影响，形成了四支传承体系，并形成了大体分工。在传承关系中，总体上属于社会性传承，而不属于家族式传承。这与金漆镶嵌门类繁多，技艺复杂，一人一家难以独立完成，需要分工合作、集体完成有关。

（2）金漆镶嵌的价值：金漆镶嵌历史悠久，艺术内涵博大精深，文化底蕴十分丰厚，堪称“民族瑰宝”。其价值主要体现在以下四个方面：

①历史价值：中华民族有五千年的文明史，而漆器却有七千年的历史了。数千年来，它随着时代的发展而发展，有源有流，有继承有创新。特别是改革开放以来，金漆镶嵌产品不仅走向了世界，走进了众多的楼堂馆所，也走进了众多的百姓家庭。优秀的民族传统文化具有永久不衰的魅力。

②艺术价值：金漆镶嵌的艺术价值主要体现在两个方面：一是工艺种类繁多，艺术表现手法丰富多彩。一件产品可以只采用一种工艺制作，也可以将多种工艺综合运用，你中有我，我中有你，千变万化。或穆然古朴，或典雅清新，或鲜活艳丽，或金碧辉煌。二是题材广泛，有历史典故、文学名著、宗教神话、民间传说、山水人物、龙凤花鸟、名人字画、民俗民风等，几乎涵盖了各个文化领域。同时还有现代题材和外国题材，大多具有繁荣昌盛、前程锦绣、福禄寿喜、吉祥如意之寓意。

③实用价值：金漆镶嵌产品既是工业产品，又是文化产品；既有很高的艺术价值，又有广泛的实用价值；既是自成体系，相对独立的一种艺术，又与器皿文化、家具文化、屏风文化、牌匾文化、壁饰文化和建筑装饰有着密不可分的联系。

④收藏价值：每一件精美的金漆镶嵌工艺品都具有收藏价值，尤其是历史性作品、精品、大师作品更是具有巨大的收藏价值。

（3）金漆镶嵌的步骤：

①镶嵌图案设计：要求造型美观、结构科学、主题突出、布局合理、适应工艺及便于操作。要使艺术性与实用性、造型与纹样、题材与工艺、材料与技法、主景与配景相互呼应，相得益彰。

②制作木胎：选用上好木材经烘制定型处理后制成木胎（如实木家具、实木工艺品等）。以往一般选用红、白松木制作木胎，因为松木材性较为稳定，不易开裂变形。

③髹漆：指在木胎表面涂饰天然漆。首先，要在木胎上涂上一层均匀的天然漆，接着贴上麻布（俗称披麻）或棉布，要求贴平、贴牢，不起皱褶；其次，再在麻布上刮涂 2～4 道天然漆腻子，每道腻子涂层宜薄，干后都要砂磨平整，以增强腻子涂层之间的附着力；最后，再在腻子涂层上涂刷 3～4 道天然漆或改性天然漆，每道漆层干后，都得打砂磨平整。对于漆膜表面光泽度要求较高的漆胎，待整个漆膜干燥后，还需进行抛光处理。要求制成的漆胎，漆色匀正，表面平整光洁，明亮似镜。

④表面装饰：指在漆膜表面上进行装饰处理，主要有平面镶嵌装饰法，即对表面为平面的漆胎，以各种天然软硬质玉石、螺钿、兽骨、牛角等为原料，以馊、磨、堆、铲、镂、雕等技法制成人物、花鸟、山石、楼台等图案，镶嵌于漆胎模之上，酷似浮雕作品。如图 11-67 所示，为金漆镶嵌花鸟图。这类产品雕刻细腻，层次清晰，玲珑剔透。若施以高浮雕技法，浮雕之中显现立体效果，谓之“矫嵌”，乃更为精湛的技艺。

（4）金漆装饰类型：

①立体镶嵌装饰：多以人物及龙、凤、麒麟等鸟兽为装饰题材。首先根据设计要求制作木雕（或脱胎），进而做成漆胎，再将玉石、兽骨、螺钿等加工成众多形态各异的片、甲、鳞、块，精心组合，黏附于漆胎之上。如图 11-68 所示，为动物立体镶嵌的图像。这类产品雕琢纤细，拼嵌严谨，神形兼备。镶嵌工艺有“三分雕，七分磨”之说。通过精心打磨，方能突出形象美和材质美。

②彩绘装饰：以各色漆胎为画面，以各种色漆及金银粉为颜料，以特制的画笔为工具，精心描绘。调色要准确，润彩要丰富自然。工艺操作又细分为描漆、描金、馊金、平金。这类产品犹如国画中的工笔重彩，生动而细腻，典雅而隽秀，情景交融，灿如锦绣，如图 11-69 所示的金漆彩绘装饰图案。馊金产品则虚实相间，层次分明，苍劲古朴，意味深沉，而平金产品更显现出金碧辉煌的特征。所谓“平金”，即

图 11-67 金漆镶嵌花鸟图

图 11-68 动物立体镶嵌图像

图 11-69 金漆彩绘装饰图案

图 11-70 断纹装饰的镶嵌图案

图 11-71 虎皮漆装饰图案

在漆胎上敷贴金箔。要根据气候变化，掌握好金胶的调配比例。涂金胶要均匀，贴金要掌握火候，平整、严实、光洁、鲜亮、无明显接口，不混金，不蹭金。

③雕填装饰：雕填的基础是彩绘，彩绘之后，需按纹样轮廓，以特制的勾刀勾勒出较为浅细的纹路，称为“刺”或“雕”。线条的深浅粗细要均匀一致，不崩不豁，不能“跑刀”。打金胶后，戗之以金银粉，称之为“填”。要填得饱满实足，干净利落。这类产品具有线条流畅、锦地规整、色彩艳美、富丽堂皇的风韵。

④刻灰装饰：指在金漆涂膜表面上刻绘花纹图案。要求金漆涂膜略厚，且刚韧相济。漆后，在金漆涂膜表面以勾、刺、片、起、铲、剔、刮、推等技法，雕刻出和谐精细的凹陷纹路，以构成精美的花纹图案，最后施粉、搭彩、固色。

⑤断纹装饰：在被镶嵌家具零部件表面涂上一层裂纹漆，使其漆膜产生出均匀细密的裂纹。由于裂纹漆的漆膜形成裂纹的方法不同，在传统工艺上有晒断、烤断、撅断、颤断等之分；从艺术形式上划分又有龟背断、流水断之别。如图 11-70 所示，为在断纹漆膜表面上镶嵌的装饰图案。其漆纹裂而不断，仿古旧而不脏，给人以饱经沧桑后自然形成之感，其要求是所产生的断纹需均匀一致。

⑥虎皮漆装饰：先在漆膜表面制作高低不平的花纹，低凹处层层涂饰各种颜色的色漆，磨平滑后，呈现出五彩斑斓的虎皮图案，如图 11-71 所示。其要领是既不能呆板，又不能杂乱，虽是人工所为，却似天然成就。

11.3.4.9 螺钿镶嵌工艺

螺钿工艺早在我国商代就有应用，是一门古老的装饰艺术手法，而在家具装饰上的应用到明代才开始。衡量一件螺钿家具的价值，不光要了解家具的材质、年代，也要了解它的镶嵌工艺，通过了解工艺，可以更深地理解所接触到的家具和艺术品的价值。

螺钿所用的贝壳片由于用材不同，有厚有薄，大体上可以分为厚螺钿和薄螺钿两类。厚螺钿一般呈白色、牙黄色，又称硬螺钿；薄螺钿可泛出红、粉、蓝等美丽的光泽，色彩绚丽多彩，又称软螺钿。

厚螺钿只用于镶嵌在家具和胎骨较厚的漆器上，轻巧薄胎的器物总适合镶嵌薄螺钿，但在明清两代的漆案、琴案、柜架等大件家具，也有镶嵌薄螺钿的。有的还直接将螺片捣成细沙撒贴于漆面上，从而形成闪光彩点。

图 11-72　珍珠皮

图 11-73　象牙和绿松石

图 11-74　巴林石

图 11-75　按图裁料

图 11-76　酸枝木百宝嵌描金装饰

大体来说，嵌螺钿古代多用厚片，现在所能见到的唐代漆背嵌螺钿铜镜，便是属于厚螺钿一类，元代嵌螺钿漆器的突出成就就是嵌薄螺钿工艺的成功。

在明清家具中，螺钿镶嵌占据着很重要的地位。因为镶嵌的效果突出，比雕刻更为华丽。镶嵌作品用料取材料广泛，除螺钿外，几乎包括了人们所能见到的所有贵重材料，木、牙、石、瓷，金、银、翡翠、水晶、琥珀、玛瑙、珊瑚、青金石、蜜蜡、沉香等，色泽光闪明亮，璀璨华美。由于成本因素，现代镶嵌作品用的材料主要有三种：螺钿片、石决明和珍珠皮，如图 11-72 所示珍珠皮。较多的还是螺钿，雕刻螺钿除了平面螺钿常用的几种材料外，现在常用的还有巴林石、寿山石、孔雀石、象牙、绿松石等材料。如图 11-73 所示象牙和绿松石，图 11-74 所示巴林石。比较贵重的材料多用以点缀，如象牙用作人面和手等，寿山石用作衣服，巴林石中红色的用作桃，绿松石用作人物头顶的帽子，孔雀石用作衣带等。

北京地区的螺钿片最早取材于后海常见的那种河蚌，后来大量使用南方人工饲养珍珠所产的壳，俗称三角贝；石决明也就是鲍鱼的壳，质地坚硬，表面呈深绿褐色，壳内则紫、绿、白等色交相辉映，色彩斑斓，变化万千；而珍珠皮则是深海的一种能产天然珍珠的蚌类的壳。上好的作品，所用材料都是天然的，整体艺术效果比较好，俏色巧妙，工料和艺术完美地结合在了一起。

现代家具及仿古家具的螺钿工艺主要分两种，一种是平螺钿（也叫薄螺钿），是将螺钿镶嵌在家具的平面内，与家具的材料融为一体；另一种是雕刻螺钿（也叫厚螺钿），是将螺钿进行雕刻，镶嵌在家具的表面，组成立体的艺术品。

平螺钿工艺过程主要包括：设计图案、材料磨平打光、材料雕刻、划线、挖槽、镶嵌黏合、打磨、上漆、修磨。如图 11-75 为按图裁料。

①设计图案：按照装饰的需要设计镶嵌的图案。

②材料磨平打光：把所需的材料磨平打光，以选用材料色彩美丽的地方。

③材料雕刻：把用于镶嵌的材料雕刻成和设计图案形状一致的薄片。

④划线：在需要镶嵌的部位按照设计的图案进行划线。

⑤挖槽：按照所画的线进行挖槽，注意宽度和深度，尺寸要精确。

⑥镶嵌黏合：将打磨和雕刻成型的镶嵌材料，用胶黏合镶嵌在挖好的凹槽中。

⑦打磨：待全部图案都粘贴镶嵌完成干燥后，进行打磨，使表面光滑。

⑧上漆：根据实际要求涂漆。

⑨修磨：精细磨光。

雕刻螺钿工艺过程主要有雕、锼、堆、铲、嵌等几个步骤，雕就是雕刻嵌件，不同的构图部位都要雕刻；锼就是用钢丝锯按图纸的设计把雕件裁成组件；堆就是把裁好的组件初步拼结在一起，调整图案的整体效果；铲就是在要镶嵌的平面上铲出要镶嵌的地方，把所有的组件在铲出的位置上组合起来。

雕刻螺钿主要用于装饰家具和艺术挂屏等，材料选用更多是螺钿和其他镶嵌材料的结合，俗称“花样嵌”或“百宝嵌”。如图 11-76 所示酸枝木百宝嵌描金装饰。

11.4 烙花装饰

烙花，又称“烫花”、“火笔花”，是一种民间传统装饰艺术形式，其历史悠久。烙花是用赤热金属对木材施以强热，当木材表面被加热到 150℃以上时，在炭化以前，随着加热温度的不同，在木材表面可以产生不同深、浅褐色，从而形成具有一定花纹图案的装饰技法。由于木材具有这种特点，烙花就是根据这一原理和特点，利用电烙铁的热度，用巧妙的手法和熟练的绘画技巧，将木板表面烫煳而呈深浅不同的棕色图案，达到装饰之目的。

11.4.1 烙花概述

据史书记载，烙花起源于西方，兴盛于东汉，后由于连年灾荒战乱，曾一度失传，直到光绪三年（1877 年），才被一名叫“赵星三”的民间艺人重新发现整理，后经辗转，逐渐形成以河南、河北等地为代表的几大派系。

据民间传说记载，始见于西汉末年，距今已有两千多年的历史。传说那时南阳城里有一姓李名文的烙花工匠，是远近闻名的烙花高手，无论是尺子、筷子，还是手杖、扇坠，经他一烙烫，各式各样的人物、花鸟、山水、走兽，栩栩如生，跃然纸上，精美绝伦，巧夺天工，人称烙花王。他为人忠厚，心地善良，在城内开了个门面，方圆百里人皆知之，知名度颇高。传说当年“王莽撵刘秀”（南阳民间传说），李文曾救过刘秀并送了一只烙花葫芦给他作盘缠，刘秀不胜感激，此后历经千辛万苦，也不曾将那只烙花葫芦卖掉。公元 25 年刘秀称帝后，仍不忘李文的救命之恩，查访到他下落后即宣其进京，赐银千两，加封“烙花王”，并把南阳烙花列为贡品，供宫廷御用。从此，南阳烙花便蓬勃发展，名扬四海，“烙花王”的故事也流传至今。

据志书记载，清光绪三年（1877 年），擅长绘画的南阳人赵星三在一次吸食鸦片时，烟瘾过后，顿生画兴，以烧红的烟扦代笔在烟杆上信手烙烫作画，得一小品，喜出望外，继而又在其他木玩上施艺，均获成功，随潜心研究，久而久之，就琢磨出一整套烙花工艺。他的烙花作品也逐渐成为达官贵族之间礼尚往来馈赠之佳品，以至作为南阳的贡品进入清宫，一些烙花上品颇受皇亲国戚的青睐。之后赵星三又收了四个徒弟：大徒弟李番之能写会画，精通各种花色，技艺娴熟，专攻人物；二徒弟邱义亭擅长博古；三徒弟杨殿奎专攻花鸟；四徒弟张西凡则独领山水之风骚。

20 世纪 20 年代，烙花已形成了一个特殊的手工行业，烙花品也成为南阳颇有名气的民间艺术品并享誉国内。当时，南阳城内已有专卖烙花的店铺六七家，其中方玉堂的“福聚恒”筷子铺最为有名，赵星三的四个徒弟成了“福聚恒”的顶梁柱。“福聚恒”生意兴隆，日进斗金，产品远近闻名，远销北京、西安、天津、开封等地。到 40 年代初，单“福聚恒”一家，店员艺人已发展到 30 多人，初具规模。

但是，新中国成立前多数烙花艺人都是一家一户单干，技术上互相保密。烙花工具非常简单，只有一盏油灯，一把铁签子，只能烙些烟斗、尺子、筷子等小件物品，烙花艺人难以糊口，烙花工艺濒于绝艺的境地。

新中国成立后烙花艺术获得了新生，对这一传统民间艺术的挖掘、整理和发展工作也受到了社会的重视，地方政府将分散流落于南阳各地的烙花艺人组织起来，先后成立了互助组、合作社，烙花艺人不断继承发扬前人的优秀传统，推陈出新，改进工艺和工具，将烙制工具改革为特制的电烙笔，构造和形状很像电烙铁，操作使用非常方便，从而把烙花艺术推上了更加广阔的发展道路。20 世纪六七十年代，在柜类家具门板上常见有烙花装饰。图 11-77 为家具门板烙花装饰。

烙花简便易行，烙印出的纹样淡雅古朴，牢固耐久。用烙花的方法能装饰各种制品，如杭州的天竺筷、河南安阳的屏风和挂屏、苏州的檀香扇等。图 11-78 所示为一幅烙花田园风光图。

11.4.2 烙花分类

不同的烙花方法形成不同的装饰效果，纹样或淡雅古朴，或古色古香，或清新自由，多运用在柜类家具的门、抽屉面、桌面等的装饰。按照烙花装饰的方

图 11-77　家具门板烙花装饰

图 11-78　烙花田园风光图

图 11-79　烫绘山水画

法，主要有烫绘、烫印、烧灼和酸蚀四种。

（1）烫绘：是在木材表面用烧红的烙铁头绘制各种纹样和图案。用该法可在椴木、杨木等结构均匀的软阔叶材或柳桉、水曲柳等木材上进行烫绘。一般多模仿国画的风格。如图 11-79 所示烫绘山水画。

（2）烫印：是用表面刻纹的赤热铜板或铜制辊筒在木材表面上烙印花纹图案。铜板或铜制辊筒的内部一般用电或气体加热，通过增减压力、延长或缩短加压时间，可以得到各种色调的底子与纹样。如图 11-80 所示烫印标志。

（3）烧灼：是直接用激光的光束或喷灯的火焰在木材表面上烧灼出纹样。通过控制激光束或喷灯火焰与表面作用时间获得由黄色到深棕色的纹样，但要注意控制好木材表面温度，不允许将木材炭化。如图 11-81 所示烧灼人物画。

（4）酸蚀：是用酸腐蚀木材的方法绘制纹样。在木材表面先涂上一层石蜡，石蜡固化后用刀将需要腐蚀部分的石蜡剔除，然后在表面涂洒硫酸，经 0.5 ~ 2h 后再将剩余的硫酸和石蜡用松节油或热肥皂水、氨水清洗，即可得到酸蚀后的装饰纹样。如图 11-82 所示烧灼酸蚀清明上河图（局部）。

11.4.3　烙花工具与材料

早期，烙花者以铁针为工具进行烙绘，主要在筷子、尺子、木梳、竹木家具上进行装饰；后来，制作工艺和工具不断改进，采用了电烙铁；如今可应用激光烙，或将单一的烙针或烙铁改为大、中、小型号的专用电烙笔，比较先进的可以随意调温，配有多种特制笔头，从而使这一古老的创作方式具备了前所未有的表现力。

在材料方面，以前仅限于在木板、树皮、葫芦等材质上烙绘，画面上自然产生凸凹不平的肌理变化，具有一定的浮雕效果，色彩呈深、浅褐色乃至黑色。现在大胆采用宣纸、丝绢、皮革、织毯等材料，从而丰富了烙花这门艺术形式。早期的葫芦、竹木材质较硬且厚实，所以烙制较易控制。宣纸和丝绢较薄，但却不失烙花本身利用炭化程度的不同形成的深浅、浓淡、虚实的变化。温度过高，手法过重，纸、绢会变焦；温度过低又烙不上痕迹，况且还要根据画面内容进行艺术再创作。因此，宣纸烙花成为南阳烙花中的精品。

烙花作品古朴典雅，清晰秀丽，其特有的高低不

图 11-80　烫印标志

图 11-82　烧灼酸蚀清明上河图（局部）

图 11-81　烧灼人物画

图 11-83　红楼梦金陵十二钗烙花图

平的肌理变化具有一定的浮雕效果，别具一格。经渲染、着色后，还可产生更加强烈的艺术感染力。如图 11-83 所示红楼梦金陵十二钗烙花图。

烙花吸收了绘画艺术之长和烙笔的运用技巧，是一种集大成的艺术形式。烙花过程中炭化原料表面，变色的部分是炭，不变质、不退色、无毒无味，一幅好的烙花具有很高的收藏价值。

11.4.4　烙花艺术的发展

早期的烙花作品，多数是采用中国画和民间画相结合的表现手法，后经历代艺人的不断探索实践，在吸收西洋画表现手法上进行大胆尝试，收到了理想效果。制作烙花的姿势、工具、材料、技法和烙花内容等方面都有所发展。

（1）烙制姿势：以前烙花艺人是一种吸大烟的姿势，侧卧床上利用烟灯加热进行烙烫加工，此种方式称为“卧烙”，此法只能烙制一些小件工艺品，且不易掌握，在一定程度上限制了烙花艺术的发展。到 20 世纪 40 年代，烙笔有笔架支撑，就形成了“坐烙”技法，它具有灵活多变、简单易学等优点，为发展烙花艺术开辟了新天地。

（2）烙制技法：从传统的简单烫绘发展出润色、烫刻、细描和烘晕、渲染等烙绘技法。烙花作品一般呈深、浅褐色，古朴典雅，清晰秀丽，其特有的高低不平的肌理变化具有一定的浮雕效果，别具一格。经渲染、着色后，可产生更加强烈的艺术感染力。另外，还有“套色烙花”和“填彩烙花”，使得传统烙花艺术锦上添花。所以，可以根据创作主题不同，采用不同的技法，加之色彩考虑，略施淡彩，形成清新淡雅的风格；或者重彩填色，形成强烈的装饰效果。

（3）表现形式：表现形式更加多样，小至直径不足一厘米的佛珠，大到几米乃至几十米的长卷，以至大型厅堂壁画，如烙板“八骏图”、“清明上河图”、“大观园图卷”、“万里长城”等。作品可以充分反映国画山水、工笔、写意，以及人物肖像，年画、书法、油画、抽象画等不同画种的风格。如图 11-84 所示美丽的松花江畔烙花图。

图 11-84　美丽的松花江畔烙花图

（4）烙花题材：作品内容在力求继承传统花色的基础上不断丰富、创新，多为古典小说、神话故事、吉祥图案以及山水风景等，图案清新，美观大方，永不退色。

南阳烙花厂的展览室里陈列着各种各样的烙花工艺品，宣纸烙花是该厂于 1974 年根据北宋著名画家张择端的名作《清明上河图》为题材首创的新颖艺术品，它标志着中国传统烙花工艺发展到了崭新的水平。其烙花工艺难度很大，是用烧红的烙笔在极薄的宣纸上轻重烘色，细烙淡描，稍一疏忽就会纸烧图毁，前功尽弃。烙花艺术大师们却在长 8m、宽 40cm 的宣纸纸上精心地烙绘出人物 5000 多个、牲畜 3000 多头、亭台 200 多座、各种船只 100 多艘，无不形神兼备、活灵活现、生动逼真、惟妙惟肖，可谓“巧夺天工”。

（5）彩烙套色烙花：因为是在木板上作画，使用不同的烙铁，合理地控制温度，以炭化程度表现物象色调的，其主要色调为浅褐色、深褐色和黑色，这些色调在竹木载体上烙制非常精美，但在人们文化生活需求多样化的今天已显得单调。为了继承和发扬烙花艺术，烙花艺术家对烙花进行了大胆的创新，经过数年的潜心研究，针对传统烙花色彩、线条单一等不足，经反复实践，在胶合板材料上，将层叠着色与反复烙烫相结合，独创出了将重彩入木三分的工艺彩烙套色烙花技法。

这种既有油画的立体质感又有中国画笔墨韵味的彩烙套色烙花艺术，在传统烙花的基础上，吸收和借鉴油画与国画的长处，经过烫烙、烤彩和特殊处理，不仅保留了烙花的浮雕效果，而且完美地再现了绘画艺术的勾、描、皱、擦、点、线、渲、染等各种笔意。或简淡典雅，或重墨浓彩，山川云海灵动，毛发毫纤毕现，画面生动逼真，动物栩栩如生，不仅立体感增强，色泽鲜艳，而且永不退色。

彩烙套色烙花既继承了传统烙法，又研究出了一系列创新技法，对各种烙铁笔运用自如，赋予套色烙花以情感，以生命。它的笔法有的清雅，有的浓重，有的明快，有的强烈，有的含而不露，有的枯涩，有的恬淡，丰富多彩。所烙动物神形兼备，呼之欲出，动物毛发栩栩如生，吹之欲动，令人爱不释手。如图 11-85、图 11-86 所示。南阳“套色烙花”与“填彩烙花”如图 11-87 所示。

图 11-85 彩色烙花 I

图 11-86 彩色烙花 II

图 11-87 南阳烙花

11.4.5 激光雕刻烙花工艺

近年来，激光在木质材料加工中的应用正在逐渐增加，其中激光切割与激光雕刻是常见的加工形式。激光切割加工的基本原理是利用经聚焦的高功率密度激光束照射工件，在超过阈值功率密度的前提下，光束能量及部分燃烧产生的热能被切割处的材料所吸收，引起温度急剧上升，部分材料立即汽化而逸出，部分材料燃烧而形成熔渣进而被辅助气体吹走。

特别是CO_2激光切雕，是激光在印章雕刻、工艺美术及广告制作等领域的崭新应用。在印章雕刻行业中，传统的方法是手工雕刻，这种方法对人技术的要求很高，制作工艺复杂且生产周期长，字型、字体不规范统一，劳动强度大，对有些软、脆材料无能为力；在广告制作上，大部分文字图案还是以手工的方式进行，劳动条件差，产品不规范等，都急需有一种先进的设备来代替手工操作。激光能有效地在木材、有机玻璃板、塑料薄板等材料上进行文字图案的切割与雕刻，可雕刻出任意图形，雕刻精细，在雕刻过程中没有切屑，没有工具磨损与噪声，加工的边缘没有撕切和绒毛痕迹，这都是通常机械雕刻工艺所不能比拟的。利用CO_2激光雕刻机，通过计算机自动设计与排版，直接在各种材料上将所需字符雕刻出来，与传统工艺相比较，具有操作简单、工序少、生产周期短、劳动强度低、字体、字型规范丰富等一系列优点。随着对其加工工艺研究的深入，其应用将更加广泛与实际。

激光雕刻工作原理是把激光作为热源，对材料进行烧蚀、去除。激光束照射到材料表面时，一小部分光从材料表面反射，大部分光透入材料被材料吸收，透入材料内部的光能量转化为热能，对材料起加热作用，在足够功率密度的激光束照射下，使被加工材料表面达到熔化和汽化温度，从而使材料汽化蒸发或熔融溅出，雕刻出所需要的图形。不同材料对于不同波长光波的吸收与反射也不同。

11.4.5.1 木质材料激光雕刻烙花分类

木质材料激光雕刻加工的基本原理与激光切割加工基本相同，都是利用高能量密度的激光束转化为热能，瞬时引起木材热分解和炭化，从而去除部分材料。激光切割是将木质材料（主要是板材）的不同部分分离开，而激光雕刻是在木质材料的表面加工出要求的图案、花纹或文字等。对同一木板讲，激光切割所需的能量较大，而激光雕刻由于不需要切透工件，故所需的能量相对较小。激光雕刻是非接触式加工方法，与传统机械加工方法相比具有无木屑污染、无刀具磨损，也不需更换刀具、无噪声污染等优点，是非常有潜力的表面艺术加工方法之一。激光切割头聚焦透镜将激光聚焦至一个很小的光斑，光斑直径一般为0.1～0.5mm。激光束焦点位于待加工表面附近，用以熔化或汽化被加工材料。与此同时，与光束同轴的气流由切割头喷出，将熔化或汽化了的材料由切口底部吹出。根据木质材料激光雕刻的加工方式不同，木质材料激光雕刻可分为三类。

（1）切割雕刻：是利用切割方式在木质材料表面加工出要求的图案，即首先将图案分解表示成若干个线条形式，然后利用激光切割出这些线条，进而得到利用切割线条表示的图案。激光切割雕刻烙花人物图如图11-88所示。

图11-88 激光切割雕刻烙花人物图

（2）凹模雕刻：对图案部分进行切除加工，而对图案外围的部分则保留木质材料表面原样不动。这里又分为两种情况，其一是对图案上每一点切除力度相同，雕刻的图案主要靠轮廓外形来体现；其二是根据图案的明暗度、对比度等的分布不同，对图案上“暗”的部分多切除，对图案上“亮”的部分少切除甚至不切除。前者适用于雕刻文字、动物、植物等，以外形表现为主的图案，后者则更适用于雕刻带有如人物面部表情等细节内容的图案。

（3）凸模雕刻：与凹模雕刻相反，这种雕刻加工形式只切除图案外围的材料，且各点处切除力度相同，而对图案本身材料保留不切除。这种雕刻方法适用于文字、图形轮廓等的表达。

后两种雕刻方法材料切除的方式是，激光头在切除面上每行走一次，就切割出一线形切槽，然后在平移很小的距离后再进行下一条线的切割，通常两条切槽间的距离可以为0.05～0.5mm。这样通过多条线状切槽，达到这两种雕刻形式要求的成面积材料去除的目的。当然，在凹模雕刻的第二种形式中，同一条切割线上，切槽的尺寸尤其是切槽深度可根据需要发生变化。

11.4.5.2 激光雕刻工艺因素

下面以两种激光切割雕刻机为例说明激光雕刻工

艺因素。

（1）大恒公司生产的 JQD—V 型激光切割雕刻机：该机床采用 CO_2 激光器，激光为波长 10.6μm 的红外线。机床最大切割雕刻幅面尺寸为 950mm × 1200mm，最高切割速度为 2.1m/min。切割速度是指激光头在雕刻加工过程中的移动速度。激光器最大输出功率为 70W，最大工作电流 30mA。

被雕刻材料选用 7.5mm 厚的桦木板和 7mm 厚的五层胶合板两种材料。激光束焦点经调整设置在被雕刻材料表面位置。切割速度在 5～35mm/s 范围内选择若干个不同数值点进行试验，激光电流在 6～26mA 范围内选择不同数值试验。切割方向均垂直于试件表面纤维方向。

①实验表明切割速度对切槽宽度影响不大。只是在切割速度小于 15mm/s 时变化比较大一些，当切割速度大于 15mm/s 时，切槽宽度基本上不发生变化。

②在其他条件不变的情况下，切割速度越低，切割深度就越大。

③切割速度对切割深度的影响要远大于其对切割宽度的影响。

④在其他条件相同的前提下，桦木板比五层胶合板有较大的切槽宽度和较小的切槽深度。

⑤当被加工材料为桦木板和五层胶合板时，切割速度为 10mm/s，激光电流与切槽尺寸的关系为：在其他条件不变的情况下，激光电流越大，切槽宽度越大，但变化不是很大。激光切割电流很小（≤6mA）时只会产生表面烧灼，不会进行材料去除；而随着激光电流的增大，切割深度增加，且增加得很快。

（2）武汉华中激光工程公司生产的 HGL—CCP60 型 CO_2 激光雕刻机：该设备的结构示意图如图 11-89 所示，由计算机控制系统、冷却器、CO_2 激光器、电源系统、激光导光系统、二维数控工作台和机架组成，同时配以相应的自主开发的计算机控制与雕刻软件。

激光器采用最大功率为 60W 的封离式 CO_2 脉冲激光器（功率可调），输出波长为 10.6μm，激光束用一光学透境聚焦到要雕刻的表面上，激光束的光斑

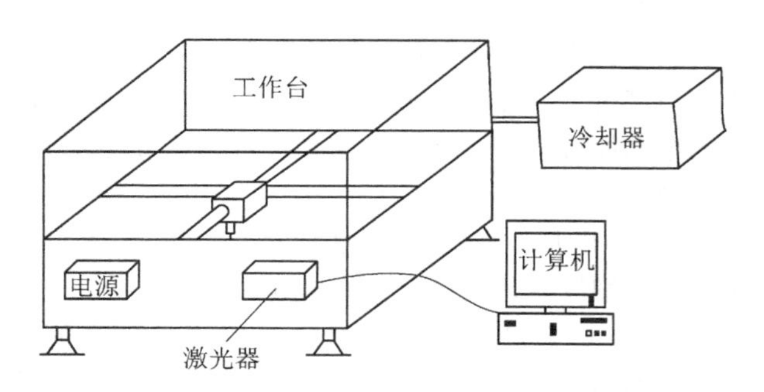

图 11-89　激光雕刻机结构示意图

直径为 0.1mm，雕刻步距为 0.1mm，雕刻幅面为 600mm × 900mm，最大雕刻速度为 1200mm/s，最大切割速度为 100mm/s，二维工作台的定位精度 ≤ 0.01mm，冷却方式为水冷。其工作步骤为：

①直接从网络上下载图形或文字，或者采用扫描仪将所需的图符扫描进计算机，或由 Autocad、Authware 等设计软件设计出切割与雕刻所需的图形、字符、工艺美术图符、广告图案文字等。

②采用 Authware、Photoshop 等相应的软件，将图案或文字处理为雕刻软件能识别的格式，输入到计算机控制系统。

③通过图形转换与控制软件，按图形样式控制激光器的激光输出、激光光闸的启停和二维工作台的二维扫描，在材料上一行一行地用激光直接雕刻出所需的内容，使工件表面形成凹凸的刻痕（被激光汽化或熔化掉的部分凹下，剩下的为凸起），完成激光雕刻或切割试加工。

④对试加工件进行检测与分析，逐步改变工艺参数，使雕刻效果达到最佳。

⑤进行成品加工。

11.5　贴金装饰

贴金是用油漆将极薄的金箔包覆或贴于浮雕花纹或特殊装饰物表面，以形成经久不退色、闪闪发光金膜的一种装饰方法。贴金装饰可用在器物表面的局部，也可对全部进行大面积金饰，以通体贴金的等级最高，一般用于宫廷朝堂家具以及佛像、宗教供器等。

11.5.1　贴金概述

贴金用的金箔分真金箔和合金箔（人造金箔）。真金箔是用真金锻打加工而成，根据厚度和轻重又分为重金箔（室外制品装饰用）、中金箔（家具及室内制品装饰用）和轻金箔（圆缘装饰用）。真金箔价格昂贵，但光泽黄亮、永不退色。合金箔只适用于室内制品装饰，而且贴金后必须用无色清漆进行表面涂装，以防合金箔变色。

贴金表面应仔细加工并平滑坚硬，涂刷清漆的涂层要薄，待干至指触不粘时即可铺贴金箔，并用细软且有弹性的平头工具压平，最后用清漆涂装整个贴金表面加以保护，以延迟金箔被磨损和风化的时间，并使表面光泽沉稳、柔和。如图 11-90 所示为路易十四时期雕羊头贴金箔大理石猎物桌图。

贴金所用的材料有金箔、金粉和金泥三种，后两者形成的金层较厚且光泽柔和，但很费金料，有一贴

图 11-90 路易十四时期雕羊头贴金箔大理石猎物桌

(金箔)、三上(金粉)、九泥金的用金比例之说，除了特别尊崇考究的需要之外，一般很少使用，所以我们这里重点介绍贴金箔的方法。

在贴金之前，应该了解金箔的品种，以适应顾客不同的要求。市售的真金箔分为两种，库金箔色赤黄，含金98%，又名九八金箔；赤金箔色青黄，含金74%，其余成分应为白银，又名七四金箔。此外，还有真银箔，贴后必须上保护漆，否则接触空气易于硫化变黑。比较廉价的金、银箔替代品是铜箔和铝箔，单张的面积略大一些。

贴金所用的介质是贴金漆，市售的贴金油也可使用。传统的金脚漆多用一种特制的漆(笼罩漆)调配，需把器物放进一个密闭的房间(荫室)，保持一定的温度、湿度，以便油漆慢慢干透。现在则常用合成大漆调配，酌加熟桐油，比较经济方便。

如漆过稠，可按照实际情况用200#汽油或松节油稀释。贴金漆根据漆地的颜色一般要加入适量的银朱或石黄、烟黑等颜料，使涂抹时醒目，以免漆液不匀或漏涂，也能起到烘托金色的作用。银朱比重大，操作时要不时搅动贴金漆，以免沉底而颜色不均。标为二号银朱、R银朱以及红朱等的均为替代品，亦可使用。颜料与漆一定要用刮漆刀在石板或玻璃板上碾匀，以免贴金时出现颗粒影响光洁度。

涂贴金漆时要均匀，宜薄不宜厚，漆地的沟槽内尤忌淤积，以免漆液不干及产生皱纹。大漆贴金漆在涂好后必须放入阴室，室内温度为22～28℃，湿度≥80%。待金脚漆至半干时，便可取出器物进行贴金。判断标准可用手指背面轻触漆面，感觉不黏手而略有黏性时最佳，早则费金不亮，迟则粘贴不牢。

11.5.2 真金箔贴金工艺

真金箔贴金工艺过程一般分为金箔准备、贴金工具准备和贴金等步骤。

11.5.2.1 金箔准备

(1)黄金配比：取出原料，根据产品特殊要求进行配比，并加入定量比例的银、铜元素，使其符合需要的含金量。

(2)化金条：将配好的黄金放入坩埚，通过高温熔化成金水，使掺入的微量银、铜元素均匀进入其中，渣滓析出，将金水倒入度量铁槽内冷却，使其成为金条。

(3)压延：将厚金条通过机器挤压成薄金带后，裁剪成薄如纸张的金叶子。

(4)做捻子：将金叶子用竹制小条裁剪成1cm见方的小金叶子，这种小的金叶子称为金捻子。

(5)落金开子：将10cm见方乌金纸放入恒温箱进行加热，为下一道工序装上金捻子后能使黄金快速延伸。

(6)沾金捻子：将金捻子分别用指尖沾着放入10cm见方的乌金纸包内，两张乌金纸夹一枚金捻子，总共2048层，要求所有的金捻子都放入乌金纸中心处。

(7)打金开子：将包有金捻子的乌金纸包放置打箔机上旋转锤打，使已薄如纸张的金捻子打得更薄更开。

(8)装开子：已在10cm见方的乌金纸包内被打开的金捻子叫“金开子”，需要继续锤打成箔，将“金开子”小心翼翼地用鹅毛趁口风挑起放入20cm见方的乌金纸包内，此道工序为装开子。

(9)炕炕：将装好的“开子”放入电炉内经过恒温控制，保证其不受自然空间温度影响。

(10)打了细：将乌金纸包继续放置于打箔机上旋转锤打，直至不能再薄再细的程度，这种打法行话称“打了细”。此时，薄如蝉翼、柔似绸缎、轻若鸿毛的金箔便打成了。因此，这道工序一般统称打箔，是关键工序。

(11)出具：将乌金纸包内的金箔再用鹅毛口风挑入柔软细纹的茅台纸内，称出具。

(12)切金箔：将金箔用竹刀切割成规则的形状，又称切箔。切箔技术要求很高，技工们要练近两年的工夫，练就了口风成线成点的本领，达到三根点燃的蜡烛，吹灭中间一根，两边闻风不动的程度才能上岗工作。见图 11-91 为常用金箔，图中左边为九八金箔，中间为七四金箔，右边为银箔。

11.5.2.2　贴金工具准备

贴金主要工具有小鬃刷、油画笔、羊毛排笔、竹制金夹子以及丝绵团等。贴金介质为贴金漆，市售的贴金油也可使用。

11.5.2.3　贴金

贴金时一只手用金夹子夹住金箔衬纸上端，另一只手揭开表层，将金箔平置于金脚漆上，接着依次码放下一张金箔，如图 11-92 所示。注意金箔之间要略微搭界，否则会留下较明显的接痕，行话称为“豁口”，金箔有缺损处要封补。金箔码好后，用丝绵团轻轻按平，沟槽里可用软刷压实，然后用羊毛排笔扫下多余的碎金箔，如图 11-93 所示。第二天，再用丝绵团轻扫一遍金箔表面，以增加牢度和亮度。

至此，贴金完成，如还需要罩漆，则要待金地完全干透后方可进行。

11.5.3　金箔贴金工艺

金箔有九八与七四之分，前者又名库金，后者又名大赤金。每 10 张为一贴，每 10 贴为一把，每 10 把为一具，即每一具为 1000 张。库金质量最好，色泽经久不变，适用于外檐彩画用金。大赤金为合金，质量较次，耐候性稍差，经风吹日晒易于变色。金箔的规格有 100mm×100mm、50mm×50mm、93.3mm×93.3mm、83.3mm×83.3mm 等多种。它是由金银制成，是珍贵的贴金材料。目前市场上出售的贴金材料多为铜箔或铝箔，铜箔是黄方，铝箔是白方，是以铜、铝材料压制成像竹衣一样薄膜，铺贴在金脚上，然后涂上广漆渐渐转色，色如黄金，光亮夺目，可与金箔媲美，但它是假金而不是真金。

11.5.3.1　古建筑贴金工艺

操作程序为：刷金胶油→贴金→扣油→罩油。

（1）刷金胶油：金胶油是由浓光油加适量“糊粉”（淀粉经炒后除潮为糊粉）配成，专作贴金底油之用。用筷子笔（用筷子削成）蘸金胶油涂布于贴金处，油质要好，涂布宽狭要整齐，厚薄要均匀，不流挂、不皱皮。彩画贴金宜涂两道金胶油，框线、云盘线、三花寿带、挂落、套环等贴金，涂一道金胶油。

（2）贴金：当金胶油将干未干时，将金箔撕成或剪成需要尺寸，以金夹子（竹片制成）夹起金箔，轻轻粘贴于金胶油上，再以棉花揉压平伏。如遇花活，可用“金肘子”（用柔软羊毛制成的羊毛刷子，也可用大羊毛笔剪成平头形）肘金，即在花活的线脚凹陷处，细心地将金箔粘贴密实。

（3）扣油：金贴好后，用油拴扣原色油一道（金上不着油，称为扣油）。如金线不直时，可用色油找直（镶直），称为“齐金”。

（4）罩油：扣油干后，通刷一遍清油（金上着油，称为罩油）。清油罩与不罩，以设计要求为准。

11.5.3.2　传统贴金工艺

操作程序为：基层处理→做金脚→贴金→盖金→盖金漆。

（1）基层处理：先将要贴金的花板、线脚等部位用漆灰嵌补密实、平整，砂磨光滑，除净灰尘，用细嫩豆腐或生血料加色涂刷一遍，用旧棉絮擦净（贴金是最后一道装饰工艺，其他不贴金的部位已经成活完好）。

（2）做金脚：也称打金垫，选取优质广漆，漆头要重一些，一般做金脚的广漆配比为棉漆（生漆）：坯油 =1：(0.5～0.6) 为宜，用特制的小漆刷（称金脚帚）或用画花笔蘸取广漆仔细地将要贴金的花板、线脚等处描涂广漆。描涂时，要防止花纹或线脚低凹处涂漆过多而起皱皮。一般金脚做两遍为宜，但也有做三遍的，其目的是使漆膜具有一定弹性，丰满饱和。

（3）贴金：在最后一遍金脚做好后，在其将干未干时，将金箔或铝箔精心敷于金脚上，具体做法与古建筑贴金相同。贴金时，金脚的干燥程度是一个关键

图 11-91　常用金箔

图 11-92　码放金箔

图 11-93　用羊毛排笔扫下碎金

问题，金脚过“老”，则金箔与金脚局部或全部粘贴不牢；金脚过“嫩”，则表干内不干。贴金箔或铝箔时，操作要轻快细致，因金箔或铝箔薄而嫩，容易破碎损坏，必须细心操作。如发现有漏贴之处，要立即补金。

贴金的质量好坏，除金脚的丰满度外，主要还是取决于金脚的“老嫩”。因此，在施工中要认真观察金脚的干燥程度，因为生漆的干燥是一个复杂的过程，需要不断地从实践中积累和总结经验。

(4) 盖金：贴金干后，在上面涂刷广漆一道，称为“盖金”，盖金用的广漆，最好选用漆色金黄的黄皮漆，或者是漆色较浅、底板好的毛坝漆、严州漆等。盖金用的漆刷，应选用毛细而软的小号漆刷（可用头发自制），涂刷方法与广漆施工相同。

(5) 盖金漆：在白方（铝箔）上盖金漆，可事先刷一遍黄色虫胶清漆，在虫胶漆中，加少许铁黄、碱性嫩黄或盐基金黄、目的是使白方呈金黄色，同时又可防止因盖漆时不慎而破坏白方露出金脚，影响质量。

11.6 雕漆

雕漆是一种在堆起的漆胎上剔刻花纹的技法，是漆器的一种。明代名漆工黄大成所著《髹饰录》，是我国现存唯一的漆器工艺专著，书中介绍了雕漆的制作方法，即制作雕漆首先将调好的漆料一层一层地涂在器胎（包括金、银、锡、木）上，涂到相当的厚度，一般涂八九十层，上漆后趁未干透时根据不同的图案进行浮雕，然后再烘干、磨光成器。雕漆传世实物较多，剔红（即雕红漆）尤盛。

11.6.1 雕漆概述

雕漆，相传始于唐代。宋元至明永乐、宣德年间，为我国雕漆艺术的高峰。宋代雕漆很少有传世器物，日本德川美术馆藏有我国宋代剔黑花鸟长方盘，日本镰昌圆觉寺藏有我国南宋剔黑醉翁亭图盘；我国江苏武进南宋墓有剔犀执镜盒，金坛南宋周瑀墓有剔犀扇柄，大同金墓有卷草纹剔犀长方奁。元朝嘉兴府西塘，张成、杨茂的剔红最得名。日本从张成、杨茂名字中各取一字，称“堆朱杨成”，作为漆艺专用姓氏沿称至今。元及明永乐、宣德年间剔红，常以一枝花的花、叶、朵组成适合纹样布满全器，不刻锦地，枝叶肥满，朱厚色鲜，红润坚重，藏锋不露，打磨圆熟，极具装饰趣味。山水用刀极有分寸，愈见腴厚红润。元张成款栀子花剔红圆盘、张成款剔犀盒、元杨茂款剔红花卉渣斗、明永乐剔红水仙纹盘和紫萼纹盒、明张敏德造赏花图剔红盒、明宣德款松檎双鹂剔彩大捧盒等，是弥足珍贵的元明雕漆传世精品。明永乐、宣德年间，官廷作坊果园厂制剔红漆器著名，永乐间由包亮和张德刚掌理漆艺。故宫陈列有包亮于宣德年间所作花鸟大圆盘，雕工极流畅圆润，清末送万国博览会展出，获得优等奖。民间雕漆有浙江嘉兴雕漆，漆色蕴泽，藏锋不露，打磨圆熟；云南派雕漆“用刀不善藏锋，又不磨熟棱角”，大理府又多“堆红器”，即“假剔红”。明嘉靖、万历以后，剔红风格有显著变化，花卉题材渐少，景物渐渐稀疏，锦地面积加大，漆层渐薄，刀痕外露，缩小主体画面的开光形式越来越多，内容渐趋复杂，雕刻渐趋拘谨细密锐利。清代雕漆中心南移苏州，乾隆年间大量制造，留有剔红绣球团香宝盒、剔红瓜蝶纹鼓式盒、剔红海水游鱼嵌碧玉磬式两撞盒等一些精工纤巧的艺术作品。清代雕漆的总体艺术水平，与元明雕漆相比较，是大逊一筹了。清嘉庆以后，苏州雕漆日趋衰落，以至光绪给慈禧祝寿，令苏州作雕漆，竟“无人能造”。清代扬州空前繁荣，从接受苏州雕漆影响到两地均极盛，再到清晚期则取而代之。清末，苏州漆器基本失传，有白氏、叶氏两家雕漆作坊，皆为扬州人所开。晚清扬州雕漆好制大件，常与掐丝珐琅、嵌玉结合，漆色深黯，润光消退，拘谨细密锐利有余，腴厚含蓄不足，缺少装饰趣味，代表了晚清雕漆走向衰落时期的艺术风格。

雕漆工艺起源于髹漆，是髹饰、绘画、雕刻相结合的美术工艺。从漆工分类来说，雕漆是几种漆器的一个总称。按照雕漆的制法和用色可分为剔红、剔黄、剔绿、剔黑、剔犀、剔彩、复色雕漆等。

剔红，即用漆调银朱在漆胎上层层积累，达到相应的厚度再用刀雕刻出花纹。剔红是雕漆的主要品类，且大量存世，以致很多人误以雕漆即为剔红。剔红是雕漆的主要品种，贯穿于雕漆样式发展的始终，剔红与剔黑、剔犀等品类是并列的关系，这些雕漆品类各有其特点。

剔黄，做法与剔红完全相同，只是用石黄调漆来代替银朱。

剔绿，即用绿漆雕刻。

剔黑，即雕黑漆。剔黑质朴古雅，其风格又异于其他。

剔犀，在漆胎上用黑、红两种颜色的厚料漆或朱、黄、黑三种颜色的厚料漆有规律地交替髹涂，每层软干便髹下道，积累到一定厚度不待干固，用刀深刻出云钩、回文等图案花纹。在刀口的断面可以形成回环往复的色漆带或色漆线。因为剔犀多以云纹或云纹的变化形式布满全器，所以剔犀又称“云雕”。

剔彩，是在器物上分层髹不同颜色的漆，每层若干道，使各色层都有一定的厚度，然后用刀剔刻，需要某种颜色就剔去在它以上的漆层，露出需要的色漆，并在它上面刻花纹。刻成之后，一件漆器上具备各个漆层的颜色，红花、绿叶、紫枝、黄果、彩云、黑石等，色彩绚烂，所以谓之剔彩。剔彩又有重色和堆色两种做法。重色雕漆每涂一色为通体髹涂，待干以后片取横面为彩色；堆色雕漆通常为素地堆色雕漆，是一种局部髹色漆的剔彩法，通常为锦地。剔彩是宣德漆器的重要成就。明代仅用于表现花筋、叶脉等局部纹饰，清代用于表现不同图像。

复色雕漆，出现于明代，是剔犀与剔彩的结合，与剔犀、剔彩有相似之处，但也有自身的特点。髹漆法上，与剔犀有相同之处，但复色雕漆用绿漆，色层更加丰富。雕刻方法上，剔彩是以正面表现漆彩，复色雕漆则从侧面的刀口处的漆色带表现漆色，如彩虹般的华丽。剔犀在一器之上刀口的宽窄、斜度、阳纹的粗细都是一致的，而复色雕漆刀口有宽窄之分，斜度有大小之别，阳纹线条有粗细的变化，可以随花纹的表现需要而灵活运用。

雕漆尽显皇家气派，高贵典雅。雕漆是把漆的优良特性，与古老精湛的雕刻技艺完美地融合在一起，是中国独有的东方瑰宝和艺术精华。雕漆制品造型浑厚大方，色彩沉稳，文饰精细，具有极高的艺术价值。雕漆工艺是漆工艺中艺术表现力最强、最耐人赏析的品种，在千余年的不辍制造中，取得了令人瞩目的艺术成就。雕漆与湖南湘绣、江西景德镇瓷器齐名，被誉为“中国工艺美术三长”。多年来，雕漆以其独特的工艺，精致华美而不失庄重感的造型受到海内外雕漆艺术爱好者的青睐。

雕漆工艺品有很严格的标准，就拿髹漆这道工序来说，就不是一般的烦琐。一件合乎标准的雕漆艺术品，要在胎体上刷 15mm 左右的漆才能进行雕刻。一般来说，1mm 厚的漆要刷 17 遍。为了保证产品能够久经岁月也不开裂，每一遍刷上去的漆，都只能在室内自然阴干，不能烘干或者晒干。天气好的时候，每天最多也只能刷两遍漆。所以，一件好的作品从设计到完成需要一年以上的时间。

雕漆主要工序为雕，主要原料为天然大漆，故名雕漆。大漆又叫生漆，是从野生漆树上割取下来的浅灰白色液体树汁，生漆干燥后具有耐热、耐酸、耐碱、耐潮等天然优良特性，干固后极具韵味和柔和的光泽，显得明润透体。北京雕漆有金属胎和非金属胎两种，前者是珐琅里，后者为漆里。着漆逐层涂积，涂一层，晾干后再涂一层，一日涂两层。涂层少则几十层，多则三五百层，然后以刀代笔，按照设计画稿，雕刻出山水、花卉、人物等浮雕纹样。所用之漆以朱红为主，黄、绿、黑等做底色，分为剔红（堆朱）、剔黄、剔绿、剔彩、剔犀等工艺品类。雕漆的工艺过程十分复杂，要经过制胎、烧蓝、作底、着漆、雕刻、磨光等十几道工序，各工序技艺要求都很高。

11.6.2　剔红

剔红，顾名思义，首先注重的是“剔”，雕漆器上的整个花纹，有的很细，有的由浅入深或由粗而细，其刀法无论怎样变化，都是用刀部的细锐尖锋来完成。刀法在雕漆上是至关重要的，即要执刀如笔，落刀又不宜过轻或过重，落刀过轻，刀易滑落，造成斑痕，落刀过重，则又易伤损露出胎骨。所以，在雕刻漆器的时候，最要紧的是腕力要沉稳遒劲，指法要圆熟灵活，才能使雕刻出的花纹一气呵成，若积刀成划，即不能显示其技法。

至于剔红的这个“红”字，可想而知，是就着漆的颜色而言，譬如在制造好的胎骨上，用红色漆，髹涂数十层，然后在漆面上施以刀法去雕刻出所需要的图案，这种制作就叫做“剔红”。若是使用黄颜色的漆来群涂，就叫“剔黄”，其他还有“剔黑”、“剔绿”等，它们的名称，都是按照髹漆的色彩而定的。

剔红漆器的制造方法，简单地说，即是在漆好红色漆层的面上，用刀雕刻出花纹来，所以称为“剔红”，它的别称又叫“珠雕”或叫“雕漆”，由于剔红在雕漆器中居多数，它几乎成了雕漆的代名词。制造剔红漆器的大概过程，是以木、瓷、皮革、金属等材料为胎骨（传世作品以木胎者居多），在制成的胎骨上面，首先是上漆灰和粘贴麻布，其次是髹漆，要一道又一道地涂上去，最多髹至数十层或上百层。涂的遍数愈多，漆的层次愈厚，而制成的器物则愈坚固牢实。因而，明代果园厂制造雕漆器的制度规定要涂漆 36 遍才算足数，乾隆宫廷“造办处”的规则也是极为严格。

清代剔红漆器由明代暗红变为鲜红，刀痕显露纹饰纤细繁缛，刀法柔畅明快，磨工圆浑，盘、盒、碗、瓶等器皿纹样题材较宽广，常见有山水、人物、花鸟、花卉等。以山水为题材的作品，一般刻上三种锦纹，以突出自然界的不同景物，天空以窄而细长的单线刻画，类似并联的回纹，犹如碧蓝的天空点缀着朵朵白云；水纹由流畅弯曲的线条组成，似流动不息的滚滚波浪；陆地由方格或斜方格作轮廓，格内刻八瓣形小花朵，似繁花遍地。这三种锦纹又分别简称为天锦、水锦、地锦。在不同的空间背景下，雕刻出人物、楼阁，以表现洒脱、超凡的文人士大夫形象为主，而且以花鸟做装饰的大为减少，逐步趋向含有吉祥意义的内容，如聚宝盆、六鹤同春、松寿、龙捧乾坤等组织结构，主要是有规律的，互相对称的，图案适合造型的要求。这些题材的纹样较为繁密，图案结构更为精致而富有变化，花纹丰满肥润厚重，多层次感，有牡丹、菊花、茶花、芙蓉等。

剔红，是一种风格独特的艺术，而且有其突出的

图 11-94 永乐剔红牡丹花盘

图 11-95 永乐剔红孤山庭院图盒

优点。

①所用材料坚固而轻便，使用和携带都很便利。

②漆料容易和颜色调配，装饰纹彩时，有五彩缤纷的炫丽效果。

③适宜雕刻，能形成种种立体浮雕花纹和繁密的锦地纹，以及能随意制造出种种形式的器物。

11.6.2.1 剔红题材

早期剔红漆器以花卉为题材的作品居多，并以盛开大花朵的花卉为主，诸如茶花、牡丹、芍药、栀子、荷花、葵花、菊花、石榴花等。表现方法多在繁茂的枝叶之间缀以一朵或数朵盛开的花，周围衬托着含苞欲放的小花蕾，构图饱满富丽。在朱漆或黑雕漆刻的花卉底层多用暗黄色漆为地，地上一般不刻锦纹。这种黄漆素地上压花卉图案的方法很有特色，既可突出表面主题花纹，又可作为雕刻漆层深度的标志。也有少量花卉题材的作品在底层的漆地上刻锦纹，但锦纹刻画浅薄，仅起衬托作用，如图 11-94 所示，永乐剔红牡丹花盘。

山水人物题材的剔红漆器主要采取在器物的主体部位用开光表现主题纹饰的形式，而开光外部装饰仍以黄漆素地为主，上压朱漆或黑漆花卉和香草纹。在开光内的山水人物图案多以朱漆为地，并刻画不同形式的锦纹，用以表现画面上不同的空间。通常用狭长的回纹表现天空，在连续反复的回纹衔接处有几道竖线密集相连，错落有序，仿佛皎洁的夜空中群星闪烁，抑或阳光照耀下的苍穹光芒四射。用锦纹来表现陆地，以方形或斜方形小格为轮廓，格内填充多瓣形小花，犹若繁花遍地，绿草如茵，充满活力。湖泊流水则用上下起伏的曲线表示，在四、五道细线之间加刻一道粗线，宛若水波荡漾，浪涛滚滚。在这种几乎程式化的不同空间背景下刻画山石树木、亭台殿阁，人物活动于其间，颇具高远辽阔的意境。总之，在开光内刻山水人物图画，开光外饰黄漆素地上压花卉图案的表现方法是明代早期剔红漆器的重要特征之一，见图 11-95 所示永乐剔红孤山庭院图盒。

龙凤麟龟类题材的作品多用花卉和浮云作为主体图案的衬托，刻画龙凤不同的姿态，增强了画面的动态感。这类题材的底层亦多以黄漆为地，不刻锦纹。也有少量作品的底层漆地上刻锦，但锦地刻画浅薄，不很明显，图 11-96 所示永乐剔红双龙戏珠图盒（局部）和图 11-97 所示永乐剔红双凤牡丹图盘。

花纹图案繁缛多变，在传统题材之外增加了新鲜内容，如“龙舟竞渡”、“渔人得利”、“货郎图”等，具有浓厚的民间艺术色彩。用吉祥文辞巧妙地组成图案是明嘉靖时期特有的风格。宗教迷信和为统治者歌功颂德的题材更多地充斥于剔红漆器之中，诸如图案化的“圣寿万年图”、“福寿康宁图”、“乾坤永固图”、“风调雨顺图”等。有些题材立意虽然新颖，但内容却腐朽庸俗，毫无生气。另外，在诸多花纹图案的底部都刻锦纹地，锦地刻画刀法深峻，有的单独形成图案装饰，图 11-98 所示为剔红“一帆风顺”。

早期剔红漆器一般髹漆厚重，少则几十道，多则一二百道。漆质坚实细腻，色泽深红，用料精良，持于手中有沉甸甸的感觉。图案雕刻技法多用圆刀，雕刻之后注重磨光，图案边缘圆滑光润，丝毫不留刀刻之痕迹，正所谓“藏锋清楚，隐起圆滑”。由于髹漆层次多，雕刻深邃圆润，许多作品花纹上下起伏有三四层之多，极具立体效果。图 11-99 所示为永乐剔红茶花纹图盒。

11.6.2.2 剔红漆器的主要原料

精制漆与经过炼制的桐油约各半调合成油光漆，兑入银朱或朱砂等人漆色。夏秋季略加油减漆，冬季略减油加漆。油光漆漆层柔韧，便于雕刻，但干燥速度慢，夏季每天可以表漆三层，冬季每天只能髹涂两

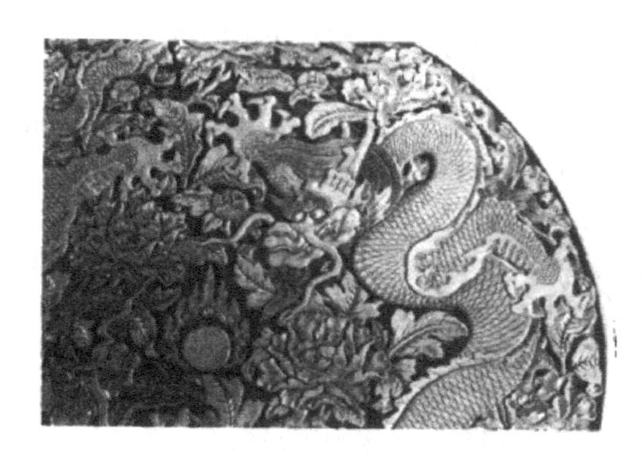

图 11-96　永乐剔红双龙戏珠图盒（局部）

图 11-97　永乐剔红双凤牡丹图盘

图 11-98　剔红“一帆风顺”

图 11-99　永乐剔红茶花纹图盒

层。雕漆以运刀基本功为第一。刀具有尖刀、弯刀、转刀、凹面刀、双刃刀、勾刀、起刀、护刀、刮刀、锦纹刀、刻线刀、直刀、片刀、刳磨刀多种。雕成之后数月，待漆质转硬，方可刳磨。现已改为放入烘箱，烘烤适度即取出，依次用刀、瓦条、砂纸刮磨，再用竹节草、刷子蘸瓦灰刷、擦，最后用稻草刷蜡推光。剔红漆器髹漆时间长，手工雕刻慢，又要待干打磨，从制坯到成品，往往要半年以上。

11.6.2.3　剔红工艺

剔红，“剔”指做法，“红”指漆色。剔红是用笼罩漆调银朱，层层刷在胎骨上，待积累到相当厚度，用刀雕刻纹饰，构成高低起伏的画面。剔红色调呈深红、正红及色浅略近黄意等。其中颜色纯正、光泽明亮者为上品，而刀工更有精粗优劣之别。剔红制作的步骤如下（仅指为数最多的木胎剔红）：

（1）棬榛：指制造漆器的胎骨。基本上有两种类型、四种方法。制作方型器物，一种方法叫“旋题”，就是用四块木板制成方型，而上面再承小块方木，因为在结构上与建筑中的“券门”（古书上称为“羡题”）的制作方法相似而得名。另一种方法叫“合题”。物之端为“题”，合题就是把一块块木板的顶端处拼合起来，形成方型器物。制作圆型器物也有两种方法，一个是屈木，一个是车旋。屈木是把易于弯曲的木料切成薄片，将其拗成圆型器物。车旋就是用旋床将木旋成圆形。

（2）合缝：制造漆器的第二步是将胎子的木板黏合起来，即用法漆（生漆、胶及骨灰调制而成）涂在木板的接口上，拼合成形后，用绦子扎勒，打入木楔子，最后待干固，解去绦子。

（3）梢当：在器物的接口及裂缝等处铲剔扩大，在法漆中加些木屑和斮絮（丝或棉、麻纤维）填嵌缺处，然后通体刷生漆。

（4）布漆：在梢当后，用法漆将麻布粘贴到器物上。主要有两个目的，一是日久天长器物磨损，不会露出木胎骨；二是由于麻布的加固，木胎拼合处不易松裂。

（5）垸漆：“用角灰、磁屑为上，骨灰、蛤灰次之，砖灰坯屑、砥灰为下。皆筛过分粗、中、细，而次第布之如左。灰毕而加糙漆。”在布漆后，把角、骨、砖、磁等物碾成粉末，并加生漆调合，敷抹到器物上。共分五道工序，第一次粗灰漆；第二次中灰漆；第三次做起棱角，补平窳缺；第四次细灰漆；第五次起线缘。

(6) 糙漆：糙漆就是在垸漆的基础上，施用灰漆及漆作进一步处理，目的是使其光滑而圆厚，以便再罩色漆。它分为三道工序来完成。第一次灰糙；第二次生漆糙；第三次煎糙。

(7) 罩漆：在糙漆的基础上层层刷色漆。制作剔红漆器则刷红漆，一般要在施红漆的过程中加入一层或两层黑漆。这既是各家作品的标记，又是为了雕刻者的方便，不致出现刀深刀浅的情况，使作品整齐划一。漆的厚度应从需要出发，一般是几十层或上百层。

(8) 雕刻：在罩漆之后的一定时期内，漆层处于似干非干的情况下，这正是雕工进行创作之时。先在漆面上画出需要的纹饰，然后用刻刀剔除，一般为阳刻，把纹饰凸出来，使之呈现立体感。

(9) 打磨：漆面全干后，用砂布磨光刀痕，这也是技术性很高的工作。西塘派剔红作品很重视打磨，给人以肥腴饱满、光滑圆润的印象，具有明显的地方特点和时代标志。

11.6.2.4 张成款剔红桅子花圆盘工艺

著名的张成款剔红桅子花圆盘，如图11-100所示，胎体为木胎。其制作过程如下：

①用推光漆与明油约各半调和成厚料漆，与银朱或朱砂等颜料充分搅拌，成红色厚料漆。

②用麻丝蘸取红色厚料漆搓于胎体，漆工称为"搓漆"。

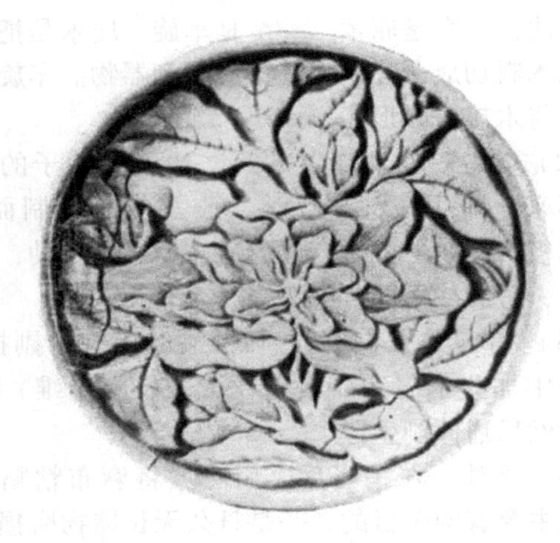

图11-100 张成款剔红桅子花圆盘

③用软硬适中的牛毛刷从上到下、从左到右顺开顺匀，称"顺漆"。

④前道漆刚脱粘就糅涂下道漆，每道漆厚度在0.1～0.15mm，最厚不得超过0.25mm，每道漆都要入窑干燥，冬季慢干时每天只能上一道漆，夏季快干时每天可以上漆两道；层层厚积至需要的厚度，大概百余层。

⑤趁未干时将设计好的稿子拓印到漆面，然后进行雕刻，雕刻时掌握漆干燥的程度非常重要，漆太干容易崩裂，太湿则容易滞刀。雕漆以运刀基本功为第一，用刀作刺、起、片、镗、剔、挑、铲、刻、勾、刮等工序雕刻至成。

⑥雕成后放置数月，待完全干固后磨光。

⑦推光。

⑧勾理花筋、叶脉等，最后完成。

本章小结

在传统家具设计生产中，雕刻、压花、镶嵌、烙花、贴金等技术方法的应用比较普遍，对家具表面装饰的艺术性起着至关重要的作用。这些装饰技术方法中，雕刻装饰应用最为常见，其次是镶嵌，压花、烙花、贴金等主要应用于一些特殊产品。根据不同的雕刻技法，雕刻分为线雕、浮雕、透雕和圆雕，雕刻题材广泛，手动雕刻生产效率低、劳动强度大，需要高度娴熟的手工技艺，但能够充分表现题材与意境，生产中常将机械雕刻与手工雕刻配合，以提高生产效率。镶嵌是艺术与技术相结合的典范，利用镶嵌装饰可以使家具获得特殊的艺术效果。

思考题

1. 按照雕刻技法分类，雕刻分为哪几种？
2. 何谓浮雕？根据浮雕花纹深浅不同又分为哪几种？常用在哪些产品上？
3. 传统浮雕工艺有几部分构成？各部分都包括哪些内容？
4. 何谓压花装饰？压花方法有哪两种？影响压花质量的因素有哪些？
5. 何谓镶嵌装饰？家具镶嵌常用镶嵌材料有哪些？
6. 简述影响镶嵌的工艺因素。
7. 简述实木雕刻镶嵌工艺。
8. 平螺钿工艺过程及其工艺内容包括哪些？
9. 烙花装饰方法主要有哪几种？
10. 简述烙花艺术的发展。
11. 简述传统贴金工艺。
12. 按照雕漆的制作方法和用色，雕漆分为哪几种？

参考文献

包燕丽．2005. 元代剔红器的另一种风格——对剔红东篱采菊图圆盒的再认识［J］．上海博物馆集刊（20）：321～327.

常瑞红．2009.“张成造”剔红栀子花盘研究［D］．中央美术学院硕士论文．

陈秀兰．2007. 水性涂料应用于木家具涂饰工艺的研究［D］．南京林业大学硕士论文．

陈瑶．2005. 中国家具镶嵌艺术的历史［J］．家具与室内装饰（9）：30～32.

陈祖建．2004. 竹木家具的开发研究［D］．中南林业科技大学硕士论文．

戴信友．2000. 木家具的表面涂饰（一）［J］．上海涂料（3）：22～24.

戴信友．2000. 木家具的表面涂饰（一）续［J］．上海涂料（4）：25～26.

戴信友．2001. 木家具的表面涂饰（二）［J］．上海涂料（1）：19～21.

戴信友．2001. 木家具的表面涂饰（四）［J］．上海涂料（2）：17～19.

戴信友．2001. 木家具的表面涂饰（五）［J］．上海涂料（3）：16～18.

戴信友．2001. 木家具的表面涂饰（六）［J］．上海涂料（4）：11～14.

戴信友．2008. 家具涂料与涂装技术［M］．2 版．北京：化学工业出版社．

杜春贵，林秀珍，等．2004. 杉木积成材薄木贴面工艺初探［J］．林业科技，29（1）：43～44.

杜浩，吴悦琦．1992. 木材压花工艺的研究［J］．北京林业大学学报，14（4）：97～103.

段刚．2009. 家具木器涂料从溶剂型涂料向水性涂料的转型［J］．家具与室内装饰（7）：104～106.

封凤芝，封杰南，梁火寿．2008. 木材涂料与涂装技术［M］．北京：化学工业出版社．

傅举有．2003. 中国古代的漆器（第三讲）［J］．收藏家（12）：19～22.

高杨．工艺美术大师李志刚——雕漆：捉刀代笔展神工［N］．人民日报（海外版），2009-11-20（第 16 版）．

顾继友．1999. 胶黏剂与涂料［M］．北京：中国林业出版社．

管秋惠．2009. 南京金箔［M］．南京：江苏人民出版社．

胡传锹．2000. 涂层技术原理与应用［M］．北京：化学工业出版社．

黄毅新．1999. 薄木饰面 MDF 湿贴与干贴工艺探析［J］．福建林业科技，26（1）：30～33.

吉民．2005. 家具仿古做旧工艺及涂装［J］．家具（3）：23～25.

计贵真．1992. 浅谈乾隆雕漆的艺术风格［J］．文物春秋（4）：89～90.

江文．2004. 绛州雕漆工艺研究［J］．雁北师范学院学报，20（4）：57～59.

孔志元．2008. 中国水性涂料的现状及发展［J］．涂料技术与文摘，29（10）：10～13.

李杰．2007. 不同饰面方法对纤维板基材性能的要求［J］．中国人造板（1）：21～23.

李久芳．1997. 明代剔红漆器和时大彬紫砂壶［J］．故宫博物院院刊（4）：31～39.

李军，吴智慧．2005. 家具及木制品制作［M］．北京：中国林业出版社．

李军．2004. 现代木家具的表面装饰技术［J］．家具（6）：24～27.

刘国杰，耿耀宗．1994. 涂料应用科学与工艺［M］．北京：中国轻工业出版社．

刘晓红，江功南．2010. 板式家具制造技术及应用［M］．北京：高等教育出版社．

刘忠传．2000. 木制品生产工艺学［M］．2 版．北京：中国林业出版社．

路泽光．2007. 家具用杨木板件的薄木贴面及其水性涂料涂饰工艺研究［D］．南京林业大学博士论文．

栾凤艳，王建满．2009. 薄木贴面工艺及贴面缺陷的预防措施［J］．林业机械与木工设备，37（2）：47～49.

穆亚平，黄河润，等．2003. 微薄木饰面工艺技术研究［J］．家具（3）：25～27.

欧阳德财．2005. 美式家具涂装［J］．涂料工业，35（7）：38～40.

邳春生，武永亮．2006. 木制品加工技术．北京：化学工业出版社．

沈隽．2005. 木材加工技术［M］．北京：化学工业出版社．

盛英明．强化地板的对版帐花工艺［P］．中国专利：CN 101104367 A，2007.
时代传播音像．2007. 建筑装饰装修工人培训教程——木器刷漆与花饰 VCD［M］．北京：机械工业出版社．
宋魁彦．2001. 现代家具生产工艺与设备［M］．哈尔滨：黑龙江科学技术出版社．
宋幼慧．2001. 涂层技术原理及应用［M］．北京：化学工业出版社．
孙德彬，倪长雨，等．2009. 家具表面装饰工艺技术［M］．北京：中国轻工业出版社．
谭守侠，周定国．2007. 木材工业手册［M］．北京：中国林业出版社．
涂料工艺编辑委员会．1997. 涂料工艺［M］．3 版．北京：化学工业出版社．
王传耀．2006. 木质材料表面装饰［M］．北京：中国林业出版社．
王恺，于夺福．2002. 木材工业实用大全·人造板表面装饰卷［M］．北京：中国林业出版社．
王恺．1998. 木材工业实用大全·家具卷［M］．北京：中国林业出版社．
王恺．1998. 木材工业实用大全·涂饰卷［M］．北京：中国林业出版社．
王双科．2004. 家具涂料与涂饰工艺［M］．北京：中国林业出版社．
王锡春，姜英涛．1993. 涂装技术［M］．北京：化学工业出版社．
魏然振，徐凤玲．2006. PVC 板材热转印技术［J］．塑料科技，34（6）：60 ~ 62.
吴智慧．2004. 木质家具制造工艺学［M］．北京：中国林业出版社．
谢军．皮具压花工艺［P］．中国专利：CN 1580287 A，2005.
邢岳，李培金．2002. 水转印技术在塑料印刷中的应用［J］．印刷技术（7）：37 ~ 38.
徐克．一种连续式复合地板压光压花装置［P］．中国专利：ZL200820217518. 0，2008.
徐杨．2007. 明清家具雕刻工具及工艺研究［D］．东北林业大学硕士论文．
杨世芳．2008. 木器涂料涂装技术问答［M］．北京：化学工业出版社．
杨晓秋，殷正洲．2000. 千文万华显神采——谈剔红漆器，兼赏几件南京博物院藏清代剔红器［J］．文物艺术（12）：106 ~ 113.
杨勇．2006. 立体披覆水转印工艺［J］．丝网印刷（6）：47.
杨忠敏．2009. 浅谈水性涂料的涂装工艺［J］．现代涂料与涂装，12（10）：34 ~ 36.
余震，缪宪文，等．2006. 采用 CO_2 激光器进行激光雕刻工艺研究［J］．机械工程师（6）：41 ~ 43.
翟艳，安胜足，等．2006. 薄木贴面工艺中起泡的预防与纠正［J］．家具（5）：56 ~ 57.
张厚江，钱桦，等．2006. 木质材料激光雕刻技术的研究［J］．林业机械与木工设备，34（2）：23 ~ 24.
张理萌．1985. 试论元末明初西塘派剔红工艺的发展［J］．故宫博物院院刊（2）：89 ~ 94.
张丽．2003. 康熙朝雕漆初探［J］．故宫博物院院刊（5）：36 ~ 42.
张勤丽．1998. 家具用人造板的贴面加工（续）［J］．家具（6）：40 ~ 45.
张晓明．2002. 木制品装饰工艺［M］．北京：高等教育出版社．
张学敏，郑化．2006. 涂料与涂装技术［M］．北京：化学工业出版社．
张燕．1990. 雕漆漆器［J］．中国生漆（3）：26 ~ 28.
张洋．2001. 人造板胶黏剂与薄木制造及饰面技术［M］．北京：中国林业出版社．
张一帆．2006. 木质材料表面装饰技术［M］．北京：化学工业出版社．
张志刚，罗春丽．2002. 热转印技术在家具表面装饰中的应用［J］．林业机械与木工设备，30（8）：35 ~ 36.
张志刚．2007. 木制品表面装饰技术［M］．北京：中国林业出版社．
周明华．2005. PU 革压纹离型纸的研制［D］．南京林业大学硕士论文．
周新模，王秉义，田佩秋．2009. 木器油漆工［M］．北京：化学工业出版社．
朱家溍．1983. 元明雕漆概说［J］．故宫博物院院刊（2）：3 ~ 8.
朱毅，李雨红．2006. 家具表面涂饰［M］．哈尔滨：东北林业大学出版社．
朱毅．2006. 木家具静电涂装参数的控制［J］．家具（2）：50 ~ 53.
庄启程．2004. 科技木：重组装饰材［M］．北京：中国林业出版社．
邹洋，张彦粉．2009. 水转印原理及工艺流程［J］．丝网印刷（5）：38 ~ 40.